“十四五”普通高等教育本科部委级规划教材

烟叶分级

Yanye Fenji

刘春奎 贾琳◎主编

中国纺织出版社有限公司

内 容 提 要

本书主要介绍烟叶分级概况、烟叶质量、烟叶分级原理，中国烤烟、白肋烟、香料烟、雪茄烟、晒黄烟、晒红烟、马里兰烟的烟叶分级标准，以及巴西、美国、印度、阿根廷、马拉维、土耳其、希腊的烟叶分级标准。

本书由长期从事烟叶分级教学、科研和烟叶生产的专业技术人员编写，在介绍烟叶分级相关知识的同时，还设置了思政小课堂、实例讲解、拓展知识、行业动态、课外阅读等专栏。本书可作为高等院校烟草相关专业的教材，也可作为烟草科学研究、烟叶分级技术人员的参考用书。

图书在版编目（CIP）数据

烟叶分级 / 刘春奎，贾琳主编. --北京：中国纺织出版社有限公司，2024.3

“十四五”普通高等教育本科部委级规划教材

ISBN 978-7-5229-1275-2

Ⅰ. ①烟…　Ⅱ. ①刘… ②贾…　Ⅲ. ①烟叶分级—高等学校—教材　Ⅳ. ①TS44

中国国家版本馆 CIP 数据核字（2023）第 249503 号

责任编辑：闫　婷　　责任校对：寇晨晨　　责任印制：王艳丽

中国纺织出版社有限公司出版发行
地址：北京市朝阳区百子湾东里 A407 号楼　邮政编码：100124
销售电话：010—67004422　传真：010—87155801
http://www.c-textilep.com
中国纺织出版社天猫旗舰店
官方微博 http://weibo.com/2119887771
三河市宏盛印务有限公司印刷　各地新华书店经销
2024 年 3 月第 1 版第 1 次印刷
开本：787×1092　1/16　印张：21.25
字数：489 千字　定价：68.00 元

编委会成员

主　　编　刘春奎　贾　琳

副 主 编

薛　刚

丁　灿

高焕晔

编写人员（以姓氏笔画为序）

丁　灿　云南农业大学

牛慧伟　中国烟草总公司职工进修学院

刘　朋　山东农业大学

刘春奎　郑州轻工业大学

李　波　浙江中烟工业有限责任公司

张一扬　湖南农业大学

张正杨　中国烟草总公司江西省公司

贺晓辉　云南香料烟有限责任公司

贾　琳　河南农业大学

高焕晔　贵州大学

焦敬华　中国烟草总公司辽宁省公司

薛　刚　河南农业大学

审　　稿　贺化祥　贵州大学

序

烟叶分级是烟叶生产过程中的一个重要环节，也是一项实践性较强的工作。要想对不同类型烟叶进行准确分级，首先要学习和掌握烟叶分级技术、烟叶等级标准。烟叶分级是国内多所高校烟草专业的一门专业课，也是部分高校烟草工程专业的一门专业课。目前国内烟叶分级方面的书籍主要有 2000 年出版的全国烟草行业统编教材《烟叶调制与分级》、2001 年出版的烟草行业职业技能鉴定教材《烟叶分级工》、2002 年王能如编写的教材《烟叶调制与分级》、2003 年闫克玉和赵献章编写的教材《烟叶分级》、2012 年闫新甫编写的专著《中外烟叶等级标准与应用指南》。国内《烟叶分级》教材相对较少，而且 2012 年以来烟草行业新增的烟叶分级标准未在已有教材中得到体现，《烟叶分级》教材亟需更新。2019 年刘春奎和贾琳编写了校内教材《烟叶分级技术》，新增了中国出口烤烟、晒黄烟分级行业标准。2020 年教育部印发了《高等学校课程思政建设指导纲要》，要求高校课程思政落实到教学大纲修订、教材编审选用、教案课件编写等各个方面。2020 年以来国内雪茄烟叶分级地方标准、雪茄烟叶工商交接等级标准相继发布，于是本书编写组开始重新编写《烟叶分级》教材，经过研讨、编写、排版、审稿、校对等多个环节，新版《烟叶分级》教材应运而生。

本书分为三篇，共十七章。第一章讲述烟叶分级概况，第二章讲述烟叶质量，第三章讲述烟叶分级原理，第四章讲述中国烤烟分级，第五章讲述中国白肋烟分级，第六章讲述中国香料烟分级，第七章讲述中国雪茄烟分级，第八章讲述中国晒黄烟分级，第九章讲述中国晒红烟分级，第十章讲述中国马里兰烟分级，第十一章讲述巴西烟叶分级，第十二章讲述美国烟叶分级，第十三章讲述印度烟叶分级，第十四章讲述阿根廷烟叶分级，第十五章讲述马拉维烟叶分级，第十六章讲述土耳其烟叶分级，第十七章讲述希腊烟叶分级。刘春奎编写第四章、第七章，贾琳编写第二章、第十二章，薛刚编写第五章、第十三章和第十五章，丁灿编写第九章，高焕晔编写第一章，牛慧伟编写第三章，张正杨编写第六章，李波编写第八章、第十四章和参考文献，焦敬华编写第十章、第十一章，张一扬编写第十六章，刘朋编写第十七章；主编贾琳统筹国外烟叶分级内容、校对全书英文，主编刘春奎统览全书进行定稿。

本书具有权威性、科学性、时代性、实用性。本书由六所大学烟叶分级主讲教师、全国烟草技术能手、烟草行业高技能带头人、云南雪茄烟叶分级标准主要起草人、省级烟草公司烟叶分级技术人员、中烟工业公司烟叶分级技术人员以及具有海外留学经历的教师共同编写，编写组成员理论知识扎实、实践经验丰富，并由烟叶分级专家审稿、思政教育专家指导课程思政内容。本书系统地介绍了中国烤烟、白肋烟、香料烟、雪茄烟、晒黄烟、晒红烟、马里兰烟的烟叶分级标准，还介绍了南美洲、北美洲、亚洲、非洲、欧洲代表性烟叶生产国的烟叶分级标准；编写组整理了近年来发布的烟叶分级标准，引用相关参考文献百余篇，其中近五年参考文献 40 余篇，在引用烟叶分级标准、相关书籍和参考文献时，对于个别错误和不规范之处进行了更正，使烟叶分级知识更具科学性。党的二十大报告强调要坚持为党育人、为国育才，本书紧紧围绕落实立德树人根本任务，开设了多个思政小课堂，将爱国主义精神、科学精神、奉献精神、工匠精神、国际视野、政治认同、社会责任、爱岗敬业、法治、公正、诚信、乡村振兴等思政元素融入专业知识中，便于任课教师进行课程思政教育，实现价值塑造、知识传授和能力培养相统一。本书在介绍烟叶验收规则时，紧密联系烟叶生产实际，多次安排实例讲解；书中还设置了拓展知识、行业动态、课堂讨论、课外阅读等专栏，文后附有不同类型烟叶实物样品彩图，以便帮助读者理解和掌握相关知识。

在本书编写过程中，得到郑州轻工业大学教务处领导、烟草科学与工程学院副院长杨靖教授和优质雪茄烟叶生产与加工关键技术科技创新团队（23XNKJTD0210）的大力支持，编写组参阅了许多专家、学者的研究成果，引用了大量相关资料和数据，在此谨向有关专家和学者表示衷心感谢。感谢贵州大学烟草学院贺化祥副教授审稿，感谢国家烟草专卖局闫新甫研究员提出的建设性意见，感谢郑州轻工业大学马克思主义学院副院长黄天弘教授在课程思政教育方面给予的指导和帮助，感谢中国烟草总公司郑州烟草研究院李青常高级工程师对雪茄烟叶分级方面提出的宝贵意见，感谢郑州轻工业大学闫克玉教授、湖北省恩施州鹤峰县烟草专卖局（营销部）刘俊和刘洋、云南香料烟有限责任公司贺晓辉高级农艺师分别提供烤烟、白肋烟、香料烟实物样品彩图，感谢中国烟草总公司职工进修学院甄焕菊研究员、河南农业大学烟草学院许自成教授、河南中烟工业有限责任公司王根发高级工程师、湖南农业大学烟草专业邓小华教授、山东农业大学烟草专业杨龙教授、青岛农业大学烟草专业李玲燕老师、西昌学院烟草专业谢华英老师、中国烟草总公司海南省公司海口雪茄研究所高华军高级农艺师、中国烟草总公司重庆市公司郭保银高级农艺师、中国烟草总公司四川省公司李文刚、湖北省烟草公司襄阳市公司卢红良、湖南省烟草公司邵阳市公司刘聪聪、四川省烟草公司达州市公司阳苇丽给予的帮助，感谢国内高校烟草专业相关老师的大力支持。硕士研究生李紫琳、张博莹、李科都、王富申帮助查阅文献资料，协助主编校对书稿，在此表示深深的感谢。

烟叶分级涉及的知识面较广、内容较多，而且国内外有些类型烟叶分级标准尚在完善中，可能有些烟叶分级标准未能及时更新。书中尽可能规范烟叶分级术语，然而国内外各类烟叶分级标准中的有些术语和概念尚未统一，书中可能会出现烟叶分级术语不统一的现象。由于作者水平有限，书中错误或不当之处在所难免，敬请各位专家、读者指正，作者不胜感谢。

编　者

2023 年 9 月于郑州

目　录

第一篇　烟叶分级概述

第一章　烟叶分级概况 …… 3
第一节　烟叶生产概况 …… 3
第二节　烟叶分级的意义 …… 12
第三节　烟叶等级概况 …… 14

第二章　烟叶质量 …… 19
第一节　烟叶质量基本知识 …… 19
第二节　烟叶质量评价 …… 26
第三节　不同等级烤烟质量特点 …… 35

第三章　烟叶分级原理 …… 43
第一节　烟叶生产与烟叶等级的关系 …… 43
第二节　烟叶分级原则 …… 45
第三节　烟叶分级体系 …… 45
第四节　烟叶分级国标 …… 47

第二篇　中国烟叶分级技术

第四章　中国烤烟分级 …… 53
第一节　中国烤烟生产、分级概况 …… 53
第二节　烤烟分组 …… 57
第三节　烤烟分级 …… 65
第四节　烤烟的检验方法 …… 106
第五节　烤烟的包装、标志与贮运 …… 108

第六节　出口烤烟分级 …… 110

第五章　中国白肋烟分级 …… 121
第一节　中国白肋烟生产、分级概况 …… 121
第二节　白肋烟分组 …… 124
第三节　白肋烟分级 …… 129
第四节　白肋烟的检验方法 …… 145
第五节　白肋烟的包装、标志与贮运 …… 147

第六章　中国香料烟分级 …… 150
第一节　中国香料烟生产、分级概况 …… 150
第二节　香料烟分型 …… 152
第三节　香料烟分组 …… 155
第四节　香料烟分级 …… 159
第五节　香料烟的检验方法 …… 171
第六节　香料烟的包装、标志与贮运 …… 173
第七节　半香料烟分级 …… 177

第七章　中国雪茄烟分级 …… 183
第一节　中国雪茄烟生产、分级概况 …… 183
第二节　雪茄烟叶工商交接等级标准 …… 186
第三节　雪茄烟叶分级地方标准 …… 190

第八章　中国晒黄烟分级 …… 197
第一节　中国晒黄烟生产、分级概况 …… 197
第二节　晒黄烟分型 …… 202
第三节　晒黄烟分组 …… 203
第四节　晒黄烟分级 …… 204
第五节　晒黄烟的检验方法 …… 212
第六节　晒黄烟的包装、标志与贮运 …… 214

第九章　中国晒红烟分级 …… 217
第一节　中国晒红烟生产、分级概况 …… 217

第二节　湖南晒红烟分级 …… 219
第三节　吉林晒红烟分级 …… 222

第十章　中国马里兰烟分级 …… 226
第一节　中国马里兰烟生产、分级概况 …… 226
第二节　马里兰烟分组 …… 227
第三节　马里兰烟分级 …… 229
第四节　马里兰烟的检验方法 …… 235
第五节　马里兰烟的包装、标志与贮运 …… 237

第三篇　国外烟叶分级技术

第十一章　巴西烟叶分级 …… 241
第一节　巴西烟叶生产、分级概况 …… 241
第二节　巴西烤烟分级 …… 242
第三节　巴西白肋烟分级 …… 248

第十二章　美国烟叶分级 …… 253
第一节　美国烟叶生产、分级概况 …… 253
第二节　美国烤烟分级 …… 255
第三节　美国白肋烟分级 …… 268

第十三章　印度烟叶分级 …… 280
第一节　印度烟叶生产、分级概况 …… 280
第二节　印度烤烟分级 …… 282
第三节　印度其他类型烟叶分级 …… 287

第十四章　阿根廷烟叶分级 …… 289
第一节　阿根廷烟叶生产、分级概况 …… 289
第二节　阿根廷烤烟分级 …… 290

第十五章　马拉维烟叶分级 …… 296
第一节　马拉维烟叶生产、分级概况 …… 296

第二节　马拉维烤烟分级 …… 297
第三节　马拉维白肋烟分级 …… 300

第十六章　土耳其烟叶分级 …… 305
第一节　土耳其烟叶生产、分级概况 …… 305
第二节　土耳其香料烟分级 …… 306

第十七章　希腊烟叶分级 …… 309
第一节　希腊烟叶生产、分级概况 …… 309
第二节　希腊香料烟分级 …… 309

参考文献 …… 312

课程思政案例 …… 318

烟叶实物样品彩图 …… 319

烟叶分级资源总码

第一篇　烟叶分级概述

第一章　烟叶分级概况

本章主要介绍国内外不同类型烟叶生产概况、烟叶分级的意义、不同国家和不同类型的烟叶等级概况。

第一节　烟叶生产概况

一、世界烟叶生产概况

全世界生产烟叶的国家超过 125 个，烟草种植面积 400 万公顷左右，主要集中在中国、巴西、印度、美国、马拉维、阿根廷、津巴布韦、莫桑比克、印度尼西亚等国家。据 2009 年统计，这些国家烟叶产量占全世界烟叶生产总量的 70%以上，而中国、巴西、印度、美国烟叶产量占总量的 67%，中国烟叶产量占总量的 40%。据东方烟草网报道，2021 年全世界烟叶总产量为 472. 8 万吨。

（一）世界烤烟产量

据 2012 年出版的《中外烟叶等级标准与应用指南》统计，全世界烤烟产量居前六名的国家依次为中国、巴西、印度、美国、阿根廷和津巴布韦，这些国家集中了全世界烤烟生产总量的 90%。据中国烟草科教网报道，2009 年仅中国烤烟产量就达到全世界烤烟生产总量的近 60%，巴西烤烟产量占 15. 7%，印度烤烟产量占 7. 3%，美国烤烟产量占 5. 8%，阿根廷烤烟产量占 2. 1%，津巴布韦烤烟产量占 1. 4%。

（二）世界晒烟产量

据 2009 年 2 月云南烟叶信息网报道，全世界有 50 多个国家生产晒烟，印度、中国和印度尼西亚是晒烟生产大国，其中印度晒烟的年产量超过 40 万吨，约占全世界晒烟总产量的 42%，中国约占 15%，印度尼西亚约占 12. 6%。晒烟年产量超过 1 万吨的国家还有缅甸、巴西、多米尼加、孟加拉国、朝鲜、意大利和哥伦比亚。上述国家的晒烟产量占全球晒烟总产量的 90%。

（三）世界晾烟产量

全世界有 10 多个国家生产深色晾烟，最大的生产国为古巴，该国深色晾烟年产量超过 3 万吨，接近全世界深色晾烟总产量的 40%。年产量超过 5000 吨的国家还有印度尼西亚、菲律宾、美国。上述国家的深色晾烟产量占全世界的 81%。

全世界有 20 多个国家生产浅色晾烟，年产量超过 5000 吨的国家有印度、巴基斯坦、尼日利亚、墨西哥、美国。上述国家的浅色晾烟产量占全世界的 82. 5%。

二、中国烟叶生产概况

烟草是中国重要的经济作物，中国是世界烟叶生产第一大国。据《中国烟草种植区划》统计，中国常年种植烟草100多万公顷，烟叶年产量达200多万吨。中国主要种植烤烟、白肋烟、香料烟以及其他晾晒烟，烤烟种植面积和产量最大。

中国烟叶生产遍布多个省、直辖市、自治区，烟草种植主要分布在西南烟草种植区、东南烟草种植区、黄淮烟草种植区、长江中上游烟草种植区、北方烟草种植区。从烟叶产量来看，西南烟草种植区的烤烟产量和烟叶产量最大，北方烟草种植区的烤烟产量和烟叶产量最小，长江中上游烟草种植区的白肋烟产量最大。

【拓展知识1】

中国烟草种植区划

中国历史上已经开展过三次全国性的烟草种植区划工作。

第一次烟草种植区划是在20世纪60年代，农业部门根据地域分布将中国分为六大烟区。

第二次烟草种植区划是在20世纪80年代初期至中期，根据烤烟的生态适宜性对全国烟草种植适宜类型进行了区划，将全国所有地区分为最适宜区、适宜区、次适宜区和不适宜区4个类型，同时也进行了烟草种植区域划分。区域划分采用二级分区制，将全国划分成7个一级区、27个二级区。

第三次烟草种植区划是在21世纪初期，2003年由国家烟草专卖局组织牵头，郑州烟草研究院和中国农业科学院农业资源与农业区划研究所负责，在云南、贵州、广西、广东、湖南、湖北、重庆、四川、河南、山东等21个烟叶产区的参与下，开展了新一轮烟草种植区划研究工作。经过将近5年的研究，形成了新一轮中国烟草种植区划。区域划分仍采用二级分区制，将全国烟草种植划分为5个一级区和26个二级区。五大烟区分别为西南烟草种植区、东南烟草种植区、黄淮烟草种植区、长江中上游烟草种植区、北方烟草种植区。

西南烟草种植区包括云南省、贵州省全部，四川省西南部和南部以及广西壮族自治区西北部，是全国烤烟主产区之一。据2010年出版的《中国烟草种植区划》统计，该区烤烟常年种植面积接近60万公顷，年产烟叶接近120万吨，约占全国烤烟种植面积和总产量的60%。该区还是全国最大的香料烟基地，仅云南保山香料烟产量就占全国香料烟总产量的90%以上，该区还生产白肋烟、马里兰烟。

东南烟草种植区包括海南、广东、福建、浙江、江西、台湾等省份全部，广西壮族自治区东南部，江苏、安徽两省南部，湖南省东南部，湖北省东部。该区烟草种植以烤烟为主，常年烤烟种植面积18多万公顷，年产烟叶34万吨，占全国烤烟种植面积和总产量的17%左右。该区也是全国晒烟主要产地，海南是全国优质雪茄烟原料产地之一，浙江是全国优质香料烟生产基地之一。

黄淮烟草种植区包括山东、河南两省全部，河北省、北京市和天津市的大部分，江苏、安徽两省北部的徐淮地区。该区是中国烤烟种植成功最早的地区之一，也曾是全国最大的烤烟产区。历史上享誉中外的“许昌烟”和“青州烟”分别产于河南省襄城县、郏县附近和山东省青州附近。近年来由于该区经济发展和烟叶品质特点减弱等因素，烟叶生产明显减少，但该区仍是全国烤烟主要产区之一。该区烤烟种植面积常年维持在 13 万公顷左右，年产烟叶 24 万吨，种植面积和产量均占全国烤烟种植面积和总产量的 12%。

长江中上游烟草种植区包括重庆市全部，四川省东部和北部，湖北省西部，湖南省西部以及陕西省南部，是全国烤烟主产区之一。该区烤烟常年种植面积约 12 万公顷，占全国烤烟种植面积的 12%，年产烤烟近 20 万吨，占全国烤烟总产量的 10%。该区是全国白肋烟主要产地，白肋烟常年种植面积 1.5 万公顷左右，年产烟叶 3 万吨左右，白肋烟种植面积和产量均达到全国白肋烟种植面积和总产量的 90%以上。该区还是全国晒烟主要产地，湖北郧西是全国三大香料烟生产基地之一，湖北五峰还有少量马里兰烟生产，四川是全国雪茄烟原料产地之一。

北方烟草种植区包括吉林省、辽宁省、黑龙江省、内蒙古自治区全部，山西省大部，河北省、陕西省、甘肃省和新疆维吾尔自治区的一部分。该区以烤烟生产为主，常年烤烟种植面积 5 万公顷以上，年产烟叶约 12.5 万吨，约占全国烤烟种植面积和总产量的 5%。新疆已发展成为全国香料烟主产区之一，该区还有少量晒黄烟和晒红烟种植。

（一）中国烤烟种植面积和产量

2001~2020 年，中国烤烟种植规模与收购量变化虽然波动较大，但总体呈“上升-下降”趋势（图 1-1）。从图 1-1 可以看出，烤烟生产规模经历了“三起三落”较大起伏变化，2001 年、2007 年和 2010 年分别为上升起始年份（阶段性规模最低年份），烤烟种植面积分别为 94.3 万公倾、102.5 万公倾和 108.6 万公顷，收购量分别为 146.7 万吨、199.4 万吨和 232.6 万吨；2005 年、2008 年和 2013 年分别为下落转折点（阶段性种植规模最大年份），种植面积分别为 111.3 万公顷、116.5 万公顷和 141.0 万公顷，收购量分别为 207.1 万吨、238.7 万吨和 260.9 万吨。

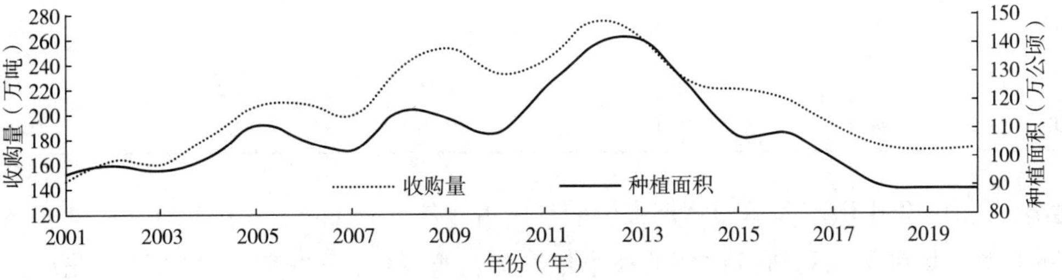

图 1-1　中国烤烟种植面积和收购量变化趋势

（闫新甫等，2021）

在 2013 年全国烤烟种植规模达到 21 世纪最高峰时，中国烟草总公司根据中国烟叶生产供应和市场需求状况，于当年 11 月召开了全国烟叶工作座谈会，提出了用 3 年时间将烟叶库存调整至合理水平的刚性任务。为了落实压缩烟叶库存的政策，国内卷烟工业企业自此开始逐年减少烤烟采购计划，全国烤烟生产规模逐年缩减。至 2016 年时，全国烤烟种植面积比 2013 年减少了 33.1 万公顷，收购量减少了 50.0 万吨，达到了预期目标。到了 2020 年，全国烤烟种植面积已下降到 88.7 万公顷，比 2013 年减少了 52.2 万公顷，收购量降到 172.8 万吨，种植面积和收购量均不到 2013 年的 2/3。

据共研网报道，2021 年，中国烟叶种植面积 101.3 万公顷，其中烤烟种植面积 96.9 万公顷；云南烟叶产量 84.7 万吨，占全国烟叶总产量的 39.83%，全国排名第一；贵州烟叶产量 23.2 万吨，占全国烟叶总产量的 10.93%，全国排名第二；河南烟叶产量 19.3 万吨，占全国烟叶总产量的 9.07%，全国排名第三；湖南、四川、福建、湖北、重庆、陕西、山东烟叶产量分别位居全国第四至第十。

（二）中国晒烟种植面积和产量

2010~2019 年中国晒烟种植面积见表 1-1。可以看出，2010~2019 年中国晒烟种植面积为 11646.0~29413.6 公顷，晒烟种植面积总体呈现“先增加、后降低”趋势，其中 2012 年晒烟种植面积最大，2019 年晒烟种植面积最小。就不同类型晒烟种植面积而言，2010~2012 年、2015~2019 年不同类型晒烟种植面积的大小依次为：香料烟>晒红烟>晒黄烟>黄花烟，2013~2014 年不同类型晒烟种植面积的大小依次为：晒黄烟>香料烟>晒红烟>黄花烟。

表 1-1　中国晒烟种植面积

（闫新甫等，2020）

年份（年）	香料烟（公顷）	晒黄烟（公顷）	晒红烟（公顷）	黄花烟（公顷）	总量（公顷）
2010	10968.3	5057.7	10240.7	545.6	26812.2
2011	10717.7	4860.1	10006.7	329.7	25914.3
2012	10527.0	9212.1	9372.3	302.2	29413.6
2013	8961.6	9233.1	8138.0	202.1	26534.7
2014	7094.8	8691.4	5203.3	193.1	21182.6
2015	7199.3	3093.0	5016.6	49.1	15358.0
2016	6996.9	3421.0	4299.9	22.8	14740.5
2017	7449.1	2831.3	3694.1	27.5	14002.0
2018	6686.1	2507.6	3495.3	2.2	12691.2
2019	5794.3	2651.0	3198.1	2.7	11646.0

2010~2019 年中国不同类型晒烟种植面积所占比例见表 1-2。2010~2012 年、2015~2019 年不同类型晒烟种植面积所占比例的大小依次为：香料烟>晒红烟>晒黄烟>黄花烟，2013~2014 年不同类型晒烟种植面积所占比例的大小依次为：晒黄烟>香料烟>晒红烟>黄花烟。

表 1-2　中国不同类型晒烟种植面积所占比例

（根据闫新甫等 2020 年论文数据进行整理分析）

年份（年）	香料烟（%）	晒黄烟（%）	晒红烟（%）	黄花烟（%）	总计（%）
2010	40.91	18.86	38.19	2.03	100
2011	41.36	18.75	38.61	1.27	100
2012	35.79	31.32	31.86	1.03	100

续表

年份（年）	香料烟（%）	晒黄烟（%）	晒红烟（%）	黄花烟（%）	总计（%）
2013	33.77	34.80	30.67	0.76	100
2014	33.49	41.03	24.56	0.91	100
2015	46.88	20.14	32.66	0.32	100
2016	47.47	23.21	29.17	0.15	100
2017	53.20	20.22	26.38	0.20	100
2018	52.68	19.76	27.54	0.02	100
2019	49.75	22.76	27.46	0.02	100

注　由于计算软件保留小数点有效位数的差异，有些总计的数值可能与对应各项数值之和略有出入，通常情况下，不影响对结果的判断。下同

2010~2019 年中国晒烟收购量见表 1-3。可以看出，2010~2019 年中国晒烟收购量为 22851.2~56041.6 吨，晒烟收购量总体呈现“先增加、后降低”趋势，其中 2012 年晒烟收购量最大，2018 年晒烟收购量最小。就不同类型晒烟收购量而言，2010~2011 年、2015~2016 年不同类型晒烟收购量的大小依次为：香料烟>晒红烟>晒黄烟>黄花烟，2012 年、2017~2019 年不同类型晒烟收购量的大小依次为：香料烟>晒黄烟>晒红烟>黄花烟，2013~2014 年不同类型晒烟收购量的大小依次为：晒黄烟>香料烟>晒红烟>黄花烟。

表 1-3　中国晒烟收购量

（闫新甫等，2020）

年份（年）	香料烟（吨）	晒黄烟（吨）	晒红烟（吨）	黄花烟（吨）	总量（吨）
2010	20742.4	7605.7	18992.3	1085.5	48425.9
2011	23975.5	9759.2	13892.2	957.4	48584.3
2012	21825.4	17670.4	15944.9	600.9	56041.6
2013	19246.9	22508.0	13643.8	559.2	55957.9
2014	17151.6	19186.9	7013.8	608.1	43960.4
2015	17577.0	5154.0	7184.4	249.7	30165.1
2016	16451.6	6662.7	6668.7	124.7	29907.7
2017	17367.4	6254.2	4401.5	150.6	28173.7
2018	13107.1	5406.9	4330.6	6.6	22851.2
2019	12973.1	6519.0	4785.2	6.0	24283.3

2010~2019 年中国不同类型晒烟收购量所占比例见表 1-4。2010~2011 年、2015~2016 年不同类型晒烟收购量所占比例的大小依次为：香料烟>晒红烟>晒黄烟>黄花烟，2012 年、2017~2019 年不同类型晒烟收购量所占比例的大小依次为：香料烟>晒黄烟>晒红烟>黄花烟，2013~2014 年不同类型晒烟收购量所占比例的大小依次为：晒黄烟>香料烟>晒红烟>黄花烟。

表 1-4　中国不同类型晒烟收购量所占比例

(根据闫新甫等 2020 年论文数据进行整理分析)

年份(年)	香料烟(%)	晒黄烟(%)	晒红烟(%)	黄花烟(%)	总计(%)
2010	42. 83	15. 71	39. 22	2. 24	100
2011	49. 35	20. 09	28. 59	1. 97	100
2012	38. 94	31. 53	28. 45	1. 07	100
2013	34. 40	40. 22	24. 38	1. 00	100
2014	39. 02	43. 65	15. 95	1. 38	100
2015	58. 27	17. 09	23. 82	0. 83	100
2016	55. 01	22. 28	22. 30	0. 42	100
2017	61. 64	22. 20	15. 62	0. 53	100
2018	57. 36	23. 66	18. 95	0. 03	100
2019	53. 42	26. 85	19. 71	0. 02	100

(三) 中国晾烟种植面积和产量

2010~2019 年中国晾烟种植面积见表 1-5。从表 1-5 可以看出，2010~2019 年中国晾烟种植面积为 2439. 9~22091. 1 公顷，晾烟种植面积总体呈现“先增加、后降低”趋势，白肋烟和马里兰烟种植面积总体呈下降趋势，其中 2012 年晾烟种植面积最大，2017 年晾烟种植面积最小。就不同类型晾烟种植面积而言，2011~2015 年不同类型晾烟种植面积的大小依次为：白肋烟>马里兰烟>雪茄烟，2016~2019 年不同类型晾烟种植面积的大小依次为：白肋烟>雪茄烟>马里兰烟。

表 1-5　中国晾烟种植面积

(闫新甫等，2021)

年份(年)	白肋烟(公顷)	马里兰烟(公顷)	雪茄烟(公顷)	总量(公顷)
2010	19267. 7	2013. 3	未统计	21281. 0
2011	19241. 7	2566. 7	40. 0	21848. 4
2012	19764. 7	2106. 7	219. 7	22091. 1
2013	13123. 4	1613. 3	182. 8	14919. 5
2014	5206. 2	1126. 7	379. 9	6712. 8
2015	2970. 1	626. 7	257. 3	3854. 1
2016	2120. 0	106. 7	267. 8	2494. 5
2017	2013. 3	106. 7	319. 9	2439. 9
2018	3331. 0	113. 3	316. 0	3760. 3
2019	2675. 1	106. 7	357. 8	3139. 6

2010~2019 年中国不同类型晾烟种植面积所占比例见表 1-6。白肋烟种植面积占晾烟总种植面积的 77. 06%~90. 54%，是晾烟中种植面积最大的一种烟草类型。2011~2015 年不同

类型晾烟种植面积所占比例的大小依次为：白肋烟>马里兰烟>雪茄烟，2016~2019 年不同类型晾烟种植面积所占比例的大小依次为：白肋烟>雪茄烟>马里兰烟。

表 1-6　中国不同类型晾烟种植面积所占比例
（根据闫新甫等 2021 年论文数据进行整理分析）

年份（年）	白肋烟（%）	马里兰烟（%）	雪茄烟（%）	总计（%）
2010	90. 54	9. 46	未统计	100
2011	88. 07	11. 75	0. 18	100
2012	89. 47	9. 54	0. 99	100
2013	87. 96	10. 81	1. 23	100
2014	77. 56	16. 78	5. 66	100
2015	77. 06	16. 26	6. 68	100
2016	84. 99	4. 28	10. 74	100
2017	82. 52	4. 37	13. 11	100
2018	88. 58	3. 01	8. 40	100
2019	85. 21	3. 40	11. 40	100

2010~2019 年中国晾烟收购量见表 1-7。从表 1-7 可以看出，2010~2019 年中国晾烟收购量为 5071. 5~49768. 5 吨，其中 2012 年晾烟收购量最大，2016 年晾烟收购量最小。就不同类型晾烟收购量而言，2011~2015 年不同类型晾烟收购量的大小依次为：白肋烟>马里兰烟>雪茄烟，2016~2019 年不同类型晾烟收购量的大小依次为：白肋烟>雪茄烟>马里兰烟。

表 1-7　中国晾烟收购量
（闫新甫等，2021）

年份（年）	白肋烟（吨）	马里兰烟（吨）	雪茄烟（吨）	总计（吨）
2010	44576. 1	4530. 0	未统计	49106. 1
2011	41110. 5	6340. 0	37. 3	47487. 8
2012	44345. 8	5160. 0	262. 7	49768. 5
2013	29252. 6	3815. 0	235. 1	33302. 7
2014	11821. 9	2495. 0	472. 4	14789. 3
2015	6247. 4	1425. 0	241. 6	7914. 0
2016	4590. 0	225. 0	256. 5	5071. 5
2017	4550. 0	225. 0	470. 4	5245. 4
2018	7537. 6	250. 0	384. 5	8172. 1
2019	6271. 4	250. 0	451. 7	6973. 1

2010~2019 年中国不同类型晾烟收购量所占比例见表 1-8。白肋烟收购量占晾烟总收购

量的 78.94%~92.24%，是晾烟中收购量最大的一种烟草类型。2011~2015 年不同类型晾烟收购量所占比例的大小依次为：白肋烟>马里兰烟>雪茄烟，2016~2019 年不同类型晾烟收购量所占比例的大小依次为：白肋烟>雪茄烟>马里兰烟。

表 1-8　中国不同类型晾烟收购量所占比例

（根据闫新甫等 2021 年论文数据进行整理分析）

年份（年）	白肋烟（%）	马里兰烟（%）	雪茄烟（%）	总计（%）
2010	90.78	9.22	未统计	100
2011	86.57	13.35	0.08	100
2012	89.10	10.37	0.53	100
2013	87.84	11.46	0.71	100
2014	79.94	16.87	3.19	100
2015	78.94	18.01	3.05	100
2016	90.51	4.44	5.06	100
2017	86.74	4.29	8.97	100
2018	92.24	3.06	4.71	100
2019	89.94	3.59	6.48	100

三、国外烟叶生产概况

（一）国外不同地区烟叶生产概况

国外不同地区烤烟产量见表 1-9。2018~2021 年，南美、亚洲及大洋洲烤烟产量较高，欧洲及独联体烤烟产量较低，南美地区烤烟产量为 64.0 万~68.8 万吨，亚洲（数据不含中国）及大洋洲烤烟产量为 44.7 万~53.2 万吨，非洲及中东地区烤烟产量为 31.1 万~42.9 万吨，欧洲及独联体烤烟产量为 10.9 万~12.5 万吨。

表 1-9　国外不同地区烤烟产量

（衡丙权，2022 年世界烟草发展报告）

产区	2018 年（万吨）	2019 年（万吨）	2020 年（万吨）	2021 年（万吨）
中北美及加勒比地区	16.0	15.4	11.7	15.6
南美	65.8	68.8	64.0	65.8
欧洲及独联体	12.5	11.9	10.9	11.3
非洲及中东地区	41.5	42.9	31.1	35.6
亚洲及大洋洲	53.2	52.9	48.8	44.7

国外不同地区白肋烟产量见表 1-10。2018~2021 年，非洲及中东地区白肋烟产量较高，

欧洲及独联体白肋烟产量较低，非洲及中东地区白肋烟产量为 16.6 万~27.9 万吨，欧洲及独联体白肋烟产量仅为 1.7 万~2.6 万吨。

表 1-10　国外不同地区白肋烟产量

（衡丙权，2022 年世界烟草发展报告）

产区	2018 年（万吨）	2019 年（万吨）	2020 年（万吨）	2021 年（万吨）
中北美及加勒比地区	6.9	6.4	5.1	4.6
南美	11.7	11.5	9.7	8.0
欧洲及独联体	2.6	2.3	1.8	1.7
非洲及中东地区	27.9	23.7	17.4	16.6
亚洲及大洋洲	9.6	9.7	9.8	8.3

国外不同类型烟叶产量见表 1-11。2018~2021 年，烤烟产量最高，香料烟和深色晾晒烟产量较低，烤烟产量为 166.4 万~191.9 万吨，白肋烟产量为 39.2 万~58.7 万吨，深色晾晒烟产量为 10.8 万~12.5 万吨。

表 1-11　国外不同类型烟叶产量

（衡丙权，2022 年世界烟草发展报告）

烟草类型	2018 年（万吨）	2019 年（万吨）	2020 年（万吨）	2021 年（万吨）
烤烟	189.0	191.9	166.4	173.0
白肋烟	58.7	53.6	43.8	39.2
香料烟	15.7	16.6	15.4	11.9
深色晾晒烟	12.5	11.6	11.1	10.8
各类烟叶总计	275.9	273.7	236.7	234.9

（二）国外烟草主产国烟叶生产概况

据美国农业部统计，2009 年美国烤烟产量约 23.4 万吨，白肋烟产量约 9.7 万吨，深色熏烟产量约 2.4 万吨，深色晾烟产量约 0.8 万吨。据《中外烟叶等级标准与应用指南》统计，2010 年加拿大烟叶产量约 44 万担，2009~2010 年烟季巴西烟叶总产量约 1170 万担，2009~2010 年烟季阿根廷烟叶总产量约 262 万担，2009 年津巴布韦烟叶总产量为 117 万担，2010 年印度烟叶总产量为 685 万担。需要注意世界上统计烟叶产量时，有些国家以“担”作为统计单位，有些国家以“吨”作为统计单位，有些国家以“磅”作为统计单位，有些国家以“千克”作为统计单位。有些单位换算时为约数（1 磅≈0.45 千克），有些涉及烟叶产量的数据为约数时小数点后面是按四舍五入处理的，扩大一定倍数或缩小数值进行单位换算可能会造成较大误差，为了避免因数量单位换算造成的误差，书中多处地方不进行单位换算。

据 2022 年 6 月《东方烟草报》报道，2021 年全世界烟叶总产量为 472.8 万吨，除中国外，烤烟产量为 172.9 万吨，白肋烟产量为 39.9 万吨。2021 年美国烟叶总产量为 21.7 万吨，其中烤烟产量为 14.2 万吨、白肋烟产量为 3.8 万吨。2021 年津巴布韦烟叶总产量为 21 万吨。

据巴西烟草种植者协会统计，2020~2021年烟季巴西烟叶总产量为62.8万吨，其中烤烟产量为57.3万吨、白肋烟产量为4.9万吨、其他类烟叶产量为0.6万吨。

根据环球公司2023年2月的统计和估算，除中国外，2022年世界烟叶产量为232.1万吨，其中烤烟产量为174.2万吨、白肋烟产量为34.9万吨。根据巴西地理统计局和巴西烟草种植者协会统计，2021~2022年烟季巴西烟叶总产量为59万吨，巴西南部3州烤烟产量为51.3万吨、白肋烟产量为4.2万吨、其他类烟叶产量为0.6万吨。世界烟草发展报告显示，2022年美国烟叶种植面积为20.2万英亩（1英亩≈6.07亩），烟叶产量为4.5亿磅，其中烤烟产量为3亿磅、白肋烟产量为0.6亿磅。

第二节　烟叶分级的意义

烟草是一种重要的经济作物，烟叶是卷烟生产的主要原料，是出口贸易的特殊产品。烟草制品与人们的生活密切相关，烟草是一种高税利作物，在中国国民经济收入中占有重要的地位。因此，必须不断提高烟叶的经济价值。

要想提高烟叶的经济价值，必须提高烟叶质量，而选择优良的烟草品种，在气候、土壤条件适宜的地区种植，采取规范的栽培措施，并配以科学的调制工艺是获得优质烟叶的基础和前提。当然，对已经生产出的烟叶，如果不能合理利用，将会造成资源浪费。烟叶质量受品种、土壤、气候、着生部位、栽培措施、烘烤工艺等多种因素的影响，不同的烟叶，无论是外观质量、物理特性，还是化学成分、感官质量都有差异。因此，必须从烟叶生产和卷烟加工的角度出发，针对某些表征烟叶质量因素的差异程度制定出等级标准，划分若干等级，以适应烟草农业、工业和对外贸易的需求。

分级的目的是对烟叶质量进行等级划分，以便充分发挥烟叶资源的作用，以质论价。烟叶的内在质量往往是看不见、摸不着的东西，因而只能通过烟叶所表现出来的外观特征确定烟叶的等级。烟叶的外观质量在一定程度上可以反映烟叶内在质量的优劣，通过烟叶的外观特征可以判别烟叶的外观质量，进而可以间接了解烟叶内在质量的优劣。要做好烟叶商品的统一管理，就必须进行烟叶分级。因此，对烟叶进行分级具有重要意义。

一、有利于合理利用国家资源

大田生长的烟叶素质各异，调制后其质量也不同，如不进行烟叶分级，优质烟叶与低次烟叶混在一起，其使用价值必然降低。质量好的烟叶不能发挥其应有的作用，造成资源浪费。只有按烟叶的质量优劣划分等级，才能达到优质优用，使其发挥最大的资源效益和经济效益。

二、有利于满足卷烟工业的需要

烟叶是卷烟工业生产的主要原料，需要经过多次加工，科学配方，才能生产出满足消费者需求的、不同风格的卷烟。目前，卷烟工业对烟叶的使用以等级为基础，未经分级的烟叶不具备卷烟叶组配方的使用条件。只有经过分级，把不同类型、不同质量的烟叶区分开来，卷烟工业才能针对不同类型烟叶、不同等级烟叶的质量特点，进行科学加工和配方，生产出不同类型和不同风格的烟草制品，并保持烟草制品质量的稳定。

三、有利于贯彻以质论价的价格政策

不同质量的烟叶有不同的使用价值，其经济价值和价格也不同。2007~2008 年生产季节巴西白肋烟 B1 等级的收购价格为 6.23 雷亚尔/kg，G 等级的收购价格仅为 0.46 雷亚尔/kg，B1 等级收购价格是 G 等级收购价格的 13.54 倍。

2008~2009 年生产季节阿根廷烤烟 H1F 的收购价格为 11.71 比索/kg，N5B 的收购价格仅为 1.67 比索/kg，H1F 等级收购价格是 N5B 等级收购价格的 7.01 倍。

2019 年中国二价区烤烟 C1F 的收购价格为 2000 元/担，X2L 的收购价格为 750 元/担，GY2 的收购价格仅为 130 元/担，C1F 收购价格是 GY2 收购价格的 15.38 倍。

2023 年四川什邡雪茄烟叶收购价格见表 1-12。从表 1-12 可以看出，茄衣一级烟叶的收购价格高达 7500 元/担，收购价格最高，茄套二级烟叶的收购价格为 4000 元/担，茄芯末级烟叶的收购价格仅为 450 元/担，收购价格最低，最高收购价格是最低收购价格的 16.67 倍。茄衣烟叶的收购价格相对较高，茄套烟叶的收购价格中等，茄芯烟叶的收购价格相对较低；各等级茄衣烟叶的平均价格为 6333.33 元/担，各等级茄套烟叶的平均价格为 4375 元/担，各等级茄芯烟叶的平均价格为 2145 元/担。

表 1-12　2023 年四川什邡雪茄烟叶收购基准价格

（什邡市烟草专卖局，川烟计〔2023〕56 号）

烟叶用途	等级	收购价格（元/担）
茄衣烟叶	一级	7500
	二级	6250
	三级	5250
茄套烟叶	一级	4750
	二级	4000
茄芯烟叶	上部一级	3300
	上部二级	2650
	上部三级	2200
	中部一级	3400
	中部二级	2750
	中部三级	2100
	下部一级	2300
	下部二级	1400
	脚叶	900
	末级	450

只有通过科学分级，才能把不同质量的烟叶区分开，以质论价、优质优价的价格政策才能得到真正贯彻。

【拓展知识 2】

本书涉及的数量单位

雷亚尔——巴西币

比索——阿根廷币

1 担 = 50kg

1 吨 = 20 担

1 磅 ≈ 0.45kg

1 英亩 ≈ 6.07 亩

1 公顷 = 15 亩

1 英寸 = 2.54cm

四、有利于促进烟叶生产的发展

有了科学的分级体系，才能依据以质论价的原则，制定合理的价格政策，有利于价值规律的杠杆作用，调动烟农种烟的积极性，增加烟农的经济收入。同时，烟叶分级和烟叶价格也为烟农指明了烟叶生产的方向，因此，合理分级有利于促进烟叶生产的发展。

五、有利于商业经营和对外贸易

烟叶分级之后，便于烟叶收购部门验级、购后复烤、调拨、储运以及各个交接环节的检验验收。外贸部门根据烟叶的等级情况承接外商订货，发展对外贸易，为国家积累外汇。

六、有利于烟叶副产品的开发利用

目前，烟叶的用途相对单一，主要用于生产卷烟和其他烟草制品。随着人们生活水平的不断提高，对卷烟质量的要求越来越高，势必对烟叶质量提出更高的要求。这样，就不可避免地造成低等级烟叶过剩，烟农在生产过程中由于技术、自然条件不同，会产出卷烟工业不需要的烟叶。通过合理分级，可以加强对这部分副产品的开发利用。

第三节　烟叶等级概况

一、不同国家烤烟等级数量

不同国家烤烟等级数量统计见表 1-13。不同国家烤烟等级数量差别较大，中国、巴西、阿根廷烤烟等级数为 40~50 个，美国、加拿大、马拉维烤烟等级数为 100~200 个，赞比亚、津巴布韦烤烟等级数为 800~1200 个。

不同国家同一等级烤烟，其等级代号不尽相同。以中桔三为例，中国、美国和阿根廷均用 C3F 表示，加拿大、巴西用 CO3 表示，马拉维、津巴布韦和赞比亚均用 C3O 表示，印度用 L3O 表示。

表 1-13 不同国家烤烟等级数量统计

（闫新甫，2012）

国家	等级数量（个）	发布年份（年）	等级代号（示例）
中国	42	2000	C3F
美国	153	1989	C3F
阿根廷	48	1994	C3F
加拿大	191	1990	CO3
巴西	41	2007	CO3
马拉维	131	—	C3O
津巴布韦	1173	1999	C3O
赞比亚	865	—	C3O
印度	64	—	L3O

二、不同组别烤烟等级数量

不同国家烤烟等级标准中不同组别的等级数量见表 1-14。从表 1-14 可以看出，中国烤烟下部叶、中部叶、上部叶等级数分别为 10 个、10 个、16 个；美国烤烟脚叶、下二棚叶、中部叶、上部叶等级数分别为 10 个、26 个、23 个、63 个；阿根廷烤烟下部叶、中部叶、上二棚叶、顶叶等级数分别为 12 个、12 个、14 个、6 个；加拿大烤烟下部叶、中部叶、上二棚叶、顶叶等级数分别为 24 个、30 个、51 个、42 个；巴西烤烟下部叶、中部叶、上二棚叶、顶叶等级数分别为 9 个、9 个、9 个、9 个；津巴布韦烤烟脚叶、下二棚叶、中部叶、上二棚叶、顶叶等级数分别为 195 个、195 个、75 个、300 个、180 个；赞比亚烤烟脚叶、下二棚叶、中部叶、上二棚叶、顶叶等级数分别为 130 个、130 个、50 个、240 个、144 个；马拉维烤烟下部叶、中部叶、上二棚叶等级数分别为 34 个、24 个、54 个；印度烤烟脚叶、下二棚叶、上二棚叶、顶叶等级数分别为 15 个、15 个、16 个、12 个。

表 1-14 不同国家烤烟等级标准中不同组别的等级数量

（闫新甫，2012）

组别	中国（个）	美国（个）	阿根廷（个）	加拿大（个）	巴西（个）	津巴布韦（个）	赞比亚（个）	马拉维（个）	印度（个）
脚叶	—	10	—	—	—	195	130	—	15
下部叶	10	—	12	24	9	—	—	34	—
下二棚叶	—	26	—	—	—	195	130	—	15
中部叶	10	23	12	30	9	75	50	24	—
完熟叶	2	10	3	40	—	15	10	—	—

续表

组别	中国（个）	美国（个）	阿根廷（个）	加拿大（个）	巴西（个）	津巴布韦（个）	赞比亚（个）	马拉维（个）	印度（个）
上二棚叶	—	—	14	51	9	300	240	54	16
上部叶	16	63	—	—	—	—	—	—	—
顶叶	—	—	6	42	9	180	144	—	12
薄叶	—	—	—	—	—	—	—	12	—
青色叶	2	—	—	—	2	—	—	—	4
光滑叶	2	—	—	—	—	—	—	—	—
混叶	—	7	—	1	—	—	—	—	—
末级	—	13	1	3	1	4	2	1	—
碎片	—	—	—	—	—	195	156	2	—
碎叶	—	1	—	—	1	3	3	2	2
烟梗	—	—	—	—	1	—	—	2	—
杈叶，散叶	—	—	—	—	—	9，2	—	—	—

三、不同国家白肋烟等级数量

不同国家白肋烟等级数量统计见表 1-15。从表 1-15 可以看出，中国、巴西白肋烟等级数分别为 28 个、30 个，美国白肋烟等级数为 113 个。中国白肋烟 C3L 表示中部浅红黄色三级，美国白肋烟 C3L 表示中部浅红黄色三级，巴西白肋烟 C3L 表示的等级为中柠三，实际也表示中部浅红黄色三级。

表 1-15　不同国家白肋烟等级数量统计

（根据《中外烟叶等级标准与应用指南》整理）

国家	等级数量（个）	发布年份（年）	等级代号（示例）
中国	28	2005	C3L
美国	113	1990	C3L
巴西	30	2007	C3L

四、不同组别白肋烟等级数量

不同国家白肋烟等级标准中不同组别的等级数量见表 1-16。从表 1-16 可以看出，中国白肋烟脚叶、下部叶、中部叶、上部叶、顶叶等级数分别为 2 个、5 个、7 个、6 个、3 个，美国白肋烟下部叶、中部叶、上二棚叶、顶叶等级数分别为 14 个、21 个、39 个、21 个，巴西白肋烟下部叶、中部叶、上二棚叶、顶叶等级数均为 7 个。

表 1-16　不同国家白肋烟等级标准中不同组别的等级数量
（根据《中外烟叶等级标准与应用指南》整理）

组别	中国（个）	美国（个）	巴西（个）
脚叶	2	—	—
下部叶	5	14	7
中部叶	7	21	7
上二棚叶	—	39	7
上部叶	6	—	—
顶叶	3	21	7
青色叶	—	—	1
杂色叶	4	—	—
混叶	—	10	—
末级	1	7	1
碎叶	—	1	—

五、中国不同类型烟叶等级数量

中国不同类型烟叶等级数量统计见表 1-17。从表 1-17 可以看出，烤烟、白肋烟、香料烟等级标准为国家标准，出口烤烟、晒黄烟、雪茄烟等级标准为烟草行业标准。中国烤烟、出口烤烟和白肋烟不分型，香料烟分为 B（Basma）型、S（Samsum）型，晒黄烟分为 Q（qian）型、S（shen）型。雪茄烟叶分为 3 个类型，分别为 Wr（茄衣烟叶）、Bi（茄套烟叶）、Fi（茄芯烟叶）。

1992 年烤烟分级国家标准发布，烤烟分为 40 个等级；2000 年烤烟分级国家标准进行修订，修订后烤烟分为 42 个等级。烤烟、白肋烟、香料烟、出口烤烟、晒黄烟、雪茄烟等级个数分别为 42 个、28 个、10 个、83 个、10 个、128 个。不同类型相同等级烟叶，其等级代号不尽相同，如烤烟 C3F 表示中部桔黄色三级，白肋烟 C3F 表示中部浅红棕色三级，香料烟 K2 表示中三级，出口烤烟 CF3 表示中部桔黄色三级，晒黄烟 C3 表示中三级，雪茄烟 Wr—3—C—L 表示茄衣烟叶、质量等级 3 级、颜色浅褐色、长度≥50cm。

表 1-17　中国不同类型烟叶等级数量统计

烟草类型	分型情况	等级数量（个）	发布年份（年）	分级标准	标准类型	等级代号（示例）
烤烟	不分型	42	2000	GB 2635—1992	国家标准	C3F
香料烟	B 型、S 型	10	2000	GB 5991. 1—2000	国家标准	K2
白肋烟	不分型	28	2005	GB/T 8966—2005	国家标准	C3F
出口烤烟	不分型	83	2013	YC/T 483—2013	烟草行业标准	CF3

续表

烟草类型	分型情况	等级数量（个）	发布年份（年）	分级标准	标准类型	等级代号（示例）
晒黄烟	Q 型、S 型	10	2013	YC/T 484. 1—2013	烟草行业标准	C3
雪茄烟	Wr、Bi、Fi	128	2021	YC/T 588—2021	烟草行业标准	Wr—3—C—L

思考题：

1. 全世界烟叶产量较大的国家有哪些？
2. 2010~2019 年中国不同类型晒烟收购量所占比例如何？
3. 2010~2019 年中国不同类型晾烟收购量所占比例如何？
4. 简述烟叶分级的意义。
5. 不同国家烤烟等级数量如何？

第二章　烟叶质量

本章主要介绍烟叶质量基本知识，烤烟、雪茄烟叶质量评价方法和不同等级烤烟质量特点。

第一节　烟叶质量基本知识

烟叶是烟草工业的原料，烟叶质量是烟草制品质量的基础。烟叶质量是由许多因素汇合起来所表现出的综合效果，一般包括外观质量、物理特性、化学成分、感官质量和安全性等诸多方面。

一、烟叶外观质量

烟叶外观质量与内在质量是密切联系的，都是其物质基础——化学成分在外观特征和烟气特征上的表现，这种表现具有规律性和普遍性。

（一）部位

部位是指烟叶在烟株上着生的空间位置。一般分为顶叶、上二棚叶、腰叶、下二棚叶、脚叶。同一烟株上着生部位不同的烟叶，由于光照条件和营养条件以及成熟时环境条件等不同，其物理特性和化学成分含量有着明显的差别。目前大部分国家的烟叶分级标准中，通常把部位作为第一分组因素，一般认为，烤烟的中部叶和上二棚叶质量最好。香料烟由于种植密度较大，达 24 万株/公顷左右，以顶叶质量最好。白肋烟以下二棚叶和中部叶作为卷烟原料最好。

（二）颜色

颜色是指烟叶经调制后烟叶的相关色彩、色泽饱和度和色值状态。烟叶的颜色不同，其外观质量不同。目前大部分国家的烤烟分级标准中，把颜色作为第二分组因素，分为柠檬黄色、桔黄色（橘黄色）、红棕色、青黄色等。在烟草的大家族中，叶片的颜色可变性较大。烤烟最佳颜色为桔黄色和金黄色，而且在储藏过程中不褪色，白肋烟和沙姆逊型香料烟要求呈咖啡色，黄花烟叶片调制后则要求叶片呈绿色或黄绿色。值得说明的是，本书在表达烤烟F 颜色时，有些地方使用桔黄色，有些地方使用橘黄色。中国烤烟分级标准、出口烤烟分级标准中使用桔黄色，有些教材、文献中使用橘黄色。本书涉及烤烟分级标准、出口烤烟分级标准、其他烟叶分级标准时，使用桔黄色；如果引用的教材、文献使用橘黄色，则使用橘黄色。

（三）成熟度

成熟度是指烟叶的成熟程度。成熟度好的烟叶颜色均匀一致，叶片正反面颜色差异小，油分足，色度浓，香气质好量足，吃味醇和，杂气少，刺激性小。未成熟的烟叶调制后带青或有潜在浮青，缺乏光泽，组织粗糙或平滑，出丝率低。在任何情况下，各类型烟叶的成熟度必须达到最优程度。

（四）身份

身份是指烟叶厚度、细胞密度或单位面积的重量。通常身份厚的烟叶油分足、香味好，质轻、片薄的烟叶往往色淡、少香无味。叶片过厚的烟叶，油分差，虽身份较好但也不是优质烟叶。除雪茄包皮烟要求叶片薄外，其他类型烟叶均要求叶片的身份要好，即使香料烟也是如此。

（五）叶片结构

叶片结构是指烟叶细胞排列的疏密程度。中国烤烟的叶片结构分为疏松、尚疏松、稍密、紧密。

（六）油分

油分是指烟叶内含有的一种柔软半液体或液体物质（芳香油和树脂）。一般情况下油分多的烟叶香气质好，香气量也较充足，刺激性也较小。由于油分足弹性强，烟叶在加工等过程中的破损少，出丝率高，填充能力强，可提高烟叶的可用性。

（七）长度

对烟叶的长度及形状要求因烟草类型而不同。雪茄外包皮叶要求长度适中且宽度较大；香料烟叶长度不宜超过16cm。日本学者提出，日本烤烟的最大叶长不宜超过60cm。某些晒晾烟，叶片过长反而对质量不利。通常认为在香料烟和烤烟等类型中，适中偏小的叶片比大型叶片的香气吃味要好。

（八）残伤

残伤是指烟叶组织受到破坏，失去成丝的强度和坚实性，基本无使用价值，以百分数（%）表示。残伤对烟叶质量的影响表现在使叶片组织受到破坏，不但影响烟叶的感官质量，而且失去成丝的韧性，以致叶脉占的比重增加，降低了烟叶的可用性。

二、烟叶物理特性

烟叶物理特性主要指叶片的厚度、单叶重、填充性、叶面密度、含梗率、拉力、平衡含水率等。

（一）厚度

以烤烟为例，叶片厚度代表叶片的身份，鲜叶厚度一般为0.22~0.33mm，烤后烟叶的厚度多为0.10~0.14mm。

（二）单叶重

单叶重是指调制后一片烟叶的重量。已有研究表明，烤烟单叶重的适宜范围为7~14g，后来随着烟叶生产水平的不断提高，烤烟单叶重有所增加。

（三）填充性

烟叶填充性又称为填充能力，是指单位重量的烟丝在标准压力条件下所占有的体积。填充性通常用填充值表示，烤烟填充值一般为3.5~4.5cm^3/g。较薄烟叶的填充值较大，填充性较好；较厚烟叶的填充值较小，填充性较差。下部叶的填充值较大，上部叶的填充值较大。

（四）叶面密度

叶面密度是指已平衡水分的烟叶，其单位面积的重量。烤烟叶面密度一般为 65~90g/m^2。

（五）含梗率

烟叶含梗率是指主脉重量占单叶重的比值，烤烟含梗率一般为 25%~30%。从叶片质量和出丝率角度考虑，含梗率应是越低越好。

（六）拉力

烟叶拉力是指已平衡水分的烟叶受到外部拉力作用时，其组织会发生形变，因而产生应力。

（七）平衡含水率

烟叶平衡含水率是指烟叶在一定温湿度条件下平衡后，水分占烟叶重量的比值。烤烟的平衡含水率一般在 12%以上较好。

三、烟叶化学成分

烟叶中主要化学成分的含量和比值，在很大程度上决定了烟叶及其制品的烟气特性，因而直接影响着烟叶品质的优劣。烟叶的化学成分十分复杂，概括起来可以分为三大类。

（一）非含氮化合物

非含氮化合物包括单糖、双糖、淀粉、有机酸、石油醚提取物、萜烯类、多酚类、纤维素和果胶质等。在一定幅度范围内，糖含量高，则烟叶品质好。淀粉会使烟叶燃烧不良，产生难闻的气味，不仅影响烟气质量，而且使安全性下降。淀粉在烘烤过程中分解的单糖，可使烟叶弹性好、吃味佳，因此，优质烤烟中淀粉含量一般为 2%~4%。有机酸、石油醚提取物、萜烯类、多酚类等是形成香气的重要因素，这些物质只有在良好的土壤条件和施肥措施下，才能大量形成。纤维素和果胶质属多糖类物质，分子量大，不易分解，被认为是烟草中稳定的化合物。

（二）含氮化合物

含氮化合物包括烟碱、氨基酸、蛋白质和叶绿素等。烟碱是烟叶产生生理强度的物质，如果烟碱含量过高，烟气劲头过大，刺激喉部使之产生呛咳感觉；如果烟碱含量过低，则使烟气少香无味，不能产生吸烟应有的效应。烟叶中氨基酸与香吃味品质有一定的关系，此外，氨基酸与糖类作用的产物对烟叶香吃味品质贡献很大。蛋白质含量过高，烟叶燃烧不良，发出难闻的气味，抽吸时有苦辣味，因而香气、吃味均差，刺激性大，品质低劣。优质烤烟蛋白质含量以 8%~10%为宜。叶绿素是青杂气的主要来源，在调制过程中应尽可能消除。挥发碱类物质大多是产生刺激性的物质，应尽可能减少。

（三）矿物质

矿物质主要有钾、磷、硫、钙、镁、氯等，它们虽不是烟草的主要成分，但它们对烟草的生长发育、外观质量和内在质量都有重要的作用。钾、钙、镁、硫、氯是影响烟叶燃烧性的主要成分，这对烟叶香气质和香气量的影响很大。

（四）烟叶化学成分的适宜值

1. 烤烟化学成分的适宜值

《中国烟草种植区划》提出了根据烤烟常规化学成分含量进行赋值打分的方法，赋值为 100

分时，其对应的烤烟常规化学成分分别为：烟碱含量 2.2%～2.8%、总氮含量 2.0%～2.5%、还原糖含量 18%～22%、钾含量≥2.5%、糖碱比 8.5～9.5、氮碱比 0.95～1.05、钾氯比≥8。

刘春奎等根据《中国烟草种植区划》对优质烤烟常规化学成分最适宜值的研究结果，结合相关文献对部分化学成分适宜值及其比值的研究，确定河南烤烟常规化学成分的适宜范围（表 2-1），得出烤烟常规化学成分的适宜值：总糖含量 18%～26%，还原糖含量 16%～24%，总氮含量 1.6%～2.9%，烟碱含量 1.6%～3.2%，钾含量≥2%，氯含量 0.3%～0.8%，糖碱比 6～10，氮碱比 0.8～1.2，钾氯比≥4。另外，优质烤烟硫含量一般为 0.2%～0.7%。

表 2-1　河南烤烟常规化学成分的适宜性

（刘春奎等，2015）

化学成分指标	最适宜值	适宜值
总糖含量	20%～24%	18%～26%
还原糖含量	18%～22%	16%～24%
总氮含量	2%～2.5%	1.6%～2.9%
烟碱含量	2.2%～2.8%	1.6%～3.2%
钾含量	≥2.5%	≥2%
氯含量	0.4%～0.6%	0.3%～0.8%
糖碱比	8.5～9.5	6～10
氮碱比	0.95～1.05	0.8～1.2
钾氯比	≥8	≥4

值得说明的是，不同教材对烤烟某些常规化学成分适宜范围的描述不尽相同，不同烟草工商企业对烤烟常规化学成分适宜范围的要求也不尽相同，不同产区烤烟总糖含量可能存在较大差异，因此，在进行烤烟常规化学成分适宜性评价时，根据相关文献要求，结合烟草企业与产区实际情况进行评价。

Rolf Härdter 在跨世纪烟草农业科技展望和持续发展战略研讨会上指出，烤烟下部叶、中部叶、上部叶烟碱的适宜含量分别为 1.5%、2%、2.5%～3.5%。已有研究表明，优质烤烟还原糖含量与总糖含量的比值应≥90%，还原糖含量与烟碱含量的比值以 8～12 为宜，施木克值以 2～2.5 为宜。

【思政小课堂 1】——科学精神、国际视野

科学家施木克、考尔逊和布吕克纳尔

扫码查看

2. 白肋烟化学成分的适宜值

白肋烟化学成分的适宜值见表 2-2。优质白肋烟的化学成分要求：还原糖含量<1%，总氮含量 2.5%~5.0%，烟碱含量 2.5%~4.0%，蛋白质含量 16%~25%，钾含量 2.00%~3.75%，氯含量<1%，硫含量 0.3%~0.7%。

表 2-2　白肋烟化学成分的适宜值

（闫克玉、赵铭钦，2008）

化学成分指标	适宜含量（%）	化学成分指标	适宜含量（mg/kg）
还原糖	<1	钙	1.7~3.1
总氮	2.5~5.0	镁	0.5~0.9
烟碱	2.5~4.0	磷	0.25~0.50
蛋白质	16~25	铜	6.3~14.2
挥发碱	0.3~0.6	铁	90~120
钾	2.00~3.75	硼	20~50
氯	<1	锌	12.5~25.0
硫	0.3~0.7	锰	100~200

3. 香料烟化学成分的适宜值

《烟草原料初加工》指出，国外香料烟总糖含量为 2.5%~20.0%，国内香料烟总糖含量为 5.0%~15.0%；香料烟总氮含量为 1.49%~3.60%，一般以 2.0%~2.5%为宜；香料烟蛋白质含量 7.0%~20.0%，以 7.0%~12.0%为宜；香料烟烟碱含量在 0.5%~2.8%范围之内，烟碱含量以 1.0%为宜。

四、烟叶感官质量

由于抽烟时人的口腔和喉部器官接触的是烟气，因此，评吸是鉴定烟叶质量的直接方法。

（一）劲头

劲头也称为生理强度，是烟气中的烟碱对人体器官作用时，能够引起兴奋反应的程度。烟气中的烟碱量越多，越使人感到有劲、过瘾。因此，生理强度主要取决于吸烟时进入烟气中的烟碱量。

（二）刺激性

刺激性是指烟气对口腔、鼻腔和喉部造成的不适感受，烟气对喉部产生的尖刺感或强烈冲击。烟叶中对感觉器官起的刺激作用主要来自挥发性碱类物质，其中主要是氨，游离烟碱次之，木质素和纤维素在燃烧中产生的甲醇也会引起辛辣的感觉。

（三）余味

余味是指烟气从口腔、鼻腔呼出后，遗留下来的味觉感受。包括舒适程度、干净程度和干燥感。

（四）香气

香气主要是指烟叶燃烧之后烟气所表现出来的一种特殊芳香，或令人愉快的感觉。香气概念的本身包含了质和量两个方面，即通常所说的“香气质好”和“香气量足”。香气主要取决于烟叶的多酚类、树脂物、醛、酮、挥发酸等。香气的浓淡与烟叶着生部位、烟叶不同类型和不同产地等条件有一定关系。一般烤烟上部叶片比中部叶片香气浓，晒晾烟的香气比烤烟浓，但晒黄烟则近似烤烟。朱尊权院士提出将中国烤烟分为浓香型烤烟、清香型烤烟、中间香型烤烟三种类型。

浓香型烤烟具有焦甜香、甘草香、木香、焦香为主体香韵的香气特征，焦甜香韵突出，香气浓郁而沉溢。浓香型烤烟的代表产区有河南许昌和平顶山、湖南郴州和浏阳、安徽、陕西等地。

清香型烤烟具有清甜香、甘草香、青香、木香为主体香韵的香气特征，清甜香韵突出，香气清雅而飘逸。清香型烤烟的代表产区有云南昆明、曲靖、大理等地，福建龙岩。

中间香型烤烟具有甘草香、正甜香、木香为主体香韵的香气特征，正甜香韵突出，香气丰满而悬浮。中间香型烤烟的代表产区有贵州、四川、山东。

【思政小课堂 2】——爱国主义精神、科学精神、奉献精神

烟草科技工作的奠基人——朱尊权

扫码查看

2017 年，中国烟草总公司关于发布全国烤烟烟叶香型风格区划的通知（中烟办〔2017〕132 号），根据全国烤烟烟叶香型风格区划的研究成果，将全国烤烟烟叶产区划分为八大生态区，把烟叶风格相应划分为八种香型，即西南高原生态区—清甜香型、黔桂山地生态区—蜜甜香型、武陵秦巴生态区—醇甜香型、黄淮平原生态区—焦甜焦香型、南岭丘陵生态区—焦甜醇甜香型、武夷丘陵生态区—清甜蜜甜香型、沂蒙丘陵生态区—蜜甜焦香型、东北平原生态区—木香蜜甜香型。

【拓展知识 3】

烤烟八种香型

1. 西南高原生态区—清甜香型：风格特征为清甜香突出，青香明显；区域分布涵盖云南全部，四川大部及贵州、广西部分产地，具体包括玉溪、昆明、大理、曲靖、凉山、楚雄、红河、攀枝花、普洱、文山、临沧、保山、昭通、毕节西部、黔西南西部、六盘水西部、德宏、丽江、百色西部，典型产地为玉溪江川。

2. 黔桂山地生态区—蜜甜香型：风格特征为蜜甜香突出；区域分布涵盖贵州、广西大部及四川部分产地，具体包括遵义、贵阳、毕节中部和东部、黔南、黔西南中部和东部、安顺、黔东南、铜仁、泸州、宜宾、六盘水中部和东部、百色中部和东部、河池，典型产地为遵义播州。

3. 武陵秦巴生态区—醇甜香型：风格特征为醇甜香突出；区域分布涵盖重庆、湖北全部，陕西大部及湖南、甘肃部分产地，具体包括重庆、恩施、十堰、宜昌、湘西、张家界、怀化、常德、安康、汉中、商洛镇安、襄阳、广元、陇南，典型产地为重庆巫山。

4. 黄淮平原生态区-焦甜焦香型：风格特征为焦甜香突出，焦香较明显，树脂香微显；区域分布涵盖河南、山西全部及陕西、甘肃部分产地，具体包括许昌、平顶山、漯河、驻马店、南阳、商洛洛南、洛阳、三门峡、宝鸡、咸阳、延安、庆阳、临汾、长治、运城，典型产地为许昌襄城。

5. 南岭丘陵生态区—焦甜醇甜香型：风格特征为焦甜香突出，醇甜香较明显，甜香香韵较丰富；区域分布涵盖江西、安徽全部，广东、湖南大部及广西部分产地，具体包括郴州、永州、韶关、宣城、赣州、芜湖、长沙、衡阳、邵阳、池州、抚州、益阳、娄底、贺州、株洲、黄山、宜春、吉安、清远，典型产地为郴州桂阳。

6. 武夷丘陵生态区—清甜蜜甜香型：风格特征为清甜香突出，蜜甜香明显，花香微显，香韵种类丰富；区域分布涵盖福建全部及广东部分产地，具体包括三明、龙岩、南平、梅州，典型产地为三明宁化。

7. 沂蒙丘陵生态区—蜜甜焦香型：风格特征为焦香突出，蜜甜香明显，木香较明显，香韵较丰富；区域分布涵盖山东全部产地，具体包括潍坊、临沂、日照、淄博、青岛、莱芜，典型产地为潍坊诸城。

8. 东北平原生态区—木香蜜甜香型：风格特征为木香突出，蜜甜香明显；区域分布涵盖黑龙江、辽宁、吉林、内蒙古、河北全部产地，具体包括牡丹江、丹东、哈尔滨、绥化、赤峰、延边、朝阳、铁岭、大庆、白城、双鸭山、鸡西、七台河、长春、通化、抚顺、本溪、鞍山、阜新、锦州、张家口、保定、石家庄，典型产地为牡丹江宁安。

（五）杂气

杂气包括青杂气、生杂气、木质气、枯焦气、土腥气和地方性杂气。吸烟时，产生令人愉快的气味称为香气，令人不愉快的气味则称为杂气。显然，杂气与香气是相互制约的。呼吸器官所觉察到的这种杂气，其形成原因比较复杂。

（六）吃味

吃味是指烟气反映在口腔内包括酸、甜、苦、辣等味道感觉的总称，是烟气被口腔反映的味感。根据某种成分的多少，孤立地评定烟气吃味好坏是不恰当的。所谓烟气吃味的和谐性，正是上述各种特征在烟气中的和谐结合。吃味和谐的烟叶，不良气味少，烟气带甜略酸且具有浓郁的香味，其生理强度和刺激性也能较好地协调结合。

如要详细了解感官质量，可以查阅单料烟和卷烟感官技术方面的相关知识。

五、烟叶安全性

随着人们对“吸烟与健康”问题讨论的广泛开展，人们越来越关注卷烟烟气的危害性问题。评价烟叶质量优劣，仅注意烟叶外观质量、物理特性、化学成分和感官质量显得不够全面和深入，因此，必须借助烟气化学成分鉴定烟叶安全性。

（一）农药残留

烟叶中的农药残留会对消费者的健康带来危害，应在烟叶生产中消除农药残留或降低农药残留至标准以下。因为一些农药、部分除莠剂和腋芽抑制剂，在田间使用后，在烟叶中会有残留，甚至在抽吸和烟气中尚有少量存在。因此，美国、德国、加拿大均已在烟叶生产上停止使用DDT、六六六、汞化合物、硒化合物、砷酸化合物、氟乙酸、杀螨强、氯丹、杀螨特、七氯、环氧乙氯、碳氯灵、狄乙剂、异狄氏剂、艾氏剂、异艾氏剂等16种农药。

（二）重金属

砷、铅、汞、镉等重金属元素，在烟气中多有传递作用，对人体产生危害。选择烟草种植产区时，应分析土壤中重金属含量，过高的地方要减少烟草种植，或采用生物方法减少土壤重金属含量。

（三）烟气中的有害物质

烟气化学成分相当复杂，已经发现3万多个信号。在构成卷烟烟气总量中，粒相物质约占8%，除去水分和烟气烟碱，这些粒相物质就是通常所说的焦油。据报道，组成焦油的化学成分总量在5200种以上，其中99.4%的成分是对健康无害的，0.4%的成分是癌症促进剂，0.2%的成分是致癌物质，如3，4-苯并［a］芘等是世界公认的致癌物质。其他如酚类、吡啶基丙烯醛、苯并蒽是协同致癌物质。

科学家霍夫曼提出了卷烟烟气中一系列有代表性的有害成分，44种有害成分被称为霍夫曼名单。

【思政小课堂3】——科学精神、社会责任

科学家霍夫曼

扫码查看

第二节　烟叶质量评价

一、烤烟质量评价

（一）烤烟外观质量评价

《中国烟草种植区划》将烤烟颜色、成熟度、叶片结构、身份、油分、色度6项指标作为烤烟外观质量评价指标，各指标的权重依次为0.30、0.25、0.15、0.12、0.10、0.08，颜色的权重最大，色度的权重最小。以GB 2635—1992《烤烟》分级标准为基础，建立了烟叶外观质量各指标的量化打分标准（表 2-3），采用指数和法评价烤烟外观质量状况。

表 2-3　烤烟外观质量评分标准

（王彦亭等，2010）

颜色	得分	成熟度	得分	叶片结构	得分	身份	得分	油分	得分	色度	得分
桔黄色	7~10	成熟	7~10	疏松	8~10	中等	7~10	多	8~10	浓	8~10
柠檬黄色	6~9	完熟	6~9	尚疏松	5~8	稍薄	4~7	有	5~8	强	6~8
红棕色	3~7	尚熟	4~7	稍密	3~5	稍厚	4~7	稍有	3~5	中	4~6
微带青色	3~6	欠熟	0~4	紧密	0~3	薄	0~4	少	0~3	弱	2~4
青黄色	1~4	假熟	3~5			厚	0~4			淡	0~2
杂色	0~3										

烤烟外观质量得分=颜色得分×0.30+成熟度得分×0.25+叶片结构得分×0.15+身份得分×0.12+油分得分×0.10+色度得分×0.08，外观质量得分为十分制。

（二）烤烟物理特性评价

《中国烟草种植区划》将烤烟拉力、含梗率、平衡含水率、叶面密度 4 项指标评价烤烟物理特性，各指标的权重依次为 0.35、0.35、0.14、0.16，各指标的赋值方法见表 2-4，以指数和法计算烤烟物理特性适宜性状况。

表 2-4　烤烟物理特性指标赋值方法

（王彦亭等，2010）

指标	100 分	100~90 分	90~80 分	80~70 分	70~60 分	<60 分
叶面密度（g/m^2）	75.0~80.0	80.0~85.0	85.0~90.0	90.0~95.0	95.0~100.0	>100.0
		75.0~70.0	70.0~65.0	65.0~60.0	60.0~50.0	<50.0
拉力（N）	1.8~2.0	2.0~2.2	2.2~2.4	2.4~2.6	2.6~2.8	>2.8
		1.8~1.6	1.6~1.4	1.4~1.2	1.2~1.0	<1.0
平衡含水率（%）	>13.5	13.5~13.0	13.0~12.0	12.00~11.0	11.0~10.0	<10.0
含梗率（%）	<22.0	22.0~25.0	25.0~28.0	28.0~31.0	31.0~35.0	>35.0

烤烟物理特性得分=拉力得分×0.35+含梗率得分×0.35+平衡含水率得分×0.14+叶面密度得分×0.16，烤烟物理特性得分为百分制。

（三）烤烟化学成分评价

《中国烟草种植区划》将烟碱、总氮、还原糖、钾、淀粉含量、糖碱比、氮碱比、钾氯比 8 项指标作为烤烟化学成分协调性的评价指标，各指标的权重依次为 0.17、0.09、0.14、0.08、0.07、0.25、0.11、0.09，糖碱比的权重最大，淀粉含量的权重最小。各指标均以公认的最适范围为 100 分，高于或低于该最适范围依次降低分值，具体各化学成分的档次及赋值见表 2-5。以指数和法计算烤烟化学成分协调性状况。

烤烟化学成分得分=烟碱含量得分×0.17+总氮含量得分×0.09+还原糖含量得分×0.14+钾含量得分×0.08+淀粉含量得分×0.07+糖碱比得分×0.25+氮碱比得分×0.11+钾氯比得分×0.09。

表 2-5　烤烟化学成分指标赋值方法

（王彦亭等，2010）

指标	100 分	100~90 分	90~80 分	80~70 分	70~60 分	<60 分
烟碱（%）	2.20~2.80	2.20~2.00	2.00~1.80	1.80~1.70	1.70~1.60	<1.60
		2.80~2.90	2.90~3.00	3.00~3.10	3.10~3.20	>3.20
总氮（%）	2.00~2.50	2.50~2.60	2.60~2.70	2.70~2.80	2.80~2.90	>2.90
		2.00~1.90	1.90~1.80	1.80~1.70	1.70~1.60	<1.60
还原糖（%）	18.00~22.00	18.00~16.00	16.00~14.00	14.00~13.00	13.00~12.00	<12.00
		22.00~24.00	24.00~26.00	26.00~27.00	27.00~28.00	>28.00
钾（%）	≥2.50	2.50~2.00	2.00~1.50	1.50~1.20	1.20~1.00	<1.00
淀粉（%）	≤3.50	3.50~4.50	4.50~5.00	5.00~5.50	5.50~6.00	>6.00
糖碱比	8.50~9.50	8.50~7.00	7.00~6.00	6.00~5.50	5.50~5.00	<5.00
		9.50~12.00	12.00~13.00	13.00~14.00	14.00~15.00	>15.00
氮碱比	0.95~1.05	0.95~0.80	0.80~0.70	0.70~0.65	0.65~0.60	<0.60
		1.05~1.20	1.20~1.30	1.30~1.35	1.35~1.40	>1.40
钾氯比	≥8.00	8.00~6.00	6.00~5.00	5.00~4.50	4.50~4.00	<4.00

（四）烤烟感官质量评价

《中国烟草种植区划》将香气质、香气量、刺激性、余味、杂气 5 项指标作为烤烟感官质量评价指标，各指标的权重依次为 0.30、0.30、0.08、0.15、0.17，香气质和香气量的权重最大，刺激性的权重最小。按照 YC/T 138—1998《烟草及烟草制品　感官评价方法》，以九分制对各项感官指标进行赋值量化，赋值方法见表 2-6。以指数和法计算烤烟感官质量总体状况。

表 2-6　烤烟感官评价赋值方法

（王彦亭等，2010）

感官指标	程度	得分	感官指标	程度	得分
香气质	较好、中偏上	6.1~9.0	刺激性	微有	6.1~9.0
	中等	3.1~6.0		有	3.1~6.0
	偏下、较差	≤3.0		略大、较大	≤3.0
香气量	较足、尚足	6.1~9.0	余味	舒适、较舒适	6.1~9.0
	有	3.1~6.0		尚适	3.1~6.0
	较少、少	≤3.0		欠适、滞舌	≤3.0
杂气	无、较轻	6.1~9.0			
	有	3.1~6.0			
	略重、较重、重	≤3.0			

烤烟感官质量得分=香气质得分×0.30+香气量得分×0.30+刺激性得分×0.08+余味得分×0.15+杂气得分×0.17，烤烟感官质量得分为九分制。

（五）烤烟安全性评价

抑芽剂马来酰肼在鲜叶和烤后烟叶中残留标准，国际规定是 100mg/g。中国烟草中最高残留限量标准和 CORESTA 指导性残留限量标准规定为 0.5mg/kg。

【思政小课堂 4】——国际视野

CORESTA

扫码查看

谢剑平等建立了一种评价卷烟烟气危害性的方法，采用卷烟主流烟气一氧化碳（CO）、氢氰酸（HCN）、4-（甲基亚硝胺基）-1-（3-吡啶基）-1-丁酮（NNK）、氨（NH_3）、苯并［a］芘（B［a］P）、苯酚（PHE）、巴豆醛（CRO）7 项代表性有害成分计算卷烟产品危害性评价指数（hazard index，*HI*），危害性评价指数公式如下。

$$HI=\frac{Y_{CO}}{C_1}+\frac{Y_{HCN}}{C_2}+\frac{Y_{NNK}}{C_3}+\frac{Y_{NH_3}}{C_4}+\frac{Y_{B[a]P}}{C_5}+\frac{Y_{PHE}}{C_6}+\frac{Y_{CRO}}{C_7}$$

公式中 Y 表示卷烟主流烟气有害成分释放量，$C_1 \sim C_7$ 表示卷烟主流烟气有害成分的参考值。

刘春奎等研究结果表明，烟气一氧化碳量、焦碱比与烤烟型卷烟香气、谐调、杂气、刺激性、余味得分和感官质量总分呈极显著的负相关，烟气烟碱量与烤烟型卷烟香气、谐调、杂气、刺激性、余味得分和感官质量总分呈极显著的正相关（表 2-7）。

表 2-7　卷烟烟气主要化学成分与感官质量得分的关系（n=254）

（刘春奎等，2019）

指标	统计量	焦油量	一氧化碳量	烟气烟碱量	焦碱比
光泽得分	相关系数	-0.072	-0.401**	0.299**	-0.638**
	P 值	0.256	0.000	0.000	0.000
香气得分	相关系数	-0.063	-0.399**	0.340**	-0.687**
	P 值	0.318	0.000	0.000	0.000
谐调得分	相关系数	-0.025	-0.349**	0.328**	-0.621**
	P 值	0.690	0.000	0.000	0.000

续表

指标	统计量	焦油量	一氧化碳量	烟气烟碱量	焦碱比
杂气得分	相关系数	-0.124*	-0.463**	0.276**	-0.688**
	P值	0.048	0.000	0.000	0.000
刺激性得分	相关系数	-0.099	-0.430**	0.305**	-0.705**
	P值	0.114	0.000	0.000	0.000
余味得分	相关系数	-0.093	-0.390**	0.291**	-0.664**
	P值	0.140	0.000	0.000	0.000
总分	相关系数	-0.083	-0.421**	0.321**	-0.698**
	P值	0.187	0.000	0.000	0.000

注 *表示两个指标间的相关性达到显著水平（$P<0.05$）；**表示两个指标间的相关性达到极显著水平（$P<0.01$）。后同。

刘春奎等建立了一种以烟气一氧化碳量、烟气烟碱量和焦碱比（焦油/烟碱）为评价指标，计算卷烟烟气主要化学成分适宜性指数的方法，也可以计算某一等级烤烟卷制成单料烟的烟气主要化学成分适宜性指数（表2-8）。卷烟烟气主要化学成分适宜性指数=0.3333×烟气烟碱量得分+0.3330×一氧化碳量得分+0.3337×焦碱比得分。

烟气烟碱量得分的函数类型为S型，其函数表达式为：

$$y=\begin{cases}65 & x<x_1\\ 35\times(x-x_1)/(x_2-x_1)+65 & x_1\leqslant x<x_2\\ 100 & x\geqslant x_2\end{cases}$$

y为烟气烟碱量得分，x为烟气烟碱量，x_1、x_2分别为下临界值、上临界值。

一氧化碳量得分的函数类型为反S型，其函数表达式为：

$$y=\begin{cases}100 & x\leqslant x_1\\ 100-35\times(x-x_1)/(x_2-x_1) & x_1<x\leqslant x_2\\ 65 & x>x_2\end{cases}$$

y为一氧化碳量得分，x为一氧化碳量，x_1、x_2分别为下临界值、上临界值。

焦碱比得分的函数类型为反S型，其函数表达式为：

$$y=\begin{cases}100 & x\leqslant x_1\\ 100-35\times(x-x_1)/(x_2-x_1) & x_1<x\leqslant x_2\\ 65 & x>x_2\end{cases}$$

y为焦碱比得分，x为焦碱比，x_1、x_2分别为下临界值、上临界值。

表2-8 卷烟烟气主要化学成分适宜性指数的函数拐点
（刘春奎等，2019）

烟气指标	函数类型	下临界值（x_1）	上临界值（x_2）
烟气烟碱量	S型	0.70	1.20
一氧化碳量	反S型	10.00	15.00
焦碱比	反S型	9.00	15.00

（六）烤烟质量综合评价

烤烟质量是烤烟外观质量、物理特性、化学成分、感官质量的综合反映，烤烟质量综合评价主要从这 4 个方面进行评价，烤烟外观质量、物理特性、化学成分、感官质量的权重依次为 0.06、0.06、0.22、0.66，以指数和法评价烤烟综合质量。

烤烟质量综合得分=外观质量得分×0.06+物理特性得分×0.06+化学成分得分×0.22+感官质量得分×0.66。由于烤烟外观质量得分为十分制，烤烟感官质量得分为九分制，物理特性和化学成分得分为百分制，在计算综合得分时需要统一为百分制，因此，烤烟外观质量得分乘以 10 转化成百分制，烤烟感官质量得分乘以 100/9 转化成百分制。

烤烟质量综合得分的表达式为：烤烟质量综合得分=（10×外观质量得分）×0.06+物理特性得分×0.06+化学成分得分×0.22+（感官质量得分×100/9）×0.66。

二、雪茄烟质量评价

（一）雪茄烟外观质量评价

1. 雪茄烟茄衣外观质量评价

刘博远将颜色、成熟度、身份、叶片结构、油分、色度、支脉粗细、主脉支脉夹角、支脉凸出度 9 项指标作为雪茄烟茄衣外观质量评价指标，各指标相应的权重依次为 0.20、0.25、0.10、0.10、0.10、0.10、0.05、0.05、0.05。以十分制对各项外观质量指标进行赋值量化，赋值方法见表 2-9。以指数和法计算雪茄烟茄衣外观质量总体状况。

表 2-9　雪茄烟茄衣外观质量评价指标赋值方法

（刘博远，2021）

指标	8~10 分	7~9 分	6~8 分	4~6 分	2~4 分
颜色	深咖啡色	红棕色	土黄色	橘黄色	青灰色
成熟度	完熟	成熟	尚熟	欠熟	
身份	适中	稍薄/稍厚	薄	厚	过厚/过薄
叶片结构	疏松	尚疏松	稍密	紧密	
油分	多	有	稍有	少	
色度	浓	强	中	弱	淡
支脉粗细	细	较细	一般	较粗	
主脉支脉夹角	35°~55°	大于 55°	小于 35°		
支脉凸出度	无凸出	略微凸出	凸出	较凸出	

2. 雪茄烟茄芯外观质量评价

刘博远将成熟度、身份、叶片结构、油分、颜色 5 项指标作为雪茄烟茄芯外观质量评价指标，各指标相应的权重依次为 0.35、0.20、0.10、0.20、0.15。以十分制对各项外观质量指标进行赋值量化，赋值方法见表 2-10。以指数和法计算雪茄烟茄芯外观质量总体状况。

表 2-10　雪茄烟茄芯外观质量评价指标赋值方法
（刘博远，2021）

指标	8~10 分	7~9 分	6~8 分	4~6 分	2~3 分
成熟度	完熟	成熟	尚熟	欠熟	
身份	适中	稍薄/稍厚	薄	厚	过厚/过薄
叶片结构	疏松	尚疏松	稍密	紧密	
油分	多	有	稍有	少	
颜色	深咖啡色	红棕色	土黄色	橘黄色	青灰色

（二）雪茄烟物理特性评价

1. 雪茄烟茄衣物理特性评价

刘博远选取拉力、平衡含水率、含梗率、厚度、叶质重 5 项指标作为雪茄烟茄衣物理特性评价指标，各指标相应的权重依次为 0. 30、0. 10、0. 15、0. 30、0. 15。以十分制对雪茄烟茄衣各项物理特性指标进行赋值量化，赋值方法见表 2-11。以指数和法计算雪茄烟茄衣物理特性总体状况。

表 2-11　雪茄烟茄衣物理特性指标赋值方法
（根据 2021 年刘博远硕士论文整理）

指标	10 分	10~9 分	9~8 分	8~7 分	7~6 分	<6 分
拉力（N）	>2. 4	2. 4~2. 2	2. 2~2. 0	2. 0~1. 8	1. 8~1. 6	<1. 4
平衡含水率（%）	>13. 5	13. 5~13. 0	13. 0~12. 0	12. 0~11. 0	11. 0~10. 0	<10. 0
含梗率（%）	<19. 0	19. 0~21. 0	21. 0~23. 0	23. 0~25. 0	25. 0~27. 0	>27. 0
厚度（mm）	0. 08~0. 13	0. 13~0. 14	0. 14~0. 15	0. 15~0. 16	0. 16~0. 17	>0. 17
		0. 08~0. 07	0. 07~0. 06	0. 06~0. 05	0. 05~0. 04	<0. 04
叶质重（g/m^2）	35. 0~40. 0	40. 0~45. 0	45. 0~50. 0	50. 0~55. 0	55. 0~60. 0	>60. 0
		35. 0~30. 0	30. 0~25. 0	25. 0~20. 0	20. 0~15. 0	<15. 0

2. 雪茄烟茄芯物理特性评价

刘博远选取拉力、平衡含水率、含梗率、厚度、单叶重、叶质重、填充值 7 项指标作为雪茄烟茄芯物理特性评价指标，各指标相应的权重依次为 0. 10、0. 10、0. 10、0. 20、0. 15、0. 15、0. 20。以十分制对雪茄烟茄芯各项物理特性指标进行赋值量化，赋值方法见表 2-12。以指数和法计算雪茄烟茄芯物理特性总体状况。

表 2-12　雪茄烟茄芯物理特性指标赋值方法
（根据 2021 年刘博远硕士论文整理）

指标	10 分	10~9 分	9~8 分	8~7 分	7~6 分	<6 分
拉力（N）	>2. 4	2. 4~2. 0	2. 0~1. 6	1. 6~1. 2	1. 2~0. 8	<0. 8
平衡含水率（%）	>13. 5	13. 5~13. 0	13. 0~12. 0	12. 0~11. 0	11. 0~10. 0	<10. 0

续表

指标	10 分	10~9 分	9~8 分	8~7 分	7~6 分	<6 分
含梗率（%）	<19.0	19.0~21.0	21.0~23.0	23.0~25.0	25.0~27.0	>27.0
厚度（mm）	0.15~0.20	0.20~0.21	0.21~0.22	0.22~0.23	0.23~0.24	>0.24
		0.15~0.14	0.14~0.13	0.13~0.12	0.12~0.11	<0.11
单叶重（g）	5.5~6.0	6.0~6.5	6.5~7.0	7.0~7.5	7.5~8.0	>8.0
		5.5~5.0	5.0~4.5	4.5~4.0	4.0~3.5	<3.5
叶质重（g/m^2）	45.0~50.0	50.0~55.0	55.0~60.0	60.0~65.0	65.0~70.0	>70.0
		45.0~40.0	40.0~35.0	35.0~30.0	30.0~25.0	<25.0
填充值（cm^3/g）	>7.0	7.0~6.5	6.5~6.0	6.0~5.5	5.5~5.0	<5.0

（三）雪茄烟化学成分评价

刘博远选取烟碱含量、总氮含量、还原糖含量、钾含量、氯含量、糖碱比、氮碱比、钾氯比 8 项指标作为雪茄烟常规化学成分评价指标，各指标相应的权重依次为 0.24、0.12、0.04、0.08、0.07、0.14、0.21、0.10。以十分制对雪茄烟各项常规化学成分指标进行赋值量化，赋值方法见表 2-13。以指数和法计算雪茄烟化学成分总体状况。

表 2-13 雪茄烟常规化学成分指标赋值方法

（根据 2021 年刘博远硕士论文整理）

指标	10 分	10~9 分	9~8 分	8~7 分	7~6 分	<6 分
烟碱（%）	3.20~3.80	3.80~3.90	3.90~4.00	4.00~4.10	4.10~4.20	>4.20
		3.20~3.00	3.00~2.80	2.80~2.70	2.70~2.60	<2.60
总氮（%）	3.00~3.50	3.50~3.60	3.60~3.70	3.70~3.80	3.80~3.90	>3.90
		3.00~2.90	2.90~2.80	2.80~2.70	2.70~2.60	<2.60
还原糖（%）	0.80~1.00	1.00~1.10	1.10~1.20	1.20~1.30	1.30~1.40	>1.40
		0.80~0.70	0.70~0.60	0.60~0.50	0.50~0.40	<0.40
钾（%）	≥2.50	2.50~2.00	2.00~1.50	1.50~1.20	1.20~1.00	<1.00
氯（%）	0.40~0.60	0.60~0.70	0.70~0.80	0.80~0.90	0.90~1.00	>1.00
		0.40~0.30	0.30~0.25	0.25~0.20	0.20~0.15	<0.15
糖碱比	0.30~0.40	0.40~0.45	0.45~0.50	0.50~0.55	0.55~0.60	>0.60
		0.30~0.25	0.25~0.20	0.20~0.15	0.15~0.10	<0.10
氮碱比	0.95~1.05	1.05~1.20	1.20~1.30	1.30~1.35	1.35~1.40	>1.4
		0.95~0.80	0.80~0.70	0.70~0.65	0.65~0.60	<0.6
钾氯比	≥8.00	8.00~6.00	6.00~5.00	5.00~4.50	4.50~4.00	<4.00

刘博远研究认为，雪茄烟化学成分得分=常规化学成分得分×0.40+致香物质得分×0.30+总生物碱得分×0.15+多酚总量得分×0.15。实际上，如果没有测定雪茄烟叶致香物质含量、总生物碱含量、多酚总量，雪茄烟化学成分得分即为常规化学成分得分。

（四）雪茄烟感官质量评价

目前，烟草行业尚未形成统一的雪茄烟叶感官质量评价体系，不同研究者采用不同的评价方法。

刘博远选取雪茄风格彰显程度、香韵、烟气浓度、烟气强度等4项指标作为评价雪茄烟叶风格的指标，各指标相应的权重依次为0.30、0.50、0.10、0.10。以九分制对雪茄烟各项感官指标进行赋值量化，赋值方法见表2-14。以指数和法计算雪茄烟感官质量总体状况。需要注意，雪茄烟各项感官指标为九分制，在进行雪茄烟综合质量评价时要转换为十分制，以便与外观质量、物理特性、化学成分的得分一致。

表2-14 雪茄烟风格特征及赋值方法

（刘博远，2021）

指标		0~3分	3~6分	6~9分
雪茄风格彰显程度		无~微显	稍显著~尚显著	较显著~显著
香韵	木香 豆香 花香 醇甜香 蜜甜香 烘焙香 花粉香 奶香 甘草香 焦甜香 树脂香 果香 药草香 坚果味 皮革味 咖啡味 胡椒味	无~微显	稍显著~尚显著	较显著~显著

续表

指标	0~3 分	3~6 分	6~9 分
烟气浓度	小~较小	中等~稍大	较大~大
烟气强度	小~较小	中等~稍大	较大~大

李紫琳采用晾晒烟的感官评价方法对雪茄烟进行感官质量评价，选取风格程度、香气量、浓度、杂气、劲头、刺激性、余味、燃烧性、灰度 9 项指标作为雪茄烟感官质量评价指标，各指标相应的权重依次为 0.30、0.26、0.04、0.14、0.04、0.09、0.11、0.01、0.01。以九分制对雪茄烟各项感官指标进行赋值量化，赋值方法见表 2-15。以指数和法计算雪茄烟感官质量总体状况。

表 2-15　雪茄烟感官质量评价标准

（李紫琳，2023）

得分	风格程度	香气量	浓度	杂气	劲头	刺激性	余味	燃烧性	灰度
8.0~9.0	显著	足	浓	微有	大	微有	舒适	强	白
6.0~8.0	较显著	较足	较浓	较轻	较大	有	较舒适	较强	灰白
4.0~6.0	有	尚足	中等	有	中等	略大	尚舒适	中等	灰
3.0~4.0	微有	有	较淡	略重	较小	较大	微苦	较差	黑灰
2.0~3.0	缺乏	较少	淡	较重	小	大	较苦辣	熄火	—
1.0~2.0	—	少	—	重	—	—	滞舌	—	—

（五）雪茄烟综合质量评价

刘博远研究了雪茄烟茄衣、茄芯综合质量评价方法。雪茄烟茄衣综合质量得分＝外观质量得分×0.25+物理特性得分×0.25+化学成分得分×0.20+感官质量得分×0.30。雪茄烟茄芯综合质量得分＝外观质量得分×0.15+物理特性得分×0.15+化学成分得分×0.20+感官质量得分×0.50。由于雪茄烟茄衣与茄芯的用途不同，所以茄衣烟叶外观质量、物理特性的权重较大，茄芯烟叶感官质量的权重较大。

第三节　不同等级烤烟质量特点

一、不同等级烤烟的外观质量

（一）不同等级烤烟外观质量得分

河南不同等级烤烟外观质量得分见表 2-16。从表 2-16 可以看出，C1F、C1L 的外观质量总分最高，均为 57.5 分，B3K 的外观质量总分最低，为 19.0 分。同一组别烤烟等级越高，其外观质量总分越高。下部柠黄色叶组烟叶的外观质量总分高低顺序依次为：X1L>X2L>X3L>X4L。

表 2-16　河南不同等级烤烟外观质量得分

（闫洪洋等，2012）

等级	颜色	成熟度	叶片结构	身份	油分	色度	总分	等级	颜色	成熟度	叶片结构	油分	色度	总分
X1L	8.5	9.5	10.0	7.0	7.5	7.5	50.0	B2F	10.0	9.5	7.0	8.0	8.0	48.5
X2L	8.5	9.5	10.0	4.0	4.5	5.5	42.0	B3F	10.0	9.5	4.5	7.5	6.0	43.5
X3L	8.0	9.5	10.0	4.0	4.5	3.5	39.5	B4F	10.0	9.5	4.5	5.0	4.0	36.5
X4L	8.0	4.0	10.0	3.5	2.5	1.5	29.5	B1R	6.0	9.5	5.0	8.0	8.0	43.5
X1F	10.0	9.5	10.0	6.5	7.5	7.5	51.0	B2R	6.0	9.0	4.0	7.5	7.0	40.0
X2F	10.0	9.5	10.0	6.5	4.5	5.0	45.5	B3R	6.0	9.0	4.0	4.5	5.0	32.0
X3F	9.5	9.5	10.0	6.0	4.5	3.0	42.5	H1F	9.5	10.0	9.5	5.0	8.0	51.5
X4F	9.5	4.0	10.0	3.0	2.0	1.5	30.0	H2F	9.0	10.0	9.0	5.0	6.0	48.0
C1L	9.0	9.5	9.5	9.5	10.0	10.0	57.5	CX1K	4.0	6.5	8.5	6.5	5.0	36.5
C2L	9.0	9.5	9.5	9.5	8.0	8.0	53.5	CX2K	3.0	3.5	6.5	2.0	4.0	22.0
C3L	8.5	9.5	9.5	7.0	8.0	5.5	48.0	B1K	3.0	6.5	4.5	8.0	5.0	34.0
C4L	8.5	9.5	9.5	7.0	4.5	5.5	44.5	B2K	3.0	3.5	2.5	5.0	4.0	22.0
C1F	10.0	9.5	9.5	9.5	9.5	9.5	57.5	B3K	3.0	3.5	2.5	3.0	3.0	19.0
C2F	10.0	9.5	9.5	9.5	8.0	8.0	54.5	S1	6.0	3.5	2.5	7.0	2.0	28.0
C3F	10.0	9.5	9.5	9.5	7.5	6.0	52.0	S2	6.0	3.0	2.0	3.0	1.0	22.0
C4F	10.0	9.5	9.5	7.0	4.5	5.5	46.0	X2V	6.0	7.0	9.5	5.0	5.5	40.0
B1L	9.0	9.5	7.5	10.0	9.5	9.5	55.0	C3V	6.0	7.0	10.0	8.0	7.5	48.5
B2L	9.0	9.5	4.5	10.0	8.0	7.5	48.5	B2V	6.0	7.0	4.5	8.0	8.0	40.5
B3L	9.0	9.5	4.5	10.0	5.0	5.5	43.5	B3V	6.0	7.0	4.5	5.0	6.0	35.5
B4L	9.0	9.5	2.5	7.0	5.0	3.5	36.5	GY1	4.0	7.0	7.5	7.5	2.0	35.0
B1F	10.0	9.5	7.0	6.0	10.0	9.5	52.0	GY2	4.0	4.0	5.0	5.0	1.0	26.0

（二）不同等级烤烟表面颜色特征参数

西南烟区不同等级烤烟表面颜色特征参数描述见表 2-17。从表 2-17 可以看出，不同等级烤烟的明度 L^*、黄度 b^*、饱和度 C^* 平均值的大小顺序均表现为：X2F>C3F>B2F，红度 a^* 平均值的大小顺序依次为：B2F>C3F>X2F。

表 2-17　西南烟区不同等级烤烟表面颜色特征参数

（王改丽等，2017）

等级	颜色指标	最小值	最大值	平均值
B2F	明度 L^*	48.45	57.08	53.94
	红度 a^*	16.24	18.73	17.57
	黄度 b^*	39.62	50.42	46.03
	饱和度 C^*	43.52	53.76	49.29
C3F	明度 L^*	47.90	63.34	56.99
	红度 a^*	14.48	18.91	16.64
	黄度 b^*	39.92	50.92	47.50
	饱和度 C^*	44.11	53.41	50.37
X2F	明度 L^*	54.56	63.41	60.30
	红度 a^*	13.25	17.03	15.15
	黄度 b^*	43.64	51.68	48.11
	饱和度 C^*	46.78	53.77	50.47

二、不同等级烤烟的物理特性

不同等级烤烟物理特性见表 2-18。一般情况下，同一部位桔黄色烤烟的吸湿性大于柠檬黄色相应等级（B1F~B4F 例外）；同一部位桔黄色烤烟的叶片厚度比柠檬黄色烤烟相应等级厚，红棕色为较厚，光滑叶较薄。

表 2-18　不同等级烤烟物理特性

（郑州轻工业学院，1994）

等级	吸湿性（%）	叶片厚度（μm）	填充值（cm^3/g）	等级	吸湿性（%）	叶片厚度（μm）	填充值（cm^3/g）
X1L	12.56	75.5	4.200	B2F	12.66	121.0	4.330
X2L	11.85	77.5	4.295	B3F	10.02	119.0	4.635
X3L	11.45	72.0	4.535	B4F	10.95	131.5	4.665
X4L	10.27	70.5	5.130	B1R	10.89	136.5	4.860
X1F	12.94	78.0	4.275	B2R	11.54	131.0	5.110
X2F	12.21	77.5	4.800	B3R	10.62	116.0	3.970
X3F	11.69	76.5	5.285	CX1K	14.00	92.0	5.265
X4F	10.64	79.0	6.045	CX2K	12.93	91.0	4.730
C1L	14.27	89.0	4.425	B1K	13.05	156.0	4.385

续表

等级	吸湿性（%）	叶片厚度（μm）	填充值（cm^3/g）	等级	吸湿性（%）	叶片厚度（μm）	填充值（cm^3/g）
C2L	13.19	86.5	4.440	B2K	12.48	130.5	4.390
C3L	11.86	87.0	4.445	B3K	11.56	133.0	4.400
C1F	14.40	95.0	4.175	S1	13.11	73.0	4.075
C2F	12.48	94.5	5.125	S2	12.86	75.0	4.605
C3F	11.95	93.5	4.350	X2V	12.44	80.0	4.735
B1L	13.36	95.0	5.002	C3V	11.98	96.0	4.090
B2L	12.74	97.0	5.135	B2V	10.83	122.0	5.450
B3L	11.39	96.5	5.220	B3V	11.46	110.0	5.220
B4L	12.07	100.5	5.495	GY1	10.46	91.5	5.365
B1F	13.31	110.0	4.120	GY2	10.16	95.5	4.935

三、不同等级烤烟的化学成分

（一）不同等级烤烟细胞壁物质总量

不同等级烤烟标准样品中细胞壁物质总量的比较见表 2-19。从表 2-19 可以看出，细胞壁物质总量与烟叶等级有明显的关系：同一主组内的烟叶随着等级的升高，其细胞壁物质总量呈降低趋势。这反映了烟叶等级与细胞壁物质总量的关系，即等级高的烟叶其细胞壁物质总量较低。

表 2-19　不同等级烤烟标准样品中细胞壁物质总量的比较

（刘春奎等，2013）

等级	细胞壁物质总量（%）	等级	细胞壁物质总量（%）
B1F	26.62	B1L	27.13
B2F	27.42	B2L	28.06
B3F	28.35	B3L	28.45
B1R	26.52	X2L	30.71
B2R	28.67	X3L	31.86
B3R	31.65	X4L	32.37
C2F	28.85	X2F	30.21
C3F	29.12	X3F	31.55
C4F	29.90	X4F	32.05
C2L	29.07	X2V	32.90
C3L	29.33	B3V	35.80
C4L	29.98	B2K	35.60
S1	33.30	GY2	37.10

（二）不同等级烤烟多酚物质含量

不同等级烤烟的多酚物质含量见表 2-20。各等级烤烟的绿原酸含量为 0.53%～2.87%，莨菪亭含量为 0.012%～0.165%，芸香苷含量为 0.43%～1.34%，3 种多酚总量为 1.15%～4.24%。

表 2-20　不同等级烤烟多酚物质含量

（曹建敏等，2009）

等级	绿原酸（%）	莨菪亭（%）	芸香苷（%）	3 种总量（%）	等级	绿原酸（%）	莨菪亭（%）	芸香苷（%）	3 种总量（%）
X1L	1.31	0.035	0.64	1.99	B2F	0.86	0.084	0.57	1.51
X2L	1.34	0.042	0.60	1.98	B3F	0.90	0.112	0.67	1.68
X3L	1.31	0.037	0.62	1.96	B4F	0.80	0.122	0.67	1.59
X4L	0.89	0.027	0.75	1.66	B1R	0.71	0.118	0.57	1.40
X1F	0.95	0.048	0.55	1.55	B2R	0.53	0.160	0.46	1.15
X2F	1.00	0.060	0.58	1.64	B3R	0.56	0.165	0.55	1.28
X3F	1.01	0.054	0.48	1.54	H2F	0.70	0.139	0.53	1.37
X4F	0.76	0.059	0.44	1.26	CX1K	0.85	0.070	0.50	1.42
C1L	1.19	0.038	0.49	1.72	CX2K	1.46	0.023	0.81	2.29
C2L	1.21	0.039	0.59	1.84	B1K	1.09	0.085	0.74	1.92
C3L	1.31	0.035	0.69	2.04	B2K	1.62	0.060	0.93	2.61
C4L	1.28	0.034	0.51	1.82	B3K	1.43	0.077	0.93	2.44
C1F	0.85	0.059	0.51	1.42	S1	2.34	0.012	1.01	3.36
C2F	0.85	0.064	0.55	1.60	S2	2.87	0.028	1.34	4.24
C3F	1.11	0.044	0.60	1.58	X2V	1.22	0.045	0.60	1.87
C4F	1.11	0.048	0.58	1.75	C3V	0.92	0.047	0.43	1.40
B1L	2.23	0.034	1.13	3.39	B2V	1.07	0.058	0.62	1.75
B2L	2.32	0.035	1.04	3.39	B3V	1.42	0.103	0.82	2.34
B3L	2.35	0.027	1.24	3.62	GY1	1.59	0.035	0.87	2.50
B4L	2.78	0.042	1.17	3.99	GY2	2.05	0.044	1.06	3.15
B1F	0.84	0.084	0.68	1.60					

（三）不同等级烤烟非挥发性有机酸含量

河南不同等级烤烟非挥发性有机酸含量比较结果见表 2-21。烤烟中草酸含量在不同等级间表现为：B2F>X2F>C3F；丙二酸、琥珀酸和苹果酸含量在不同等级间均表现为：X2F>B2F>C3F；十五碳酸和油酸含量在不同等级间均表现为：C3F>B2F>X2F；柠檬酸和亚油酸含量在不同等级间均表现为：B2F>C3F>X2F；棕榈酸、硬脂酸和亚麻酸含量在不同等级间均表现为：X2F>C3F>B2F。

表 2-21 河南不同等级烤烟非挥发性有机酸含量
(刘春奎等，2014)

等级	草酸 (mg/g)	丙二酸 (mg/g)	琥珀酸 (mg/g)	苹果酸 (mg/g)	柠檬酸 (mg/g)	十五碳酸 (mg/g)	棕榈酸 (mg/g)	硬脂酸 (mg/g)	油酸 (mg/g)	亚油酸 (mg/g)	亚麻酸 (mg/g)
B2F	14. 13 a	2. 77 a	0. 24 a	84. 20 b	22. 90 a	0. 11 a	2. 70 b	0. 69 b	1. 12 a	1. 75 a	2. 77 c
C3F	11. 26 a	2. 33 b	0. 22 a	79. 24 b	18. 19 ab	0. 11 a	2. 81 ab	0. 76 b	1. 13 a	1. 65 a	3. 17 b
X2F	12. 89 a	2. 90 a	0. 24 a	105. 21 a	16. 64 b	0. 10 a	2. 89 a	0. 86 a	1. 03 a	1. 45 b	3. 82 a

注 表中同一列数据后面的不同字母，表示不同处理间的差异达到显著水平（$P<0.05$）。后同。

(四) 不同等级烤烟常规化学成分

不同等级烤烟常规化学成分见表 2-22。从表 2-22 可以看出，同一组别烤烟样品，等级越高，其总糖含量较高（XF 等级例外）。红棕色烤烟的烟碱含量较高，主组下部桔黄色、柠檬黄色、中部柠檬黄色烤烟的烟碱含量较低。

表 2-22 不同等级烤烟常规化学成分
(郑州轻工业学院，1994)

等级	总糖 (%)	总氮 (%)	烟碱 (%)	糖碱比	等级	总糖 (%)	总氮 (%)	烟碱 (%)	糖碱比
X1L	14. 31	1. 13	1. 50	9. 51	B2F	17. 94	2. 26	4. 19	4. 28
X2L	12. 55	1. 34	1. 48	8. 51	B3F	14. 93	2. 48	3. 26	4. 85
X3L	11. 42	1. 48	1. 40	8. 14	B4F	12. 65	2. 85	4. 39	2. 88
X4L	11. 07	1. 55	1. 61	6. 86	B1R	17. 81	3. 19	5. 23	3. 40
X1F	10. 68	1. 69	1. 87	5. 70	B2R	10. 41	2. 97	4. 69	2. 22
X2F	11. 88	1. 76	1. 76	6. 75	B3R	9. 25	2. 81	4. 86	1. 90
X3F	13. 36	1. 75	1. 43	9. 33	CX1K	16. 49	1. 98	2. 68	6. 90
X4F	12. 41	1. 88	1. 53	8. 13	CX2K	15. 99	1. 49	1. 89	8. 45
C1L	23. 80	1. 48	1. 66	14. 77	B1K	9. 71	2. 41	4. 18	2. 32
C2L	19. 05	1. 55	1. 39	13. 71	B2K	8. 76	2. 73	4. 11	2. 13
C3L	16. 46	1. 80	1. 45	11. 32	B3K	7. 16	2. 95	2. 25	2. 09
C1F	23. 29	2. 14	3. 14	7. 42	S1	17. 10	1. 21	1. 10	15. 49
C2F	19. 56	2. 07	2. 96	6. 66	S2	15. 09	1. 39	0. 67	22. 49
C3F	15. 59	1. 95	2. 60	7. 97	X2V	9. 41	1. 56	2. 02	4. 66
B1F	20. 20	1. 75	2. 97	7. 23	C3V	14. 40	1. 86	2. 73	4. 90
B2L	18. 20	1. 83	2. 30	7. 91	B2V	11. 25	2. 18	2. 52	3. 19
B3L	13. 41	1. 94	1. 24	10. 50	B3V	10. 21	2. 07	4. 67	2. 16
B4L	11. 82	2. 05	2. 43	4. 86	GY1	16. 57	1. 59	2. 70	6. 15
B1F	19. 88	2. 28	3. 56	7. 76	GY2	9. 49	1. 29	2. 95	3. 22

四、不同等级烤烟的感官质量

河南不同等级烤烟感官质量得分见表 2-23。从表 2-23 可以看出，C1F 的感官质量总分最高，为 76. 94 分，GY2 的感官质量总分最低，为 40. 83 分。同一组别烤烟等级越高，其感官质量总分越高。中部桔黄色烤烟的感官质量总分高低顺序依次为：C1F>C2F>C3F>C4F。

表 2-23 河南不同等级烤烟感官质量得分

（闫洪洋等，2012）

等级	香气质	香气量	浓度	劲头	杂气	刺激性	余味	燃烧性	灰色	总分
X1L	6. 83	6. 67	6. 50	6. 67	6. 33	7. 00	7. 00	7. 17	7. 33	61. 50
X2L	6. 19	6. 31	6. 38	6. 19	6. 38	6. 81	6. 56	7. 25	7. 06	59. 13
X3L	5. 75	5. 83	5. 92	5. 92	5. 92	6. 33	6. 25	7. 25	7. 25	56. 42
X4L	5. 25	5. 17	5. 33	4. 92	5. 42	5. 92	6. 08	7. 08	7. 42	52. 58
X1F	7. 63	7. 75	7. 88	8. 00	7. 63	7. 88	7. 75	8. 19	7. 81	70. 50
X2F	6. 94	7. 06	7. 06	7. 13	7. 06	6. 94	7. 06	7. 50	7. 13	63. 88
X3F	6. 50	6. 75	6. 67	6. 80	6. 67	6. 83	6. 83	7. 50	7. 67	62. 22
X4F	6. 00	6. 08	6. 17	6. 25	6. 33	6. 67	6. 42	7. 42	7. 67	59. 00
C1L	8. 25	8. 25	8. 44	8. 38	8. 06	8. 25	8. 13	8. 50	8. 25	74. 50
C2L	7. 71	7. 79	7. 79	7. 86	7. 43	7. 64	7. 71	8. 00	7. 79	69. 71
C3L	7. 19	7. 50	7. 25	7. 25	6. 88	7. 25	7. 22	7. 94	7. 38	65. 85
C4L	7. 00	7. 07	7. 21	7. 07	6. 64	7. 00	7. 07	7. 64	7. 36	64. 07
C1F	8. 69	8. 75	8. 88	8. 25	8. 63	8. 25	8. 56	8. 63	8. 31	76. 94
C2F	8. 50	8. 21	8. 36	8. 00	8. 07	8. 00	8. 36	8. 21	8. 07	73. 79
C3F	7. 88	7. 69	7. 81	8. 00	7. 38	7. 56	7. 69	8. 00	7. 50	69. 50
C4F	7. 57	7. 43	7. 57	7. 71	7. 00	7. 36	7. 43	7. 86	7. 29	67. 21
B1L	7. 19	7. 31	7. 19	7. 50	7. 19	7. 19	7. 25	7. 81	7. 25	65. 88
B2L	7. 25	7. 38	7. 44	7. 25	6. 88	7. 13	7. 19	7. 56	7. 50	65. 56
B3L	6. 71	6. 93	7. 00	7. 00	6. 57	7. 00	6. 79	7. 29	7. 36	62. 64
B4L	6. 14	6. 50	6. 50	6. 43	6. 21	6. 86	6. 79	7. 07	6. 93	59. 43
B1F	7. 94	8. 00	8. 00	7. 94	7. 81	7. 94	7. 88	8. 00	7. 75	71. 25
B2F	7. 75	8. 13	8. 00	7. 25	7. 06	7. 50	7. 50	8. 13	8. 00	69. 31
B3F	7. 43	7. 50	7. 57	7. 00	6. 64	7. 00	7. 07	7. 93	7. 79	65. 93
B4F	6. 71	7. 00	7. 14	6. 71	6. 29	6. 57	6. 86	7. 64	7. 29	62. 21
B1R	7. 50	7. 93	8. 21	6. 86	7. 50	7. 21	7. 43	8. 00	7. 79	68. 43
B2R	7. 21	7. 50	7. 93	6. 57	7. 29	7. 07	7. 36	7. 64	7. 50	66. 07
B3R	6. 79	7. 07	7. 43	6. 43	6. 79	6. 93	6. 93	7. 36	7. 14	62. 86

续表

等级	香气质	香气量	浓度	劲头	杂气	刺激性	余味	燃烧性	灰色	总分
H1F	7.86	8.14	8.00	7.14	7.43	7.43	7.57	7.64	7.36	68.57
H2F	7.50	7.64	7.64	6.93	7.00	7.29	7.14	7.43	7.07	65.64
CX1K	6.50	6.42	6.42	6.58	6.25	6.50	6.58	7.08	6.75	59.08
CX2K	5.67	5.92	6.17	5.92	5.67	6.33	5.92	6.83	6.50	54.92
B1K	5.79	6.14	6.36	6.86	5.93	6.79	6.50	7.14	6.93	58.43
B2K	5.75	5.83	6.17	6.58	5.75	6.42	6.08	6.67	6.33	55.58
B3K	4.67	4.75	5.08	5.50	4.50	5.42	4.83	6.00	5.83	46.58
S1	5.42	5.42	5.42	6.00	5.50	5.83	5.50	6.75	6.42	52.25
S2	4.75	4.67	5.08	5.25	4.75	5.17	5.17	6.83	6.75	48.42
X2V	5.92	6.08	6.17	6.17	5.58	6.25	6.42	7.00	6.75	56.33
C3V	6.00	6.17	6.33	6.25	5.83	6.33	6.58	7.17	7.08	57.75
B2V	6.08	6.42	6.75	6.67	6.08	6.33	6.50	7.17	7.00	59.00
B3V	5.58	5.83	6.08	6.50	5.75	5.83	6.08	7.25	7.08	56.00
GY1	4.50	4.58	4.92	4.83	4.08	4.34	4.25	6.50	6.08	44.09
GY2	3.75	3.83	4.25	4.92	3.75	4.25	3.67	6.25	6.17	40.83

综上所述，不同等级烤烟在外观质量、物理特性、化学成分、感官质量等方面存在一定的差异，即不同等级烤烟的综合质量不同，这是为何进行烤烟分级的理论依据。当然，白肋烟、香料烟、雪茄烟、晒黄烟、晒红烟、马里兰烟也存在类似现象，同一类型烟叶等级不同，其质量不同，本章不再一一详细介绍其他类型烟叶的质量特点。

思考题：

1. 烟叶外观质量包括哪些指标？
2. 烟叶物理特性包括哪些指标？
3. 烟叶化学成分包括哪些方面？
4. 烟叶感官质量包括哪些方面？
5. 烟叶安全性包括哪些方面？
6. 怎样评价烤烟质量？

第三章　烟叶分级原理

本章主要介绍烟叶生产与烟叶等级的关系，烟叶分级原则，烟叶分级体系，烟叶分级国标的作用及其组成。

第一节　烟叶生产与烟叶等级的关系

烟叶生产是一个系统工程，环节多，技术投入高，若一个环节出现问题，将引起烟叶质量发生变化，导致烟叶等级质量受到一定影响。分析烟叶生产与烟叶等级的关系，找到提高烟叶质量的切入点，以期获得好的经济效益。

一、生态条件与烟叶等级质量的关系

烟株要完成正常生长发育，必须有与之相适应的生态条件。温度、土壤、降雨和光照都直接影响烟株的生长，甚至影响烟叶等级和质量。

（一）温度

烟株生长的各个生育期都有要求的生物学温度和一定的积温。光合作用也只有在一定温度条件下才能顺利进行。温度低于烟株生长的生物学温度，烟株停止生长，甚至死亡。烟叶不能进行良好的生长发育，生产的烟叶大多属于副组的等级。温度过高，会灼伤烟叶，特别是上部烟叶出现焦尖焦边现象，影响烟叶的外观质量和等级。烟株生长的适宜温度是25~28℃，尤其是成熟期，适宜的温度有利于烟叶成熟落黄，生产出外观质量好的烟叶。

（二）土壤

土壤是烟株生长肥料供应的直接环境，微酸性土壤适宜烟株生长，若土壤含氮素过高，不适宜烟株生长，通常会出现烟叶“贪青晚熟”，烤后烟叶多为青黄色或杂色，烟叶等级低、质量差；如果土壤中氯含量较高，也不适宜种烟，氯离子含量过高，烟叶燃烧性变差，烟叶灰暗，油分少，影响烟叶等级和外观质量；在磷、钾含量较高的土壤上适宜种植烤烟，如果管理、调制得当，烟叶等级较高、外观质量较好。

（三）降雨和光照

在年降雨量600~800mm的地区，适宜烟叶生长。如果降雨过多，特别是后期降雨，使烟叶不易烘烤，易出现副组和片薄的烟叶；如果水分过少，会影响烟草的正常生长发育，甚至造成假熟烟叶，烟叶等级和质量降低。

光照过短，满足不了烟叶生长发育的需要，合成内含物质较少，叶片薄，难以正常落黄成熟，产量低；光照过长，会使烟叶组织粗糙，叶片变厚，影响烟叶外观质量。

二、烟草品种与烟叶等级质量的关系

烟草品种不同，叶片大小、叶形宽窄、主脉粗细、叶片厚薄都不尽相同。同一类型烟草，品种不同，其等级质量会存在一定差异。例如，有些烤烟品种经过调制后，烟叶油分丰满，叶片疏松，颜色金黄，光泽鲜明，叶片厚薄适中；而有些烤烟品种经过调制后，烟叶油分较少，组织粗糙或紧密，颜色较淡，光泽较暗，叶片较厚或较薄。即使外观品质相似的烟叶，如果品种不同，优良品种与非优良品种在外观质量、内在质量上往往存在较明显的差异。

优良烤烟品种，叶片较大，叶长是叶宽的 2 倍左右，主脉粗细适中，若烘烤技术合理，烤后烟叶油分丰满，组织疏松，颜色金黄，光泽鲜明，叶片厚薄适中，烟叶等级较高、质量较好。劣杂品种烟叶长相较差，叶片大小、叶形、厚度不合理，烤后烟叶油分较少，组织粗糙或紧密，颜色较淡，光泽较暗，叶片较厚或较薄，烟叶等级较低、质量较差。

三、施肥技术与烟叶等级质量的关系

合理施肥不仅能增加烟叶产量，而且能提高烟叶等级和质量。若施肥不足，后期烟叶脱肥，使烟叶生长发育不良，往往有假熟烟叶或光滑烟叶出现，而且往往造成烟叶产量较低、等级低、品质差；若施肥过多，特别是施氮肥过多，往往造成烟叶黑暴，组织粗糙，外观质量变差，直接影响烟叶等级和质量。因此，施肥不当，就会使烟叶油分变差，组织粗糙或紧密，色泽暗，化学成分不协调，刺激性大，并影响烟叶燃烧性以及产生熄火现象。

四、栽培管理与烟叶等级质量的关系

在适宜的烟草产区，品种是基础，栽培是条件。栽培季节、种植密度、留叶数、种植制度都影响烟叶等级和质量。如果烟草种植密度大、留叶多，容易出现叶片轻薄，特别是上部烟叶发育不良，生产出来的烟叶片薄，评吸质量差，化学成分不协调，如果烟叶长度达不到要求，将会影响烟叶等级；相反，如果烟草种植密度小，留叶少，会使上部叶过厚，也会影响烟叶质量。如果植烟土壤缺水，会使烟株矮小，部位特征不明显，会出现不打顶烟株的性状，从而影响烟叶厚度、叶片结构。如果烟田病虫害发生严重，会使烟叶出现不同程度的杂色、残伤或病斑等，直接影响烟叶等级和质量。

五、调制技术与烟叶等级质量的关系

烟叶调制过程是一个复杂的生理生化过程，主要包括烟叶颜色的变化、水分的散失以及化学成分的转化与协调，它直接影响烟叶等级和品质。以烤烟为例，不成熟的烟叶调制后常带有青色，油分不足，弹性差。过熟的烟叶调制后干物质少，颜色变暗，弹性变差，油分较少。如果变黄期温度过高或时间过短，或定色期前期烘烤时间过短，定色过早，烟叶易出现青色；如果定色前温度过高，排湿不畅易出现“硬变黄”或“蒸片”；如果变黄期时间过长，或定色期升温过快和掉温，都会导致“挂灰”；如果定色期湿球温度过低或不稳定，或干筋期湿球温度过低，会导致烟叶光泽灰暗；如果干筋期干球温度或湿球温度过高，通常还会出现“烤红”；如果干筋期干球温度大幅度下降，会造成烟叶轻度洇筋。

总之，烟叶生产在生态条件适宜种植烟草的基础上，采用优良品种，采取规范的栽培技术，配之以适宜的调制技术，才能获得优质烟叶，提高烟叶等级。

第二节　烟叶分级原则

烟叶分级的原则应能体现分级的意义和目的，一般应符合以下 4 个原则。

一、烟叶分级应满足卷烟生产的需要

烟叶分级应以卷烟生产为导向，能够满足卷烟叶组配方的需要。每个等级的质量容许度不可太宽，每个等级所包含的烟叶，其质量应尽可能一致。若同一等级包含的烟叶质量差异幅度过大，则不利于烟叶等级的稳定，造成不同年份、不同地区、不同生产技术条件下同一等级烟叶质量差异过大，从而使卷烟工业难以保持卷烟产品质量稳定。

二、烟叶分级应方便操作

各等级的烟叶要有明显的外观特征，不同部位、不同颜色烟叶的外观特征和区别明显，不同等级烟叶之间要易于区分和识别，方便分级人员进行操作，有利于工商交易。

三、烟叶分级应符合国情

烟叶等级数目的设置要有科学依据，以国情为出发点。在等级数目设置问题上，既要考虑有利于区分不同质量的烟叶，使其符合卷烟工业的要求，又要兼顾中国烟叶生产、收购现状以及生产者的接受能力，以利于推广使用。

四、烟叶分级应做到“表里一致”

烟叶分级因素的选择应符合烟叶外观特征与内在质量密切相关的原则，也就是“表里一致”的原则。某一因素能否被确定为分级因素，取决于这一因素与烟叶内在质量是否密切相关。消费者追求的主要是烟叶的感官质量和安全性，卷烟工业需要的则主要是感官质量和经济特性，而在目前情况下却只能通过外观特征来衡量其内在质量，并对烟叶进行分级。显然，只有那些已被人们认识和掌握的、与内在质量密切相关并具规律性的外观因素，才能被确定为分级因素。

第三节　烟叶分级体系

目前，国内外烟叶分级基本上是按照“分类→分型→分组→分级”的体系进行分级。

一、烟叶分类

烟叶分类是指按调制方法和主要用途进行的类别划分。就目前世界上烟草类型的划分情况来看，各国烟叶分类的标准极不一致，有的按植物学分类，有的按商品类型划分，有的则

按调制方法和颜色进行划分，如美国将国内大量生产的烟草分为烤烟、明火烤烟、晾烟、雪茄芯烟、雪茄内包皮烟、雪茄外包皮烟 6 类。世界上统计烟草产量时，把烟叶分为烤烟、香料烟、深色晾晒烟、白肋烟、淡色晾烟、深色晾烟雪茄烟、深色明火烤烟 7 类。

在中国主要是根据调制方法将烟草分为烤烟、晾烟、晒烟、熏烟，然后在晒烟和晾烟中又划分出几个类别，凡调制过程中以晒制为主的烟叶列入晒烟，凡以晾制为主的烟叶列入晾烟，并按不同的调制方法，结合颜色进行归纳分类。烟草分类方法见图 3-1。烤烟也被称为弗吉尼亚烟草；晾烟分为白肋烟、马里兰烟、雪茄烟、地方性晾烟；晒烟分为香料烟、黄花烟、晒红烟、晒黄烟；熏烟即明火烤烟。

- 烟草
  - 烤烟
  - 晾烟
    - 浅色晾烟
      - 白肋烟
      - 马里兰烟
    - 深色晾烟
      - 雪茄烟
      - 地方性晾烟
  - 晒烟
    - 香料烟
    - 黄花烟
    - 晒红烟
    - 晒黄烟
  - 熏烟

图 3-1　烟草分类

二、烟叶分型

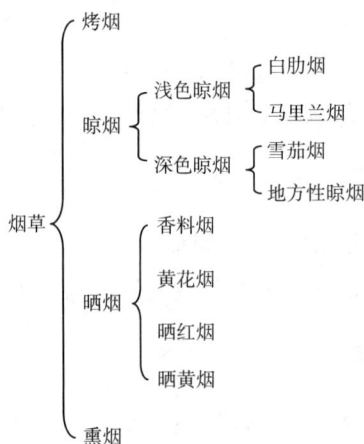

烟叶分型是指按烟叶的生长地区、栽培方法、品种对烟叶使用价值的影响而进行再区分。烟草种植在不同的地区，在不同的气候、土壤、栽培条件和品种的影响下，烟草的生理特征和质量特点都有较大的差异，这就影响着烟叶的使用价值，如云南、河南、东北烟叶存在较大的差异。分型就是在研究这些因素综合作用的基础上，找出其共性，将这些烟叶划分在一起。

美国烟叶分 6 类 26 型，其中烤烟一共分为 5 个型，国产烤烟分为 11 型、12 型、13 型、14 型，国外烤烟为 92 型（主产于美国之外的其他国家）。中国烤烟和白肋烟不分型，仅在收购时按照价区的不同进行区分。目前，中国香料烟分级国家标准将香料烟分为 B 型（巴斯马型）和 S 型（沙姆逊型）香料烟，在分型时，不同类型的香料烟有各自的分级标准。根据调制后晒黄烟颜色的深浅，中国将晒黄烟划分为 Q 型（浅色型）晒黄烟和 S 型（深色型）晒黄烟。

三、烟叶分组

烟叶分组是按烟叶内在质量的差异反映在外观特征上的不同，把相同部位、相同颜色、总体质量相近的烟叶划分在一起。

中国不同类型烟草组别的划分见表 3-1。烤烟有 8 个主组，5 个副组。白肋烟有 8 个主组，3 个副组。香料烟有 3 个主组，1 个副组。晒黄烟有 3 个主组，1 个副组。

表 3-1　中国不同类型烟草组别的划分

烟草类型	主组个数	副组个数	主组代号	副组代号
烤烟	8	5	XL、XF、CL、CF、BL、BF、BR、HF	S、GY、CXK、BK、V
白肋烟	8	3	P、XL、XF、CL、CF、BF、BR、T	K、N、X/C
香料烟	3	1	1、2、3	ND
晒黄烟	3	1	B、C、X	F

四、烟叶分级

烟叶分级是指在同一组内，根据烟叶质量的优劣将烟叶划分成为若干个等级。

中国不同类型烟叶等级数量见表 3-2。烤烟有 42 个等级，其中主组有 29 个等级，副组有 13 个等级。白肋烟有 28 个等级，其中主组有 21 个等级，副组有 7 个等级。香料烟有 10 个等级，其中主组有 9 个等级，副组有 1 个等级。晒黄烟有 10 个等级，其中主组有 8 个等级，副组有 2 个等级。

表 3-2　中国不同类型烟叶等级数量

烟草类型	主组等级数量	副组等级数量	等级总数
烤烟	29	13	42
白肋烟	21	7	28
香料烟	9	1	10
晒黄烟	8	2	10

第四节　烟叶分级国标

一、烟叶分级国标的作用

（一）质量导向作用

任何一个烟叶分级国标均体现了当时的烟叶质量观念，在中国烤烟分级标准历史上，15 级烤烟分级国标只能导向烟叶的黄、鲜、净、小、淡、薄。而 42 级烤烟分级国标相对与国际先进烤烟分级标准接轨，能够导向国际型的烟叶质量。因为在 15 级烤烟分级国标中，对高等级的烟叶要求外观鲜艳、干净，其价格也较高，而后来的 42 级烤烟分级国标又重新规定了高等级烟叶的外观质量。

（二）对烟叶生产定向栽培的引导作用

烟叶分级国标中体现了当时的烟叶质量观念。对高等级优质烟叶进行了当时认为较高的规定，而且这些烟叶价格较高，烟农乃至烟草公司就会围绕烟叶分级国标组织烟叶生产，以期获得较高的经济效益，无形中，烟叶分级国标就起到了对烟叶生产定向栽培的引导作用。

（三）对卷烟制品质量的规范作用

烟叶分级国标导向烟叶质量，引导烟草农业生产，奠定了一定历史时期的烟草原料基础，这个原料基础就对卷烟制品质量起到了规范作用。

（四）协调国家、集体、个人三者利益关系的作用

烟叶分级国标是烟叶收购评级的重要依据，相关技术人员应按照烟叶分级国标的要求验收烟叶，同时还要协调国家、集体、个人三者之间的利益关系。

【思政小课堂 5】——政治认同、社会责任

国家利益至上、消费者利益至上

扫码查看

（五）连接国际市场的纽带作用

众所周知，ISO（International Organization for Standardization）是国际标准组织，虽然目前还没有统一的烟叶分级国际标准，但随着中国加入 WTO（World Trade Organization），如果烟叶分级标准与国外烟叶分级标准不接轨，等级、符号、标准体系、质量评价体系就会不同，影响烟叶的对外贸易。在中国烟叶分级历史上，15 级烤烟分级国标已经证明了这一点，而 42 级烤烟分级国标就大量借鉴了国际上先进的烤烟分级标准。

【思政小课堂 6】——国际视野

国内外烤烟分级标准

扫码查看

二、烟叶分级国标的组成

烟叶分级国标由文字标准，实物样品，名词术语，分组，分级因素及档次，验收规格，检验方法，烟叶的包装、运输、保管等主要内容组成。

（一）文字标准

文字标准是烟叶分级国家标准对每一个等级所做的文字规定，中国不同类型烟叶部分等

级的文字标准见表3-3。例如，烤烟等级B1F的文字标准描述为：烟叶成熟；叶片结构尚疏松；身份稍厚；油分多；色度浓；叶片长度≥45cm；残伤≤15%。白肋烟等级B1F的文字标准描述为：烟叶成熟；叶片结构尚疏松；身份适中-稍厚；色度浓；叶片长度≥55cm；叶片宽度21~25cm；叶面舒展；光泽亮；均匀度≥90%；残伤≤15%。

表3-3　中国不同类型烟叶部分等级的文字标准

烟叶类型	等级	成熟度	叶片结构	身份	油分	色度	长度（cm）	宽度（cm）	叶面	光泽	均匀度或完整度（%）	杂色与残伤（%）
烤烟	B1F	成熟	尚疏松	稍厚	多	浓	≥45	—	—	—	—	≤15
白肋烟	B1F	成熟	尚疏松	适中~稍厚	—	浓	≥55	21~25	舒展	亮	≥90	≤10
香料烟B型	A1	—	细致	厚	富有	弱	≤8	—	—	鲜明	≥90	≤5
晒黄烟Q型	B1	—	尚疏松	稍厚	多	—	≥45	—	—	亮	—	≤15

（二）实物样品

实物样品是按照文字标准制定的实物标样，也是国标的重要组成部分。

（三）名词术语

名词术语是指烟叶分级标准中所使用的一切概念、术语，也是国标的重要组成部分。

（四）分组

烟叶分组是烟叶分级的“前奏”，是烟叶分级过程中的重要环节，分组属于标准体系的组成部分。

（五）分级因素及档次

烟叶分级因素及档次是烟叶分级国标的重要组成部分，是确定烟叶等级的重要依据。烟叶分级因素也称为烟叶外观质量因素，不同国家烤烟等级标准中规定的外观质量因素见表3-4。从表3-4可以看出，巴西烤烟有5个外观质量因素，中国、印度烤烟均有7个外观质量因素，津巴布韦、阿根廷烤烟均有9个外观质量因素，美国、加拿大烤烟均有10个外观质量因素。

表3-4　不同国家烤烟等级标准中规定的外观质量因素

（闫新甫，2012）

国家	中国	美国	加拿大	津巴布韦	阿根廷	巴西	印度
外观质量因素	成熟度	成熟度	成熟度	成熟度	成熟度	成熟度	成熟度
	叶片结构	叶片结构	叶片结构	叶片结构	叶片结构	颗粒度	结构
	身份	身份	身份	身份	身份		身份
	油分	油分		柔软性	油份	弹性	
	色度	色度	色度	色度	色度	色度	颜色
		叶宽	叶宽				
	叶长	叶长	叶长		叶长		
		破损	破损	破损	破损		破损

续表

国家	中国	美国	加拿大	津巴布韦	阿根廷	巴西	印度
外观质量因素	残伤	残伤	残伤	残伤	残伤		残伤
			含青	非基本色		非基本色	非基本色
		一致性	一致性	一致性	一致性		

不同国家烤烟的外观质量因素指标及其数量不尽相同，即使同一外观质量因素在不同国家烤烟等级标准中的档次划分及其英文表达也可能存在差异。不同国家烤烟等级标准中叶片身份的档次划分和英文表达见表 3-5。从表 3-5 可以看出，不同国家烤烟等级标准中，身份划分为 3~5 个档次。关于薄的英文表达，有的国家用 thin，有的国家用 skinny，有的国家用 tissue。关于稍薄的英文表达，有的国家用 less thin，有的国家用 thin，有的国家用 good。

表 3-5　不同国家烤烟等级标准中叶片身份的档次划分和英文表达

（闫新甫，2012）

国家	身份档次				
中国	薄 thin	稍薄 less thin	中等 medium	稍厚 fleshy	厚 heavy
美国	薄 thin		中等 medium	稍厚 fleshy	厚 heavy
加拿大	薄 skinny	稍薄 thin	中等 medium	稍厚 medium fleshy	厚 fleshy
津巴布韦	薄 tissue	稍薄 thin	中等 medium	稍厚 fleshy	厚 heavy
巴西		好 good	中 moderate	差 minimum	
阿根廷	薄 thin		中等 medium		厚 heavy
印度	薄 thin		中等 medium		厚 heavy

（六）验收规格

为了确保烟叶的合格率、统一烟叶商品规格，在烟叶分级国标中对烟叶含水率、纯度允差、砂土率等指标做出了明确规定。

（七）检验方法

烟叶收购及检验主要感官为主，烟叶分级国标在检验方法中规定了收购、工商交接等烟叶商品流通过程中烟叶的抽检比例，水分、砂土率等标准检验方法。

（八）烟叶的包装、运输、保管

为了确保烟叶商品安全，烟叶分级国标中对烟叶的包装、运输、保管都做了具体规定。

思考题：

1. 简述烟叶分级原则。
2. 国内外哪些烟叶需要分型？
3. 简述烟叶分级国标的作用。
4. 简述烟叶分级国标的组成。

第二篇　中国烟叶分级技术

第四章　中国烤烟分级

中国是世界烤烟和烟叶生产第一大国，拥有烤烟分级国家标准、出口烤烟分级行业标准。本章主要介绍中国烤烟生产、分级概况，烤烟分组方法，烤烟分级标准，烤烟的检验方法，烤烟的包装、标志与贮运，出口烤烟分级标准。

第一节　中国烤烟生产、分级概况

一、中国烤烟生产概况

2012~2020 年中国烤烟种植面积和产量见表 4-1。从表 4-1 可以看出，中国烤烟种植面积为 967.02 千~1472.44 千公顷，烤烟产量为 202.11 万~304.02 万吨。

表 4-1　2012~2020 年中国烤烟种植面积和产量

（国家统计局、智研咨询，2022）

年份（年）	种植面积（千公顷）	产量（万吨）
2012	1446.14	302.31
2013	1472.44	304.02
2014	1330.15	269.68
2015	1197.17	249.52
2016	1152.89	244.50
2017	1080.93	227.87
2018	1003.25	210.97
2019	971.94	202.11
2020	967.02	202.16

2021 年，中国烤烟产量为 202.07 万吨，同比下降 0.04%。2019~2021 年，中国烤烟产量基本稳定在 202 万吨左右。

【课堂讨论 1】

1. 2012~2020 年中国烤烟种植面积和产量有何变化规律？

2. 结合烟草行业的发展情况，分析是什么原因造成了中国烤烟种植面积和产量发生这样的变化？

二、中国烤烟分级概况

（一）中华人民共和国成立前烤烟分级情况

烟草在中国已有300多年的历史，烤烟种植始于1913年，烤烟分级标准是在中华人民共和国成立后建立起来的，在此之前没有自己的烤烟分级标准，分级标准被英国、美国垄断。收购烟叶时随意压级压价，既有英美烟草公司对烟农的巧取豪夺，又有南洋兄弟烟草公司对烟农的欺诈，还有烟行、烟商的中间盘剥。例如，英美烟草公司在许昌和襄城等乡镇收购烟叶时，对广大烟农的盘剥掠夺。他们在种植烤烟初期，扶持生产，高价收购，刺激烟农种烟。当烟叶面积扩大后，则压级压价收购，收购烟叶时烟农挤进烟场一次摆好烟叶，任洋人烟师翻检划价。农民急于用钱，只好任其宰割。1915~1918年烟粮比价为1：27，即1千克烟叶可买27千克小麦。随着种烟农户和烤烟种烟面积的增加，英美烟草公司对烟价一压再压。每千克烟叶均价由银币1~1.2元降到0.4~0.6元，最低时降到不足0.2元，每千克烟叶仅购到0.375千克小麦。1932年上海市场烟价每千克均价0.73元，襄城县每千克均价0.64元。1933年上海市场价基本无变化，但襄城县市场价降到0.51元。售烟名义价与烟农实得价差额更大，正常年份烟农售烟只能得到市场名义价格的31%~58%。

（二）中华人民共和国成立后烤烟分级情况

中华人民共和国成立初期，在党和政府的领导下，烟区日益发展，为贯彻优质优价政策，烤烟生产区先后制定了地方性的烤烟分级标准。山东省曾制定20级烤烟分级标准，即金黄9个级、赤黄6个级、青黄4个级和1个末级。华东区有关部门在此基础上于1952年制定了16级烤烟分级标准，先后在山东、河南、安徽、贵州等烟区实行。河南省制定了3等9级标准，在执行中发现少量低次烟叶包含不完，后又增加了上、中、下3个次级成为12级标准，后修订为9级标准，先后在河南、云南、贵州、四川等省试行。东北烟区制定了按颜色分组的14级标准，即金黄8个级、青黄6个级，后修定为金黄5个级、青黄3个级、1个末级的9级制。该标准主要在辽宁、吉林、黑龙江三省实行。1953年福建省在试行16级制标准中，发现上下部位特征不明显，暂定执行黄烟7个级，青黄烟3个级，即10级标准。广西、广东试行了黄烟7个级，青黄烟2个级的9级标准。山西省试行了8级标准，贵州省试行了6级标准，福建省、安徽省试行了5级标准，湖北省试行了4级标准等。

上述分级标准多且乱，从而给卷烟工业生产中对烟叶的使用带来了诸多不便。当时全国最大的三家卷烟厂，上海卷烟厂、青岛卷烟厂、天津卷烟厂（简称“上青天”）常用的烟叶主要来自中外驰名的河南许昌、山东青州、安徽凤阳、云南玉溪、贵州贵阳等产区。这些产区烟叶分级标准差异很大，烟叶等级质量悬殊，直接影响卷烟工艺配方及产品质量的稳定提高。因而，1951年三大卷烟厂正式向国家政务院及轻工业部提出统一全国烤烟分级标准的报告及要求。国家有关部门对此非常重视，并于1952年正式委托华东区有关工业、农业、科研等主管部门研究统一烤烟分级标准问题。随后于当年的11月在华东地区召开了有河南、山东、安徽、云南等省及上海、青岛、天津等市主管烟草部门的领导及工程技术人员、烟农代表参加的研讨会。与会代表对各省区的烤烟试行标准及烟叶实物样品进行了认真讨论、研究，之后制定了较为科学的16级烤烟分级标准，暂定在山东、安徽两省试行。1953年8月经政务院批准，河南、山东、安徽三省全面执行16级标准。云南、贵州、四川三省仍实行河南省原试行的 3 等 9 级标准，其他烟区暂执行当地标准。

1958 年劳动力紧缺，有烟叶分不出等级，卷烟厂停工待料，被迫暂用混级烟叶。为此，河南省政府责成主管部门，简化烟叶分级标准，以适应新形势的要求。在省政府的领导下，由有关部门、烟农代表参加，经反复讨论、研究，将原 16 级标准简化为 10 级标准。即中下部 4 个级，上部 3 个级，青黄 3 个级。10 标准经在河南省内工农业生产实践中的广泛验证，并经国务院组织的有关省、市及主管部委参加的工业验证组，赴上海卷烟厂进行了甲、乙、丙卷烟的批量试产、市场销售（含中华牌）、评吸鉴定、化验分析等。国务院及轻工部、商业部等主管部门一致同意，从 1958 年新烟上市起先由河南省全面试行。由于该标准适应了当时形势，很快推行到陕西、湖南、江苏、江西、河北、内蒙古及甘肃等省区。

1959~1961 年三年困难时期，全国粮油烟大减产，烤烟分级标准放松执行，烟厂生产被迫掺用烟头、烟秸皮、烟杈、荷叶等，甚至树叶都掺入卷烟中。随着国民经济的恢复与发展，1962 年河南省恢复了 16 级标准，卷烟厂也停止了非烟叶的代用品。但当时全国执行的烤烟标准有 8 个之多，随着工农业生产的发展，人们生活水平的提高，统一全国烤烟标准迫在眉睫。为此，1962 年，在国家科委组织领导下，由国家标准局、农业部、轻工部、全国供销合作总社等有关部门参加，会同郑州烟草研究所及河南、山东、云南等省主产烟区的工程技术人员组成起草、验证领导小组，进行了多方面的调查研究及科学试验，于 1962 年制定出了烤烟国家标准试行方案（17 级烤烟标准）。

1965 年之后，通过在河南、山东、云南等省的农业验证和试收购，经全国卷烟企业使用，卷烟厂提出青黄烟调进数量不多，在配方使用上最终还是混级使用。卷烟厂提议，经国家有关部委科研单位研究，1967 年取消了 17 级分级标准中青黄烟部位因素，即将上部的青黄 2、3 级并入中下部青黄 2、3 级，青黄烟由原来的 5 个等级降为 3 个等级，成为 15 级分级标准。该标准即后来 15 级国标的前身。20 世纪 60 年代末至 70 年代末，山东、河南、安徽、贵州、湖南、陕西等省份先后全面试行了 15 级分级标准，全国烤烟 15 级标准收购量已占总收购量的 70%以上，为统一全国烤烟分级标准奠定了基础。

1981 年 4 月，国家标准局、农业部、轻工业部、全国供销合作总社联合发布了《中华人民共和国烤烟国家标准》。自 1982 年新烟上市起在全国烟区执行。至此，中国有了统一的烤烟分级标准，结束了全国烤烟分级标准多而乱的局面，但由于当时有些烟区生产的烟叶上中下部位不太明显，因而暂定为一个国标、两个类型，即按部位分组的甲型 15 级国标和按颜色分组的乙型 10 级国标，即黄烟 6 个级，青黄烟 3 个级，1 个末级。

1985 年 10 月，国家标准局及烟草专卖局联合在河南省漯河市召开修订烤烟分级标准会议，参加会议的有各烟区主管烟检的领导、工程技术人员、大中型卷烟厂的领导及负责烟检、工艺的工程技术人员等。会议听取了各方代表的意见，进行了认真的研讨，会后又进行了广泛的调查研究。在此基础上，修改了组织结构和部分颜色概念，放宽了对残伤的限制和对光泽的要求，严格划清了青黄烟与黄烟的界限；取消了不分部位的乙型标准，全国统一执行 15 级烤烟标准。

1987 年 1 月，国家烟草专卖局在辽宁省大连市召开全国烟草进出口公司经理会议。会议根据中国烤烟出口中外商对烤烟 15 级标准提出的问题，决定需要制定“国家烤烟出口标准”，并委托郑州烟草研究院起草标准草案。随后于 1987 年 5 月国家烟草专卖局在郑州召开了烤烟出口座谈会。会上分析了世界烟草发展趋势和各国烤烟标准现状，提出了中国烤烟标准改革设想，讨论了郑州烟草研究院起草的《烤烟出口标准》，经过与会代表认真研讨，形成了《烤烟出口标准试用方案（第一次修订稿）》。该标准方案分4个部位，3个基本色，选用了色均度、洁净度等分级因素，共分为35个等级。郑州烟草研究院和河南、山东、云南、贵州等省烟草专卖局的专家和工程技术人员参加了这次会议。

1987年10~11月，河南、山东、云南等省分别进行了农业验证。1988年2月，国家烟草专卖局在深圳中美烟叶分级标准研讨会期间，又召开了验证省区和有关省的烟检专家、技术人员座谈会，代表们根据农业验证中发现的问题，和当时烟叶生产上需要提高采摘成熟度的要求，征求美国烟草分级检验专家豪纳先生的意见，在反复论证的基础上，对出口烟叶标准进行了修订。修订后的标准取消了顶叶组，增加了完熟组，并将品质因素中的“色均度”改为“色度”，取消了“洁净度”，增加了“均匀度”。修订后增加了4个等级，共为39个等级。国家烟草专卖局根据与会人员的意见和全国烤烟生产技术水平的日益提高，确定要将原来设想制订的烤烟出口标准代替现行的烤烟国家标准，并布置有关省区1988年继续进行农业验证。1989年4月，在湖南省长沙市全国烤烟审样会期间，国家烟草专卖局又召开了有关省区烟检专家和农业验证小区座谈会。会议根据农业验证省区验证情况和全国烤烟生产水平，考虑到一些烟叶质量尚好，仅是由于烟叶支脉带青就定为青黄烟会造成资源浪费。这次会议决定再增加一个微带青组，共3个等级，调整了其他组部分等级，修订后的烤烟标准仍为39个等级，国家烟草专卖局1989年布置有关省区进行农业验证，1990年4月国家烟草专卖局在上海召开全国烟叶审样会，会议期间召开了农业验证省区的代表、卷烟厂和全国大产区烟检专家座谈会。会议根据农业验证中发现的问题，决定在原来的微带青组（V）中的3个部位3个等级基础上，增加1个上部微带青等级，这样就形成了“国家烤烟40级标准”。1990年国家烟草专卖局在河南省宝丰县和黑龙江省绥化市进行试收购，1991年国家烟草专卖局又将试收购扩大到8个省的20个县（市）全面试行。至此，烤烟40级分级标准已经有了广泛的基础，国家技术监督局批准了该分级标准，并于1992年8月15日发布，自1992年9月1日在全国烟区实施，但由于部分省区收购、工业验证以及技术培训工作进行迟缓，直至1996年全国才全面实施。

在烤烟分级国家标准制定过程中，烟叶分级大师冯国桢作为烤烟国家标准的主要起草人，全程参与了烤烟分级国家标准的制定，他为中国烤烟分级标准的建立和发展作出了重要贡献。

【思政小课堂7】——爱岗敬业、奉献精神、科学精神

刚正如铁　温润似水

——记行业烟叶分级专家冯国桢

扫码查看

现行烤烟分级标准通过 4 年的实施，全国烟叶标准标样分技术委员会为使烤烟国家标准更加完善，有利于促进烤烟“三化”生产水平，尤其是烟叶成熟度的提高以及减少在烟叶收购中烟农争级争价问题，根据烟区的意见，对烤烟国家标准进行了多次讨论，进行了两次修改。第一次是报请国家技术监督局于 1998 年 6 月 1 日，批准《GB 2635—1992 烤烟》国家标准第 1 号修改单，于 1998 年 7 月 1 日起实施。第二次国家技术监督局于 2000 年 4 月 4 日，批准《GB 2635—1992 烤烟》第 2 号修改单，其中增加了 C4F、C4L，使国标成为 42 级，于 2000 年烤烟收购时开始实施，并沿用至今。

随着烟叶生产水平的提高，推广烤烟品种的增多，卷烟品牌整合和结构调整，现行烤烟分级国标表现出了一定的局限性。近年来，国内专家学者对现行烤烟分级国标进行补充和修订。2016 年，张冀武等采用修订的烤烟等级进行收购，以符合生产实际。2018 年，李文刚为验证 24 级烤烟收购标准的可行性，在四川烤烟各个产区开展新标准农业验证试验，结果表明，24 级收购标准将部位划分为脚叶、下二棚叶、中部叶、上二棚叶、顶叶 5 个部位，提高了各组别一级烟叶的比例。

【行业动态 1】

烤烟分级标准修订

现行烤烟分级国家标准已实施 30 余年，随着烟草农业现代化的推进和中式卷烟品牌的发展，呈现出诸多不适应性。

据 2023 年《中国烟草》第 15 期报道，2021 年中国烟叶公司在前期调研的基础上重启《烤烟》标准修订工作，经过连续 2 年的调查研究和农业转化验证，对烤烟分级标准文字稿进行了 4 次修改，目前各项修订工作正在稳步推进。

2023 年 8 月，东方烟草网以《重庆万州：新国标新系统开启烟叶收购新模式》为题报道了重庆万州第一次采用 28 级新国标评级开展烟叶收购工作。据了解，烤烟 28 级新国标等级分别为 X1L、X2L、X1F、X2F、X3、C1L、C2L、C3L、C4L、C1F、C2F、C3F、C4F、B1HF、B2HF、B1L、B2L、B3L、B1F、B2F、B3F、BR、CXV、BV、S、CXK、BK、GY。目前烤烟 28 级新国标仍处于验证阶段，尚未正式发布新国标编号。

第二节　烤烟分组

一、烤烟分组的意义

烤烟分组是依据烟叶的部位、颜色及其他与总体质量相关的主要特征和性质将烤烟进一步划分。烤烟的部位、颜色及其他主要特征如杂色、带青、光滑等均与烟叶的质量有密切关系，不同特征的烟叶具有不同的质量特点；反之，同组的烟叶具有同样的质量特征。所以，同一组内的烟叶具有较为接近的质量（包括感官质量、化学成分、物理特性、外观质量等）。

因此，烤烟分组具有下列意义。

（一）便于进一步分级操作

由于同组的烤烟具有较为接近的外观特征，所以再将组内烤烟进一步分级就相对简单，易于操作。

（二）便于分组加工烟叶

由于同组的烤烟具有较为接近的物理特性，如吸湿性、弹性、含梗率等，故在打叶复烤、回潮陈化等工业加工环节针对其特点进行分组处理。因此，分组有利于工业加工烟叶。

（三）有利于卷烟工艺配方

同组的烤烟具有较为接近的感官质量和物理特性，如烟气浓度、刺激性、余味、燃烧性、填充性等，卷烟工艺可以根据其特点设计配方，以满足各种风格卷烟的需求。

二、确定烤烟分组因素的原则

（一）分组因素要明显可见，容易识别，便于掌握

分组是分级工作的第一步，在分级操作过程中，操作者的第一反应是思考这些烤烟应归属哪一组别，因此，分组因素一定要明确，易于识别，便于区分。

（二）分组因素与烟叶内在质量密切相关

分组因素是烟叶的外观特征因素，其必须有相对应的内在质量特点，能真正起到分组的作用。

（三）分组因素要具有相对的独特性

这一原则的含义是，作为分组因素，要能使每一组的烤烟都具有这一特点，而且这一特点是其他组别烤烟所不具备的，这样才可以使各个组之间易于区分，不至于混组。

三、烤烟部位分组

（一）烤烟部位分组的依据

烤烟是否应以部位分组，取决于不同部位烤烟是否具有不同的内在质量，或不同部位烤烟是否具有不同的外观特征。大量的资料和多年的实践表明，不同部位烤烟具有不同的外观特征，同时也具有不同的内在质量，而且这些外观特征与内在质量有着较为密切的关系，这种关系还具有一定的规律性。可以说这是烤烟的主要特点之一，正是以部位分组的理论依据。

（二）烤烟部位分组的必要性

1. 卷烟工业的需要

不同部位的烟叶具有不同的感官质量、不同的物理特性、不同的经济价值，部位分组保证了这些质量各异的烟叶能够相对区别，因而卷烟工业可以针对各部位烟叶的特点进行加工、配方，以生产风格各异、受消费者欢迎的卷烟产品。从这一角度出发，烤烟十分有必要按部位分组。

2. 便于进一步分级操作

不同部位的烤烟具有不同的外观特征，而且烤烟生产的规律也具有按部位采收和调制的特点，部位分组在烟叶分级操作过程中较为容易。部位分组后，每个组别内的烤烟等级数大为减少，另外，确定等级的因素也相对减少，因此可为进一步烤烟分级创造有利条件。

（三）不同部位烤烟的外观特征

不同部位烤烟外观特征的变化具有一定的规律：部位由下至上，叶片厚度由薄趋厚；部

位由下至上，叶片颜色由浅趋深；部位由下至上，叶片结构由疏松至紧密；部位由下至上，叶脉由细趋粗；部位由下至上，叶尖由钝趋尖（表4-2）。

表4-2　各部位烤烟的外观特征

（闫克玉、赵铭钦，2008）

部位	部位特征				
	脉相	叶形	叶面	厚度	颜色
下部叶	较细	较宽圆	平坦	薄至稍薄	多柠檬黄色
中部叶	适中，遮盖至微露，叶尖处稍弯曲	宽至较宽，叶尖部较钝	皱缩	稍薄至中等	多橘黄色
上部叶	较粗至粗，较显露至突起	较宽至较窄，叶尖部较锐	稍皱褶至平坦	中等至厚	多橘黄色、红棕色

由于地区、品种、栽培措施（特别是打顶）、气候条件的影响，烤烟外观特征也会发生一些变化，但外观特征的规律和概念还是基本一致的。一个地区要真正掌握烤烟部位外观特征，还必须了解当地的实际情况，烟农应做到按部位采收、烘烤和存放，并按部位分级，就容易区分不同部位烟叶。如果部位外观特征的几个因素相互间出现矛盾时，应以脉相和叶形作为区分部位的依据。

1. 定性判断烤烟部位的方法

下部叶的外观特征：主脉较细，遮盖，近叶尖处弯曲；叶形较宽圆，叶尖较钝；叶面平坦，叶片薄至稍薄；颜色较浅，组织疏松，油分较少，弹性差。

中部叶的外观特征：主脉粗细适中，遮盖至微露，近叶尖处稍弯曲；叶形较宽，叶尖较钝；叶面皱缩，叶片稍薄至中等；颜色深浅适中，组织疏松，油分多，弹性强。

上部叶的外观特征：主脉较粗至粗，较显露至突起；叶形较宽至较窄，叶尖较锐；叶面稍皱褶至平坦，叶片中等至厚；颜色较深，组织紧密，油分较多，弹性较强。

【拓展知识4】

判断烟叶部位的农家谚语

土黄片薄筋细小，定是脚叶跑不了。
大筋弯弯小筋平，尖厚基薄下二棚。
大筋微露色金正，全身一致正当中。
大筋显露小筋拱，烟叶深红上二棚。
大筋粗显色棕褐，叶片拉手是顶壳。

2. 定量判断烤烟部位的方法

除了根据烤烟的外观特征判断烟叶部位，还可以采用定量方法判断烟叶部位。牛玉德等研究了一种通过数值定量判断烤烟部位的方法，测定叶片主脉柄端至叶尖顶端的距离（长度L）、叶面最宽处与主脉的垂直长度（宽度W）、叶片主脉柄端至叶面最宽处的距离即叶基至叶片最宽处的长度（B）。部位标度值（K）：叶基至叶片最宽处的长度（B）÷叶片长度（L）的一半×100%，$K=B/(L/2)\times100\%$。根据烟叶部位标度值的大小可以判定烤烟的着生部位，如 $K\leq0.9$ 时，叶片部位为下部叶；$0.9<K\leq1.0$ 时，叶片部位为中部叶；$K>1.0$ 时，叶片部位为上部叶，见表 4-3。

表 4-3 烤烟各部位的标度值

（牛玉德等，2016）

产地	品种	下二棚叶			腰叶			上二棚叶			顶叶		
		L（cm）	B（cm）	K	L（cm）	B（cm）	K	L（cm）	B（cm）	K	L（cm）	B（cm）	K
安徽	云烟 97	70.00	30.00	0.86	72.00	34.33	0.95	63.33	36.17	1.14	54.83	30.00	1.09
	云烟 87	69.00	29.33	0.85	74.67	34.83	0.93	64.67	35.33	1.09	47.00	26.33	1.12
	K326	63.17	27.00	0.85	70.23	34.00	0.97	54.33	29.83	1.10	44.33	25.17	1.14
	NC55	58.67	25.67	0.88	74.17	35.33	0.95	58.33	32.17	1.10	44.67	24.33	1.09
	NC102	59.33	25.33	0.85	74.67	35.67	0.96	57.67	33.33	1.16	49.67	27.67	1.11
	NC297	70.00	30.00	0.86	69.17	33.50	0.97	62.33	35.33	1.13	54.33	28.67	1.06
山东	NC55	62.50	27.50	0.88	71.17	33.83	0.95	55.00	29.83	1.08	47.33	25.50	1.08
	NC102	61.67	26.17	0.85	64.83	31.67	0.98	59.67	32.67	1.10	50.00	29.00	1.16
	NC297	69.33	30.17	0.87	72.67	34.83	0.96	63.33	34.33	1.08	49.67	26.83	1.08
云南	云烟 97	73.67	31.17	0.85	76.33	35.83	0.94	61.33	34.33	1.12	51.67	30.00	1.16
	云烟 87	73.33	29.33	0.80	66.83	32.00	0.96	61.33	34.83	1.14	53.17	28.33	1.07
	K326	64.33	26.67	0.83	68.50	33.33	0.97	54.33	30.50	1.12	47.00	26.67	1.13

【课外阅读 1】

1. 阅读牛玉德等发表的论文《烤烟部位量化识别判定方法研究》，掌握定量判断烤烟部位的方法。

2. 阅读杨尚明等发表的论文《烤烟邻近部位烟叶等级的识别判定》，正确判定腰叶偏下部位与下二棚部位烟叶的区别、腰叶偏上部位与上二棚部位烟叶的区别。

值得说明的是，虽然通过定性和定量的方法均能判断烤烟部位，但在实际操作中，多以定性的方法识别烤烟部位。

（四）不同部位烤烟的质量特点

1. 下部叶

下部烟叶比较薄，颜色浅淡，油分少，组织疏松，糖含量低，总氮和烟碱低于中部叶，灰分和 pH 值高于中部烟叶，质量较低，燃烧性好，吸湿性差，填充值高，单位面积重量轻。下部烟叶含梗率高，劲头小，刺激性小，吃味平淡。

2. 中部叶

中部烟叶厚薄适中，颜色多为桔黄色、正黄色，光泽强，油分多，组织疏松，糖分及碳水化合物等成分含量高，总氮、不溶性氮、其他挥发性碱、灰分等成分含量低，烟碱和 pH

值适中，质量较高，燃烧缓慢适中，吸湿性高于下部叶、上部叶，填充值小，弹性好，单位面积重量和含梗率居中，劲头适中，吃味醇和。

3. 上部叶

上部烟叶较厚，颜色偏深，油分低于中部叶，组织较密，糖分及碳水化合物比下部叶高，总氮含量显著增高，不溶性氮和其他挥发性碱含量也高，灰分略高于中部，pH 值低，质量低于中部叶，燃烧慢，吸湿性比中部叶低，填充值居中，含梗率低，劲头大，刺激性也大。

不同部位烤烟质量是有差异的，不同部位烤烟物理特性和化学成分含量见表 4-4 和表 4-5。

表 4-4 不同部位烤烟的物理特性

（闫克玉、赵铭钦，2008）

部位	厚度（μm）	叶质量（mg/cm^2）	含梗率（%）	填充值（cm^3/g）	阴燃时间（s）	燃烧速率（mm/min）
下部叶	75.50	7.89	27.30	5.13	3.60	4.26
中部叶	90.40	9.52	26.31	4.57	4.45	3.76
上部叶	113.10	11.42	22.49	4.99	4.90	3.16

表 4-5 不同部位烤烟的化学成分含量

（闫克玉、赵铭钦，2008）

部位	石油醚提取物（%）	总氮（%）	总糖（%）	还原糖（%）	总挥发碱（%）	总挥发酸（%）	总灰分（%）	总细胞壁物质（%）
下部叶	6.35	1.74	14.70	13.43	0.25	0.43	15.8	32.23
中部叶	9.47	2.04	21.82	19.85	0.28	0.53	13.6	28.82
上部叶	8.49	2.75	15.80	14.18	0.42	0.65	13.1	29.98

（五）烤烟部位组别的划分

在烤烟生产中，按照烟叶在烟株上着生位置的不同，自下而上分为 5 个部分，分别为脚叶、下二棚叶、腰叶、上二棚叶、顶叶。国外的烤烟分级标准中有的按 5 个部位分组，有的把脚叶和下二棚叶合并为下部叶组，即分为 4 个部位。中国在研究制定烤烟分级标准时，本着去繁就简和便于操作的原则，认为脚叶与下二棚叶、上二棚叶与顶叶的外观特征和内在质量较为接近。因此，中国烤烟分级国家标准将烟叶划分为下部叶组、中部叶组、上部叶组 3 个组别，其代号依次为 X、C、B。

四、烤烟颜色分组

（一）烤烟颜色的形成

烤烟颜色指新鲜烟叶经调制后呈现的颜色。烤烟颜色是因色素的存在而产生的。烟叶中含有多种色素，随各种色素存在比例不同而形成不同的颜色。正常情况下，烟叶中色素主要包括绿色色素、黄色色素和红色色素。绿色色素主要是叶绿素，包括叶绿素 a、叶绿素 b 及脱镁叶绿素；黄色色素主要包括叶黄素和胡萝卜素；红色色素多为醛、酮类物质转化而来。

据有关资料介绍，新鲜烤烟叶片中叶绿素占烟叶干重的0.4%~5.0%，而黄色色素占叶绿素的1/5~1/3，红色色素所占比例更微。随着烟叶成熟度的提高，黄色更为突出。根据烟叶颜色变化的特点，调制过程中把握好时机，将叶片适时干燥，停止其生化反应，则调制后的烟叶呈现正常黄色。鲜烟叶呈现绿色，是因为烤烟叶片中叶绿素含量高，遮盖了叶黄素、红色色素的显现。烘烤过程中，烟叶中叶绿素大量分解，其相对含量降低，黄色色素和红色色素才显现出来。

(二) 烤烟颜色与质量的关系

烟叶颜色的深浅和烟叶内色素比例有关，而色素的存在和烟叶内含氮化合物有关，色素的分解伴随着烟叶内多种化学成分的分解。因而，颜色的差异则在很大程度上反映了烟叶化学成分的变化，也就是说，颜色的差异反映着不同的烟叶内在质量，不同颜色的烟叶必然具有不同的内在质量特点。这也正是为什么要以颜色分组的原因。如果以烟叶黄色的深浅划分颜色，则由浅至深大致包括如下变化档次：青（绿）色、青黄色、微青色、柠檬黄色、桔黄色、浅红棕色、红棕色等。

简单地讲，烤烟颜色与质量的关系如下：

烤烟颜色由浅至深，总糖含量逐渐降低。

烤烟颜色由浅至深，烟碱含量逐渐增加。

在青黄色至柠檬黄色区域内，随烤烟颜色的加深，香气质由差向较好转变，柠檬黄色时最佳。在柠檬黄色至红棕色区域内，随烤烟黄色的变深，香气质趋差。

在青黄色至桔黄色区域内，随烤烟黄色的加深，香气量增加；在桔黄色至红棕色区域内，随烤烟颜色的变深，香气量有所下降。

在青黄色至桔黄色区域内，随烤烟黄色的加深，烟叶杂气减少，刺激性变小，浓度变大。在桔黄色至红棕色区域内，随烤烟颜色的加深，杂气略增、刺激性变大，浓度也略增加。

从化学成分和感官质量来看，均以桔黄色烟叶质量最佳，红棕色、柠檬黄色烟叶质量略下降，而青黄烟、青烟质量最差（表4-6）。

表4-6 不同颜色烤烟的化学成分含量

(《烟叶分级工》编委会，2001)

颜色	总糖（%）	总氮（%）	不溶性氮（%）	烟碱（%）	蛋白质（%）
柠檬黄色	11.81	2.41	1.19	1.92	7.44
桔黄色	10.74	2.63	1.23	2.36	7.69
红黄色	6.73	3.51	4.22	4.22	8.38
棕黄色	5.07	3.88	4.39	4.39	9.03

(三) 影响烤烟颜色的因素

影响烤烟颜色的因素很多，从分组角度来说，烤烟颜色的深浅主要受部位、成熟度、栽培措施、调制方法、烤后处理、堆放时间等因素的影响。浅色烟叶，一般出自下部；深色烟叶，一般出自上部。正常成熟的烤烟，颜色多为桔黄色；早熟的烟叶，颜色多为浅色；未成熟的烤烟，叶片往往带青色。调制不当将会出现各种不同颜色的烟叶，如定色期排湿不畅或不及时，烤烟颜色会加深，甚至成为褐色；干燥期，温度过高则会出现烤红叶片。调制后存放不当或回潮不当，也会使烤烟颜色加深，以至出现潮红叶片。

（四）烤烟颜色叶组

依据烟叶颜色与质量的关系，结合烤烟生产的实际情况，中国烤烟分级标准将烤烟颜色分为基本色和非基本色。

1. 烤烟颜色叶组的划分

（1）基本色叶组

烤烟分级国家标准规定，将烤烟基本色叶组分为柠檬黄色叶组、桔黄色叶组、红棕色叶组，其代号依次为 L、F、R。

柠檬黄色叶组主要包括正黄色和淡黄色，烟叶表面呈现纯正的黄色。柠檬黄色是由 100%的黄色色素构成。

桔黄色叶组包括深黄色和金黄色。烟叶表面以黄色为主，并呈现较明显黄红色。桔黄色是由 70%的黄色色素和 30%的红色色素构成。

红棕色叶组包括桔红色、浅红棕色和红棕色，烟叶表面呈现明显红棕色。红棕色是由 70%的红色色素和 30%的黄色色素构成。

（2）非基本色叶组

烤烟分级国家标准规定，将烤烟非基本色叶组分为青黄烟叶组、微带青叶组、杂色叶组，其代号依次为 GY、V、K。

青黄烟叶组是指黄色烟叶中含有任何可见的青色且不超过三成的烟叶。此定义规定了青黄烟的界限：下限为任何可见的青色，无论其含青程度多么微弱，含青面积多么微小，上限均为不超过三成（含三成）。也就是说，含青面积或者是含青程度不超过 30%，即视为青黄烟；超过 30%者，则视为不列级烟。

微带青叶组是从青黄烟叶组中进一步划分出来的叶组。青黄烟组中有部分烟叶其含青程度和面积均极微，而其他品质因素又尚好，这类烟叶的质量和使用价值与青黄组中含青较高的烟叶相比差异较大。微带青叶组是指黄色烟叶上叶脉带青或叶片含微浮青面积在 10%以内的叶组。该定义规定了微带青叶的允许范围：或者叶脉带青，或者叶片含微浮青面积在 10%以内，二者不得同时并存。若叶脉带青和叶片含微浮青并存，则不属于微带青范畴，对叶片含微浮青 10%以内的理解包括两层含义，含青程度为微浮青（比浮青程度更弱）、含青面积不超过 10%。

杂色叶组是指表面存在非基本色颜色斑块（不包括青黄色）的烟叶。杂色包括轻度洇筋、蒸片、局部挂灰、全叶受熏染、青痕较多、严重烤红、潮红等。杂色叶定义是任何杂色面积占全叶面积的 20%及其以上的烟叶，杂色叶归入杂色叶组定级。中国烤烟分级标准依据部位杂色将杂色分为中下部杂色叶组（CXK）和上部杂色叶组（BK）2 个组别。

2. 烤烟颜色特征参数

烤烟基本色的颜色特征参数见表 4-7。从表 4-7 可以看出，同一品种不同颜色烟叶的颜色特征参数差异显著。不同颜色烤烟明度 L^* 表现为：红棕色<橘黄色<柠檬黄色，柠檬黄色烤烟的明度 L^* 显著高于橘黄色和红棕色烟叶；不同颜色烤烟红度 a^* 表现为：柠檬黄色<橘黄

色<红棕色，红棕色烟叶的红度 a^* 显著高于柠檬色和橘黄色烟叶；黄度 b^*、饱和度 C^* 均表现为：红棕色<柠檬黄色<橘黄色，橘黄色烟叶黄度 b^*、饱和度 C^* 普遍高于柠檬色和红棕色烟叶。

表 4-7　烤烟基本色的颜色特征参数

（李悦等，2017）

品种	颜色	明度 L^*	红度 a^*	黄度 b^*	饱和度 C^*
翠碧 1 号	橘黄色	53. 78±3. 86 b	13. 62±1. 60 b	43. 67±2. 20 a	45. 80±1. 87 a
	柠檬黄色	58. 70±1. 84 a	11. 52±0. 93 c	43. 14±0. 86 a	44. 67±0. 86 a
	红棕色	46. 54±1. 74 c	16. 38±0. 42 a	39. 05±2. 19 b	42. 36±1. 99 b
K326	橘黄色	54. 37±3. 15 b	14. 03±1. 42 b	42. 58±1. 67 a	44. 87±1. 61 a
	柠檬黄色	57. 82±2. 80 a	12. 20±0. 83 c	42. 21±1. 66 a	44. 33±1. 75 ab
	红棕色	47. 93±0. 86 c	16. 77±0. 40 a	39. 42±1. 19 b	42. 84±1. 14 b
云烟 87	橘黄色	54. 03±2. 37 b	14. 91±1. 12 b	45. 00±2. 01 a	47. 43±1. 84 a
	柠檬黄色	56. 82±1. 09 a	12. 95±0. 78 c	44. 03±2. 62 a	45. 92±2. 67 ab
	红棕色	50. 56±0. 80 c	17. 05±0. 78 a	43. 73±1. 90 a	43. 92±1. 93 b

【课外阅读 2】

1. 阅读李悦等发表的论文《烤后烟叶表面颜色特征参数及其与外观质量指标的关系》，掌握烤烟基本色的颜色特征参数。

2. 阅读王改丽等发表的论文《不同香型烤烟表面颜色特征分析》，了解同一部位不同香型烤烟、同一香型不同部位烤烟的表面颜色特征参数。

五、烤烟性质、用途分组

（一）烤烟完熟叶组

烤烟完熟叶组是指产生在上二棚及其以上部位，达到高度成熟或充分成熟的烟叶，烤烟完熟叶组用代号 H 表示。该组烟叶油分稍有，质地干燥，用手触摸有干燥感，叶面皱褶，颗粒感强，有成熟斑点，颜色深，叶片结构疏松，叶片较薄、较轻，这种烟叶闻起来有明显发酵烟叶的香甜味。用手摇时，可听到干燥的“嘶嘶”声。

（二）烤烟光滑叶组

烤烟光滑叶组是指组织平滑或僵硬的烟叶，用代号 S 表示。烤烟光滑叶的定义是指任何光滑叶面积占全叶片的 20%及其以上的烟叶均称为光滑叶，光滑叶归入光滑叶组定级。光滑叶的特征是表面平滑或僵硬，无颗粒，手触有似触塑料或硬质纸的感觉，喷水后不易吸水。这类烟叶多产生于中下部，而上部叶因营养不良或成熟度不够也会产生光滑叶。

六、烤烟组别的划分

根据分组原则，为更有利于卷烟工业使用、更好地体现以质论价，烤烟分级国家标准改变了以往中国烤烟标准中仅以部位和颜色简单分组的做法，制定了烤烟分组体系，该体系包括主组和副组两部分。中国烤烟分级标准将烟叶分为13个组别，其中主组8个，副组5个。

（一）烤烟主组

主组是为生长发育正常、采收调制适当而形成的质量较好的烟叶而设置的，包含了正常条件下生产的大部分烟叶。主组的分组因素为部位和颜色，是依烟叶着生部位和基本色深浅划分的。

烤烟主组分为下部柠檬黄色叶组（XL）、下部桔黄色叶组（XF）、中部柠檬黄色叶组（CL）、中部桔黄色叶组（CF）、上部柠檬黄色叶组（BL）、上部桔黄色叶组（BF）、上部红棕色叶组（BR）、完熟叶组（H）8个组别。

（二）烤烟副组

副组则主要是为区分那些因生长发育不良或采收不当，或调制失误，以及其他原因造成的低质量烟叶而设置的，是依据其影响烟叶质量的外观特征而划分的组别。副组有光滑叶组（S）、中下部杂色叶组（CXK）、上部杂色叶组（BK）、微带青叶组（V）和青黄叶组（GY）5个组别。

第三节 烤烟分级

一、烤烟分级因素的概念

用来衡量烟叶等级质量和内在质量的外观特征因素，称为分级因素（grading factor），又称品级因素。烤烟分级因素包括品质因素和控制因素两个方面。

（一）品质因素

品质因素（quality factor）是指反映烟叶内在质量的外观因素，如成熟度、油分、叶片结构、身份、色度、叶片长度等，这些因素是烟叶本身所固有的特征，是衡量烟叶品质优劣的依据。分级标准按烟叶等级的高低规定不同的品质因素指标，要求该级别烟叶必须达到相应规定。

（二）控制因素

控制因素（control factor）是指影响烟叶内在质量的外观因素，如残伤、杂色、破损等。控制因素不是烟叶本身固有的特征，而是因受某些外因影响而产生的。虽然控制因素不是衡量烟叶等级的决定因素，由于其存在而影响烟叶的外观质量和内在质量，导致烟叶质量下降。因此，分级标准中对不同等级的烟叶予以不同比例的限制，这个限制是允许度，允许某等级存在某种比例的控制因素，但绝非必须达到一定比例。控制因素使烟叶等级质量控制在一定的水平上，保持相对稳定的烟叶质量。

二、烤烟分级因素的选择

烤烟分级因素的选择，应遵循如下原则：概念明确具体，不抽象，不重复；能够真实地反映烟叶的内在质量，即“表里如一”；级差明显，容易识别，便于掌握；力求与国际上的先进烤烟分级标准相一致；概括性强，适应面广。

根据以上分级因素选择的原则，结合中国卷烟工业生产需要和烟草农业生产实际，中国现行烤烟分级国家标准选用了其中比较重要的因素作为分级因素，包括品质因素和控制因素。采用“6+1”分级因素，品质因素包括成熟度、叶片结构、身份、油分、色度、长度6个因素；控制因素有残伤1个因素。

三、烤烟分级因素分述

（一）成熟度

成熟度（maturity）是指烟叶成熟的程度。成熟度一般包括田间成熟度和调制成熟度，田间成熟是调制成熟的基础。田间成熟度是指烟叶在田间生长发育达到适宜采收烘烤的程度；调制成熟度是指采收的烟叶经过调制后反映出来的成熟程度。在烤烟分级标准中所称的成熟度，是指调制后烟叶的成熟程度。

成熟度是烟叶质量的中心因素，是烤烟分级的一个十分重要的因素，它与烟叶的其他外观特征密切相关。因为烟叶成熟度的不同，其他各项外观因素也会发生相应的变化。因此，在确定成熟度指标后，就能在一定程度上相应地确定其他外观质量指标，在一定程度上成熟度可视为烟叶质量的代名词。目前，世界烤烟生产先进国家都将成熟度放在烟叶分级因素的首位。

1. 影响烤烟成熟度的因素

影响烤烟成熟度的因素主要有光照、营养状况、采收时期、调制技术等。脚叶因光照不足、营养不良，烤后烟叶容易产生假熟；采收时期适当、调制适当，烤后烟叶容易出现成熟；上部烟叶在田间达到高度成熟，而且调制适当，烤后烟叶容易出现完熟。另外，光照条件差、营养不良、发育不全容易形成光滑叶，烤后烟叶容易出现欠熟。

2. 成熟度与烤烟质量的关系

（1）成熟度与烤烟外观质量

一般情况下，成熟度好的烤烟颜色均匀一致，多呈桔黄色、柠檬黄色、红棕色，色度强，有油分，叶片结构疏松。成熟度差的烤烟颜色不一致，多呈青黄色、微带青色，色度淡，油分少，叶片结构紧密（表4-8）。

表4-8　不同成熟度烤烟的外观质量

（根据屈靖雄等2022年论文数据整理）

成熟度	叶片结构	叶片厚度	油分	色度
尚熟	稍密	薄	较少	中
适熟	较疏松	较薄	有	强
过熟	疏松	中等	多	浓

（2）成熟度与烤烟物理特性

烟叶的耐破度、延伸率和拉力这3项物理特性与烟叶及其制品的质量关系较为密切，在相同含水率条件下，这3项物理特性数值越大，意味着烟叶在打包、搬运、去梗、打叶、切丝、卷制等工序中损耗越小，质量越有保障。一般来说，随烤烟成熟度的增加，烟叶的耐破度、拉力、伸长率和填充值增大，单位面积叶重略减小（表 4-9）。另外，随烤烟成熟度的提高，烟叶厚度变薄，燃烧性增加。

表 4-9　不同成熟度烤烟的物理特性

（河南农业大学，1984）

成熟度	耐破度（g/cm^2）	拉力（g/cm^2）	伸长率（%）	填充值（cm^3/g）	单位面积叶重（g/m^2）
成熟	232.37	82.50	17.10	4.57	62.00
欠熟	168.74	53.30	5.67	3.78	64.00

（3）成熟度与烤烟化学成分

烤烟成熟度反映烟叶化学成分的变化程度、含量适宜程度及各种化学成分的协调性，烤烟各种化学成分含量及其比例影响烟气质量的优劣。成熟度好的烤烟，其内含物丰富而协调，前体致香物质多。总糖、还原糖含量随成熟度的提高而增加，当烤烟达到生理成熟时其总糖、还原糖含量最高，其后随着烤烟过熟而逐渐降低（表 4-10）。

表 4-10　不同成熟度烤烟的化学成分

（根据屈靖雄等 2022 年论文数据整理）

部位	成熟度	总糖（%）	还原糖（%）	两糖差（%）	总氮（%）	烟碱（%）
上部叶	尚熟	35.27	28.67	6.60	2.67	2.32
	适熟	24.16	21.39	2.77	2.39	2.92
	过熟	21.37	14.62	6.75	2.71	3.17
中部叶	尚熟	31.27	27.73	3.54	2.51	1.82
	适熟	31.06	22.49	8.57	2.63	1.91
	过熟	27.34	15.21	12.13	2.27	2.28
下部叶	尚熟	26.38	17.27	9.11	1.86	2.01
	适熟	17.69	9.38	8.31	2.43	2.47
	过熟	16.55	8.74	7.81	2.11	2.71

（4）成熟度与烤烟感官质量

不同成熟度的烤烟，其感官质量存在很大差异。随着烟叶成熟度的提高，烟叶感官质量明显改善，香气质逐渐变好，香气量增大，吃味变醇和，杂气、刺激性减小，劲头趋于适中。当烤烟成熟时其香气质好，香气量充足，杂气轻微，刺激性微有，余味尚纯净，劲头中等，感官质量好；完熟烟叶，香气量有所减少，木质气有所增加，刺激性大，劲头和浓度大；成熟度低的烟叶，香气质差，香气量少，刺激性大，杂气重，余味苦涩（表 4-11）。

表 4-11 不同成熟度烤烟的感官质量

（郑州轻工业学院，1994）

成熟度	香气质	香气量	杂气	余味	劲头	浓度	刺激性	燃烧性	灰分	质量档次
欠熟	差	少	重	苦涩	较大	较小	大	差	灰黑	差
尚熟	较好	尚充足	稍有	尚纯净	适中	中等	微有	强	灰白	中等
成熟	好	充足	微有	尚纯净	适中	中等	微有	强	白	好
完熟	尚好	充足	有	尚纯净	大	特浓	大	强	白	较好

也有研究表明，成熟烤烟的香气量足，杂气和刺激性微有，其得分较高，余味尚纯净，不同成熟度烤烟感官指数和得分高低依次为：成熟>完熟>尚熟>欠熟（表 4-12）。

表 4-12 不同成熟度烤烟的感官质量

（叶贤文等，2019）

成熟度	香气质	香气量	杂气	浓度	刺激性	余味	指数和得分
欠熟	7.5	6.5	6.5	6.5	6.5	6.0	6.73
尚熟	7.5	7.0	7.0	6.5	7.0	6.5	7.08
成熟	7.5	7.0	7.5	7.5	7.5	7.0	7.28
完熟	8.0	6.5	7.5	7.0	7.0	6.5	7.16

综上所述，不同成熟度烤烟在外观质量、物理特性、化学成分、感官质量等方面存在很大差异，以成熟烤烟的总体质量最佳，完熟烟叶次之，尚熟烟叶再次之，欠熟烟叶最差。因此，成熟度是衡量烤烟质量的中心因素，是烤烟分级的首要因素。

3. 成熟度档次划分及其外观特征

不同成熟度的烟叶具有不同的外观特征，在烟叶分级过程中，主要通过眼看、手摸的方法并依据烟叶的外观特征来判断烟叶的成熟度。根据调制后烟叶的成熟状态，现行国家烤烟分级标准将烟叶成熟度划分为完熟、成熟、尚熟、欠熟、假熟 5 个档次。

（1）完熟

完熟（mellow）是指上部烟叶在田间达到高度的成熟，且调制后成熟充分。完熟烟叶由于达到高度成熟，化学成分消耗较多，叶片结构已表现出疏松状态，油分较少，叶质干燥，叶面皱叠，颗粒多，为桔黄色和红棕色，有明显成熟斑。

（2）成熟

成熟（ripe）是指烟叶在田间及调制后均达到成熟程度。成熟烟叶叶片细胞达到疏开状，细胞间隙大、孔度大，叶片正反面色泽相似，背面视支脉明显，叶面皱，柔而不腻，韧而不脆，弹性好，色泽饱和，光泽强，加压不易黏结，无虚飘之感。

（3）尚熟

尚熟（mature）是指烟叶在田间刚达到成熟，生化变化尚不充分或调制失当后成熟不够，属于中等成熟。烟叶已达充分发育，但刚成熟，尚缺少成熟烟叶的质量特征。烘烤时，如果升温不当，易出现青黄烟。颜色多为浅色，可能带有黄片青筋，叶细胞尚未疏开，组织略密，有韧性，弹性略差，略有平滑部分，光泽中等，有分量。

（4）欠熟

欠熟（unripe）指烟叶在田间未达到成熟或调制失当，是成熟度的最低程度。多指青黄色或发育不完全的烟叶，不具备成熟烟叶的质量特征。弹性差，色泽弱，叶片结构紧密，无孔度，有硬实感或光滑感，多带青色，如青黄烟和光滑叶。

（5）假熟

假熟（premature）泛指脚叶，烟叶外观看似成熟，实质上未达到真正成熟。此类烟叶着生位置靠近地面，叶数2~3片，多有烟株自苗床带来，叶形宽圆，叶小而薄，主脉细小，颜色浅淡，色度淡，油分少，弹性差，不具备成熟烟叶的质量特征。由于脚叶受中上部烟叶遮光影响而受光照不足，以及受顶端优势的影响而养分吸收少，常处于饥饿状态，从而出现成熟征兆。

（二）叶片结构

叶片结构（leaf structure）是指烟叶细胞排列的疏密程度，以孔度表示。叶片结构的疏密程度，应从烟叶的内在结构上认识，可以用单位面积上的细胞数目来衡量。叶细胞是按一定的间隙整齐排列的，细胞排列间隙大即为疏松，细胞排列间隙小、单位面积上的细胞数目多即为紧密。细胞排列紧密，反映在叶面上就有粗糙或疏松的感觉。

1. 叶片结构与烤烟质量的关系

（1）叶片结构与烤烟物理特性

叶片是由细胞组成的，细胞发育状况和细胞排列间隙大小与烤烟的填充性、弹性、燃烧性密切相关。一般情况下，叶片结构疏松的烤烟，叶片细胞发育好、间隙大，烟叶填充性、弹性、燃烧性均好。而叶片细胞发育差、排列紧密、间隙小，则烟叶填充性、弹性、燃烧性均差。

上部烟不同叶片结构烤烟的物理特性见表4-13。叶片结构从疏松到紧密，上部烟厚度、叶面密度由小变大，拉力总体呈现增加趋势。

表4-13 上部烟不同叶片结构烤烟的物理特性

（马彩娟等，2019）

叶片结构	厚度（mm）	叶面密度（g/m^2）	含梗率（%）	平衡含水率（%）	拉力（N）
疏松	0.119 c	92.28 c	28.97 a	13.37 a	1.84 b
尚疏松	0.123 c	98.46 c	28.23 a	13.25 a	1.99 ab
稍密	0.127 bc	109.64 b	27.45 a	13.07 a	1.92 ab
密	0.135 b	116.73 a	27.46 a	12.67 a	2.15 ab
紧密	0.145 a	121.88 a	26.43 a	12.32 a	2.26 a

（2）叶片结构与烤烟化学成分

一般情况下，叶片结构疏松的烤烟，总糖、还原糖含量较高，总氮含量较低；叶片结构由疏松到紧密，总植物碱含量增高、总糖/总植物碱降低（表4-14）。

表 4-14 不同叶片结构烤烟的化学成分

（季舜华等，2022）

叶片结构	总植物碱（%）	还原糖（%）	总糖（%）	总氮（%）	钾（%）	氯（%）	糖碱比	两糖比	氮碱比
紧密	4.11 a	24.03 b	27.63 b	2.54 a	1.54 a	0.10 a	6.72 b	0.87 a	0.62 b
稍密	3.80 a	24.73 b	28.70 b	2.45 a	1.59 a	0.05 a	7.55 b	0.86 a	0.64 b
尚疏松	3.53 a	24.33 b	27.37 b	2.59 a	1.76 a	0.16 a	7.75 b	0.89 a	0.73 ab
疏松	2.28 b	32.96 a	37.60 a	1.83 b	1.77 a	0.08 a	16.49 a	0.88 a	0.80 a

（3）叶片结构与烤烟感官质量

叶片结构与烤烟感官质量密切相关。叶片结构疏松的烤烟，香气质好，香气量足，刺激性小、杂气少，吃味纯净，余味舒适。叶片结构紧密的主组烤烟，香气质较好，香气量足，劲头大，刺激性较大、杂气较少；叶片结构紧密的副组烤烟，香气质差，香气量少，刺激性大、杂气较多，吃味不纯净（表 4-15）。

表 4-15 不同叶片结构烤烟的感官质量

（季舜华等，2022）

成熟度	香气质（15）	香气量（20）	余味（25）	杂气（15）	刺激性（12）	燃烧性（5）	灰分（5）	总分（100）
紧密	6.53 b	8.37 b	10.23 b	8.00 b	5.53 c	2.77 b	2.50 c	49.93 b
稍密	9.70 a	12.33 ab	15.35 a	10.65 ab	7.58 b	2.75 b	2.75 bc	61.11 ab
尚疏松	9.83 a	13.60 ab	16.33 a	11.06 ab	7.83 ab	3.13 a	2.90 b	64.68 a
疏松	10.70 a	14.20 a	17.64 a	12.71 a	9.46 a	3.37 a	3.29 a	71.37 a

2. 影响烤烟叶片结构的因素

叶片结构与成熟度、部位等密切相关。同一部位的烤烟，随成熟度的提高，单位面积上的细胞数目减少，细胞密度降低，细胞间隙增大；随着烤烟部位的升高，单位面积上的细胞数目增多，细胞密度增加，细胞间隙减小。就相同部位而言，成熟度差的烟叶比成熟度好的烟叶叶片结构紧密；就不同部位而言，上部叶比下部叶的叶片结构紧密。从成熟度和部位两者对叶片结构的影响来看，成熟度对叶片结构的影响更大。此外，叶片结构与厚度也密切相关。

3. 叶片结构档次划分及其外观特征

在实际分级工作中，对叶片结构的判定没有绝对的量化指标，需综合考虑方能准确断定烟叶的叶片结构。一般以眼观与手摸相结合的方法进行，但偏重手摸。手摸烟叶柔滑不拉手、叶片厚薄均匀、颜色较淡的下部叶，以及烟叶厚薄均匀、油分足、弹性强、颜色深浅适中、成熟度好、不含青的中部叶，其叶片结构一般为疏松。一般成熟的中下部叶多具有这种叶片结构。手摸烟叶拉手，凸凹不平，叶片厚、颜色深、粗筋暴脉或者成熟度差、细胞发育不良的烟叶，其叶片结构一般较紧密。一般上部叶具有这种叶片结构。

根据烤烟叶片的结构状态，烤烟分级国标将叶片结构分为疏松、尚疏松、稍密、紧密4个档次。

（1）疏松

疏松（open）是指正常发育的中下部叶及完熟叶，叶片细胞排列间隙大，松弛程度高。其外观具备了成熟叶的质量特征，韧性和弹性好，色泽饱满，人工加压不会使烟叶黏结而出现难以松散的现象。这种组织结构疏松的烟叶，并不像原来认为的下部烟叶由于营养不良、叶片薄、油分少而脆弱、缺乏油分、弹性差的烟叶所显示的那种疏松状态，必须明确这一基本概念。

（2）尚疏松

尚疏松（firm）是指正常发育成熟的上部叶或尚熟的中下部叶，叶片细胞排列间隙尚大，松弛程度尚高。

（3）稍密

稍密（close）是指正常发育成熟的上部叶或尚熟、欠熟的中下部叶，叶片细胞排列间隙较小。

（4）紧密

紧密（tight）多指上部烟叶，细胞排列间隙小、排列紧密，组织紧密，结构紧实，韧性尚好。

（三）身份

身份（body）是指烟叶的厚度、细胞密度和单位叶面积重量的综合状态，通常以厚度表示。但这里所称厚度并非单纯的物理量度，它还包含有叶片细胞密度和单位叶面积重量状态。

1. 身份与烤烟质量的关系

身份反映烟了烟叶细胞干物质充实的程度，即厚薄程度。干物质积累多，叶片厚。一般地讲，厚度由薄至厚，颜色由浅变深，单位叶面积重由小变大，含氮化合物含量逐渐增加。过厚的烟叶，刺激性大、杂气重；厚薄适中的烟叶，物理特性较好、化学成分协调、感官质量好。同一部位的烤烟，叶片厚度规律是随烟叶颜色的加深，叶片厚度增大（表4-16）；同一颜色的烤烟，叶片厚度规律是随烟叶部位的升高，叶片厚度增大。各部位杂色组、微带青组烟叶平均厚度大于同部位柠檬黄色烟叶厚度；青黄色烟叶平均厚度大于中下部主组及下部微带青组烟叶厚度；光滑叶组叶片平均厚度最小，这正说明光滑叶组烟叶的形成是由营养不良、光照不足所致。

表4-16　不同组别烤烟的叶片厚度

（郑州轻工业学院，1994）

主组	厚度（μm）	副组	厚度（μm）
XL	74.63	CXK	91.50
XF	77.00	BK	139.83
CL	87.50	S	74.00
CF	94.33	XV	80.00
BL	97.25	CV	96.00
BF	120.38	BV	116.00
BR	127.83	GY	95.00

2. 影响烤烟身份的因素

叶片身份与部位、成熟度、品种、气候条件、栽培技术密切相关。对于同一烟株上的烟叶，叶片厚度一般随着部位的升高而增厚。同一部位的烟叶，随着成熟度的提高而趋薄。不同品种的烤烟厚度不同，少叶型品种叶片较厚，多叶型品种叶片较薄。打顶低、留叶少的烟株，其叶片相对较厚；打顶高、留叶多的烟株，其叶片较薄。干旱条件下形成的烟叶较厚，多雨条件下形成的烟叶则较薄；对同一品种、相同部位的烤烟而言，北方烟区生产的烤烟一般比南方的厚。施肥量足、种植密度小、烟株营养状况和生长发育状况好，叶片较厚；反之则叶片较薄。

3. 烤烟身份档次划分

根据烤烟叶片的厚薄、密度状态，结合人们感官可觉察到的差异幅度，将烤烟身份分为5个档次。现行烤烟分级国家标准中，薄（thin）、稍薄（less thin）这种英文表示方式有误。本书借鉴加拿大、津巴布韦烤烟稍薄（thin）这种表示方式，中国烤烟身份档次的表示方式分别为厚（heavy）、稍厚（flesh）、中等（medium）、稍薄（thin）、薄（thinner）。现行烤烟国家标准对厚度没有定量的规定，只有定性的、相对的档次。烟叶厚度是比较直观、具体的概念，分级工作中主要通过眼看、手摸以及结合其他外观特征来鉴别烟叶的厚薄程度。

（四）油分

油分（oil）是指烟叶内含有的一种柔软半液体或液体物质，在烟叶外观上表现为油润、丰满或枯燥的程度。油分是国内外烤烟分级中的一个通用名词，并非指烟叶内含油的多少，而是烟叶在一定的含水量条件下，人们眼看、手摸有油润或枯燥的不同感觉。

1. 油分与烤烟质量的关系

油分与烤烟的弹性、韧性、成熟度、化学成分、感官质量密切相关，是一个概括性强的质量因素，在分级中起着重要的作用，尤其在上等烟中的作用更大。

（1）油分与烤烟外观质量

油分多的烤烟，弹性强，韧性好，吸湿性强。在一定水分条件下，眼看油润、色度强；手摸油润、滑腻、丰满。油分少的烟叶，眼看枯燥，手摸感到硬脆、不柔软，叶片过薄或过厚。

（2）油分与烤烟理化特性

不同油分烤烟的理化特性有明显的差异，油分与碳水化合物含量密切相关，尤其是水溶性糖。一般而言，油分多的烤烟，其总糖含量高，总氮、不溶性氮、烟碱含量较低。烤烟中碳水化合物与氮化合物含量互为消长，直接影响烟叶的油分状况，油分多的烟叶施木克值较大。油分多的烟叶，其吸湿性较强（表4-17）。

表4-17　不同油分烤烟的理化特性

（赵献章，1997）

油分档次	总糖（%）	碳水化合物（%）	总氮（%）	不溶性氮（%）	烟碱（%）	施木克值	吸湿性（%）	填充性（cm^3/g）
多	22.80	29.68	1.97	1.04	2.18	2.18	16.73	3.39
有	13.94	17.06	2.48	1.22	2.12	1.06	12.06	4.32
稍有	9.88	13.78	2.69	1.32	2.20	0.69	10.61	4.86

（3）油分与烤烟感官质量

油分的多少，直接影响烤烟的感官质量。结果表明，油分多的烤烟，其香气质好，香气量足，杂气少，刺激性小，劲头适中；油分少的烤烟，其刺激性较大，杂气较重，香气质差，香气量少（表4-18）。也有研究表明，随着烤烟油分由少到多，其总糖、还原糖含量显著增加，烟碱、总氮含量和氮碱比变化不显著（表4-19）。

表4-18 不同油分烤烟的感官质量

（刘峰峰等，2019）

油分档次	香气质	香气量	杂气	刺激性	余味	燃烧性	灰色	总分
少	14.82 b	13.03 a	12.84 b	16.82 a	17.18 b	3.84 b	3.84 b	82.37 c
稍有	14.94 ab	13.11 a	13.17 a	16.97 a	17.27 ab	3.97 a	3.97 a	83.38 b
有	15.05 a	13.18 a	13.26 a	17.06 a	17.47 a	3.99 a	3.97 a	83.99 a
多	15.14 a	13.21 a	13.36 a	17.21 a	17.64 a	4.00 a	4.00 a	84.57 a

表4-19 不同油分烤烟的化学成分

（刘峰峰等，2019）

油分档次	烟碱（%）	总氮（%）	总糖（%）	还原糖（%）	钾（%）	氯（%）	淀粉（%）	糖碱比	氮碱比
少	1.99 a	1.64 a	29.20 b	22.01 c	1.78 c	0.46 a	5.82 a	12.32 a	0.88 a
稍有	2.14 a	1.66 a	29.36 b	22.10 c	2.48 b	0.27 b	4.96 a	10.89 b	0.82 a
有	2.14 a	1.65 a	33.20 a	24.76 b	2.11 bc	0.31 b	5.10 a	12.26 a	0.81 a
多	2.04 a	1.72 a	35.74 a	27.62 a	3.31 a	0.22 b	4.07 b	14.04 a	0.87 a

2. 影响烤烟油分的因素

影响烤烟油分的因素主要有部位、色度、成熟度。一般而言，烤烟中部叶的油分较多，下部叶油分较少；色度浓的烟叶油分较多，色度弱的烟叶油分较少；成熟度好的烟叶油分较多，成熟度差的烟叶油分较少。值得注意的是，充分成熟的烟叶油分并不是处于最佳状态，在油分与质量呈正相关的原则基础上，要掌握量的概念。

3. 油分档次划分及其外观特征

根据烤烟外观油分状态和感官感觉，现行国家烤烟标准中，将油分划分为多（rich）、有（oily）、稍有（less oily）、少（lean）共4个档次。

（1）多

烤烟油分富有，表观油润，叶表面有油性反映，烟叶韧性强，弹性好，手握松开后恢复能力强，耐撕裂力强。

（2）有

烤烟尚有油分，表观有油润感，叶片有韧性，弹性较好，耐撕裂能力尚好，叶表面尚有油性反映。

（3）稍有

烤烟油分较少，表观尚有油润感，尚有一定的韧性和弹性，尚有撕扯力，叶表面油性反映不太明显。

（4）少

烤烟缺乏油分，表观无油润感，韧性和弹性差，耐撕扯力弱，无油性反应。

在分级工作中，主要通过眼看、手摸以及与其相关的外观特征相结合来鉴别油分的多少。在一定水分条件下，油分多的烟叶，眼看表面油润、发亮、色泽鲜艳、全叶均匀一致，手摸柔润、滑腻、叶肉充实、无轻飘和僵硬之感、厚薄适中。油分少的烟叶则相反，眼看枯燥、色泽黯淡，手摸硬脆、不柔软。

【拓展知识5】

烤烟油分与水分的区分

油分必须在一定水分条件下才能准确表现出来，而适宜的含水量对烤烟油分的判断起着重要的作用。识别油分时，必须将油分与水分区分清楚。

油分多、水分少的烟叶，虽然手触叶片稍干，失去滑腻感，但叶表面油光发亮；油分少、水分多的烟叶，虽然手触叶片柔软，但叶表面光亮度差。

应注意区分油分多的烟叶与水分大的烟叶。油分多的烟叶，光亮度好，有滑腻感，手摸烟叶有润感；水分大的烟叶，光亮度差，手摸烟叶则没有润的感觉。

（五）色度

色度（color intensity）是指烟叶表面颜色的均匀程度、饱和程度、光泽强度，是一个综合的概念，包含烟叶颜色的均匀程度、饱和程度、鲜艳程度三层含义。均匀程度是指烟叶表面颜色均匀一致的状态；饱和程度是指颜色的浓淡状态；光泽强度是指视觉对颜色强弱状态的反映。所以，应综合颜色的均匀状态、饱和状态、光泽强弱状态三方面因素来衡量烤烟色度。

1. 色度与烤烟质量的关系

色度的浓淡强弱与烤烟油分多少呈正相关。因此，色度与烤烟质量关系和油分基本相同。色度浓的烟叶，总糖含量较高，总氮、蛋白质、烟碱等含氮化合物含量较低，施木克值较高，比例协调（表4-20）；其感官质量表现为香气质好，香气量足，杂气少，刺激性小，劲头适中，吸味纯净，余味舒适。色度浓的烟叶吸湿性强，填充能力较弱。随着色度的减弱，烤烟质量逐渐降低。

表4-20　不同色度烤烟的化学成分

（赵献章，1997）

色度	总糖（%）	总氮（%）	烟碱（%）	挥发碱（%）	蛋白质（%）	施木克值	备注
浓	14.29	1.58	1.16	0.045	8.61	1.66	样品为中部叶，油润丰满，组织相似，外观品质相似的烟叶
强	11.43	1.54	0.96	0.138	8.60	1.33	
中	7.39	1.79	1.14	0.127	9.96	0.74	
弱	8.71	1.78	1.12	0.124	9.90	0.37	

2. 影响烤烟色度的因素

色度源于烟叶中的主要化学成分挥发油和树脂，若烤烟表面挥发油和树脂多，调制后烟叶光泽好，色度就强；反之，烤烟表面的挥发油和树脂少，调制后烟叶光泽暗，色度就弱。烤烟色度的强弱与油分密切相关，油分多烟叶色泽饱和，视觉色彩反映强，色度就浓；油分少的烟叶光泽暗，色度弱。

3. 色度档次划分及外观特征

在实际烟叶分级工作中，色度的鉴别主要通过眼睛判断，从烟叶颜色的均匀程度、饱和程度和光泽强度三个方面来区分烤烟色度的强弱。中国现行烤烟国家标准将色度划分为浓（deep）、强（strong）、中（moderate）、弱（weak）、淡（pale）5 个档次。

（1）浓

烟叶表面颜色均匀、饱满，视觉色彩反映强。

（2）强

烟叶表面颜色均匀、饱和度尚饱满，视觉色彩反映较强。

（3）中

烟叶表面颜色尚均匀，饱和度与视觉色彩度反应一般。

（4）弱

烟叶表面颜色不均匀，饱和度差，视觉色彩反应较弱。

（5）淡

烟叶表面颜色不均匀，极不饱和，色泽淡，视觉色彩反应弱。

（六）长度

长度（length）指叶片主脉基部至叶尖的直线距离，即调制后未去梗的烟叶从主脉底端至叶尖顶端的距离，以厘米（cm）表示。对由于某些原因失去了叶尖的烟叶，则以其主脉基部沿主脉方向的实有长度计量。

1. 长度与烤烟质量的关系

叶片长度与烤烟质量有直接的关系，也是判断烤烟质量的一个因素，它反映了烟叶生长是否良好，发育是否正常。一般叶片长、大的烤烟生长发育良好，可能充分成熟，结构疏松，质量好；叶片短小，生长发育不良，不可能充分成熟，结构紧密，质量不高。叶片长度主要影响卷烟工业的出丝率、含梗率等。

湖北高油分烤烟叶长与质量指标的关系见图 4-1。从图 4-1 可以看出，不同长度高油分烟叶的总糖、还原糖含量先增加后降低，总糖含量变化范围为 25%～38%，还原糖含量变化范围为 20%～30%。钾含量随叶长增加整体呈上升趋势，氯含量随叶长增加整体呈下降趋势，但钾、氯均在适宜范围内。随着烟叶长度增加，氮碱比呈现出降低趋势，糖碱比和钾氯比均呈现出先降低后增加的趋势，当叶长超过 75cm 后，二者快速下降。随着烟叶长度增加，外观质量总分呈增加趋势。参照高油分中部烟常规化学成分要求，糖碱比应在 8～15 之间，钾氯比>4 的、叶长范围为 55～75cm 的烟叶化学成分含量及比值处于较好的水平，化学成分协调。

2. 影响烤烟长度的因素

叶片长度与烤烟部位、品种、栽培条件密切相关。一般而言，同一烟株的烟叶，中部叶较长，下部叶较短。叶片长度也能直接反映栽培条件及烤烟品种的优劣，如果叶片过短，说明栽培条件落后，烤烟质量也不会理想。

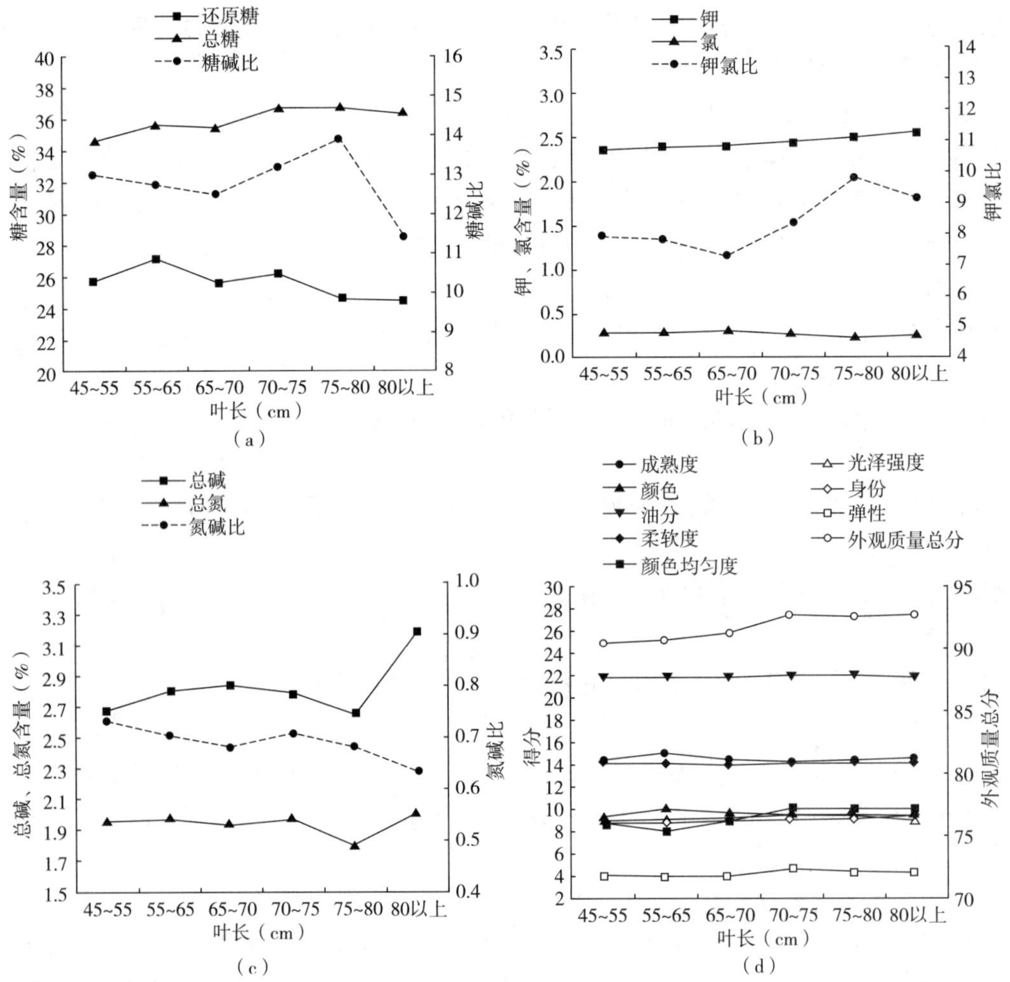

图 4-1　湖北高油分烤烟叶长与质量指标的关系

（江雪彬等，2022）

3. 烤烟长度档次划分

在实际烤烟分级工作中，主要通过眼看、手摸估测叶片长度，当然也可借助尺子精确地测量，中国现行烤烟分级标准将叶片长度划分为≥45cm、≥40cm、≥35cm、≥30cm、≥25cm 共 5 个档次，以 5cm 为递进梯度，根据不同烟叶等级的要求，规定某个等级不低于某个长度。

（七）残伤

残伤（waste）为控制因素，是指烟叶组织受到破坏（如病斑、枯焦），失去成丝强度和坚实性，或杂色透过叶背，使组织受到破坏，基本无使用价值，包括由于烟叶成熟度的提高而出现的病斑、焦尖和焦边，以百分数（%）表示。

残伤对烟叶质量影响较大，残伤面积越大，对烟叶质量影响越大。上等烟香气质变坏，杂气增加；中下等烟则吃味变淡，劲头变小，杂气显著增加。如果在中档卷烟中掺入10%的残伤或病斑叶片，卷烟质量将会明显受到影响。如果用打孔器将病斑取下，进行化学分析，则与同一片无病斑叶有显著区别（表4-21）。与对照相比，带病斑的烤烟叶片总糖含量大幅度减少，烟碱含量降低，总氮含量无明显变化。

表4-21　病斑片与正常烤烟叶片的化学成分

（赵献章，1997）

残伤种类	总糖（%）	总碳水化合物（%）	总氮（%）	不溶性氮（%）	烟碱（%）	施木克值
病斑	4.37	11.31	2.55	1.49	1.83	0.31
对照	10.37	14.43	2.51	1.19	2.05	0.77

残伤在烤烟分级中的运用是根据等级的高低，以残伤面积占全叶面积的百分比（%）来控制该等级残伤不能超过其允许度，残伤允许度范围是10%~35%，等级梯度为5%。

烤烟各分级因素及档次见表4-22。

表4-22　烤烟分级因素及档次

（GB 2635—1992《烤烟》）

分级因素		程度档次				
		1	2	3	4	5
品质因素	成熟度	完熟	成熟	尚熟	假熟	欠熟
	叶片结构	疏松	尚疏松	稍密	紧密	
	身份	中等	稍薄、稍厚	薄、厚		
	油分	多	有	稍有	少	
	色度	浓	强	中	弱	淡
	长度	以厘米（cm）表示				
控制因素	残伤	以百分比（%）表示				

四、烤烟分级标准

（一）烤烟等级代号

1. 烤烟等级因素的表示方法

烤烟等级因素的表示方法见表4-23。烤烟分级国家标准中，烤烟部位分为下部叶、中部叶、下部叶，当中、下部出现杂色烟叶时，中、下部叶合并在一起，以CX表示。颜色代号与颜色分组时的代号一致；光滑叶的代号为S，完熟叶的代号为H。

表 4-23　烤烟等级因素的表示方法

部位	代号	颜色	代号	性质和用途	代号
下部叶	X	桔黄色	F	光滑叶	S
中部叶	C	柠檬黄色	L	完熟叶	H
上部叶	B	红棕色	R		
中下部叶	CX	杂色	K		
		青黄色	GY		
		微带青色	V		

2. 烤烟等级代号的书写方法

烤烟等级代号由 1~3 个英文字母和 1 个阿拉伯数字组成。英文字母代表部位、颜色、及其他与烤烟总体质量相关的特征；阿拉伯数字表示级别，用 1、2、3、4 分别表示一级、二级、三级、四级。虽然某些文献表示烤烟等级时，阿拉伯数字使用了下标。但值得注意的是，烤烟分级国家标准中表示级别的阿拉伯数字不用下标。

烤烟等级代号的书写一般方法是“部位+级别+颜色”。例如，下部桔黄色二级的书写方法为 X2F，中部柠檬黄色一级的书写方法为 C1L，上部红棕色三级的书写方法为 B3R，中下部杂色二级的书写方法为 CX2K。

不是所有烤烟等级均以“部位+级别+颜色”表示，有些烤烟等级以“用途+级别+颜色”表示，如完熟烟叶一级、二级用 H1F、H2F 表示；有些烤烟等级以“性质+级别”表示，如光滑叶一级、二级分别用 S1、S2 表示；还有些烤烟等级以“颜色+级别”表示，如果青黄色一级、二级分别用 GY1、GY2 表示。

（二）烤烟等级设置

现行烤烟分级国家标准共设置 42 个等级，其中主组有 29 个等级，副组有 13 个等级，烤烟等级的汇总表见表 4-24。

表 4-24　中国烤烟等级的汇总表

组别	主组								副组				
	XL	XF	CL	CF	BL	BF	BR	HF	S	GY	CXK	BK	V
等级	X1L	X1F	C1L	C1F	B1L	B1F	B1R	H1F	S1	GY1	CX1K	B1K	X2V
	X2L	X2F	C2L	C2F	B2L	B2F	B2R	H2F	S2	GY2	CX2K	B2K	C3V
	X3L	X3F	C3L	C3F	B3L	B3F	B3R					B3K	B2V
	X4L	X4F	C4L	C4F	B4L	B4F							B3V

主组烤烟中，下部柠檬黄色烟叶（XL）、下部桔黄色烟叶（XF）、中部柠檬黄色烟叶（CL）、中部桔黄色烟叶（CF）、上部柠檬黄色烟叶（BL）和上部桔黄色烟叶（BF）均有 4 个等级；上部红棕色烟叶（BR）有 3 个等级；完熟烟叶（HF）有 2 个等级。

副组烤烟中，光滑叶组（S）、青黄叶组（GY）、中下杂叶组（CXK）均有 2 个等级，上部杂色叶组（BK）有 3 个等级，微带青叶组（V）有 4 个等级。

（三）烤烟各等级的品质规定

根据烤烟各等级质量的高低，烤烟分级国家标准对每个等级的成熟度、叶片结构、身份、油分、色度、长度和残伤 7 项分级因素均做了具体的规定（表 4-25）。

表 4-25　烤烟各等级的品质规定

（根据 GB 2635—1992《烤烟》整理）

组别		级别	代号	成熟度	叶片结构	身份	油分	色度	长度（cm）	残伤（%）
下部叶组 X	柠檬黄色 L	1	X1L	成熟	疏松	稍薄	有	强	≥40	≤15
		2	X2L	成熟	疏松	薄	稍有	中	≥35	≤25
		3	X3L	成熟	疏松	薄	稍有	弱	≥30	≤30
		4	X4L	假熟	疏松	薄	少	淡	≥25	≤35
	桔黄色 F	1	X1F	成熟	疏松	稍薄	有	强	≥40	≤15
		2	X2F	成熟	疏松	稍薄	稍有	中	≥35	≤25
		3	X3F	成熟	疏松	稍薄	稍有	弱	≥30	≤30
		4	X4F	假熟	疏松	薄	少	淡	≥25	≤35
中部叶组 C	柠檬黄色 L	1	C1L	成熟	疏松	中等	多	浓	≥45	≤10
		2	C2L	成熟	疏松	中等	有	强	≥40	≤15
		3	C3L	成熟	疏松	稍薄	有	中	≥35	≤25
		4	C4L	成熟	疏松	稍薄	稍有	中	≥35	≤30
	桔黄色 F	1	C1F	成熟	疏松	中等	多	浓	≥45	≤10
		2	C2F	成熟	疏松	中等	有	强	≥40	≤15
		3	C3F	成熟	疏松	中等	有	中	≥35	≤25
		4	C4F	成熟	疏松	稍薄	稍有	中	≥35	≤30
上部叶组 B	柠檬黄色 L	1	B1L	成熟	尚疏松	中等	多	浓	≥45	≤15
		2	B2L	成熟	稍密	中等	有	强	≥40	≤20
		3	B3L	成熟	稍密	中等	稍有	中	≥35	≤30
		4	B4L	成熟	紧密	稍厚	稍有	弱	≥30	≤35
	桔黄色 F	1	B1F	成熟	尚疏松	稍厚	多	浓	≥45	≤15
		2	B2F	成熟	尚疏松	稍厚	有	强	≥40	≤20
		3	B3F	成熟	稍密	稍厚	有	中	≥35	≤30
		4	B4F	成熟	稍密	厚	稍有	弱	≥30	≤35
	红棕色 R	1	B1R	成熟	尚疏松	稍厚	有	浓	≥45	≤15
		2	B2R	成熟	稍密	稍厚	有	强	≥40	≤25
		3	B3R	成熟	稍密	厚	稍有	中	≥35	≤35

续表

组别		级别	代号	成熟度	叶片结构	身份	油分	色度	长度（cm）	残伤（%）
完熟叶组 H		1	H1F	完熟	疏松	中等	稍有	强	≥40	≤20
		2	H2F	完熟	疏松	中等	稍有	中	≥35	≤35
杂色叶组 K	中下部叶 CX	1	CX1K	尚熟	疏松	稍薄	有	—	≥35	≤20
		2	CX2K	欠熟	尚疏松	薄	少	—	≥25	≤25
	上部叶 B	1	B1K	尚熟	稍密	稍厚	有	—	≥35	≤20
		2	B2K	欠熟	紧密	厚	稍有	—	≥30	≤30
		3	B3K	欠熟	紧密	厚	少	—	≥25	≤35
光滑叶组 S		1	S1	欠熟	紧密	稍薄、稍厚	有	—	≥35	≤10
		2	S2	欠熟	紧密	—	少	—	≥30	≤20
微带青叶组 V	下部叶 X	2	X2V	尚熟	疏松	稍薄	稍有	中	≥35	≤15
	中部叶 C	3	C3V	尚熟	疏松	中等	有	强	≥40	≤10
	上部叶 B	2	B2V	尚熟	稍密	稍厚	有	强	≥40	≤10
		3	B3V	尚熟	稍密	稍厚	稍有	中	≥35	≤10
青黄叶组 GY		1	GY1	尚熟	尚疏松至稍密	稍薄、稍厚	有	—	≥35	≤10
		2	GY2	欠熟	稍紧密至紧密	稍薄、稍厚	稍有	—	≥30	≤20

根据烤烟各等级的品质规定，某一等级烟叶的长度不得低于规定的数值，烟叶的残伤不得高于或超过规定的数值；对杂色烟叶、光滑烟叶和青黄烟叶的颜色强度不作要求；对光滑二级烟叶的身份不作要求。

【课堂讨论 2】

观察烤烟 XL、XF、CL、CF、BL、BF 各等级的品质规定有何规律？如何快速牢记这 6 个组别 24 个等级的品质规定？

（四）烤烟大等级的划分

同一组别烤烟，根据其质量优劣程度划分出的不同等级，即为小等级，小等级是烤烟分级的最基本单位。

根据不同等级烤烟的烟叶质量和使用价值，在进行烟叶经营和卷烟工业利用上，通常各等级烤烟进行归类，形成大等级。烤烟大等级一般分为三类，即上等烟、中等烟、下低等烟，见表 4-26。

表 4-26　烤烟大等级的划分

烤烟等级档次	等级
上等烟	C1F、C2F、C3F、C1L、C2L、B1F、B2F、B1L、B1R、X1F、H1F
中等烟	C3L、C4F、C4L、B3F、B4F、B2L、B3L、B2R、B3R、H2F、X2F、X3F、X1L、X2L、C3V、B2V、B3V、X2V、S1
下低等烟	X4F、B4L、X3L、X4L、S2、GY1、CX1K、CX2K、B1K、B2K、B3K、GY2

烤烟上等烟包括 C1F、C2F、C3F、C1L、C2L、B1F、B2F、B1L、B1R、X1F、H1F 烟叶，共 11 个等级；中等烟包括 C3L、C4F、C4L、B3F、B4F、B2L、B3L、B2R、B3R、H2F、X2F、X3F、X1L、X2L、C3V、B2V、B3V、X2V、S1，共 19 个等级；下低等烟包括 X4F、B4L、X3L、X4L、S2、GY1、CX1K、CX2K、B1K、B2K、B3K、GY2，共 12 个等级。

【课堂讨论 3】

如何快速牢记烤烟上等烟、中等烟、下低等烟分别包括哪些等级？按哪种组别记忆较好？

五、烤烟验收

烤烟验收时，以烤烟分级实物标样和文字标准为主要依据，进行等级评判。

（一）烤烟的实物标样

1. 烤烟实物标样的分类

实物标样是烟叶检验和验级的依据之一，实物标样分为基准标样和仿制标样两类。

基准标样根据烤烟分级国家标准进行制定，经全国烟草标准化技术委员会烟叶标准样品分级技术委员会审定后，由国家技术监督局批准执行。烤烟基准标样每三年更新一次。

仿制标样由各省、市、自治区有关部门，根据基准标样进行仿制，经省、市、自治区质量技术监督局批准执行，烤烟仿制标样每年更新一次。

2. 烤烟实物标样的制定原则

烤烟实物标样以各级中等质量的叶片为主，包括级内大致相等的较好和较差叶片。每把 15~25 片。

制作烤烟实物标样时，可用无损伤和无破损的叶片。

3. 烤烟实物标样的执行

执行时，以烤烟实物标样的总质量水平作对照。

在执行过程中，如对烤烟仿制标样有争执时，应以基准标样为依据。

（二）烤烟验收规格

1. 烤烟水分

（1）水分对烤烟质量的影响

烟叶必须有适宜的含水量，才能维护其本身的安全，保持使用价值。如果烟叶水分过小，则不易打包，不利加工，亏损增大，填充值较小，利用率低；如果烟叶水分过大，烟叶的黏性增大，出丝率低，填充值较小，色泽变暗，同时还会出现霉变。烟叶发酵时，如水分过小，则发酵慢，时间长，并且发酵不完全；如水分过大，则烟叶颜色加深，光泽变暗，水分过小或过大都影响烟叶质量。为了保护烟叶的安全性，在收购、复烤、贮存烟叶时就要严格控制水分。

（2）影响烤烟水分的因素

影响烤烟含水量的因素很多，除温湿度外，烤烟含水量与其吸湿性关系密切，而吸湿性的大小又与许多因素有关。不同品种、不同部位、不同厚度、不同组织结构等都会影响烤烟的吸湿性。据试验结果表明，相同地区、相同品种，而不同等级质量烤烟的吸湿性是随着等级质量的降低而减弱。含糖量高的烟叶，其吸湿性强；反之，烟叶吸湿性则弱。中部烤烟吸湿性强，其次为上部叶，下部叶吸湿性较弱。较厚烟叶吸湿速率慢，较薄烟叶吸湿速率快。另外，如果温度高、相对湿度大，则烟叶吸湿快、吸水多；反之，烟叶吸湿慢、吸水少。

（3）烤烟验收水分要求

经过反复验证，规定适宜验收的自然含水率为：初烤各等级烟叶的自然含水率为16%~18%，并根据自然气候的不同情况，第二、第三季度初烤烟叶的自然含水率掌握在16%~17%为宜，第一、第四季度初烤烟叶的自然含水率掌握在16%~18%为宜；复烤烟叶的自然含水率统一规定为11%~13%。上述烤烟自然含水率的规定，经过多年的实践证明，起到了有利于烟叶分级，有利于保证烟叶商品安全和提高烟叶质量的作用。只有烤烟叶片的含水率达到要求，方可收购。

（4）烤烟水分的检验方法

烤烟水分的检验方法主要有两种，一是仪器检验法，二是感官检验法。室内检验用仪器检测法，现场检测用感官检验法。测定烤烟水分的仪器有电烘箱、快速测定仪等。烘箱测定法比较准确可靠，这是当前国际贸易相互确认的方法。中国烤烟分级标准中规定采用烘箱检验法检测烤烟水分。

2. 烤烟砂土率

（1）烤烟砂土率的概念

砂土率是指调制后烟叶自然黏附的尘土重量与叶片重量的百分比。值得注意，烟叶自然黏附的尘土而不是人工有意掺加的尘土。由于烟株在大田经过相当长一段时间的生长过程，烟叶表面含有一些黏性较强的物质，烟叶容易黏附环境中的风砂、尘土，加上烟叶生产工序比较复杂，烟叶不可避免地含有一定的砂土。

如果烤烟叶片含砂土多，不仅减少烟叶的实际重量，而更重要的是影响卷烟产品质量、烟叶出口以及卷烟工人的健康。

（2）烤烟砂土率要求

初烤烟的砂土率不超过1.1%；复烤烟的砂土率不超过1.0%。

（3）烤烟砂土率的检验

烤烟砂土率的检验方法分为感官检验法和重量检验法两种。

3. 烤烟等级纯度允差

（1）烤烟纯度允差的概念

烤烟纯度允差指某一等级允许混有上、下一级烟叶的幅度，即被检烟叶样品内上、下一级烟叶重量之和占被检样品总重量的百分比。

【思政小课堂 8】——法治、公正、诚信

按照纯度允差要求进行验收

扫码查看

（2）烤烟纯度允差的要求

不同等级的烤烟，其纯度允差要求不同（表 4-27）。烤烟 C1F、C2F、C3F、C1L、C2L、B1F、B2F、B1L、B1R、X1F、H1F 的纯度允差不得超过 10%；C3L、C4F、C4L、B3F、B4F、B2L、B3L、B2R、B3R、H2F、X2F、X3F、X1L、X2L、C3V、B2V、B3V、X2V、S1 的纯度允差不得超过 15%；X4F、B4L、X3L、X4L、S2、GY1、GY2、CX1K、CX2K、B1K、B2K、B3K 的纯度允差不得超过 20%。

表 4-27　烤烟纯度允差的规定

（GB 2635—1992《烤烟》）

烤烟等级	纯度允差
C1F、C2F、C3F、C1L、C2L、B1F、B2F、B1L、B1R、X1F、H1F	≤10%
C3L、C4F、C4L、B3F、B4F、B2L、B3L、B2R、B3R、H2F、X2F、X3F、X1L、X2L、C3V、B2V、B3V、X2V、S1	≤15%
X4F、B4L、X3L、X4L、S2、GY1、GY2、CX1K、CX2K、B1K、B2K、B3K	≤20%

4. 烤烟等级合格率

（1）烤烟等级合格率的概念

烤烟等级合格率是指一把或一批烟叶中符合等级要求的烟叶重量与烟叶总重量的比值，以百分数表示。

（2）烤烟等级合格率的要求

农业环节收购烟叶时，要求烤烟等级合格率达到 85%及以上。

工商交接收购烟叶时，要求烤烟等级合格率达到 80%及以上。

5. 烤烟扎把

（1）烤烟扎把的概念

烤烟扎把是指用 1~2 片烤烟将同一等级、一定数量的烟叶缠绕扎紧成为一束的过程。

（2）烤烟扎把方式

烤烟扎把方式有两种，自然把和平摊把。随着复烤和加工工艺的发展，烤烟扎把逐渐被淘汰，国际上多采用散叶收购，以便于打叶复烤。中国烟叶收购实行烟叶扎把，为防止烟叶平摊相互黏结，普遍采用自然把。

（3）烤烟扎把规格要求

烤烟分级国家标准规定扎自然把，烟把大小均匀一致，每把25~30片烟叶，把头周长100~120mm，绕宽50mm；需要用相同等级烟叶扎把，烟把需扎紧扎牢，不可将把头顶端裹住，烟把内不得有烟杈、烟梗、碎烟以及非烟草的各种异物。

6. 烤烟散叶收购

以前国内烟叶收购实行烟叶扎把，目前国内许多地方采用散叶收购。散叶收购就是初烤烟叶以散叶不扎把形式进行定级收购。

（1）烤烟散叶收购的优点

可以有效避免传统扎把收购时参杂使假，可以提高烤烟等级纯度和质量。通过散叶收购，可以有效避免烟把中夹带秸皮、尼龙绳等问题，同时可以杜绝用不同等级烟叶扎把，避免霉变现象的发生；散叶收购的烤烟，均匀一致，基本无杂质，提高成品烟叶等级纯度和等级质量。

可以节省开支，降低成本，提高工作效率。散叶收购省去了扎把工序，提高分级工作效率，节省费用。对于烤烟种植大户来说，可以节省相当一部分开支；对于工业企业来说，可以降低复烤前挑选的工作量，提高工作效率。

（2）烤烟散叶收购的流程

烤烟散叶收购的流程见图4-2。进行专业分级，然后由验级员评级，如果达到要求，需要主评员、烟农进行等级确定；如果分级不合格，需要重新进行专业分级。如果主评员、烟农不确认等级，需要进行整理，申请重新评级；当主评员、烟农确定等级后，即可过磅、交售、开票，然后进行将收购的散叶分等级打包。

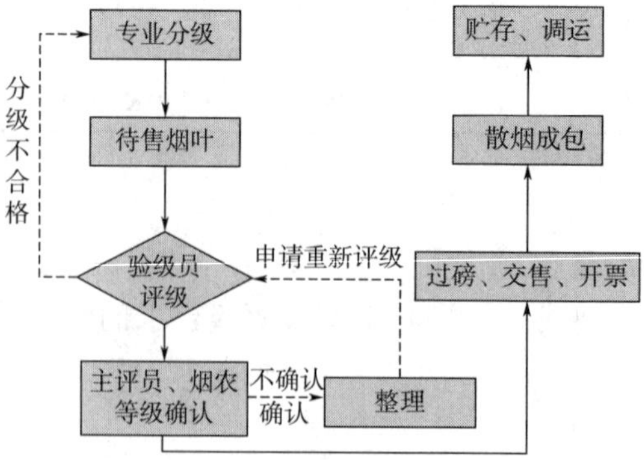

图4-2　烤烟散叶收购流程

（三）烤烟验收规则的内容

1. 定级原则

烤烟的成熟度、叶片结构、身份、油分、色度、长度均达到某级规定，而且残伤不超过某级允许度时，才定为某级。

这一原则表明，标准中对各级品质因素的规定都是最低档次要求，而控制因素规定的是最大允许度。只有当烟叶品质因素达到或超过某级的要求，而控制因素不超过该级允许度时，才可定为某级。

【实例讲解 1】

某中部桔黄色烤烟叶片，其品级因素分别为：成熟度——成熟、叶片结构——疏松、身份——中等、油分——有、色度——浓、长度——42cm、残伤——13%。该烟叶应判为哪个等级?

根据中部桔黄色烟叶各等级的品质规定（表 4-28），从油分、长度、残伤来看，其达到 C2F 相应要求；从成熟度、叶片结构、身份、色度来看，已达到 C1F 的要求，但是油分、长度和残伤达不到 C1F 要求，按照“烤烟的成熟度、叶片结构、身份、油分、色度、长度均达到某级规定，而且残伤不超过某级允许度时，才定为某级”的原则，该烟叶只能判为 C2F，不能定为 C1F。

表 4-28 烤烟 C1F~C4F 的品质规定
（GB 2635—1992《烤烟》）

等级	成熟度	叶片结构	身份	油分	色度	长度	残伤
C1F	成熟	疏松	中等	多	浓	≥45cm	≤10%
C2F	成熟	疏松	中等	有	强	≥40cm	≤15%
C3F	成熟	疏松	中等	有	中	≥35cm	≤25%
C4F	成熟	疏松	稍薄	稍有	中	≥35cm	≤30%

对某一等级烤烟而言，允许一个或多个因素高于该等级要求，但不允许任何一个分级因素低于该等级要求。

2. 就低原则

（1）一批烟叶在两个等级界限上，则定较低等级

烟叶分级因素主要靠人的感官识别，某些因素程度档次间没有明显的界限，给烟农和烟叶评级人员带来一些困难。当某些烟叶的品质因素介于两种程度档次的界限上时，往往很难确定其归属。针对这种情况，烤烟分级标准中做了如此规定，明确了对于处在两等级界限上烟叶定较低等级。

【实例讲解 2】

某中部桔黄色烟叶，其品质因素分别为：成熟度——成熟、叶片结构——疏松、身份——中等、油分——有、色度——强～中、长度——40cm、残伤——15%，这些因素多数达到 C2F 的品质规定，但该烟叶的色度档次却处于“强”和“中”的界限上。根据烟叶分级的“就低原则”，该烟叶等级为 C3F。

（2）任一品级因素低于该级，不能定为该级

一批烟叶品级因素为 B 级，其中一个因素低于 B 级规定，则定为 C 级；一个或多个因素

高于 B 级，仍定为 B 级。

【实例讲解 3】

某中部桔黄色烟叶，其品质因素分别为：成熟度——成熟、叶片结构——疏松、身份——中等、油分——有、色度——浓、长度——40cm、残伤——15%，这些因素多数达到 C2F 的品质规定，而且色度高于 C2F 的品质规定。根据烟叶分级的“就低原则”，该烟叶等级为 C2F。

3. 烟叶最终等级的确定

当重新检验时，烟叶等级与已确定的等级不符，则原定级无效。

4. 其他验收规则

（1）一批烟叶介于两种颜色的界限上，则视其他品质因素适当定色定级

烤烟颜色深浅不一，就基本色而言，其黄色由浅至深是连续变化的，各颜色间不可能有明显的空档，所以有些烟叶的颜色正好介于两种颜色的界限上（或介于柠檬黄色与桔黄色之间，或介于桔黄色与红棕色之间），很难准确判定其颜色归属。

针对这种情况，该规则做了相应规定：对于介于颜色界限上的烟叶，可参考其他品质因素适当定级。这里所称其他品质因素主要指身份或油分。一般情况下，同产地、同品种、同部位的烟叶，桔黄色烟叶要比柠檬黄色烟叶身份偏厚、油分偏多；而桔黄色烟叶比红棕色烟叶身份偏薄、油分偏多。按照这些规律，可对界限上的烟叶适当定组定级。

（2）中下部杂色 1 级限于腰叶、下二棚部位

列入中下部杂色 1 级的烟叶，除分级因素要符合该级品质规定外，还必须具备是腰叶、下二棚叶的条件，二者必须同时符合规定时，方可列入该级。对那些确系中部、下二棚的杂色烟叶，但分级因素达不到相应规定者，则不能定为该级。

（3）光滑叶 1 级限于腰叶、上二棚、下二棚部位

列入光滑叶 1 级的烟叶，除分级因素要符合该级品质规定外，还必须具备是腰叶、上二棚叶、下二棚叶的条件，二者必须同时符合规定时，方可列入该级。对那些确系腰叶、上二棚、下二棚的光滑烟叶，但分级因素达不到相应规定者，则不能定为该级。

（4）青黄烟 1 级限于含青二成以下的烟叶

列入青黄烟 1 级的烟叶，除分级因素要符合该级别品质规定外，还要符合含青度的要求。含青度限于二成以下，其既包括含青面积 20% 以下的烟叶，也包括含青程度二成以下的烟叶。

（5）青黄烟 2 级限于含青三成以下的烟叶

列入青黄烟 2 级的烟叶，除分级因素要符合该级别品质规定外，还要符合含青度的要求。含青度限于三成以下，其既包括含青面积 30% 以下的烟叶，也包括含青程度三成以下的烟叶。

（6）H 组烟叶颜色

H1F 烟叶颜色为桔黄色，H2F 烟叶颜色包括桔黄色和红棕色。

（7）中部微带青质量低于 C3V 的烟叶应列入 X2V 定级

对于中部烟叶，若其含青状态属微带青范畴，但其分级因素低于 C3V 的品质规定的，可视其质量状况确定是否归入 X2V 定级，也就是说，并非必然在 X2V 定级。

（8）中部叶短于35cm者，在下部叶组定级

中部叶短于35cm者，可在下部叶组依其品质因素在相应级别定级。换言之，仅从长度一项考虑，当中部叶不足35cm时，下部1级及下部2级亦已将其排除在外。

（9）烟叶杂色面积规定

杂色面积超过20%的烟叶，在杂色组定级。

杂色面积小于20%的烟叶，不作为杂色烟处理，允许在主组定级；在主组定级时，但杂色与残伤相加之和不得超过相应等级的残伤百分数，超过者定为下一级；杂色与残伤之和超过该组最低等级残伤允许度者，可在杂色组内适当定级。

【实例讲解4】

某品质因素为B1F的烟叶，其含杂色为5%，含残伤为12%，如何判定其等级呢？首先，该烟叶含杂色不超过20%，应在主组定级；其次，其杂色与残伤相加为17%，超过B1F残伤允许度，故应定为B2F。在此例中，如杂色和残伤相加超过20%，则最多只能在B3F定级。

对那些虽然杂色面积小于20%，但杂色与残伤相加之和已超出某组最低等级残伤允许度的烟叶，仍归入杂色组内适当定级。

【实例讲解5】

某上部黄色烟叶，含杂色面积10%，含残伤面积30%，二者相加为40%，已超过了上部叶组最低等级残伤允许度35%，则该烟叶应在上部杂色叶组内根据质量适当定级。

CX1K杂色面积不超过30%，超过30%为下一个等级；B1K杂色面积不超过30%；B2K杂色面积不超过40%，超过40%为下一个等级。

（10）褪色烟在光滑叶组定级

对于褪色烟叶，应在光滑叶组依其品质因素定级。

（11）轻度烤红烟的定级

基本色影响不明显的轻度烤红烟，在相应部位、颜色组别二级以下定级。

（12）叶片上同时存在光滑与杂色的烟叶，在杂色叶组定级

当叶片上光滑与杂色并存，且光滑与杂色面积均大于20%时，则将这类烟叶作为杂色烟对待，在杂色叶组相应级别定级。也就是说，杂色组烟叶可以允许含光滑面积20%以上的杂色，但光滑叶组内却不允许含杂色面积20%以上的光滑叶。

（13）青黄烟叶片上存在杂色时，仍在青黄烟叶组按质定级

当青黄色与杂色在同一叶片上共存时，则按青黄烟对待。对于青黄烟，无论其含杂色面积是否超过20%，一律作为青黄烟处理。同样，青黄烟叶片上含有光滑，也仍按青黄烟处理。也可以这样理解：杂色叶组或光滑叶组内不允许存在青黄烟，但青黄烟叶组内可允许含有杂色或光滑的青黄叶片。

另外，杂色叶片或光滑叶片上可允许微带青存在。即当同一叶片上杂色或光滑与微带青共存时，则仍在杂色或光滑叶组内定级。

（14）不列级烟叶

青片烟、霜冻烟叶、火伤烟、火熏烟、异味烟、霉变烟、掺杂烟、水分超限烟叶等均为不列级烟叶，不予收购。

（15）级外烟

凡列不进标准级，但尚有使用价值的烟叶，可视作级外烟，收购部门可根据用户需要决定是否收购。

对于尚有使用价值的级外烟，将由收购部门根据用户的需求，以销定购、自行决定是否收购。这里所称的级外烟不包括青片烟、霜冻烟叶、火伤烟、火熏烟、异味烟、霉变烟、掺杂烟、水分超限烟叶等不列级烟叶。

（16）烤烟破损率

烤烟破损率以一把烟内破损总面积占把内烟叶应有总面积的百分比来表示。每张叶片的完整度必须达到50%以上，低于50%者列为级外烟。烤烟上等烟的破损率≤10%，中等烟的破损率≤20%，下等烟的破损率≤30%。

（17）烤烟纯度允差

纯度允差指某一等级允许混有上、下一级烟叶的幅度，即被检烟叶样品内上、下一级烟叶重量之和占被检样品总重量的百分比。这里上、下一级指上、下一级的总和，不得只低不高，也不得只高不低。之所以规定纯度允差，是由于考虑到烟叶是农产品，分级靠感官、经验，难免有混高或混低的现象这一实际情况，而那些因主观故意造成的混低现象则不能列为允差范围。

纯度允差的计算公式如下：

$$纯度允差（\%）=\frac{被检样品内上、下一级重量之和}{被检样品总重量}\times 100$$

【实例讲解6】

某一把（或一批）C3F烟叶，有25片（或重量25w），验级人员发现等级为C3F的烟叶有23片（或重量为23w），等级为C2F的烟叶有1片（或重量为1w），等级为C4F的烟叶有1片（或重量为1w），假如每一片扎把烟叶的重量相同为w，那么这一把（或一批）烟叶的纯度允差是多少？

根据纯度允差的概念，一把或一批C3F烟叶混有C2F（上一级）、C4F（下一级）烟叶的重量之和为2w，该把烟叶的纯度允差＝2w/25w＝8%。

（18）烤烟碎片率

每包（件）内烟叶的自然碎片率不超过3%。

（四）烤烟收购

1. 烤烟价区

根据烤烟质量的优劣，中国烤烟产区分为4～5个价区，2005～2016年有4个价区，2017～2018年有5个价区，不同年份烤烟价区有所不同（表4-29和表4-30）。

2005年以来，云南省玉溪市、昆明市、红河州的烤烟价区为一价区，除玉溪市、昆明市、红河州以外的其他市（州）烤烟价区为二价区。

2005 年，贵州省遵义市、黔西南州的烤烟价区为二价区，除遵义市、黔西南州以外其他市（州）的烤烟价区为三价区；2009 年以来，贵州省各烟区的烤烟价区为二价区。

2005 年，四川省各烟区的烤烟价区为三价区；2009 年以来，四川省所有烟区的烤烟价区为二价区。

2005～2009 年，河南省三门峡市、洛阳市的烤烟价区为二价区，除三门峡市、洛阳市以外其他地市的烤烟价区为三价区；2012 年以来，河南省所有烟区的烤烟价区为二价区。

2005 年，湖南省郴州市、永州市、长沙市、衡阳市、娄底市、益阳市、邵阳市的烤烟价区为二价区，除郴州市、永州市、长沙市、衡阳市、娄底市、益阳市、邵阳市以外其他地市的烤烟价区为三价区；2009 年以来，湖南省所有烟区的烤烟价区为二价区。

2005 年，重庆市、湖北省和山东省各烟区的烤烟价区为三价区；2009 年以来，重庆市、湖北省和山东省所有烟区的烤烟价区为二价区。

2005 年以来，安徽省皖南地区的烤烟价区为二价区，除皖南以外其他地市的烤烟价区为三价区。

2005 年以来，福建省、浙江省、江西省、广东省和广西壮族自治区的烤烟价区为二价区。

2005～2009 年，陕西省安康市、商洛市、汉中市的烤烟价区为三价区，除安康市、商洛市、汉中市的烤烟价区为四价区；2012 年以来，陕西省安康市、商洛市、汉中市的烤烟价区为二价区，除安康市、商洛市、汉中市的烤烟价区为三价区。

2005～2009 年，甘肃省的烤烟价区为四价区；2012 年以来，甘肃省的烤烟价区为三价区。

2005 年以来，河北省、山西省和宁夏回族自治区的烤烟价区为四价区。

2005～2016 年，内蒙古自治区、辽宁省、吉林省和黑龙江省的烤烟价区为四价区；2017 年，内蒙古自治区、辽宁省、吉林省和黑龙江省的烤烟价区被调整为五价区。

表 4-29　2012～2016 年烤烟价区表

价区	各价区所包括的地区
一价区	云南省玉溪市、昆明市、红河州
二价区	云南省除玉溪市、昆明市、红河州以外的其他市（州）；贵州省；四川省；重庆市；湖南省；湖北省；福建省；浙江省；江西省；广东省；广西自治区；山东省；河南省；安徽省皖南地区；陕西省安康市、商洛市、汉中市
三价区	陕西省除安康市、商洛市、汉中市以外其他地市；安徽省除皖南地区以外其他地市；甘肃省
四价区	河北省；山西省；内蒙古自治区；辽宁省；吉林省；黑龙江省；宁夏自治区

表 4-30　2017～2021 年烤烟价区表

价区	各价区所包括的地区
一价区	云南省玉溪市、昆明市、红河州
二价区	云南省除玉溪市、昆明市、红河州以外的其他市（州）；贵州省；四川省；重庆市；湖南省；湖北省；福建省；浙江省；江西省；广东省；广西壮族自治区；山东省；河南省；安徽省皖南地区；陕西省安康市；商洛市；汉中市

续表

价区	各价区所包括的地区
三价区	陕西省除安康市、商洛市、汉中市以外其他地市；安徽省除皖南地区以外其他地市；甘肃省
四价区	河北省；山西省；宁夏回族自治区
五价区	内蒙古自治区；辽宁省；吉林省；黑龙江省

2. 烤烟收购价格

2011~2012 年全国烤烟的收购价格见表 4-31。可以看出，就同一等级、同一价区的烤烟收购价格而言，2012 年烤烟收购价格比 2011 年收购价格的增幅差别较大，如一价区 C1F 烤烟由 1225 元/担增加至 1565 元/担，三价区 S2 烤烟由 240 元/担增加至 250 元/担。与 2011 年相比，2012 年同一价区烤烟 B3R、X4L、CX1K、CX2K、B1K、B2K、B3K、GY1、GY2 的收购价格不变。

表 4-31　2011~2012 年全国烤烟的收购价格

（国家发改委、国家烟草专卖局）

等级		2011 年				2012 年			
		一价区（元/担）	二价区（元/担）	三价区（元/担）	四价区（元/担）	一价区（元/担）	二价区（元/担）	三价区（元/担）	四价区（元/担）
上等烟	C1F	1225	1220	1180	1110	1565	1560	1510	1460
	C2F	1115	1110	1070	1000	1385	1380	1330	1280
	C3F	995	990	960	890	1205	1200	1150	1100
	C1L	1125	1120	1080	1010	1450	1445	1395	1305
	C2L	1015	1010	970	900	1305	1300	1250	1160
	B1F	1025	1020	980	910	1275	1270	1220	1170
	B2F	885	880	840	770	1095	1090	1040	990
	B1L	855	850	810	740	1025	1020	970	920
	B1R	825	820	780	730	905	900	850	800
	H1F	955	950	910	860	1055	1050	1000	950
	X1F	925	920	880	830	1105	1100	1050	1000
中等烟	C3L	905	900	860	790	1125	1120	1070	1020
	X2F	795	790	740	690	915	910	860	810
	C4F	885	880	850	780	1025	1020	970	920
	C4L	795	790	750	680	945	940	890	840
	X3F	655	650	600	550	725	720	670	620
	X1L	885	880	850	780	1005	1000	950	900

续表

等级		2011 年 一价区（元/担）	2011 年 二价区（元/担）	2011 年 三价区（元/担）	2011 年 四价区（元/担）	2012 年 一价区（元/担）	2012 年 二价区（元/担）	2012 年 三价区（元/担）	2012 年 四价区（元/担）
中等烟	X2L	745	740	710	640	825	820	770	720
	B3F	745	740	700	630	915	910	860	810
	B4F	595	590	560	490	735	730	680	630
	B2L	705	700	660	590	825	820	770	720
	B3L	555	550	510	440	625	620	570	520
	B2R	655	650	610	560	705	700	650	600
	B3R	505	500	460	410	505	500	460	410
	H2F	770	770	740	690	855	850	800	750
	X2V	480	480	440	390	605	600	550	500
	C3V	750	750	680	580	905	900	850	725
	B2V	600	590	550	510	705	700	650	600
	B3V	490	480	440	410	505	500	450	410
	S1	430	420	380	360	505	500	450	400
下等烟	B4L	395	390	360	290	425	420	370	320
	X3L	605	600	540	500	645	640	590	540
	X4L	470	460	410	370	470	460	410	370
	X4F	510	500	450	410	535	530	480	430
	S2	290	280	240	210	305	300	250	210
	CX1K	380	370	330	300	380	370	330	300
	CX2K	290	280	240	210	290	280	240	210
	B1K	360	350	310	280	360	350	310	280
	B2K	280	270	230	200	280	270	230	200
	GY1	230	220	200	170	230	220	200	170
低等烟	B3K	200	190	150	130	200	190	150	130
	GY2	190	180	140	120	190	180	140	120

从 2013 年起，全国烤烟收购价格对不同烤烟品种进行区分（表 4-32）。同一价区、同一等级红花大金元与翠碧一号的收购价格相同，烤烟红花大金元、翠碧一号也分为四个价区。同一价区、同一等级红花大金元、翠碧一号的收购价格高于普通烤烟品种，如一价区红花大金元、翠碧一号 C1F 的收购价格为 2070 元/担，一价区普通烤烟品种 C1F 的收购价格为 1725 元/担。

表 4-32　2013 年烤烟的收购价格

（国家发展改革委、国家烟草专卖局）

等级		普通烤烟品种				红花大金元、翠碧一号			
		一价区（元/担）	二价区（元/担）	三价区（元/担）	四价区（元/担）	一价区（元/担）	二价区（元/担）	三价区（元/担）	四价区（元/担）
上等烟	C1F	1725	1720	1670	1620	2070	2065	2005	1945
	C2F	1525	1520	1470	1420	1830	1825	1765	1705
	C3F	1345	1340	1280	1220	1615	1610	1535	1465
	C1L	1605	1600	1550	1500	1925	1920	1860	1800
	C2L	1425	1420	1370	1320	1710	1705	1645	1585
	B1F	1405	1400	1330	1280	1685	1680	1595	1535
	B2F	1175	1170	1120	1070	1410	1405	1345	1285
	B1L	1145	1140	1090	1040	1375	1370	1310	1250
	B1R	955	950	900	850	1145	1140	1080	1020
	H1F	1155	1150	1100	1050	1385	1380	1320	1260
	X1F	1225	1220	1170	1120	1470	1465	1405	1345
中等烟	C3L	1245	1240	1190	1120	1495	1490	1430	1345
	X2F	1005	1000	950	900	1205	1200	1140	1080
	C4F	1165	1160	1080	1050	1400	1395	1295	1260
	C4L	1065	1060	1000	950	1280	1275	1200	1140
	X3F	785	780	730	680	940	935	875	815
	X1L	1125	1120	1070	1000	1350	1345	1285	1200
	X2L	905	900	850	800	1085	1080	1020	960
	B3F	985	980	920	870	1180	1175	1105	1045
	B4F	775	770	720	670	930	925	865	805
	B2L	925	920	870	820	1110	1105	1045	985
	B3L	675	670	620	570	810	805	745	685
	B2R	735	730	680	630	880	875	815	755
	B3R	515	510	460	410	615	610	550	490
	H2F	955	950	900	850	1145	1140	1080	1020
	X2V	655	650	600	550	785	780	720	660
	C3V	985	980	930	880	1180	1175	1115	1055
	B2V	785	780	730	680	940	935	875	815
	B3V	555	550	500	450	665	660	600	540
	S1	555	550	500	450	665	660	600	540

续表

等级		普通烤烟品种				红花大金元、翠碧一号			
		一价区（元/担）	二价区（元/担）	三价区（元/担）	四价区（元/担）	一价区（元/担）	二价区（元/担）	三价区（元/担）	四价区（元/担）
下等烟	B4L	425	420	370	320	510	505	445	385
	X3L	685	680	630	580	820	815	755	695
	X4L	470	460	410	370	560	550	490	440
	X4F	535	530	480	430	640	635	575	515
	S2	305	300	250	210	365	360	300	250
	CX1K	380	370	330	300	455	445	395	360
	CX2K	290	280	240	210	345	335	285	250
	B1K	360	350	310	280	430	420	370	335
	B2K	280	270	230	200	335	325	275	240
	GY1	230	220	200	170	275	265	240	205
低等烟	B3K	200	190	150	130	240	230	180	155
	GY2	190	180	140	120	225	215	165	145

2014、2015 年全国烤烟的收购价格不变，烤烟红花大金元、翠碧一号不再分价区，同一等级红花大金元与翠碧一号的收购价格相同。同一等级红花大金元、翠碧一号的收购价格仍然高于普通烤烟品种，见表 4-33。

表 4-33　2014、2015 年烤烟的收购价格

（国家发展改革委、国家烟草专卖局）

等级		普通品种				红花大金元、翠碧一号（元/担）
		一价区（元/担）	二价区（元/担）	三价区（元/担）	四价区（元/担）	
上等烟	C1F	1835	1830	1780	1730	2195
	C2F	1645	1640	1590	1540	1970
	C3F	1455	1450	1400	1350	1740
	C1L	1695	1690	1640	1590	2030
	C2L	1515	1510	1460	1410	1810
	B1F	1505	1500	1450	1400	1800
	B2F	1305	1300	1250	1200	1560
	B1L	1205	1200	1150	1100	1440
	B1R	955	950	900	850	1140
	H1F	1205	1200	1150	1100	1440
	X1F	1235	1230	1180	1300	1475

续表

等级		普通品种				红花大金元、翠碧一号（元/担）
		一价区（元/担）	二价区（元/担）	三价区（元/担）	四价区（元/担）	
中等烟	C3L	1355	1350	1290	1240	1625
	X2F	1085	1080	1030	980	1305
	C4F	1295	1290	1230	1180	1550
	C4L	1145	1140	1090	1040	1375
	X3F	620	615	565	515	710
	X1L	1135	1130	1080	1030	1355
	X2L	905	900	850	800	1080
	B3F	855	850	800	750	900
	B4F	620	615	565	515	710
	B2L	805	800	750	700	960
	B3L	555	550	500	450	570
	B2R	705	700	650	600	840
	B3R	505	500	450	400	520
	H2F	955	950	900	850	1140
	X2V	555	550	500	450	560
	C3V	905	900	850	800	1080
	B2V	705	700	650	600	840
	B3V	505	500	450	400	510
	S1	505	500	450	400	510
下等烟	B4L	355	350	300	250	370
	X3L	505	500	450	400	520
	X4L	305	300	250	220	320
	X4F	355	350	300	260	370
	S2	305	300	250	210	310
	CX1K	335	330	300	280	340
	CX2K	255	250	220	200	260
	B1K	325	320	290	270	330
	B2K	245	240	210	190	250
	GY1	195	190	180	160	200
低等烟	B3K	165	160	130	120	170
	GY2	155	150	120	110	160

从 2016 年起，烤烟品种 K326 的收购价格也被列入全国烤烟收购价格中，烤烟品种 K326

分为一价区、二价区，红花大金元、翠碧一号不分价区，见表 4–34。

表 4–34　2016 年烤烟收购价格

（中国烟草总公司，中烟办〔2015〕341 号）

等级		普通品种				红花大金元、翠碧一号（元/担）	K326	
		一价区（元/担）	二价区（元/担）	三价区（元/担）	四价区（元/担）		一价区（元/担）	二价区（元/担）
上等烟	C1F	1980	1980	1930	1880	2345	2165	2165
	C2F	1760	1760	1720	1670	2090	1925	1925
	C3F	1530	1530	1490	1440	1820	1675	1675
	C1L	1800	1800	1760	1710	2140	1970	1970
	C2L	1590	1590	1560	1510	1890	1740	1740
	B1F	1600	1600	1550	1500	1900	1750	1750
	B2F	1250	1250	1210	1160	1510	1385	1380
	B1L	1250	1250	1210	1160	1490	1375	1370
	B1R	955	950	900	850	1140	1050	1045
	H1F	1255	1250	1200	1150	1490	1375	1370
	X1F	1405	1400	1350	1300	1645	1530	1525
中等烟	C3L	1370	1370	1340	1290	1645	1510	1510
	X2F	1105	1100	1050	1000	1225	1165	1160
	C4F	1320	1320	1280	1230	1580	1450	1450
	C4L	1180	1180	1140	1090	1415	1300	1300
	X3F	655	650	600	560	755	715	710
	X1L	1255	1250	1200	1150	1475	1370	1365
	X2L	905	900	850	800	985	930	925
	B3F	855	850	800	750	900	880	875
	B4F	565	560	520	475	655	615	610
	B2L	905	900	850	800	1060	985	980
	B3L	555	550	500	460	570	565	560
	B2R	705	700	650	600	840	775	770
	B3R	465	460	420	370	480	475	470
	H2F	955	950	900	850	1140	1050	1045
	X2V	515	510	460	420	520	520	515
	C3V	895	890	840	790	1070	985	980
	B2V	685	680	630	580	820	755	750
	B3V	455	450	410	370	460	460	455
	S1	455	450	410	370	460	460	455

续表

等级		普通品种				红花大金元、翠碧一号（元/担）	K326	
		一价区（元/担）	二价区（元/担）	三价区（元/担）	四价区（元/担）		一价区（元/担）	二价区（元/担）
下等烟	B4L	305	300	270	230	320	315	310
	X3L	505	500	450	400	545	535	530
	X4L	265	260	220	190	280	275	270
	X4F	315	310	270	240	330	325	320
	S2	265	260	220	190	270	270	265
	CX1K	295	290	260	240	300	300	295
	CX2K	225	220	190	170	230	230	225
	B1K	285	280	260	240	290	290	285
	B2K	215	210	180	165	220	220	215
	GY1	165	160	150	135	170	170	165
低等烟	B3K	145	140	115	105	150	150	145
	GY2	135	130	105	95	140	140	135

同一价区、同一等级烤烟收购价格，以红花大金元、翠碧一号最高，烤烟 K326 次之，普通品种最低。如不同烤烟品种一价区 C1F 收购价格的高低依次为：红花大金元、翠碧一号>K326>普通品种。

2017 年全国烤烟收购价格依然区分红花大金元、翠碧一号、K326、普通品种，见表 4-35。同一价区、同一等级烤烟收购价格，以红花大金元、翠碧一号最高，烤烟 K326 次之，普通品种最低。

表 4-35　2017 年烤烟收购价格

（中国烟草总公司）

等级		普通品种					红花大金元、翠碧一号（元/担）	K326	
		一价区（元/担）	二价区（元/担）	三价区（元/担）	四价区（元/担）	五价区（元/担）		一价区（元/担）	二价区（元/担）
上等烟	C1F	1980	1980	1930	1880	1830	2345	2030	2030
	C2F	1760	1760	1720	1670	1620	2090	1810	1810
	C3F	1530	1530	1490	1440	1390	1820	1590	1590
	C1L	1800	1800	1760	1710	1660	2140	1870	1870
	C2L	1590	1590	1560	1510	1460	1890	1660	1660
	B1F	1600	1600	1550	1500	1450	1900	1670	1670
	B2F	1250	1250	1210	1160	1110	1510	1310	1310
	B1L	1250	1250	1210	1160	1110	1490	1310	1310
	B1R	955	950	900	850	800	1140	1005	1000
	H1F	1255	1250	1200	1150	1100	1490	1315	1310
	X1F	1405	1400	1350	1300	1250	1645	1465	1460

续表

等级		普通品种 一价区（元/担）	普通品种 二价区（元/担）	普通品种 三价区（元/担）	普通品种 四价区（元/担）	普通品种 五价区（元/担）	红花大金元、翠碧一号（元/担）	K326 一价区（元/担）	K326 二价区（元/担）
中等烟	C3L	1370	1370	1340	1290	1240	1645	1440	1440
	X2F	1105	1100	1050	1000	950	1225	1135	1130
	C4F	1320	1320	1280	1230	1180	1580	1360	1360
	C4L	1180	1180	1140	1090	1040	1415	1230	1230
	X3F	655	650	600	560	520	755	685	680
	X1L	1255	1250	1200	1150	1100	1475	1305	1300
	X2L	905	900	850	800	750	985	915	910
	B3F	855	850	800	750	700	900	865	860
	B4F	565	560	520	475	430	655	585	580
	B2L	905	900	850	800	750	1060	945	940
	B3L	555	550	500	460	420	570	555	550
	B2R	705	700	650	600	550	840	735	730
	B3R	465	460	420	370	320	480	465	460
	H2F	955	950	900	850	800	1140	1005	1000
	X2V	515	510	460	420	380	520	515	510
	C3V	895	890	840	790	740	1070	935	930
	B2V	685	680	630	580	530	820	715	710
	B3V	455	450	410	370	330	460	455	450
	S1	455	450	410	370	330	460	455	450
下等烟	B4L	305	300	270	230	190	320	305	300
	X3L	505	500	450	400	350	545	515	510
	X4L	265	260	220	190	160	280	265	260
	X4F	315	310	270	240	210	330	315	310
	S2	265	260	220	190	160	270	265	260
	CX1K	295	290	260	240	220	300	295	290
	CX2K	225	220	190	170	150	230	225	220
	B1K	285	280	260	240	220	290	285	280
	B2K	215	210	180	165	150	220	215	210
	GY1	165	160	150	135	120	170	165	160
低等烟	B3K	145	140	115	105	95	150	145	140
	GY2	135	130	105	95	85	140	135	130

2018 年全国烤烟收购价格依然区分红花大金元、翠碧一号、K326、普通品种，见表 4-36。同一价区、同一等级烤烟收购价格，以红花大金元、翠碧一号最高，烤烟 K326 次之，普通品种最低。

表 4-36　2018 年烤烟收购价格

（中国烟草总公司）

等级		普通品种					红花大金元、翠碧一号	K326	
		一价区（元/担）	二价区（元/担）	三价区（元/担）	四价区（元/担）	五价区（元/担）	（元/担）	一价区（元/担）	二价区（元/担）
上等烟	C1F	2000	2000	1950	1900	1850	2365	2050	2050
	C2F	1790	1790	1750	1700	1650	2120	1840	1840
	C3F	1560	1560	1520	1470	1420	1850	1620	1620
	C1L	1850	1850	1810	1760	1710	2190	1920	1920
	C2L	1610	1610	1580	1540	1490	1910	1680	1680
	B1F	1720	1720	1670	1620	1570	2020	1790	1790
	B2F	1370	1370	1330	1280	1230	1630	1430	1430
	B1L	1250	1250	1210	1160	1110	1490	1310	1310
	B1R	955	950	900	850	800	1140	1005	1000
	H1F	1255	1250	1200	1150	1100	1490	1315	1310
	X1F	1305	1300	1250	1200	1150	1545	1365	1360
中等烟	C3L	1380	1380	1350	1310	1260	1655	1450	1450
	X2F	955	950	910	860	810	1075	985	980
	C4F	1105	1100	1070	1030	980	1360	1140	1140
	C4L	1000	1000	970	930	880	1235	1050	1050
	X3F	505	500	460	420	380	605	535	530
	X1L	1105	1100	1050	1000	950	1325	1155	1150
	X2L	755	750	700	650	600	835	765	760
	B3F	985	980	940	890	840	1030	995	990
	B4F	505	500	460	415	370	595	525	520
	B2L	905	900	850	800	750	1060	945	940
	B3L	505	500	450	410	370	520	505	500
	B2R	705	700	650	600	550	840	735	730
	B3R	455	450	410	360	310	470	455	450
	H2F	955	950	900	850	800	1140	1005	1000
	X2V	415	410	360	320	280	420	415	410
	C3V	895	890	840	790	740	1070	935	930
	B2V	685	680	630	580	530	820	715	710
	B3V	455	450	410	370	330	460	455	450
	S1	435	430	390	350	310	440	435	430

续表

等级		普通品种					红花大金元、翠碧一号（元/担）	K326	
		一价区（元/担）	二价区（元/担）	三价区（元/担）	四价区（元/担）	五价区（元/担）		一价区（元/担）	二价区（元/担）
下等烟	B4L	305	300	270	230	190	320	305	300
	X3L	405	400	350	300	250	445	415	410
	X4L	255	250	210	180	150	270	255	250
	X4F	295	290	250	220	190	310	295	290
	S2	235	230	190	160	130	240	235	230
	CX1K	295	290	260	240	220	300	295	290
	CX2K	225	220	190	170	150	230	225	220
	B1K	285	280	260	240	220	290	285	280
	B2K	215	210	180	165	150	220	215	210
	GY1	165	160	150	135	120	170	165	160
低等烟	B3K	145	140	115	105	95	150	145	140
	GY2	135	130	105	95	85	140	135	130

2019 年烤烟品种 K326 的收购价格不在全国烤烟收购价格中，只区分普通品种、红花大金元、翠碧一号的收购价格，见表 4-37。

表 4-37　2019 年烤烟收购价格

（中国烟草总公司）

等级		普通品种					红花大金元、翠碧一号（元/担）
		一价区（元/担）	二价区（元/担）	三价区（元/担）	四价区（元/担）	五价区（元/担）	
上等烟	C1F	2000	2000	1950	1900	1850	2365
	C2F	1795	1795	1755	1705	1655	2125
	C3F	1560	1560	1520	1470	1420	1850
	C1L	1850	1850	1810	1760	1710	2190
	C2L	1610	1610	1580	1540	1490	1910
	B1F	1720	1720	1670	1620	1570	2020
	B2F	1370	1370	1330	1280	1230	1630
	B1L	1250	1250	1210	1160	1110	1490
	B1R	955	950	900	850	800	1140
	H1F	1255	1250	1200	1150	1100	1490
	X1F	1305	1300	1250	1200	1150	1545

续表

等级		普通品种					红花大金元、翠碧一号（元/担）
		一价区（元/担）	二价区（元/担）	三价区（元/担）	四价区（元/担）	五价区（元/担）	
中等烟	C3L	1380	1380	1350	1310	1260	1655
	X2F	955	950	910	860	810	1075
	C4F	1105	1100	1070	1030	980	1360
	C4L	1000	1000	970	930	880	1235
	X3F	495	490	450	410	370	595
	X1L	1105	1100	1050	1000	950	1325
	X2L	755	750	700	650	600	835
	B3F	985	980	940	890	840	1030
	B4F	505	500	460	415	370	595
	B2L	905	900	850	800	750	1060
	B3L	505	500	450	410	370	520
	B2R	705	700	650	600	550	840
	B3R	455	450	410	360	310	470
	H2F	955	950	900	850	800	1140
	X2V	415	410	360	320	280	420
	C3V	895	890	840	790	740	1070
	B2V	685	680	630	580	530	820
	B3V	455	450	410	370	330	460
	S1	435	430	390	350	310	440
下等烟	B4L	305	300	270	230	190	320
	X3L	395	390	340	290	240	435
	X4L	245	240	200	170	140	260
	X4F	285	280	240	210	180	300
	S2	235	230	190	160	130	240
	CX1K	285	280	250	230	210	290
	CX2K	215	210	180	160	140	220
	B1K	285	280	260	240	220	290
	B2K	215	210	180	165	150	220
	GY1	165	160	150	135	120	170
低等烟	B3K	145	140	115	105	95	150
	GY2	135	130	105	95	85	140

（五）烤烟收购情况

1. 烤烟收购等级比例

（1）不同部位烤烟收购比例

罗安娜等研究了 1999~2020 年全国正组（主组）等级不同部位烤烟收购比例变化见图 4-3。2000~2020 年，烤烟中部叶的收购比例最高；2004~2020 年，烤烟下部叶的收购比例最低。总体而言，中部叶的收购比例高，下部叶的收购比例低。

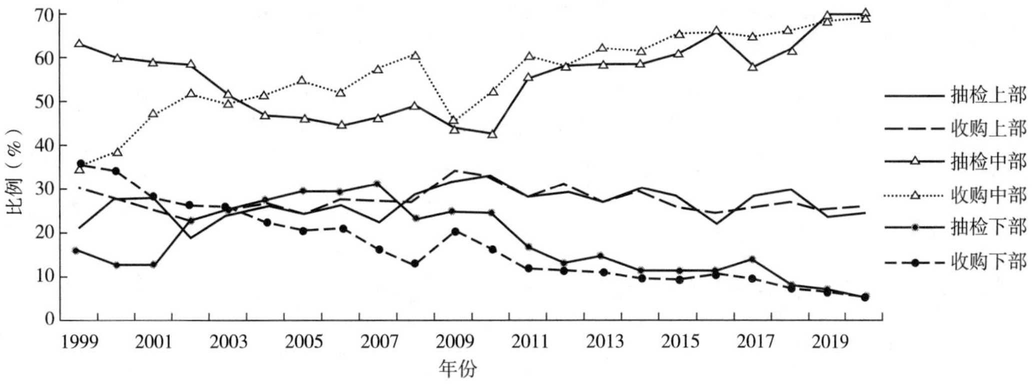

图 4-3　全国烤烟正组等级不同部位抽检比例和收购比例变化
（罗安娜等，2023）

（2）不同颜色烤烟收购比例

2005~2009 年全国不同颜色烤烟收购比例见表 4-38。从 5 年的平均结果看，桔黄色烟叶、柠檬黄色烟叶、其他颜色烟叶的收购比例分别为 66.9%、22.2%、10.9%，桔黄色烟叶的收购比例最高。

表 4-38　不同颜色烤烟收购比例
（闫新甫，2012）

颜色	烟叶收购比例					加权平均（%）
	2005 年（%）	2006 年（%）	2007 年（%）	2008 年（%）	2009 年（%）	
桔黄色	57.6	59.7	68.0	72.9	74.1	66.9
柠檬黄色	30.2	28.1	19.8	17.8	16.6	22.2
其他颜色	12.2	12.2	12.2	9.3	9.3	10.9

（3）不同质量档次烤烟收购比例

罗安娜等研究了 1999~2020 年全国正组（主组）等级不同质量档次烤烟收购比例变化见图 4-4。结果表明，不同质量档次烤烟的收购比例大小依次为：3 级>2 级>4 级>1 级。

（4）不同大等级烤烟收购比例

罗安娜等研究了 1999~2020 年全国正组（主组）大等级烤烟收购比例变化见图 4-5。1999~2006 年，中等烟的收购比例较高，下等烟的收购比例较低。2010~2020 年上等烟的收购比例最高，中等烟的收购比例居中，下等烟的收购比例最低。

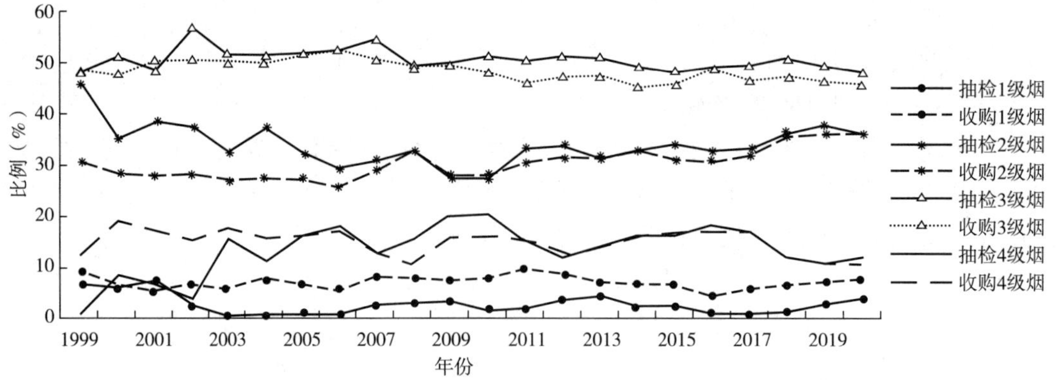

图 4-4　全国烤烟正组等级不同质量档次抽检比例和收购比例变化

（罗安娜等，2023）

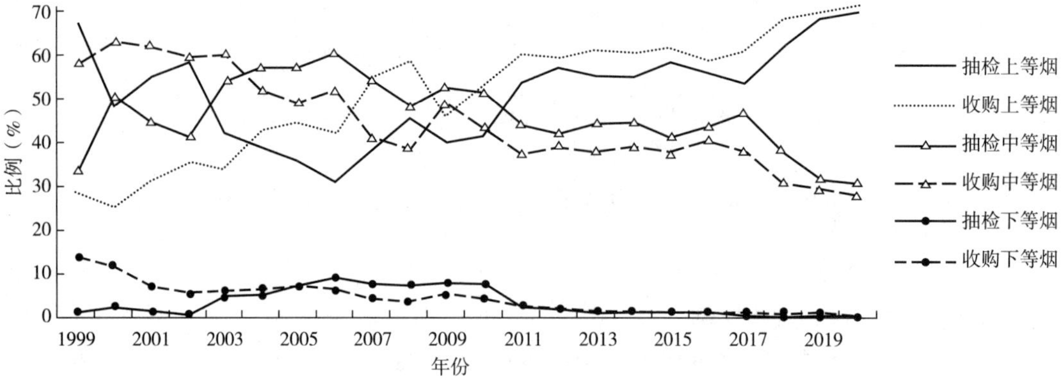

图 4-5　全国烤烟正组大等级抽检比例和收购比例变化

（罗安娜等，2023）

2. 收购烤烟等级质量

（1）不同部位烤烟等级合格率

2005~2009 年全国工商交接不同部位烤烟等级合格率见表 4-39。从 5 年的平均结果看，下部叶、中部叶、上部叶的等级合格率分别为 64.9%、60.1%、65.1%，中部叶的等级合格率最低。

表 4-39　工商交接不同部位烤烟等级合格率

（闫新甫，2012）

部位	烟叶等级合格率					加权平均（%）
	2005 年（%）	2006 年（%）	2007 年（%）	2008 年（%）	2009 年（%）	
下部叶	66.2	65.3	63.7	63.5	65.7	64.9
中部叶	59.9	60.8	61.2	58.1	60.6	60.1
上部叶	66.2	65.6	66.2	62，7	64.8	65.1

（2）不同颜色烤烟等级合格率

2005~2009 年全国不同颜色烤烟等级合格率见表 4-40。从 5 年的平均结果看，桔黄色烟叶、柠檬黄色烟叶、杂色烟叶等级合格率分别为 63.1%、61.9%、59.5%，桔黄色烟叶的等级合格率最高。

表 4-40　不同颜色烤烟等级合格率

（闫新甫，2012）

颜色	烟叶等级合格率					加权平均（%）
	2005 年（%）	2006 年（%）	2007 年（%）	2008 年（%）	2009 年（%）	
桔黄色	64.0	63.5	63.4	61.0	63.6	63.1
柠檬黄色	61.9	63.2	63.1	59.7	61.2	61.9
杂色	58.3	61.6	59.4	44.0	—	59.5

（3）不同质量档次烤烟等级合格率

2005~2009 年全国不同质量档次烤烟等级合格率见表 4-41。从 5 年的平均结果看，不同质量档次烤烟的等级合格率大小依次为：4 级>3 级>2 级>1 级。烤烟质量档次越好、价格越高，烟叶等级合格率越低。

表 4-41　不同质量档次烤烟等级合格率

（闫新甫，2012）

质量档次	烟叶等级合格率					加权平均（%）
	2005 年（%）	2006 年（%）	2007 年（%）	2008 年（%）	2009 年（%）	
1 级	47.2	53.7	54.0	48.5	52.4	51.4
2 级	61.7	60.7	61.4	58.3	60.2	60.3
3 级	64.3	64.7	64.3	62.7	64.4	64.1
4 级	65.0	64.7	66.3	62.4	66.5	65.1

（4）烤烟收购混级比例

2005~2009 年全国工商交接烤烟混级比例见表 4-42。从 5 年的平均结果看，不同类型混级比例大小依次为：混低>混组>柠混桔>桔混柠>混部位>混高。

低等级烟叶混入某一等级烟叶（混低）的平均比例为 33.1%，其他组别烟叶混入某一等级烟叶（混组）的平均比例为 24.1%，柠檬黄色烟叶中混入桔黄色烟叶（柠混桔）的平均比例为 16.6%，混低、混组、柠混桔这三类的比例相对较高。

桔黄色烟叶混入柠檬黄色烟叶（桔混柠）的平均比例为 9.1%，其他部位烟叶混入某一等级烟叶（混部位）的平均比例为 8.0%，高等级烟叶混入某一等级烟叶（混高）的平均比例仅为 4.1%，桔混柠、混部位、混高这三类的比例相对较低。

表 4-42 工商交接烤烟混级比例统计
（根据《中外烟叶等级标准与应用指南》整理）

混级情况	2005 年（%）	2006 年（%）	2007 年（%）	2008 年（%）	2009 年（%）	平均值（%）
混高	3.6	4.9	3.8	4.6	3.7	4.1
混低	33.0	31.7	32.9	34.7	33.1	33.1
混组	23.2	24.5	23.8	25.1	23.8	24.1
混部位	8.8	8.2	7.2	8.5	7.3	8.0
桔混柠	9.5	8.6	9.4	9.9	8.0	9.1
柠混桔	11.8	13.7	16.6	20.7	20.3	16.6

3. 烤烟等级合格率低的原因

导致烤烟等级合格率低的原因有多种，如烟农对烤烟等级标准掌握不够准确；有些柠檬黄烤烟在收购后存放一段时间颜色会加深，等到工商交接后可能会有部分显现出一定的桔黄色；还有可能是人为混入其他等级烟叶。2012 年闫新甫编写的《中外烟叶等级标准与应用指南》从操作层面上分析了以下可能的主观认识原因。

（1）检验人员对等级合格率概念的理解模糊

多数人把等级合格率简单地理解为合格烟叶的比例，认为一把烟叶不合格叶片数只要不超过纯度允差规定就算合格，一批烟叶只要等级合格把数达到 80%就算合格。实际上这种认识误解了纯度允差概念，忽视了混级的差异度。例如，在纯度允差规定的范围内，C3F 中混入 C4F 或 C2F 是允许的，但 C3F 混入 B3F 或 GY1 是不允许的，当然 X3F、CX1K 混入 C2F 也是不允许的。同理，一批合格比例达到 80%的 C3F 烟叶，其余 20%为 B3F 或 GY1 仍然不算合格。

（2）检验人员不正确的操作思想

多年来，无论是收购环节还是工商交接环节，存在烟叶质量好的等级合格率低于质量差的趋势，因此对上等烟合格率抱着“宁低勿高”的思想，造成恶性循环，导致上等烟叶的等级合格率低。

（3）交售烟叶的不良历史习惯

多年来，收购烤烟等级质量存在“下等烟合格率高、中等烟合格率中等、上等烟合格率低”的不良现象，在收购验级人员和烟农中已形成固有的“等级标准概念”。收购中烟农对低等烟叶的期望值不大，而对上等烟叶的期望值大，往往想多卖上等烟，中下等烟混入上等烟的现象严重，造成上等烟等级质量下降。

（4）收购与实际调拨等级数量的不对应

烤烟分级国家标准虽然规定了 42 个标准等级，但是烟农交售或商业企业收购的烤烟最多不到 30 个等级，并且商业企业出售的烟叶等级数还要少些，而 V 组、GY 组、S 组、R 组、H 组的烟叶基本不收购或收购量很少，大部分被混入到其他等级中。另外还有，许多卷烟工业企业根据配方需要只采购少数几个、十几个等级，难免造成商业收购的其他等级烤烟混入其中销售，这是造成等级合格率低的主要原因之一。

4. 提高烤烟等级合格率的措施

要想提高收购烤烟的等级合格率，中国烤烟分级标准在执行上需要从以下方面开展工作。

（1）加强烤烟分级国标宣传

要强化烤烟分级国标的宣贯，打好烟叶分级人员的分级基础。

（2）加强烤烟分级技术培训

加强对验级人员烤烟分级技术方面的培训，提高烟叶技术人员的技术指导水平，同时针对烟农开展烤烟分级技术培训。另外，烟草行业每年都会开展烤烟分级技术相关培训。

【思政小课堂 9】——奉献精神、工匠精神、爱岗敬业

人淡如菊　奉献如歌

扫码查看

（3）强化烤烟收购预检

要强化对收购前烤烟的预检，在收购前验级人员提前做好预检工作，把好分级关键关口。

（4）提高验级人员素质

不断提高烤烟收购验级人员的素质，把好收购验级关。

（5）树立质量意识

提高诚信度，把提高烤烟等级合格率作为烟叶发展的核心竞争力。

（6）加强烟叶评级工匠人才培养

为了提高烤烟等级合格率，很有必要加强烟叶评级工匠人才培养，大力弘扬工匠精神。

【行业动态 2】

四川中烟派员参训行业第二届烟叶评级工匠人才班

日期：2023 年 10 月 7 日　　来源：中国烟草培训网

为进一步推动烟草行业工匠人才队伍建设，培养更多高素质技术技能人才，近日，四川中烟组织人员参加中国烟草总公司职工进修学院第二届烟叶评级工匠人才培养培训班。

大力弘扬工匠精神。在直播课教育中，以“工匠精神”为核心开展“理论第一课”，分析讲解工匠人才培养任务，邀请烟叶评级高技能人才分享交流经验，传授专业技能技术，在理论教学中树立学员的匠人信念，提升学员的核心本领。

扎实开展实践工作。实践教育中，前往江西赣州、福建三明、江西瑞金烟区，通过学习参与烟叶样品制作、烟叶分级与收购工作，更直观了解了东南产区烟叶生产情况，并对东南烟区生态特征和烟叶质量特点产生深刻认识。

加强锤炼党性修养。为传承革命精神，锤炼党性修养，在“共和国摇篮”—瑞金市开展了红色主题教育，通过参观革命旧址、重温入党誓词等活动，身临其境地感受中国革命历程

的艰辛和革命先辈的崇高。

(7) 提高烟叶工业可用性

卷烟工业企业改进配方工艺，提高烟叶可用性，使有使用价值的各等级烟叶都能在卷烟配方中发挥作用。

第四节 烤烟的检验方法

一、烤烟品质检验

(一) 烤烟品质检验标准

烤烟品质检验参照 GB 2635—1992《烤烟》分级标准，按照烤烟分级标准的有关规定进行逐项检验，对照标准样品以感官鉴定为主。

(二) 烤烟品质检验取样

1. 烤烟取样数量

烤烟品质检验取样数量为 5~10kg，从现场检验打开的全部样件中平均抽取，每样件至少抽样两把。检验打开的样件超过 40 件，只需任选 40 件。

2. 计算合格率的取样数量

将送检的烤烟样品逐把取 1/3 称量，按标准逐片分级，分别称量，经过复核无误，计算其合格率。如有异议时，可再取 1/3 另行检验，以两次检验结果的平均值为准。如在收购和交接现场，按标准逐把定级，采用以把为单位的数量法计算合格率。

二、烤烟水分检验

烤烟水分的检验主要分为现场检验和室内检验。现场检验采用感官检验法，室内检验采用烘箱检验法。

(一) 烤烟水分检验取样

烤烟的取样数量不少于 0.5kg，从现场检验打开的全部样件中平均随机抽取。现场检验打开的样件超过 10 件，则超过部分，每 2~3 件任选一件。每样件的取样部位，从开口一面的一条对角线上，等距离抽出 2~5 处，每处各一把，从每把中取半把，放入密闭的容器中，化验时从半把中选取完整叶片 2~3 片。

(二) 烤烟水分感官检验法

收购的初烤烟水分一般以 16%~18%为适宜，检验时以烟筋稍软不易断，手握稍有响声，不易破碎为准。

用手握烟叶、松开后，如果烟叶能自然展开，主脉稍软不易断，手握稍有响声，不易破碎，说明烟叶水分适宜。如果烟叶主脉硬脆易断，手握时沙沙响，叶片易碎，说明烟叶水分较低。如果烟叶主脉很韧折不断，叶片湿润，手握无响声，说明烟叶水分较高。

目前，中国在收购初烤烟叶时，普遍采用经验性感官检验法，由感官确定烤烟的干、稍干、适宜、稍潮、潮五种不同物理状态的档次，再用烘箱检验法测定进行校对，经过反复验证，就能比较自如地用感官方法检验烤烟水分（表4-43）。

表4-43　不同含水率烤烟的外观特征
（闫克玉、赵铭钦，2008）

手感档次	干	稍干	适宜	稍潮	潮
烟叶的外观特征	烟筋硬脆易断，手握时沙沙响，叶片易碎	烟筋稍脆易断，手握有响声，叶片稍碎	烟筋稍软不易断，手握稍有声，叶片不易碎	烟筋较韧不易断，叶片柔软，手握时响声微弱	烟筋很韧折不断，叶片湿润，手握时无响声
烟叶含水率	15%以下	16%左右	17%左右	18%左右	19%左右
收购界限	拒收	收购下限	收购	收购上限	整理合格后收购

（三）烤烟水分烘箱检验法

1. 检验原理

烤烟试样在规定的烘干温度下烘至恒重时，所减少的重量与试样原重量之比即为试样水分含量，以重量百分比（%）表示。

2. 操作程序

从送检烤烟样品中随机抽取约1/4的叶片，迅速切成宽度不超过5mm的小片或丝状。混匀后用已知干燥质量的样品盒称取试样5～10g，记下称得的试样重量M_0。去盖后置入温度(100±2)℃的烘箱内，自温度回升至100℃时算起，烘2h后，加盖取出，放入干燥器内，冷却至室温，再称重M_1。烟叶水分含量（%）以100×（M_0−M_1）/M_0计算。

每批烤烟样品的测定均应做平行试验，二者绝对值的误差不得超过0.5%，以平行试验结果的平均值为检验结果。如平行试验结果误差超过规定时，应做第三份试验，在三份结果中以两个误差接近的平均值为准。结果所取数字，以0.1%为准。

三、烤烟砂土率检验

烤烟砂土率的检验主要分为现场检验和室内检验。现场检验用感官检验法，室内检验用重量检验法。

（一）检验取样

烤烟砂土率检验取样数量不少于1kg，从现场检验打开的全部样件中随机抽取，如现场检验打开的样件超过10件，则任选10件为取样对象，每件任取1把。如双方仍有争议时，可酌情增加取样数量。

（二）感官检验法

用手抖拍烟把无砂土落下，看不见烟叶表面附有砂土，即为合格。

（三）重量检验法

从送检的烤烟样品中均匀取两个平行试样，每个试样重400～600g。称得试样重量M_0，在油光纸上将烟把解开，用毛刷逐片正反两面各轻刷5～8次，刷净，搜集刷下的砂土，通过分离筛（3mm），至筛不下为止。将筛下的砂土称重，记录重量M_1，烤烟样品的砂土率

（%）= $100\times M_1/M_0$。以两次平行试验结果的平均值作为测定的结果。

四、熄火烟的检验

（一）熄火烟检验取样

取样数量每件抽取 5 处，每处任取两把，每把任取 1 片。从现场打开的全部样件中平均抽取。未成件的烟叶，按每 50kg 均匀取 10 把，每把 1 片，共 10 片；不足 50kg 者仍取 10 把，每把 1 片。

（二）熄火烟的检验方法

熄火烟的检验采用燃烧法。每张叶片横向其中部 1/3（即除去叶尖部和叶基部各 1/3），再横向平均剪成三条块，分别在明火上点燃后，吹熄火焰，同时计时至最后一火点熄灭止，即为烟叶的阴燃时间。三条块中有两条块阴燃时间少于 2s 者，即为熄火叶片。

熄火率（%）= 100×熄火叶片数/检查总叶数。

五、烤烟的检验规则

（一）烤烟流通过程中的检验

烤烟分级、交售、收购、供货交接均按烤烟分级国家标准执行。

（二）现场检验

取样数量，每批（指同一地区、同一级别烤烟）在 100 件以内者取 10%～20%的样件；超出 100 件的部分取 5%～10%的样件，必要时酌情增加取样比例。

成件取样，自每件中心向其四周抽检样 5～7 处，3～5kg。未成件烟取样，可全部检验，或按部位抽检样 6～9 处，3～5kg 或 30～50 把。

对抽验样按烤烟品质、水分、砂土率的检验规定进行检验。

现场检验中任何一方对检验结果有不同意见时，送上级技术监督主管部门进行检验。检验结果如仍存异议，可再复验，并以复验结果为准。

第五节　烤烟的包装、标志与贮运

一、烤烟的包装

（一）烤烟的包装要求

每包（件）烤烟必须是同一产区、同一等级。

包装用的材料必须牢固、干燥、清洁、无异味、无残毒。

包（件）内烟把应排列整齐，循序相压，不得有任何杂物。

（二）烤烟的包装类型

烤烟的包装类型一般分为麻袋包装和纸箱或木箱包装两种。

1. 麻袋包装

每包烤烟净重为 50kg，成包烤烟体积为 400mm×600mm×800mm。

2. 纸箱或木箱包装

每箱烤烟净重 200kg，外径规格 1115mm×690mm×725mm。

二、烤烟的标志

（一）烤烟的标志内容

在烤烟烟包（件）的正面，应印刷下列 5 项标志内容：烟叶产地（省、县）；级别（大写及代号）；烟叶重量（毛重、净重），单位为 kg；产品年、月；供货单位名称。

（二）烤烟的标志要求

1. 包件四周的标志

烤烟包件的四周应注明级别及其代号。

2. 标志清晰

烤烟的标志必须字迹清晰，包内要放标志卡片。

（三）烤烟标志卡片

烟包内放置的标志卡片应包括烤烟品种名称、级别、净重、产地、企业名称、产品年份等信息。

三、烤烟的贮存

（一）烤烟贮存的场所

为了保证烤烟的质量，烟叶应存放在适宜的环境中。存放烟叶时，一般要求贮存场必须干燥通风，地势高，不靠火源和油仓，不得与有毒物品或有异味物品混贮。贮存室门窗齐全，室内的温度和相对湿度适宜。

1. 一般仓库的温湿度要求

对于贮存烤烟的一般仓库，库内温度应控制在 32℃以下，相对湿度应控制在 60%~70%。通常采用自然通风和密闭去湿控制仓库温度、相对湿度。

2. 空调仓库的温湿度要求

对于贮存烤烟的空调仓库，库内温度应控制在 25℃以下，相对湿度应控制在 60%~65%。通常采用自然通风和空调调节仓库温度、相对湿度。

（二）烤烟的贮存要求

1. 包位

烟包须置于距地面 30cm 以上的垫石木土，距房墙至少 30cm。

2. 垛高

麻袋包装初烤烟 1~2 级（不含副组 2 级）不超过 5 个包高，3~4 级不超过 6 个包高；复烤烟不超过 7 个包高。硬纸箱包装不受此限。

3. 露天堆放烟叶的要求

露天堆放烤烟时，四周必须有防雨、防潮、防晒遮盖物，封严。垛底需距离地面 30cm 以上，垫石（木）与包齐，以防雨水浸入。

（三）定期检查

烤烟贮存期间，相关工作人员应定期检查烟叶，做到防潮、防霉、防虫、防火，确保烟叶商品安全。

四、烤烟的运输

（一）烤烟不得随意与其他物品混运

烤烟烟包、烟箱不得与有异味和有毒物品混运，有异味和污染的运输工具不得装运。

（二）运输烤烟的工具和要求

运输包件时，烟包、烟箱上面必须有遮盖物，包严、盖牢、防日晒和受潮。

（三）装卸烤烟的要求

装卸烤烟时，必须小心轻放，不得摔包、钩包。

第六节　出口烤烟分级

一、中国烤烟出口、分级概况

中国烤烟出口到众多国家和地区，其中对新加坡、英国、马来西亚的出口量相对较大。

2015~2020 年中国烤烟出口量见图 4-6。可以看出，2017 年中国烤烟出口量达 14.69 万吨，2020 年中国烤烟出口量为 11.04 万吨。

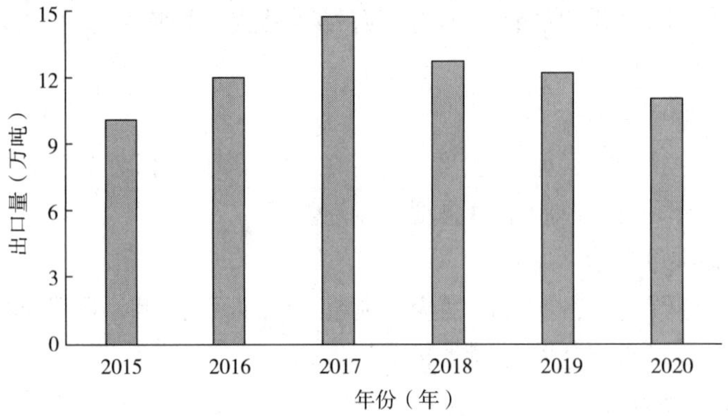

图 4-6　2015~2020 年中国烤烟出口量

（中国海关，华经产业研究院整理）

2015~2020 年中国烤烟出口金额见图 4-7。可以看出，2017 年中国烤烟出口量达 5.14 亿美元，2020 年中国烤烟金额为 3.32 亿美元。

2010 年 9 月 30 日，贵州省质量技术监督局发布了 DB 52/T 669—2010《出口烤烟分级标准》，于 2010 年 9 月 30 日开始实施。

2013 年 12 月 31 日，国家烟草专卖局发布了 YC/T 483—2013《出口烤烟分级》，根据成熟度、叶片结构、身份、油分、色泽、长度、残伤 7 个外观因素将出口烤烟按质量优劣划分成不同等级，共分为 83 个等级。2014 年 1 月 20 日，出口烤烟分级开始实施。

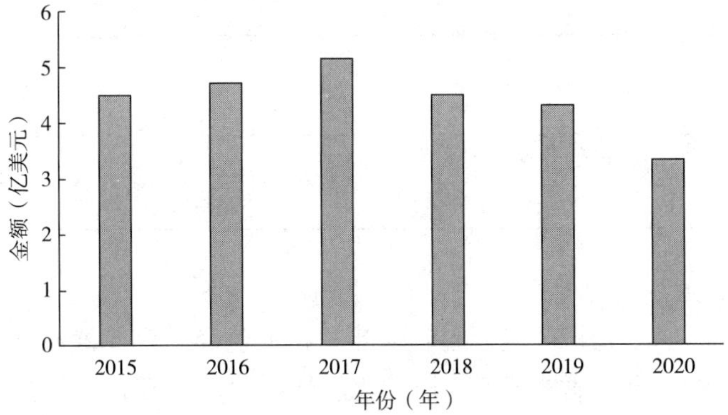

图 4-7　2015~2020 年中国烤烟出口金额

（中国海关，华经产业研究院整理）

2021 年，陈志敏等开展湖南出口烤烟分级研究，将湖南出口烤烟分为 22 个等级，下部柠檬黄色 2 个等级、橘黄色 3 个等级；中部橘黄色 3 个等级；上二棚橘黄色 1 个等级；上部柠檬黄色 1 个等级、橘黄色 2 个等级、深橘黄色 2 个等级、红棕色 1 个等级；微带青色 2 个等级；中下杂色 1 个等级；上部杂色 4 个等级。

二、出口烤烟分组

出口烤烟分组是指根据烟叶的着生部位、颜色、叶片结构、身份及其他与质量特性相关的一些外观因素，结合出口烤烟打叶工艺及工艺指标的特性，将密切相关的等级划归在一起形成的组别。

（一）部位分组

1. 出口烤烟部位的划分

按叶片在烟株上的着生部位，出口烤烟自下而上依次为下部叶、中下部叶（下二棚叶）、中部叶、中上部叶（上二棚叶）、上部叶。

2. 出口烤烟的部位特征

出口烤烟不同部位的外观特征见表 4-44。下部叶叶形较宽圆，叶面皱缩，叶片薄；中下部叶叶形近似椭圆，叶面稍皱缩，叶片稍薄；中部叶叶形宽~较宽，叶尖部较钝，叶面较皱缩，叶片厚度中等；中上部叶叶形较宽，叶尖变窄，叶面较皱，叶片稍厚；上部叶叶形稍窄~较窄，叶面稍褶皱~平坦，叶片厚。

表 4-44　出口烤烟的部位特征

（YC/T 483—2013《出口烤烟分级》）

组别	部位特征		
	叶形	叶面	厚度
下部叶	较宽圆	皱缩	薄
中下部叶	近似椭圆	稍皱缩	稍薄
中部叶	宽至较宽，叶尖部较钝	较皱缩	中等

续表

组别	部位特征		
	叶形	叶面	厚度
中上部叶	较宽，叶尖变窄	较皱	稍厚
上部叶	稍窄至较窄	稍褶皱至平坦	厚

（二）颜色分组

烟叶的颜色（color）是指烟叶经调制后烟叶的相关色彩、色泽饱和度、色值的状态。出口烤烟的颜色分为柠檬黄色、浅桔黄色、桔黄色、桔红色、红棕色、红褐色、暗灰色、带青色、浅色严重杂色、深色严重杂色。

柠檬黄色（lemon）是指烟叶表面呈现纯正的黄色。

浅桔黄色（light orange）是指烟叶表面略带有红色的黄色。

桔黄色（orange）是指烟叶表面带有红色的黄色。

桔红色（red orange）是指烟叶表面呈现带有黄色的红色。

红棕色（red）是指烟叶表面呈现带有棕色的红色。

红褐色（mahogany）是指烟叶表面呈现带有红色的褐色。

暗灰色（dim grey）是指烟叶表面呈现微带有黑色的灰色或带有灰色的褐色。

带青色（greenish）是指黄色烟叶上存在有明显的叶脉带青和叶片浮青等，且不影响主体颜色的可见青色。

杂色（variegated）是指烤烟的叶面存在的非基本色颜色斑块，包括蒸片、挂灰、褪色、青痕较多、严重烤红、严重潮红、受蚜虫损害等。凡杂色面积达到或超过20%者，均定为杂色叶片。

严重杂色（deep variegated）是指烟叶挂灰面积超过50%或杂色面积超过60%的，即定义为严重杂色，分为浅色严重杂色和深色严重杂色。浅色严重杂色（undertint）是指在严重杂色烟叶中叶面背景色为L、O、F色的杂色。深色严重杂色（dim grey）是指在严重杂色烟叶中叶面背景色为FR、D色的杂色。

青痕（green spotty）是指烟叶在调制前受到机械擦压伤而造成的青色痕迹。

三、出口烤烟分级标准

烟叶分级是指根据烟叶的外观特征因素（表4-45），按质量优劣将同一组内的烟叶划分成的级别。

表4-45 出口烤烟外观质量要素的划分

（YC/T 483—2013《出口烤烟分级》）

外观质量要素		程度档次				
		1	2	3	4	5
质量因素	成熟度	成熟	尚熟	欠熟	假熟	
	叶片结构	疏松	尚疏松	稍密	紧密	

续表

外观质量要素		程度档次				
		1	2	3	4	5
质量因素	身份	中等	稍薄、稍厚	薄、厚		
	油分	多	有	稍有	少	
	色泽	浓	强	中	弱	淡
控制因素	残伤	以百分比（%）控制				
	长度	以厘米（cm）表示				

（一）出口烤烟分级因素及档次

1. 成熟度

成熟度（maturity）是指烤烟的成熟程度（包括田间采收时和调制结束后），主要依据烤烟内含物质的转化程度，结合对烤烟叶片结构、颜色、油分等因素的感官判定，将出口烤烟的成熟度分为成熟、尚熟、欠熟、假熟4个档次。

成熟（ripe）是指烤烟在田间采收时及调制结束后均达到成熟的程度。感官感觉：叶片结构疏松、颗粒感强。

尚熟（mature）是指烤烟在田间采收时刚达到成熟，但生化变化不够充分，或调制失当后熟不够。感官感觉：叶片结构尚疏松、颗粒感较强。

欠熟（unripe）是指烤烟在田间采收未达到成熟，并或因调制失当，导致生化变化不充分。感官感觉：叶片结构稍密或紧密、颗粒感不强。

假熟（premature）是指烤烟脚叶在田间外观似成熟，实质上未达到真正成熟，调制后的烟叶成熟度低。感官感觉：叶片结构松弛、无颗粒感。

2. 成熟度类型

成熟度类型（maturity types）是指基于成熟度档次划分的基础上，依据烤烟颜色对成熟度划分形成的类型，出口烤烟的成熟度类型依次分为Ⅴ型、Ⅳ型、Ⅲ型、Ⅱ型、Ⅰ型（表4-46）。

Ⅴ型是指成熟烟叶中成熟斑较多、颜色为桔红色（FF）烟叶。

Ⅳ型是指成熟、尚熟、欠熟、假熟叶中颜色为桔黄色（F）、红棕色（R）、褐红色（FR）的烟叶。

Ⅲ型是指成熟、尚熟、欠熟、假熟叶中颜色为浅桔黄色（O）的烟叶。

Ⅱ型是指成熟、尚熟、欠熟、假熟叶中颜色为柠檬黄色（L）的烟叶。

Ⅰ型是指欠熟叶中颜色为暗灰色（D）、带青色（V）、严重杂色（KK）的烟叶。

表4-46　出口烤烟成熟度档次及类型划分

（YC/T 483—2013《出口烤烟分级》）

成熟度档次	成熟度类型				
成熟	Ⅴ（FF）	Ⅳ（F、R）	Ⅲ（O）	Ⅱ（L）	—
尚熟	—	Ⅳ（F、FR）	Ⅲ（O）	Ⅱ（L）	—

续表

成熟度档次	成熟度类型				
欠熟	—	Ⅳ（F、FR）	Ⅲ（O）	Ⅱ（L）	Ⅰ（D、V、KK）
假熟	—	Ⅳ（F）	Ⅲ（O）	Ⅱ（L）	—

3. 叶片结构

叶片结构（leaf structure）是指烟叶细胞排列的疏密程度。根据感官感觉，将出口烤烟的叶片结构分为疏松、尚疏松、稍密、紧密 4 个档次。

4. 身份

身份（body）是指烟叶厚度、单位面积的重量。通常以厚度表示，出口烤烟的身份分为薄、稍薄、中等、稍厚、厚。

5. 油分

油分（oil）是指烟叶含有油分的外观反映，根据感官感觉，出口烤烟的油分分为多、有、稍有、少 4 个档次。

油分多（rich）：烟叶富油分，表观尚有油润感。

油分有（oily）：烟叶尚有油分，表观尚有油润感。

油分稍有（less oily）：烟叶油分较少，表观稍有油润感。

油分少（lean）：烟叶缺乏油分，表观无油润感。

6. 色泽

色泽（color intensity）是指烟叶颜色的饱和度、深浅程度、光泽强度，分为浓、强、中、弱、淡 5 个档次。

色泽浓（deep）：烟叶色泽饱和，色深、光泽反映强。

色泽强（strong）：烟叶色泽饱和度略逊，色较深、光泽反应较强。

色泽中（moderate）：烟叶色泽饱和度一般，色稍深、光泽反应中等。

色泽弱（weak）：烟叶色泽饱和度差，颜色浅、光泽反映弱。

色泽淡（pale）：烟叶色泽饱和度平淡，色浅、光泽反应淡。

7. 长度

叶片长度（length）是指从叶片主脉柄端至尖端间的直线距离，以厘米（cm）表示。

8. 残伤

残伤（waste）是指叶片受破坏、失去成丝的强度和坚实性、基本无使用价值的那部分组织，以百分数（%）表示。

9. 破损

破损（injury）是指叶片因受到机械损伤而失去原有的完整性，且破损面积每片不超过 60%，以百分数（%）表示。

（二）出口烤烟分级因素的代号

1. 出口烤烟颜色代号

出口烤烟的颜色代号见表 4-47。出口烤烟柠檬黄色代号为 L，浅柠檬黄色代号为 O，桔黄色代号为 F，红棕色代号为 R，杂色代号为 K。

表 4-47　出口烤烟的颜色代号
（YC/T 483—2013《出口烤烟分级》）

颜色	代号	颜色	代号
柠檬黄色	L	红褐色	FR
浅桔黄色	O	带青色	V
桔黄色	F	暗灰色	D
桔红色	FF	杂色	K
红棕色	R		

2. 叶组代号

出口烤烟的叶组代号见表 4-48。出口烤烟下部叶组、中部叶组、上部叶组的代号与中国烤烟分级代号一样。出口烤烟又多分出中下部叶组、中上部叶组。

表 4-48　出口烤烟的叶组代号
（YC/T 483—2013《出口烤烟分级》）

叶组	代号
下部叶组	X
中下部叶组	CX
中部叶组	C
中上部叶组	CB
上部叶组	B

3. 特殊烤烟代号

特殊烤烟代号见表 4-49。特殊烤烟主要包括严重烤红烟、严重蒸片烟、变色烟、青烟、黑色烟。

表 4-49　特殊烤烟代号
（YC/T 483—2013《出口烤烟分级》）

部位	严重烤红烟	严重蒸片烟	变色烟	青烟	黑色烟
X	XKR	X 蒸片	X 变色	XG	DD
B	BKR	B 蒸片	B 变色	BG	

4. 其他代号

严重杂色烟叶用代号 KK 表示；淡色严重杂色烟叶用代号 KKU 表示；深色严重杂色烟叶用代号 KKD 表示；末级烟叶用代号 N 表示。

（三）出口烤烟等级的质量规定

根据成熟度、叶片结构、身份、油分、色泽、长度、残伤 7 个外观因素将出口烤烟按质量优劣划分成不同等级，共分为83个等级。各等级烟叶的外观质量规定见表4-50。

表4-50 出口烤烟等级外观质量规定

（YC/T 483—2013《出口烤烟分级》）

组别		等级代号	成熟度（档次/类型）	叶片结构	身份	油分	色泽	长度（cm）	残伤（%）
X	L	XL1	成熟/Ⅱ	疏松	稍薄	有	强	≥40	≤15
		XL2	成熟/Ⅱ	疏松	薄	稍有	中	≥35	≤25
		XL3	成熟/Ⅱ	疏松	薄	稍有	弱	≥30	≤30
		XL4	成熟/Ⅱ	疏松	薄	少	淡	≥25	≤35
	O	XO1	假熟/Ⅲ	疏松	稍薄	有	强	≥40	≤15
		XO2	假熟/Ⅲ	疏松	薄	稍有	中	≥35	≤25
		XO3	假熟/Ⅲ	疏松	薄	稍有	弱	≥30	≤30
		XO4	假熟/Ⅲ	疏松	薄	少	淡	≥25	≤35
	F	XF1	成熟/Ⅳ	疏松	稍薄	有	强	≥40	≤20
		XF2	成熟/Ⅳ	疏松	稍薄	稍有	中	≥35	≤25
		XF3	成熟/Ⅳ	疏松	薄	稍有	弱	≥30	≤30
		XF4	假熟/Ⅳ	疏松	薄	少	淡	≥25	≤35
C	L	CL1	成熟/Ⅱ	疏松	中等	多	浓	≥45	≤15
		CL2	成熟/Ⅱ	疏松	中等	有	强	≥40	≤15
		CL3	成熟/Ⅱ	疏松	稍薄	有	中	≥35	≤25
		CL4	成熟/Ⅱ	疏松	稍薄	稍有	中	≥35	≤30
	O	CO1	成熟/Ⅲ	疏松	中等	多	浓	≥45	≤15
		CO2	成熟/Ⅲ	疏松	中等	有	强	≥40	≤15
		CO3	成熟/Ⅲ	疏松	中等	有	中	≥35	≤25
		CO4	成熟/Ⅲ	疏松	稍薄	稍有	中	≥35	≤30
	F	CF1	成熟/Ⅳ	疏松	中等	多	浓	≥45	≤15
		CF2	成熟/Ⅳ	疏松	中等	有	强	≥40	≤20
		CF3	成熟/Ⅳ	疏松	中等	有	中	≥35	≤25
		CF4	成熟/Ⅳ	疏松	稍薄	稍有	中	≥35	≤30
CB	L	CBL	成熟/Ⅱ	疏松~稍密	中等~稍厚	稍有	中	≥35	≤30
	O	CBO	成熟/Ⅲ	疏松~稍密	中等~稍厚	稍有	中	≥35	≤30
	F	CBF	成熟/Ⅳ	疏松~稍密	中等~稍厚	稍有	中	≥35	≤30
	FF	CBFF	成熟/Ⅳ	疏松~稍密	中等~稍厚	有	中	≥35	≤30

续表

组别		等级代号	成熟度（档次/类型）	叶片结构	身份	油分	色泽	长度（cm）	残伤（%）
B	L	BL1	成熟/Ⅱ	稍密	中等	多	浓	≥45	≤15
		BL2	成熟/Ⅱ	稍密	中等	有	强	≥40	≤20
		BL3	成熟/Ⅱ	稍密	中等	稍有	中	≥35	≤30
		BL4	成熟/Ⅱ	紧密	稍厚	稍有	淡	≥30	≤35
	O	BO1	成熟/Ⅲ	尚疏松	稍厚	多	浓	≥45	≥15
		BO2	成熟/Ⅲ	尚疏松	稍厚	有	强	≥40	≤20
		BO3	成熟/Ⅲ	稍密	稍厚	有	中	≥35	≤30
		BO4	成熟/Ⅲ	稍密	厚	稍有	弱	≥30	≤35
	F	BF1	成熟/Ⅳ	尚疏松	稍厚	多	浓	≥45	≤15
		BF2	成熟/Ⅳ	尚疏松	稍厚	有	强	≥40	≤20
		BF3	成熟/Ⅳ	稍密	稍厚	有	中	≥35	≤30
		BF4	成熟/Ⅳ	稍密	厚	稍有	弱	≥30	≤35
	R	BR1	成熟/Ⅳ	稍密	稍厚	有	浓	≥45	≤15
		BR2	成熟/Ⅳ	稍密	稍厚	有	强	≥40	≤25
		BR3	成熟/Ⅳ	紧密	厚	稍有	中	≥35	≤35
	FF	BFF1	成熟/Ⅴ	稍厚	稍厚	有	浓	≥45	≤20
		BFF2	成熟/Ⅴ	稍厚	稍厚	有	强	≥40	≤25
		BFF3	成熟/Ⅴ	稍厚	稍厚	稍有	中	≥35	≤35
		BFF4	成熟/Ⅴ	稍厚	稍厚	稍有	弱	≥30	≤40
K	X	XKL2	欠熟/Ⅱ	尚疏松	薄	少	—	≥25	≤25
		XNL	欠熟/Ⅱ	—	—	—	—	—	≤60
		XKO2	欠熟/Ⅲ	尚疏松	薄	少	—	≥25	≤25
		XNO	欠熟/Ⅲ	—	—	—	—	—	≤60
		XKF2	欠熟/Ⅳ	尚疏松	薄	少	—	≥25	≤25
		XNF	欠熟/Ⅳ	—	—	—	—	—	≤60
		XKD2	欠熟/Ⅰ	尚疏松	薄	少	—	≥25	≤25
		XND	欠熟/Ⅰ	—	—	—	—	—	≤60
		XKV2	欠熟/Ⅰ	尚疏松	薄	少	—	≥25	≤25
	CX	CXKL	欠熟、尚熟/Ⅱ	疏松	稍薄	有	—	≥35	≤20
		CXKO	欠熟、尚熟/Ⅲ	疏松	稍薄	有	—	≥35	≤20
		CXKF	欠熟、尚熟/Ⅳ	疏松	稍薄	有	—	≥35	≤20
	CB	CBKO	欠熟、尚熟/Ⅲ	稍密	稍厚	有	—	≥35	≤20
		CBKF	欠熟、尚熟/Ⅳ	稍密	稍厚	有	—	≥35	≤20
		CBKD	欠熟、尚熟/Ⅰ	稍密	稍厚	稍有	—	≥35	≤20

续表

组别		等级代号	成熟度（档次/类型）	叶片结构	身份	油分	色泽	长度（cm）	残伤（%）
		BKL1	尚熟/Ⅱ	稍密	稍厚	有	—	≥35	≤20
		BKL2	欠熟/Ⅱ	紧密	厚	稍有	—	≥30	≤30
		BKL3	欠熟/Ⅱ	紧密	厚	少	—	≥25	≤35
		BNL	欠熟/Ⅱ	—	—	—	—	—	≤60
		BKO1	尚熟/Ⅲ	稍密	稍厚	有	—	≥35	≤20
		BKO2	欠熟/Ⅲ	紧密	厚	稍有	—	≥30	≤30
		BKO3	欠熟/Ⅲ	紧密	厚	少	—	≥25	≤35
		BKF1	尚熟/Ⅳ	稍密	稍厚	有	—	≥35	≤20
		BKF2	欠熟/Ⅳ	紧密	厚	稍有	—	≥30	≤30
		BKF3	欠熟/Ⅳ	紧密	厚	少	—	≥25	≤35
K	B	BNF	欠熟/Ⅳ	—	—	—	—	—	≤60
		BKFR1	尚熟/Ⅳ	稍密	稍厚	有	—	≥35	≤20
		BKFR2	欠熟/Ⅳ	紧密	厚	稍有	—	≥30	≤30
		BKFR3	欠熟/Ⅳ	紧密	厚	少	—	≥25	≤35
		BKD2	欠熟/Ⅰ	紧密	厚	稍有	—	≥30	≤30
		BKD3	欠熟/Ⅰ	紧密	厚	少	—	≥25	≤35
		BND	欠熟/Ⅰ	—	—	—	—	—	—
		BKV2	欠熟/Ⅰ	紧密	厚	稍有	—	≥30	—
		BKV3	欠熟/Ⅰ	紧密	厚	少	—	≥25	—
		BKKU	欠熟/Ⅰ	紧密	厚	少	—	≥30	—
		BKKD	欠熟/Ⅰ	紧密	厚	少	—	≥30	—

（四）出口烤烟等级的定级规则

1. 基本原则

出口烤烟的成熟度、叶片结构、身份、油分、色泽、长度都达到某等级规定时，残伤不超过某级允许度时，才定为某级。

2. 就低原则

烟叶介于两种颜色的界限上（专指 L、O、F、FF/FR、R 色之间的颜色界定），规定为相邻较浅的颜色。

烟叶在两个等级界限上，则定为相邻较低等级。

B、C 为两相邻等级，B 等级质量优于 C 等级，一批烟叶质量因素为 B 级，其中一个因素低于 B 级规定则为 C 级；一个或多个因素高于 B 级，仍定 B 级。

3. 其他规定

中下部杂色包含中部及下部的身份较薄的烟叶。

中部烟叶若同时能满足中部及其他部位等级规定，且其他部位等级高于中部等级，可在其他部位叶组定级。

杂色面积小于或等于20%的烟叶，在非杂色叶组定级；杂色面积在大于20%的烟叶，在杂色组定级。

CXKL、CXKO、CXKF 杂色面积不超过30%。

BKL1、BKO1、BKF1、BKFR1 的杂色面积不超过30%。

BKL2、BKO2、BKF2、BKFR2、BKD2 的杂色面积不超过40%；超过40%者，则在下一个等级定级。

BKV2 含青面积不超过20%，且杂色面积不超过40%；超过则在下一个等级定级。

BKK 为挂灰面积超过50%或杂色面积超过60%的烟叶，BKKU 为浅色严重杂色烟叶（含L、O、F 色），BKKD 为深色严重杂色烟叶（含 FR、D 色）。

基本色影响不明显的轻度烤红烟，在相应部位、颜色级别二级以下定级。

因烟叶成熟度好而呈现的病斑、焦尖和焦边，不列入残伤计算。

凡列不进收购标准级别的但有使用价值的烟叶，在末级（N）的相应等级定级。

（五）出口烤烟等级的验收要求

1. 含水率的规定

出口烤烟各等级原烟的含水率均为16%~18%。只有烟叶含水率达到要求，方可收购。

2. 纯度允差的规定

不同等级的出口烤烟，其纯度允差要求不尽相同，纯度允差有≤10%、≤15%、≤20%、≤25%（表4-51）。

表 4-51 出口烤烟纯度允差的规定
（YC/T 483—2013《出口烤烟分级》）

烟叶等级	纯度允差
CO1、CO3、CF1、CF3、BO1、BO2、CF2、BF1、BF2、BL1、BR1、XO1、XF1	≤10%
XO2、XF2、XO3、XF3、XL1、XL2、CL3、CL4、CO4、CF4、BL2、BL3、BO3、BO4、BF3、BR2、BR3、BFF1、BFF2、BFF3、BFF4、BFF2	≤15%
XL3、XL4、XO4、XF4、XL4、XKL2、XKO2、XKF2、XKD2、XKV2、CXKL、CXKO、CXKF、CXK、CBKO、BKL1、BKL2、BKL3、BKO1、BKO2、BKO3、BKF1、BKF2、BKF3、BKFR1、BKFR2、BKFR3、BKD2、BKD3、BKV2、BKV3、BKKU、BKKD	≤20%
XNL、XNO、XNF、XND、BNL、BNF、BND	≤25%

3. 破损率的规定

烟叶破损率以破损总面积占烟叶应有总面积的百分比计算，不同等级出口烤烟破损率的规定见表4-52。每张叶片的完整度必须达到60%以上，低于60%者列为末级烟，如 XNL、XNO、XNF、XND、BNL、BNF、BND。

表 4-52 出口烤烟破损率的规定
（YC/T 483—2013《出口烤烟分级》）

烟叶等级	破损率
CO1、CO3、CF1、CF3、BO1、BO2、CF2、BF1、BF2、BL1、BR1、XO1、XF1	≤15%
XO2、XF2、XO3、XF3、XL1、XL2、CL3、CL4、CO4、CF4、BL2、BL3、BO3、BO4、BF3、BR2、BR3、BFF1、BFF2、BFF3、BFF4、BFF2	≤25%
XL3、XL4、XO4、XF4、XL4、XKL2、XKO2、XKF2、XKD2、XKV2、CXKL、CXKO、CXKF、CXK、CBKO、BKL1、BKL2、BKL3、BKO1、BKO2、BKO3、BKF1、BKF2、BKF3、BKFR1、BKFR2、BKFR3、BKD2、BKD3、BKV2、BKV3、BKKU、BKKD	≤35%
XNL、XNO、XNF、XND、BNL、BNF、BND	—

思考题：

1. 简述烤烟分组的意义。
2. 简述烤烟上部叶、中部叶、下部叶的外观特征。
3. 简述不同部位烤烟的质量特点。
4. 中国烤烟分为哪些颜色？其代号分别是什么？
5. 中国烤烟分为哪些部位？其代号分别是什么？
6. 什么是烤烟分级的品质因素？品质因素包括哪些指标？
7. 什么是烤烟分级的控制因素？控制因素包括哪些指标？
8. 如何区分烤烟的油分与水分？
9. 中国烤烟等级如何书写？
10. 中国烤烟主组有哪些等级？
11. 中国烤烟副组有哪些等级？
12. 收购烟叶时，如何用感官检验法判断烤烟水分是否合适？
13. 出口烤烟分为哪些部位？
14. 出口烤烟分为哪些颜色？
15. 出口烤烟的成熟度类型分为哪几种？

第五章　中国白肋烟分级

在中国所有晾烟类型中，白肋烟的产量最大。本章主要介绍中国白肋烟生产、分级概况，白肋烟分组方法，白肋烟分级标准，白肋烟的检验方法，白肋烟的包装、标志与贮运。

第一节　中国白肋烟生产、分级概况

一、中国白肋烟生产概况

白肋烟起源于美国俄亥俄州，1864年被发现。由于白肋烟具有特殊的使用价值，从而发展成为烟草的一种类型，是混合型卷烟的重要原料。

据文献资料记载，中国于1956年引进白肋烟。其实，20世纪20年代前后，辽宁（1918年）、山东（1934年）、黑龙江（1936年）、安徽（1938年）等省份就已开始相继试种白肋烟。后来，白肋烟在吉林、贵州、台湾、湖北、广东、河北、河南、四川等地试种成功，20世纪60年代在湖北、四川等地逐渐形成规模，1970年初步形成鄂西和川东两个白肋烟生产基地。20世纪80年代初期，中国烟草总公司和国家烟草专卖局高度重视卷烟原料生产，白肋烟生产规模逐步扩大，产量逐步增加。

1996年，云南宾川试种白肋烟，随后白肋烟生产规模扩大。虽然中国许多地方都成功试种白肋烟，但由于市场的需求有限，20世纪后期大部分产区停止种植白肋烟。

21世纪初，中国白肋烟常年种面积约为2.6万公顷，总产量在80万担左右。2005年，白肋烟种植面积为1.31万公顷，收购量55.4万担。2009年，白肋烟种植面积为1.95万公顷，收购量107.0万担（表5-1），其中湖北白肋烟收购量68.7万担，重庆白肋烟收购量14.9万担，云南白肋烟收购量13.0万担，四川白肋烟收购量10.4万担。2019年，中国白肋烟种植面积为2675.1公顷，收购量6271.4吨。2012~2019年中国白肋烟种植面积2013.3~19764.7公顷（表5-2），占晾烟总种植面积的77.06%~89.47%，白肋烟收购量4550.0~44345.8吨，占晾烟总收购量的78.94%~92.24%。

表5-1　2005~2011年中国白肋烟种植面积和收购量

（闫新甫，2012）

年份（年）	种植面积（万公顷）	收购量（万担）
2005	1.31	55.4
2006	1.58	81.6
2007	1.51	52.0

续表

年份（年）	种植面积（万公顷）	收购量（万担）
2008	1.65	56.5
2009	1.95	107.0
2010	1.93	89.2
2011	1.92	82.2

表 5-2　2012~2019 年中国白肋烟种植面积和收购量
（闫新甫等，2021）

年份（年）	种植面积（公顷）	收购量（吨）
2012	19764.7	44345.8
2013	13123.4	29252.6
2014	5206.2	11821.9
2015	2970.1	6247.4
2016	2120.0	4590.0
2017	2013.3	4550.0
2018	3331.0	7537.6
2019	2675.1	6271.4

中国白肋烟生产主要集中在湖北恩施、四川达州、重庆万州、云南宾川等地，其中，湖北恩施已成为中国最大的白肋烟产区，也是亚洲最大的白肋烟基地。近十年，白肋烟只有湖北省一直在种，从未间断，且一直居于主导地位。2010~2014 年云南省曾经种植白肋烟，但 2015 年停种。重庆市除 2016~2017 年未种外，其他年份均种植白肋烟。四川省 2010~2016 年种植白肋烟，但 2017 年停种。从白肋烟种植面积和收购量数据统计来看，除了 2013 年，湖北省白肋烟一直占全国的 60%以上，2010~2014 年云南省和四川省白肋烟占比均超过 10%，而重庆市白肋烟所占比例不足 10%（表 5-3）。据了解，目前四川、重庆已停种白肋烟。

表 5-3　中国不同省份白肋烟种植面积和收购量
（闫新甫等，2021）

年份（年）	种植面积（公顷）				收购量（吨）			
	湖北	云南	重庆	四川	湖北	云南	重庆	四川
2010	12533.3	2346.7	1467.7	2920.0	29290.0	29290.0	3486.1	3486.1
2011	12400.0	2346.7	1675.1	2820.0	26850.0	6610.0	3690.5	3960.0
2012	12940.0	2220.0	1764.7	2840.0	26790.0	6615.0	3840.8	7100.0
2013	8266.7	1680.0	596.7	2580.0	17985.0	4205.0	1062.6	6000.0
2014	1806.7	1533.3	612.9	1253.3	3700.0	3745.0	1076.9	3300.0
2015	2006.7	停种	220.0	743.4	3990.0	停种	406.5	1850.9
2016	1906.7		未种	213.3	4090.0		未种	500.0

续表

年份（年）	种植面积（公顷）				收购量（吨）			
	湖北	云南	重庆	四川	湖北	云南	重庆	四川
2017	2013.3		未种	停种	4550.0		未种	停种
2018	2446.7		884.3		5905.0		1632.6	
2019	2053.3		621.7		4845.0		1426.4	

【行业动态3】

清太坪镇多措并举助力白肋烟发展

日期：2022年1月24日　来源：恩施日报　作者：焦国斌　编辑：杨成佳

恩施日报讯（全媒体记者　焦国斌　通信员　何珍武）近日，巴东县清太坪镇派出工作组在田间地头查看白肋烟田块，到烟农家中进行合同草签，以及安排土地流转工作，助力白肋烟发展。

清太坪镇是该县白肋烟种植大镇，由于前些年产业政策调整，烟叶面积大幅缩减。近两年来，随着白肋烟市场回暖，当地党委、政府及时与烟草部门对接，抢抓机遇，进行恢复性发展。为促农增收，稳定烟农队伍，该镇出台多项惠农政策，并派出各机关干部到烟农家寻访，落实烟叶面积，同时引进经营主体帮助发展烟叶产业。

目前，在保障烟农自身积极参与种植的前提下，全镇为两烟生产进行土地流转2000亩，并组织专用机械进行耕作，让许多因外出务工而荒芜的土地焕发生机。

二、中国白肋烟分级概况

白肋烟是中华人民共和国成立后发展起来的一种烟叶类型。1959年在湖北省率先试种成功，但是一直无白肋烟分级标准，多是参考地方晾晒烟标准收购，直到1967年，由中国烟草工业公司郑州烟草研究所、湖北省烟叶收购供应部及有关单位共同研究制定了一个白肋烟分级试行标准（草案）。该标准规定，中下部叶4个等级，上部叶2个等级，1个末级，共7个等级。先后在湖北、湖南、四川、河南等省试行，一直沿用到1980年。

1973年，四川省制定了8级制白肋烟分级标准，与1967年白肋烟分级标准相比，中下部叶增加了1个级外等级，沿用到1988年。1981年，安徽省制定了8级制白肋烟分级标准试行草案，与1967年白肋烟分级标准相比，增加了1个级外等级。

随着中国白肋烟和混合型卷烟发展需要，7级制白肋烟分级标准已经不适应分级要求。为了解决7级制白肋烟分级标准等级少，级差过大，不利于白肋烟生产和工业使用等问题，1981年湖北省烟麻茶公司拟定了12级白肋烟分级标准，中下部叶6个等级，上部叶5个等级，1个末级，共12个等级。

1981~1987年，郑州烟草研究所与有关单位，借鉴美国白肋烟标准的优点，经过调查研究和试验验证，在湖北省白肋烟7级制和12级制分级标准的基础上，形成一个12级制标准方案，经过3次修订和验证，制定了白肋烟12级分级标准。

1987 年，中国烟草总公司下达白肋烟分级国家标准制订计划。经过研究和验证，1988 年 3 月在郑州通过审定，国家标准局正式颁布了 GB 8966—1988《白肋烟》分级标准，于 1988 年 7 月 1 日起开始在全国实施，从而结束了白肋烟分级地方标准不统一的局面，规范了白肋烟等级技术要求。白肋烟分级国家标准规定，中下部叶 6 个等级，上部叶 5 个等级，1 个末级，共 12 个等级。

1990 年后，随着中国白肋烟生产技术的发展，白肋烟的外观质量和内在质量发生了较大变化，12 级制白肋烟分级标准已不能满足生产需要和市场要求，各方提出了修订白肋烟分级标准的建议。从 1992 年开始，湖北省恩施、建始开始研究和论证新的分级标准方案。1995 年，提出了白肋烟分级标准应先分部位、颜色，再分等级的总体思路。

1996 年，国家烟草专卖局批准白肋烟分级标准修订，并于 1997 年、1998 年召开修订白肋烟分级标准座谈会，形成了白肋烟 28 级分级标准的征求意见稿，并决定于 1999 年在湖北恩施和宜昌、四川达州、重庆万州进行农业验证。2000 年，湖北省直接推行 28 级白肋烟分级标准进行收购。

2005 年 8 月 31 日，国家质量监督检验检疫总局和国家标准化管理委员会联合发布了 GB/T 8966—2005《白肋烟》分级标准，于 2005 年 9 月 15 日起开始在全国实施。白肋烟分级国家标准规定，脚叶分为 2 个等级，下部叶分为 5 个等级，中部叶分为 7 个等级，上部叶分为 6 个等级，顶叶分为 3 个等级，杂色 4 个等级，加上 1 个末级，共 28 个等级。

第二节　白肋烟分组

目前，中国白肋烟分级按照“分类→分组→分级”的分级体系进行，白肋烟不分型。白肋烟组别的划分原理与烤烟基本一样，也是按照烟叶着生部位和烟叶颜色进行划分的。

一、白肋烟分组的意义

白肋烟分组是根据白肋烟的部位、颜色及其他与总体质量相关的主要特征，将白肋烟作进一步的划分。分组是白肋烟分级的基础，是白肋烟分级过程中不可缺少的程序，具有与烤烟分组同样的作用。

（一）有助于进行白肋烟分级

由于同组的白肋烟叶片具有较为接近的外观特征，分级时先按照白肋烟部位、颜色进行分组，然后在组内根据各分级因素的优劣进行评级，有助于进一步进行烟叶分级。

（二）有助于提高白肋烟的等级纯度

根据白肋烟的部位特征，先确定白肋烟叶片属于哪个组别，再根据其他外观特征确定白肋烟的等级。分清白肋烟的部位，准确评判烟叶等级，有利于提高白肋烟的等级纯度。

（三）有助于满足卷烟工业的需要

不同部位、不同颜色的白肋烟，其化学成分和感官质量存在较大差异，工业用途也不尽相同。将不同质量特点的白肋烟进行分组，在进行混合型卷烟叶组配方时，配方人员可以根据卷烟产品设计的目标进行合理配方，为卷烟工业的使用奠定基础。

二、白肋烟部位分组

（一）白肋烟部位的划分

白肋烟部位是指白肋烟叶片在烟株上着生的位置（图 5-1）。按烟叶在烟株上的着生部位，白肋烟叶片自下而上依次为脚叶、下部叶（下二棚叶）、中部叶（腰叶）、上部叶（上二棚叶）、顶叶，其代号分别为 P、X、C、B、T。

图 5-1　白肋烟叶片的着生部位

（图片来自网络）

（二）不同部位白肋烟的质量特点

1. 不同部位白肋烟的外观特征

不同部位白肋烟的外观特征不同，白肋烟各部位的外观特征见表 5-4。脚叶的外观特征为叶脉较细，叶形较宽圆、叶尖钝，叶片薄，叶片较小；下部叶的外观特征为叶脉遮盖，叶形宽、叶尖较钝，叶片稍薄；中部叶的外观特征为叶脉微露，叶形较宽、叶尖较钝，叶片厚薄适中，叶片大；上部叶的外观特征为叶脉较粗，叶形较窄、叶尖较锐，叶片稍厚；顶叶的外观特征为叶脉显露、突起，叶形窄、叶尖锐，叶片厚，叶片小。

表 5-4　白肋烟叶片的部位特征

（GB/T 8966—2005《白肋烟》）

部位	代号	特征		
		脉相	叶形	厚度
脚叶	P	较细	较宽圆、叶尖钝	薄
下部叶	X	遮盖	宽、叶尖较钝	稍薄
中部叶	C	微露	较宽、叶尖较钝	适中
上部叶	B	较粗	较窄、叶尖较锐	稍厚
顶叶	T	显露、突起	窄、叶尖锐	厚

注　在部位特征不明显的情况下，部位划分以脉相、叶形为依据。

2. 不同部位白肋烟的物理特性

不同部位白肋烟的物理特性见表 5-5。可以看出，随着白肋烟部位的升高，烟叶厚度呈增大趋势，填充值变小，阴燃速率下降。下部叶的填充值和含梗率较大，燃烧性较好；上部叶的厚度较大，填充值较小，阴燃速率相对较小。

表 5-5　不同部位白肋烟的物理特性

（闫克玉、赵铭钦，2008）

部位	厚度（mm）	填充值（cm^3/g）	吸湿性（%）	含梗率（%）	阴燃速率（mm/min）
顶叶	0.114	4.223	12.16	28.52	4.16
上部叶	0.105	4.675	12.77	30.90	4.51
中部叶	0.092	4.778	12.59	29.77	5.01
下部叶	0.089	5.312	12.25	33.94	6.82
脚叶	0.073	5.020	12.01	34.01	6.52

3. 不同部位白肋烟的外观质量

2013 年湖北恩施不同部位白肋烟的外观质量见表 5-6。可以看出，中部叶的颜色、成熟度、身份、叶片结构、光泽、颜色强度得分和总分较高，上部叶的颜色、宽度得分较高，下部叶的叶面得分较高。

表 5-6　2013 年湖北恩施不同部位白肋烟的外观质量

（许倩，2014）

部位	颜色（10）	成熟度（10）	身份（10）	叶片结构（10）	叶面（10）	光泽（10）	颜色强度（10）	宽度（10）	总分（80）
上部叶	8.62	8.08	5.93	6.29	3.96	4.39	6.76	4.21	48.2
中部叶	8.38	8.88	6.45	9.00	4.08	5.50	7.32	4.04	53.7
下部叶	7.90	8.75	5.76	8.90	4.19	3.87	6.10	3.78	49.3

4. 不同部位白肋烟的化学成分

2013 年湖北恩施不同部位白肋烟的化学成分含量见表 5-7。可以看出，随着白肋烟部位的升高，烟碱、总氮等含氮化合物含量增加，中、下部叶钾含量高于上部叶，中部叶总糖含量较高，下部叶氯含量较高。

表 5-7　2013 年湖北恩施不同部位白肋烟的化学成分

（许倩，2014）

部位	烟碱（%）	总氮（%）	总糖（%）	钾（%）	氯（%）
上部叶	6.16	5.14	0.76	3.58	0.57
中部叶	4.93	4.80	1.65	3.89	0.44
下部叶	3.52	4.37	0.53	5.20	0.71

5. 不同部位白肋烟的感官质量

2013 年湖北恩施不同部位白肋烟的感官质量见表 5-8。随着烟叶着生部位的升高，白肋烟特有的风格逐渐显著，中、上部叶香气质较好，香气量较多，香气浓郁，而下部叶香气质较差、香气量较淡；中部叶余味较好、杂气较少、刺激性较小，其得分较高，而上、下部叶余味、杂气、刺激性得分相对较低。

表 5-8　湖北恩施不同部位白肋烟的感官质量

（许倩，2014）

部位	香气质（18）	香气量（16）	杂气（16）	刺激性（20）	余味（22）	燃烧性（4）	灰色（4）	总分（100）
上部叶	14.8	13.8	13.0	17.0	17.3	4.0	3.5	83.4
中部叶	15.3	13.5	13.6	17.3	17.8	4.0	3.5	85.0
下部叶	13.9	12.9	13.1	17.0	17.1	4.0	3.5	81.5

三、白肋烟颜色分组

白肋烟颜色是指成熟的白肋烟叶片经过采收、调制后所呈现出的色彩。白肋烟的颜色分组是指依据烟叶表面所具有的不同颜色特征，将白肋烟分成不同的组别。

（一）白肋烟颜色的划分

根据白肋烟颜色与烟叶质量的关系，结合白肋烟生产的实际情况，将白肋烟分为浅红黄色、浅红棕色、红棕色、杂色 4 个颜色组（表 5-9）。

表 5-9　白肋烟颜色分组

（GB/T 8966—2005《白肋烟》）

颜色	代号	颜色特征
浅红黄色	L	浅红黄带浅棕色
浅红棕色	F	浅棕色带红色
红棕色	R	棕色带红色
杂色	K	烟叶表面存在着 20%或以上与基本色不同的颜色斑块，包括带黄、灰色斑块、变白、褪色、水渍斑、蚜虫危害等形成的杂色

1. 基本色叶组

白肋烟基本色叶组包括浅红黄色叶组、浅红棕色叶组、红棕色叶组 3 个叶组。浅红黄色叶组是指白肋烟叶面呈浅黄色带浅棕色的烟叶，代号为 L，包括浅黄色和浅红色烟叶。浅红棕色叶组是指白肋烟叶面呈浅棕色带红色的烟叶，代号为 F，包括近红黄色和红黄色烟叶。红棕色叶组是指白肋烟叶面呈明显棕色带红色的烟叶，代号为 R，包括红棕色和深棕色烟叶，因烟叶成熟度不够或调制不当造成的棕灰色、褐色、潮红等颜色者不属于红棕色。

2. 杂色叶组

白肋烟杂色是指白肋烟表面存在与基本色不同的颜色斑块，包括带黄、灰色斑块、变白、褪色、水渍斑、蚜虫危害等形成的杂色，代号为 K。杂色面积超过 20%的烟叶称为杂色叶，杂色叶归入杂色叶组。

（二）不同颜色白肋烟的质量特点

1. 不同颜色白肋烟的化学成分

不同颜色白肋烟的化学成分见表 5-10。烟叶颜色由浅至深，白肋烟总氮、蛋白质、总挥发碱含量有所增加。

表 5-10　不同颜色白肋烟的化学成分

（闫克玉、赵铭钦，2008）

颜色	烟碱（%）	总氮（%）	蛋白质（%）	总挥发碱（%）	烟碱/总氮	蛋白质/总氮
浅红黄色	3.00	3.33	17.57	0.66	0.90	5.28
浅红棕色	3.40	3.98	21.20	0.96	0.85	5.33
红棕色	2.86	4.59	25.59	1.15	0.62	5.58

2. 不同颜色白肋烟的感官质量

白肋烟颜色过浅或过深，对其感官质量不利。烟叶颜色过浅者，缺乏白肋烟风格，香味较淡，杂气较重，感官质量差。烟叶颜色过深者，香气较浓，劲头较大，杂气重，感官质量也不好。

四、白肋烟组别的划分

根据部位分组和颜色分组，中国白肋烟分为 8 个主组，3 个副组，共 11 个组别（表 5-11）。主组烟叶分别为脚叶组、下部浅红棕色叶组、下部浅红黄色叶组、中部浅红棕色叶组、中部浅红黄色叶组、上部浅红棕色叶组、上部红棕色叶组、顶叶组；副组烟叶分别为杂色叶组（上、中、下部叶）、过熟叶组（中、下部叶）、末级。

表 5-11　白肋烟组别的设置及其代号

（GB/T 8966—2005《白肋烟》）

分组	组别	代号
主组	脚叶组	P
	下部浅红棕色叶组	XF
	下部浅红黄色叶组	XL
	中部浅红棕色叶组	CF
	中部浅红黄色叶组	CL
	上部浅红棕色叶组	BF
	上部红棕色叶组	BR
	顶叶组	T
副组	杂色叶组	K
	过熟叶组	—
	末级	—

第三节　白肋烟分级

白肋烟按部位分组后，由于其他外观因素的不同，同一组内的烟叶质量仍有差异，需要依据一定的分级因素对同一组内的烟叶进行等级划分。

一、白肋烟的分级因素

（一）白肋烟分级因素的概念

分级因素又称为品级因素，是指用以衡量烟叶等级的外观因素。白肋烟的分级因素与烤烟的分级因素类似，也分为品质因素和控制因素。

1. 品质因素

白肋烟的品质因素是指反映白肋烟内在质量的外观因素。白肋烟的品质因素包括成熟度、身份、叶片结构、叶面、光泽、颜色强度、宽度、长度、均匀度，这些因素是烟叶本身所固有的特征，是衡量白肋烟质量优劣的依据。按白肋烟等级的高低规定不同的品质因素指标，要求该级别烟叶必须达到相应规定。

2. 控制因素

白肋烟的控制因素是指影响白肋烟外观品质的因素，主要包括损伤度（破损和残伤）。按白肋烟等级的高低规定了控制因素指标的允许范围。

（二）选择白肋烟分级因素的原则

分级因素是白肋烟分级的重要依据，选择白肋烟分级因素时，要遵循下列原则。

1. 反映内在质量

分级因素与白肋烟内在质量密切相关，能反映烟叶的内在质量。分级因素的选择应符合白肋烟外观特征与内在质量密切相关的原则，也就是“表里一致”的原则。

2. 容易识别

白肋烟分级因素的选择应遵循容易识别、便于掌握、概念明确具体的原则。

3. 适应面广

白肋烟分级因素的选择应满足国内白肋烟生产和收购的需要，做到适应面广、概括性强，代表全国白肋烟的总体情况。

4. 力求简化

白肋烟分级因素的选择应以最有利、最确切的因素表达烟叶的质量状况，力求简化，避免重复。

5. 与国际标准接轨

白肋烟分级因素的选择应与世界上优质白肋烟生产国的烟叶分级标准接轨，同时结合中国白肋烟生产和卷烟工业需要的实际情况。

（三）白肋烟分级因素及档次

白肋烟的分级因素有成熟度、身份、叶片结构、叶面、光泽、颜色强度、宽度、长度、均匀度、损伤度，共 10 个分级因素，其中损伤度是控制因素，其余 9 个分级因素是品质因素。与烤烟分级因素不同的是，白肋烟分级因素增加了叶面、光泽、宽度、均匀度 4 个分级因素，但减少了油分指标。

1. 白肋烟的成熟度

白肋烟的成熟度是指白肋烟的成熟程度，包括两方面的含义，一是在适宜的生态条件下，烟叶生长发育达到的成熟程度；二是采收成熟的烟叶经晾制后，烟叶达到的成熟状况，即调制成熟度。成熟度在白肋烟分级中，具有与烤烟分级同等重要的作用。

（1）白肋烟成熟度档次的划分

根据白肋烟晾制后的成熟状况，将成熟度划分为过熟、成熟、熟和欠熟 4 个档次。

过熟特指中下部烟叶在田间发育时间过长，或调制时间过长，造成内含物消耗过多的烟叶。过熟叶手感叶片结构松弛，身份较薄，叶色淡，叶面微皱至平展，有泡泡感，叶片斑块多，叶尖、叶边有明显破损，严重时会形成枯焦。

成熟是指烟叶已充分发育，并达到成熟程度。可产生于不同部位，一般中下部和上二棚烟叶发育成熟良好。成熟烟叶多为棕黄色，色泽饱满，叶片正反面色差小，叶面微皱至平展，叶片结构松至稍密，弹性好。

熟是指烟叶已达良好发育，基本趋于成熟，尚缺少成熟烟叶的外观特征。可产生于不同部位，多指上部叶和顶叶提前采收或调制不当。一般情况下，上部叶呈现微带青特征，结构紧密，身份稍厚至厚，叶色略偏深，颜色均匀度差，叶面皱缩；下部叶颜色偏浅，色泽较差。

欠熟是指提前采收或调制不当的上部叶和顶叶，不具备成熟烟叶的外观特征，是烟叶成熟度的最低档次。烟叶多带青色、褐色、灰片，色泽弱，叶片结构紧密，弹性差。

（2）影响白肋烟成熟度的因素

营养条件、环境条件和人为采收均会影响白肋烟的田间成熟度；而晾制条件、晾制工艺条件、自然气候条件则影响白肋烟的调制成熟度。

只有烟株营养得当、发育正常的烟叶并成熟采收，经过科学调制，才能获得真正成熟的烟叶。营养不良或营养过剩的白肋烟，叶片发育不正常，难以达到田间成熟和调制成熟。

2. 白肋烟的身份

白肋烟的身份是指烟叶的厚度、细胞密度和单位叶面积重量的综合状态，通常以厚度表示。烟叶厚度是比较直观、具体的概念，分级工作中主要通过眼看、手摸以及结合其他外观特征来鉴别烟叶的厚薄程度。

（1）白肋烟身份档次的划分

根据调制后白肋烟的厚薄程度，结合人们感官可觉察到的差异幅度，将白肋烟的身份划分为厚、稍厚、适中、稍薄、薄 5 个档次。

（2）影响白肋烟身份的因素

身份与白肋烟部位、品种、栽培条件、成熟度等密切相关。一般情况下，白肋烟的厚度随部位升高增厚，随成熟度的提高而变薄。白肋烟属于晾烟，因调制时间长，消耗内含物质多，比烤烟身份薄。

3. 白肋烟的叶片结构

白肋烟的叶片结构是指白肋烟叶片细胞疏密的程度，即烟叶细胞排列的状态和密度。

（1）白肋烟叶片结构档次的划分

叶片结构的鉴定以眼观手摸相结合的方法，结合部位和其他外观特征掌握。根据白肋烟叶片结构状态分为松、疏松、尚疏松、稍密、密 5 个档次。

松：一般产于脚叶和中下部过熟叶，细胞间隙大。有轻松感，重量感较轻，烟叶弹性和耐破性差。

疏松：多产于中下部叶，烟叶正常发育，成熟度良好，细胞间隙大。烟叶质地疏松，叶片舒展，烟叶韧性和弹性好，叶片色泽饱满。

尚疏松：多产于上二棚烟叶，烟叶正常发育成熟，叶细胞排列稍疏松，有一定孔度。烟叶适中至稍厚，叶片较舒展，烟叶韧性和弹性较好，叶片色泽饱满。

稍密：多产于上部叶和少数顶叶，成熟度稍差，细胞排列稍密。叶面稍皱至皱缩，有厚实感，弹性较差。

密：主要产于顶叶，叶片较厚，成熟度较差，细胞间隙小，排列紧密。叶面皱缩，弹性差，有硬实感，光泽暗淡，颜色欠均匀。

（2）影响白肋烟叶片结构的因素

白肋烟叶片结构与着生部位、成熟度和调制方法等有密切关系。一般情况下，白肋烟下部叶片结构松至疏松，中部叶片结构尚疏松，上部叶片结构紧密。

4. 白肋烟的叶面

白肋烟叶面是指白肋烟叶片（或叶面）的平展或皱缩程度。

（1）白肋烟叶面档次的划分

根据烟叶叶面状态分为舒展、展、稍皱、皱 4 个档次，叶面平展状态的鉴别主要凭眼观，结合手摸。

舒展：多出自中部叶和近中部叶，叶面自然舒展，烟叶弹性强。

展：叶面能自然舒展，有微皱感觉，弹性较强。

稍皱：叶面能自然展开，有微皱感觉，弹性较强。

皱：叶面皱，有弹性。

（2）影响白肋烟叶面的因素

白肋烟的叶面反映烟叶生长发育和成熟的状况，它与烟叶着生部位和身份有着密切关系。一般中部叶叶面舒展，厚薄适中；下部叶偏薄，叶面稍皱；上部叶片较厚，叶面皱缩，俗称褶皱。

5. 白肋烟的光泽

白肋烟的光泽是指白肋烟叶片表面色彩的纯净鲜艳程度，即给人视觉反映的强弱。

（1）白肋烟光泽档次的划分

根据白肋烟叶片色泽状态分为明亮、亮、中、暗 4 个档次。

明亮：叶面色彩明亮，视觉色彩反映强。

亮：叶面色彩明亮，视觉色彩反映较强。

中：叶面色彩稍暗，视觉色彩反映较差。

暗：叶面色彩暗，视觉色彩反映弱。

需要说明的是，中国白肋烟分级标准 GB/T 8966—2005《白肋烟》对杂色组烟叶的光泽不作要求。

（2）影响白肋烟光泽的因素

种植地区、栽培条件、晾制条件对白肋烟的光泽影响较大。由于白肋烟属于晾烟，其调制方法主要是晾制，烟叶光泽一般比烤烟暗。

6. 白肋烟的颜色强度

白肋烟的颜色强度是指白肋烟叶片表面颜色的饱和度、均匀度。

（1）白肋烟颜色强度的划分

根据白肋烟叶片颜色强度状态分为浓、中、淡、差 4 个档次。

浓：叶面颜色均匀、饱和度较强。

中：叶面颜色尚均匀、饱和度一般。

淡：叶面颜色不均匀、饱和度稍差。

差：叶面颜色不均匀、饱和度差。

需要说明的是，中国白肋烟分级标准 GB/T 8966—2005《白肋烟》对杂色组、下部过熟和中部过熟烟叶的颜色强度不作要求。

（2）影响白肋烟颜色强度的因素

种植地区、栽培条件、晾制条件对白肋烟的颜色强度影响较大。白肋烟颜色强度以浓者为好，暗淡者差。

7. 白肋烟的宽度

白肋烟的宽度是指烟叶的宽窄程度。

（1）白肋烟宽度的划分

根据白肋烟叶片宽窄程度分为阔、宽、中、窄 4 个档次。

GB/T 8966—2005《白肋烟》分级标准中没有量化烟叶的宽度指标，《中外烟叶等级标准与应用指南》对白肋烟叶片宽度进行了划分，提出了区分叶宽档次应掌握的范围。

阔：叶片最宽处大于或等于 25cm 的白肋烟，其宽度档次为阔。

宽：叶片最宽处为 21~25cm 的白肋烟，其宽度档次为宽。

中：叶片最宽处为 17~21cm 的白肋烟，其宽度档次为中。

窄：叶片最宽处为 13~17cm 的白肋烟，其宽度档次为窄。

宽度是白肋烟分级标准中的一个品质因素，它与长度一样，是针对烟叶品种选育及田间生产发育提出的质量要求。宽度规定将有利于进一步规范白肋烟的栽培技术。

（2）影响白肋烟宽度的因素

白肋烟叶片宽度与营养水平、着生部位、品种密切相关。一般情况下，营养充足、发育良好的白肋烟，叶片宽度大；相反，营养不足、发育不良的白肋烟，叶片宽度小。同一株烟叶由于生长发育状况和光照条件不同，顶叶、脚叶、下部叶的宽度小，中部叶的宽度大。另外，白肋烟品种不同，叶片形状和长宽比也存在一定差别。

8. 白肋烟的长度

白肋烟的长度是指烟叶从主脉底端到叶尖顶端的直线距离，以厘米（cm）表示。

（1）白肋烟长度档次的划分

白肋烟叶片长度依次划分为大于或等于 55cm、50cm、45cm、40cm、35cm、30cm。

（2）影响白肋烟长度的因素

白肋烟叶片长度与营养水平、着生部位、品种密切相关，也反映栽培条件的优劣。一般情况下，营养充足、发育良好的白肋烟，叶片长度大、宽度大；相反，营养不足、发育不良的白肋烟，叶片长度小、宽度小。同一株烟叶由于生长发育状况和小气候不同，一般下部叶短，中部叶或近中部叶叶片较长，上部叶较短。但在规范化条件下，打顶抹杈的地区上部叶也较宽大，叶片较长。

9. 白肋烟的均匀度

白肋烟的均匀度是指烟叶各项品质因素在叶面上均匀一致的程度，以百分比（%）表示。

（1）白肋烟均匀度档次的划分

根据白肋烟等级质量的优劣，白肋烟的均匀度依次划分为大于或等于 90%、85%、80%、70%、60%。需要指出的是，GB/T 8966—2005《白肋烟》分级标准对杂色组烟叶的均匀度不作要求。

（2）影响白肋烟均匀度的因素

白肋烟叶片的均匀度与营养水平、调制技术等因素密切相关。一般情况下，营养适宜、发育良好的白肋烟，叶片的均匀度较好；相反，营养过剩或不足、发育不良的白肋烟，叶片的均匀度较差。调制技术对白肋烟叶片的均匀度影响很大，对于正常成熟的白肋烟，如果调制方法得当，调制后的烟叶均匀度较好；如果调制方法不当，调制后的烟叶均匀度较差。

10. 白肋烟的损伤度

白肋烟损伤度指破损、杂色、残伤损害白肋烟叶片的程度，以百分数（%）表示。破损是指由于虫咬、雹伤、机械破损等因素的影响，使烟叶缺少一部分而失去完整性。杂色是指烟叶表面存在与基本色不同的颜色斑块，包括黄色、带灰色斑点或变白等。残伤是指烟叶受损部分透过叶背使组织受损伤，失去加工成丝的强度和坚实性，如病斑、枯焦等（不包括霉变）。

（1）白肋烟损伤度档次的划分

白肋烟损伤度依次划分为小于或等于 30%、20%、10%。

（2）影响白肋烟损伤度的因素

在白肋烟生产过程中，虫咬、雹伤、机械破损等因素会造成白肋烟叶片损伤。调制不当，会使烟叶表面产生与基本色不同的颜色斑块，杂色面积增大，影响白肋烟的损伤度。白肋烟采收不当，或病害危害，会造成烟叶局部破损，进而影响白肋烟的损伤度。

依据白肋烟不同分级因素的性质，各因素的档次有 3~6 个，见表 5-12。将每一个分级因素划分成不同的程度档次，并与有关的其他因素相应的程度档次相结合，判断不同白肋烟的质量状态，确定白肋烟相应的等级。

表 5-12　白肋烟的分级因素及档次

分级因素		档次
品质因素	成熟度	欠熟、熟、成熟、过熟
	身份	厚、稍厚、适中、稍薄、薄
	叶片结构	密、稍密、尚疏松、疏松、松

续表

分级因素		档次
品质因素	叶面	皱、稍皱、展、舒展
	光泽	暗、中、亮、明亮
	颜色强度	差、淡、中、浓
	宽度	窄、中、宽、阔
	长度	≥55cm、≥50cm、≥45cm、≥40cm、≥35cm、≥30cm
	均匀度	≥90%、≥85%、≥80%、≥70%、≥60%
控制因素	损伤度	≤30%、≤20%、≤10%

【课堂讨论 4】

中国白肋烟分级因素与烤烟分级因素有何相同之处?

中国白肋烟分级因素与烤烟分级因素有何不同之处?

(四)分级因素与白肋烟质量的关系

1. 成熟度与白肋烟质量

成熟的白肋烟，叶片色度饱满，身份适中，叶片结构疏松，叶片平展，弹性强；不成熟的白肋烟，叶片色度暗，身份厚，叶片结构紧密，叶片光滑、僵硬，叶面皱缩。

随着白肋烟成熟度的提高，叶片厚度变薄，弹性增强，填充性增强，燃烧性也增强。

白肋烟成熟度在一定程度上反映烟叶化学成分含量的高低和各种成分的协调程度。成熟度的白肋烟，其内含物丰富、协调。随着白肋烟成熟度的提高，烟叶总糖、总氮含量减少，当烟叶过熟时总糖、总氮含量下降。

随着白肋烟成熟度的提高，烟叶感官质量得到改善。成熟的白肋烟，香气质好，香气量足，杂气轻、刺激性小，劲头适中，余味舒适，烟叶质量和安全性都符合卷烟工业的要求。过熟的白肋烟，香气量有所减少，木质气有所增加，香气质有所下降；不成熟的白肋烟，香气质差，香气量少，杂气重，刺激性大，余味苦涩。

2. 身份与白肋烟质量

身份与白肋烟质量有密切关系，见表 5-13。上部红棕色的烟叶，由稍厚至厚，含氮化合物含量略有增加的趋势。中部浅红棕色的烟叶，由稍薄至适中，除钾含量外，总氮、蛋白质含量有增加的趋势。下部浅红黄色的烟叶，由稍薄至薄，烟碱、总氮、蛋白质含量有下降的趋势。

表 5-13　不同身份白肋烟的化学成分

(闫克玉、赵铭钦，2008)

部位	颜色	身份	烟碱(%)	总氮(%)	蛋白质(%)	钾(%)	氮碱比
上部叶	红棕色	厚	6.83	3.51	14.68	4.18	0.51
		稍厚	6.29	3.13	12.88	4.54	0.50

续表

部位	颜色	身份	烟碱（%）	总氮（%）	蛋白质（%）	钾（%）	氮碱比
中部叶	浅红棕色	适中	4.88	4.59	23.50	3.42	0.94
		稍薄	4.38	2.27	9.53	4.06	0.52
下部叶	浅红黄色	稍薄	3.77	3.77	19.56	4.28	1.00
		薄	3.23	2.46	11.94	3.60	0.76

中下部烟叶以适中和稍厚香气质量较好，稍薄烟叶香气质量较差。上部红棕色的烟叶以稍薄至适中质量稍好，稍厚烟叶余味稍苦，有杂气，内在质量稍差。白肋烟厚度适中至稍厚，其烟叶质量较好，过薄或过厚烟叶质量较低。

3. 叶片结构与白肋烟质量

不同叶片结构的白肋烟，其化学成分含量及比值存在一定差异，见表5-14。叶片结构由疏松至稍密，白肋烟总氮、总挥发碱、蛋白质含量增加。叶片结构疏松的烟叶，其烟碱、总氮、总挥发碱、蛋白质含量均低于稍密的烟叶。

表5-14　不同叶片结构白肋烟的化学成分

（闫克玉、赵铭钦，2008）

叶片结构	烟碱（%）	总氮（%）	总挥发碱（%）	蛋白质（%）	烟碱/总氮	蛋白质/总氮	烟碱/总挥发碱
疏松	2.55	3.26	0.83	17.62	0.78	5.4	4.40
稍疏松	3.36	4.21	1.01	22.68	0.80	5.4	4.97
稍密	3.09	4.57	1.13	25.22	0.68	5.5	3.74

叶片结构与白肋烟感官质量有密切关系。叶片结构为稍疏松和疏松的中下部烟叶，其感官质量较好。叶片结构为松的烟叶，其感官质量尚好，但香气浓度、吸味不及稍疏松和疏松烟叶。

叶片结构为稍疏松和稍密的上部烟叶，其感官质量较接近，但与中下部稍疏松、疏松的烟叶相比，其感官质量还存在一定的差距；叶片结构为稍密的白肋烟有不同程度的杂气，吸味带苦；叶片结构为密的白肋烟杂气和苦味较重，感官质量较差。综上所述，稍疏松和疏松的白肋烟质量较好，密和松的白肋烟质量较差。

4. 叶面与白肋烟质量

白肋烟叶面对烟叶质量有一定影响。一般情况下，叶面舒展的烟叶，烟叶身份较薄，其燃烧性良好；叶面皱缩的烟叶，烟叶身份厚，其燃烧性较差。

5. 光泽与白肋烟质量

光泽不同的白肋烟，其质量也存在较大差别，见表5-15。光泽为明亮的白肋烟，烟碱、总氮、总挥发碱含量和烟碱/总氮比光泽为暗的白肋烟略高。

表 5-15　不同光泽白肋烟的化学成分

（闫克玉、赵铭钦，2008）

光泽档次	烟碱（%）	总氮（%）	总挥发碱（%）	烟碱/总氮
明亮	2.95	3.82	0.949	0.772
暗	2.79	3.64	0.839	0.766

白肋烟光泽不同，其感官质量也会存在一定的差异。中下部叶以明亮、亮者质量好，暗者质量较差。光泽明亮者，其香气浓，劲头大，杂气微有，吸味纯净；光泽为中等的白肋烟，其香气尚浓，劲头较大，杂气微有，吸味尚净；光泽为暗的白肋烟，其香气、吸味、杂气等均不如中等光泽的白肋烟。

6. 颜色强度与白肋烟质量

颜色强度浓的白肋烟，香气浓，劲头大，微有杂气，吸味纯净；颜色强度中等的白肋烟，香气稍浓，劲头较大，微有杂气，吸味尚纯净；颜色强度淡和差的白肋烟，香气差，有杂气，吸味不纯净。不同颜色强度的白肋烟，以浓者感官质量好，淡者感官质量差。

7. 宽度与白肋烟质量

白肋烟叶片宽度主要影响烟叶的叶面积、单叶重、含梗率等。白肋烟叶片的宽窄大小，在一定程度上反映了烟叶的生长发育状况，叶片宽度是衡量烟叶等级高低的指标之一。

8. 长度与白肋烟质量

白肋烟叶片长度主要影响卷烟工业的出丝率、破碎率及含梗率等。白肋烟叶片长度的大小，在一定程度上反映了烟叶的生长发育状况。在其他分级因素相同时，叶片大的烟叶，其等级相对较高；叶片小的烟叶，其等级相对较低。需要指出的是，并不是叶片长度越大，其烟叶质量就越好。叶片长度是评判烟叶等级高低的一个指标。

9. 均匀度与白肋烟质量

白肋烟的均匀度反映了烟叶各质量因素在叶面上均匀一致的程度，在烟叶部位、颜色等其他分级因素相同条件下，白肋烟的均匀度越高，其外观质量和感官质量越好。

10. 损伤度与白肋烟质量

破损烟叶成丝率低，含梗率增加，香气量减少，木质气、杂气增重，对烟叶的影响没有杂色和残伤大。

残伤对白肋烟质量影响较大，其面积越大，对烟叶质量的影响越大。上等烟香气质变差，杂气增加；中下等烟吃味变淡，劲头减小，杂气明显增加。

叶面存在杂色的白肋烟，其香气质差、香气量少、杂气多，刺激性增大。随着杂色面积的增大，程度的加重，烟叶质量降低幅度越大。

二、白肋烟分级标准

（一）白肋烟的等级代号

1. 白肋烟分级因素的代号表示

白肋烟的等级代号由 1~2 个英文字母和阿拉伯数字组成。英文字母代表部位、颜色及其他与白肋烟总体质量相关的特征（表 5-16）。

表 5-16 白肋烟部位、颜色和级别的表示方法
（GB/T 8966—2005《白肋烟》）

部位	代号	颜色	代号	级别	代号
脚叶	P	浅红黄色	L	一级	1
下部叶	X	浅红棕色	F	二级	2
中部叶	C	红棕色	R	三级	3
上部叶	B	杂色	K	四级	4
顶叶	T				

白肋烟的脚叶、上部叶、中部叶、下部叶、顶叶分别用 P、X、C、B、T 表示；浅红黄色用 L 表示，浅红棕色用 F 表示，红棕色用 R 表示，杂色用 K 表示；级别用阿拉伯数字 1、2、3、4 表示，1 表示质量“优”、2 表示质量“良”、3 表示质量“一般”、4 表示质量“差”。

2. 白肋烟等级代号的书写方法

白肋烟等级代号的书写一般方法是部位+等级+颜色。例如，下部浅红黄色一级的代号为 X1L，中部浅红棕色二级的代号为 C2F，上部红棕色三级的代号为 B3R。白肋烟部分特殊等级的书写方法为 1 个字母 1 个阿拉伯数字，或 2 个字母，或 1 个字母。例如，中部过熟四级用代号 C4 表示，下部过熟三级用代号 X3 表示；顶叶、上部叶、中部叶、下部叶杂色的代号分别用 TK、BK、CK、XK 表示，不用阿拉伯数字表示；末级烟叶用 N 表示。

（二）白肋烟的等级设置

根据白肋烟分级国家标准，白肋烟设 28 个等级，其中主组有 21 个等级，副组有 7 个等级，白肋烟等级的汇总表见表 5-17。主组烟叶中，脚叶、下部浅红棕色烟叶和下部浅红黄色烟叶各有 2 个等级，中部浅红棕色烟叶、中部浅红黄色烟叶、上部浅红棕色烟叶、上部红棕色烟叶和顶叶各有 3 个等级；副组烟叶中，过熟叶组有 2 个等级，杂色叶组有 4 个等级，还有 1 个末级烟叶。

表 5-17 白肋烟等级的汇总表
（GB/T 8966—2005《白肋烟》）

主组等级								副组等级		
P	XF	XL	CF	CL	BF	BR	T	过熟	杂色	末级
P1	X1F	X1L	C1F	C1L	B1F	B1R	T1	X3	XK	N
P2	X2F	X2L	C2F	C2L	B2F	B2R	T2	C4	CK	
			C3F	C3L	B3F	B3R	T3		BK	
									TK	

（三）白肋烟等级的品质规定

白肋烟分级国家标准中，对各等级烟叶的品质进行了明确的规定，见表 5-18。某一等级烟叶的长度和均匀度不得低于规定的数值，但对杂色烟叶和末级烟叶的均匀度不作要求；烟叶的损伤度不得高于或超过规定的数值；对杂色烟叶、下部过熟和中部过熟烟叶的颜色强度

不作要求；对杂色烟叶的光泽不作要求。

对于无法列入脚叶、下部叶、中部叶、上部叶、顶叶和杂色叶组等级，尚有使用价值的白肋烟，一律定为末级。

表 5-18　白肋烟等级的品质规定

（根据 GB/T 8966—2005《白肋烟》整理）

叶组	等级代号	成熟度	身份	叶片结构	叶面	光泽	颜色强度	宽度	长度（cm）	均匀度（%）	损伤度（%）
脚叶	P1	成熟	薄	松	稍皱	暗	差	窄	≥35	≥70	≤20
	P2	过熟	薄	松	稍皱	暗	差	窄	≥30	≥60	≤30
下部叶	X1F	成熟	薄	疏松	展	亮	中	中	≥45	≥80	≤10
	X2F	成熟	稍薄	疏松	展	中	淡	窄	≥40	≥70	≤20
	X1L	成熟	薄	疏松	展	亮	中	中	≥45	≥80	≤10
	X2L	熟	稍薄	疏松	展	中	差	窄	≥40	≥70	≤20
	X3	过熟	薄	松	稍皱	暗	—	窄	≥40	≥60	≤30
中部叶	C1F	成熟	适中	疏松	舒展	明亮	浓	阔	≥55	≥90	≤10
	C2F	成熟	适中	疏松	舒展	亮	中	宽	≥50	≥85	≤20
	C3F	成熟	稍薄	疏松	展	亮	淡	中	≥45	≥80	≤30
	C1L	成熟	适中	疏松	舒展	明亮	浓	阔	≥55	≥90	≤10
	C2L	成熟	适中~稍薄	疏松	舒展	亮	中	宽	≥50	≥85	≤20
	C3L	成熟	稍薄	疏松	展	中	淡	中	≥45	≥80	≤30
	C4	过熟	稍薄	松	展	中	—	宽	≥45	≥70	≤30
上部叶	B1F	成熟	适中~稍厚	尚疏松	舒展	亮	浓	宽	≥55	≥90	≤10
	B2F	成熟	适中~稍厚	尚疏松	展	亮	中	宽	≥50	≥85	≤20
	B3F	熟	稍厚	稍密	稍皱	中	淡	窄	≥45	≥80	≤30
	B1R	成熟	稍厚	尚疏松	展	亮	浓	宽	≥50	≥90	≤10
	B2R	成熟	稍厚~厚	稍密	稍皱	亮	中	宽	≥50	≥85	≤20
	B3R	欠熟	稍厚~厚	稍密	皱	中	淡	窄	≥45	≥80	≤30
顶叶	T1	成熟	稍厚~厚	稍密	稍皱	中	中	中	≥45	≥80	≤20
	T2	熟	厚	密	皱	暗	淡	窄	≥40	≥70	≤20
	T3	熟	厚	密	皱	暗	差	窄	≥30	≥60	≤30
杂色	TK	欠熟	厚	密	皱	—	—	窄	≥30	—	≤30
	BK	欠熟	厚	密	皱	—	—	窄	≥45	—	≤30
	CK	熟	稍薄	松	展	—	—	中	≥45	—	≤30
	XK	熟	薄	松	稍皱	—	—	窄	≥40	—	≤30
	N	无法列入上述等级，尚有使用价值的白肋烟为末级									

（四）白肋烟大等级的划分

根据不同等级白肋烟的烟叶质量和使用价值，在进行烟叶经营和工业使用上，通常各等级烟叶进行归类，形成大等级。烟叶大等级一般分为三类，即上等烟、中等烟、下等烟，见表 5-19。

表 5-19　白肋烟上、中、下等烟的划分

大等级	等级
上等烟	C1F、C2F、C3F、C1L、C2L、B1F、B2F、B1R
中等烟	C3L、C4、B3F、B2R、B3R、X1F、X2F、X1L、T1
下等烟	X2L、X3、T2、T3、P1、P2、TK、BK、CK、XK、N

上等烟包括烟叶 C1F、C2F、C3F、C1L、C2L、B1F、B2F、B1R，共 8 个等级；中等烟包括 C3L、C4、B3F、B2R、B3R、X1F、X2F、X1L、T1，共 9 个等级；下等烟包括 X2L、X3、T2、T3、P1、P2、TK、BK、CK、XK、N，共 11 个等级。

三、白肋烟的验收规则

（一）白肋烟的实物标样

1. 白肋烟实物标样的分类

白肋烟实物标样是白肋烟检验和验级的依据之一，实物标样分为基准标样和仿制标样两类。

基准标样根据白肋烟分级国家标准进行制定，经国家烟草主管部门组织审定后，报国家标准化主管部门批准执行。白肋烟基准标样每三年更新一次。

仿制标样由各省、市、自治区有关部门共同仿制或委托基层单位仿制送省有关部门审定，经省质量技术监督主管部门批准执行。白肋烟仿制标样每年更新一次。

2. 白肋烟实物标样的制定原则

白肋烟实物标样分别以各级中等质量的叶片为主，包括数量大致相等的较好和较差的叶片。每把 15~25 片。

制作白肋烟实物标样时，可以用无损伤的叶片。

实物标样加封时，应注明白肋烟品种、级别、叶片数、年份，并加盖批准单位印章。

3. 白肋烟实物标样的执行

执行时，以白肋烟实物标样的总质量水平作对照。

在执行过程中，如对白肋烟仿制标样有争执时，应以基准标样为依据。

（二）白肋烟的定级原则

白肋烟的成熟度、身份、叶片结构、叶面、光泽、颜色强度、宽度、长度、均匀度都达到某级规定，损伤度不超过某级允许度时，才能定为某级。

【实例讲解 7】

例如，某一下部浅红棕色白肋烟叶片，其品质因素依次为：成熟度为成熟，身份薄，叶片结构疏松，叶面展，光泽亮，颜色强度淡，宽度窄，长度 45cm，均匀度 70%，损伤度 10%。从该烟叶的分级因素来看，烟叶成熟度、身份、叶片结构、叶面、光泽、长度、损伤度均达到 X1F 要求，但是颜色强度、宽度、均匀度达到 X2F 要求，未达到 X1F 要求。因此，该白肋烟只能定为 X2F，不能定为 X1F。

对某一等级白肋烟而言，允许一个或多个因素高于该等级要求，但不允许任何一个分级因素低于该等级要求，即“就低原则”。

如果相同部位的白肋烟在两种颜色的界线上，则视其身份和其他品质先定色、后定级。

（三）白肋烟的验收规格和要求

1. 白肋烟纯度允差的规定

不同等级的白肋烟，其纯度允差不尽相同（表 5-20）。烟叶 C1F、C2F、C3F、C1L、C2L、B1F、B2F、BlR 的纯度允差不得超过 10%；C3L、C4、B2R、B3F、B3R、X1F、X1L、X2F、T1 的纯度允差不得超过 15%；X2L、X3、T2、T3、XK、CK、BK、TK、P1、P2、N 的纯度允差不得超过 20%。

表 5-20　白肋烟纯度允差、含水率和砂土率的规定

（GB/T 8966—2005《白肋烟》）

<table>
<tr><th rowspan="2">等级</th><th rowspan="2">纯度允差（%）</th><th colspan="2">含水率（%）</th><th colspan="2">砂土率（%）</th></tr>
<tr><th>原烟</th><th>复烤烟</th><th>原烟</th><th>复烤烟</th></tr>
<tr><td>C1F、C2F、C3F、C1L、C2L、B1F、B2F、BlR</td><td>≤10</td><td rowspan="4">16~18</td><td rowspan="4">11~13</td><td rowspan="3">≤1.0</td><td rowspan="4">≤1.0</td></tr>
<tr><td>C3L、C4、B2R、B3F、B3R、X1F、X1L、X2F、T1</td><td>≤15</td></tr>
<tr><td>X2L、X3、T2、T3、XK、CK、BK、TK</td><td rowspan="2">≤20</td></tr>
<tr><td>P1、P2、N</td><td>≤2.0</td></tr>
</table>

2. 白肋烟含水率的规定

白肋烟原烟的含水率为 16%~18%，复烤烟的含水率为 11%~13%。只有白肋烟的含水率达到要求，方可收购。

3. 白肋烟砂土率的规定

白肋烟原烟 P1、P2、N 三个等级的砂土率不超过 2.0%，其余等级烟叶的砂土率不超过 1.0%。对于复烤烟而言，所有等级烟叶的砂土率均不得超过 1.0%。需要指出的是，白肋烟砂土率是指调制后烟叶自然粘附着的尘土，而不是人工有意掺加的。

4. 杂色面积规定

白肋烟杂色面积超过 20%的烟叶，在杂色组相应部位定级；CK、BK 允许杂色面积不超过 30%，XK、TK 不超过 40%。

5. 含青面积规定

白肋烟含青面积不超过 15%者，允许在末级定级。杂色各级允许青痕和青斑面积不超过 5%。

6. 碎片率规定

每包（件）内白肋烟的自然碎片率不超过3%。

7. 扎把要求

每把白肋烟叶片数量要求上部叶15~20片，中下部叶20~25片。扎把需用同级白肋烟，绕宽50mm。

（四）几种白肋烟的处理原则

1. 不列级的白肋烟

在白肋烟生产中，枯黄烟叶、死青烟叶、霉烂烟叶、杈烟叶均为不列级烟叶。对不属于中国白肋烟标准等级范围、尚有使用价值的烟叶，将由收购部门根据用户的需要，自行决定是否收购。

2. 不收购的白肋烟

对于黄烟、生叶、霉变、糠枯、黑糟、烟杈、异味的烟叶，无使用价值不予收购。

3. 重新处理后收购的白肋烟

在白肋烟收购过程中，凡是烟筋未干，含水率超标，掺杂、砂土率不符合规定的烟叶，烟叶应重新晾干、整理合格后再收购。

（五）白肋烟的检验规则

1. 原烟检验

烟农出售的白肋烟，按烟叶品质规定检验、定级。

2. 现场检验

抽样数量，每批（指同一地区、同一级别的白肋烟）在100件（包）以内者抽取10%~20%的样件，超出100件的部分抽取5%~10%的样件，经双方商定可以酌情增减抽样比例。

成件取样，每件自中心向四周抽检5~7处，抽检样品3~5kg。未成件的烟叶可全部检验，或按部位各取6~9处、3~5kg或30~50把进行检验。

对抽检样品，从烟叶品质、烟叶含水率、碎片率、砂土率等方面进行检验。

在现场检验时，任何一方认为需要进行室内检验，应由双方会同取样，严密包装，签封送检。

现场检验中任何一方对检验结果有不同意见时，将白肋烟样品送上一级质量技术监督主管部门进行检验。检验结果如仍有异议，可再进行复验，并以复验为准。

（六）白肋烟的收购价格

1988~2005年中国白肋烟分为12个等级，2005年发布了28级制白肋烟分级标准。但是直到2008年，国家才按28级制分级标准制定白肋烟收购价格，并在全国各白肋烟产区正式实行28级制收购。

1. 2008~2012年全国白肋烟的收购价格

从2008年起，全国各白肋烟产区按照28个等级进行收购白肋烟，每个等级均有自己的价格。云南白肋烟多个上等烟等级价格比其他产区（四川、重庆、湖北）的价格高，中下等烟的价格与其他产区白肋烟的价格一样（表5-21）。

表 5-21　2008~2012 年全国白肋烟的收购价格
(国家发展改革委、国家烟草专卖局)

等级	云南烟区(元/担)	其他烟区(元/担)	各烟区(元/担)	各烟区(元/担)	各烟区(元/担)	各烟区(元/担)
	2008 年	2008 年	2009 年	2010 年	2011 年	2012 年
C1F	580	550	630	630	720	970
C2F	540	520	600	600	690	900
C3F	500	500	570	570	660	830
C1L	560	530	610	610	700	920
C2L	530	510	580	580	670	850
B1F	520	520	590	590	680	870
B2F	510	500	550	550	640	800
B1R	490	480	530	530	620	740
C3L	500	500	550	550	630	780
C4	470	470	520	520	600	710
B3F	460	460	500	500	590	730
B2R	450	450	510	510	580	670
B3R	420	420	470	470	550	600
X1F	500	500	570	570	650	790
X1L	480	480	540	540	620	740
X2F	460	460	530	530	610	710
T1	420	420	470	470	550	610
X2L	430	430	480	480	530	650
X3	380	380	430	430	480	570
T2	370	370	420	420	470	540
T3	330	330	380	380	430	470
P1	310	310	350	350	400	460
P2	290	290	330	330	380	440
XK	210	210	240	240	290	350
CK	270	270	300	300	350	400
BK	240	240	270	270	320	380
TK	210	210	230	230	270	330
N	170	170	200	200	250	300

从2009年起，全国白肋烟等级价格进行了调整，不再分价区，不同白肋烟产区、相同等级烟叶的价格相同。与2008年相比，2009年四川、重庆和湖北白肋烟C1F、C2F、C1L的价格均增加80元/担，等级价格的提升较大。2010年，全国各白肋烟产区的烟叶价格不变，与2009年的价格一样。

2011年，全国白肋烟收购价格再次进行调整，平均提高15%左右，其中上等烟每个等级的价格提高90元/担，中等烟多个等级的价格提高80元/担，下等烟绝大多数等级的价格提高50元/担。2012年，全国白肋烟收购价格继续上涨，增幅差异较大，C1F的价格增加了250元/担，T3的价格仅增加了40元/担。

2. 2013~2020年全国白肋烟的收购价格

2013年，全国白肋烟收购价格继续增加，C2L和B1F的价格增加了100元/担，杂色和末级烟叶的价格仅增加了20元/担。2014~2020年，全国各白肋烟产区的烟叶价格保持不变，与2013年的价格一样（表5-22）。

表5-22　2013~2020年全国白肋烟的收购价格

（国家发展改革委、国家烟草专卖局）

等级	2013年（元/担）	2014年（元/担）	2015年（元/担）	2016年（元/担）	2017年（元/担）	2018年（元/担）	2019年（元/担）	2020年（元/担）
C1F	1050	1050	1050	1050	1050	1050	1050	1050
C2F	980	980	980	980	980	980	980	980
C3F	900	900	900	900	900	900	900	900
C1L	1000	1000	1000	1000	1000	1000	1000	1000
C2L	950	950	950	950	950	950	950	950
B1F	970	970	970	970	970	970	970	970
B2F	880	880	880	880	880	880	880	880
B1R	820	820	820	820	820	820	820	820
C3L	860	860	860	860	860	860	860	860
C4	790	790	790	790	790	790	790	790
B3F	800	800	800	800	800	750	750	750
B2R	750	750	750	750	750	800	800	800
B3R	650	650	650	650	650	650	650	650
X1F	870	870	870	870	870	870	870	870
X1L	820	820	820	820	820	820	820	820
X2F	790	790	790	790	790	790	790	790
T1	660	660	660	660	660	660	660	660
X2L	720	720	720	720	720	720	720	720

续表

等级	2013年（元/担）	2014年（元/担）	2015年（元/担）	2016年（元/担）	2017年（元/担）	2018年（元/担）	2019年（元/担）	2020年（元/担）
X3	620	620	620	620	620	620	620	620
T2	580	580	580	580	580	580	580	580
T3	510	510	510	510	510	510	510	510
P1	490	490	490	490	490	490	490	490
P2	470	470	470	470	470	470	470	470
XK	370	370	370	370	370	370	370	370
CK	420	420	420	420	420	420	420	420
BK	400	400	400	400	400	400	400	400
TK	350	350	350	350	350	350	350	350
N	320	320	320	320	320	320	320	320

3. 不同年份白肋烟收购价格的变化规律

（1）不同年份白肋烟收购均价的变化规律

2008~2013 年，中国白肋烟均价总体呈上升趋势，2013~2020 年白肋烟均价保持不变，每年烟叶均价趋于稳定（图 5-2）。与 2008 年相比，2009 年白肋烟均价增加了 52.5 元/担，增长率为 12.8%。由于 2010 年中国白肋烟各等级价格与 2009 年相同，所以这 2 年白肋烟均价相同。与 2010 年相比，2011 年白肋烟均价增加了 70.7 元/担，增长率为 15.3%。2012 年白肋烟均价比与 2011 年增加了 113.6 元/担，增长率为 21.3%，是价格增长率最高的一年。2013 年白肋烟均价比 2012 年增加了 60.0 元/担，增长率仅为 9.3%。

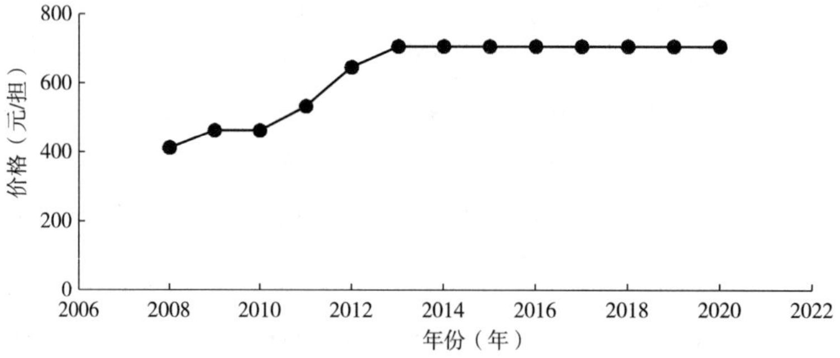

图 5-2　2008~2020 年中国白肋烟均价变化规律
（贾琳等，2023）

（2）不同档次白肋烟收购价格的变化规律

不同档次白肋烟收购均价的变化趋势见图 5-3。2008~2013 年中国白肋烟上等烟、中等烟、下等烟的收购价格总体呈增加趋势，2013~2020 年 3 个档次烟叶的均价保持不变。分析表明，与 2008 年相比，2009 年白肋烟上等烟的收购价格增加了 68.7 元/担，增长率为 13.4%。由于 2010 年中国白肋烟各等级价格与 2009 年相同，所以这 2 年白肋烟上等烟均价相同。与 2010 年相比，2011 年白肋烟上等烟均价增加了 90.0 元/担，增长率为 15.5%。2012 年白肋烟上等烟均价比 2011 年增长了 187.5 元/担，增长率为 27.8%，是价格增长率最高的年份。2013 年白肋烟均价同比增长了 83.8 元/担，增长率仅为 9.8%。与 2008 年相比，2009 年白肋烟中等烟的收购价格增加了 55.6 元/担，增长率为 12.0%。与 2010 年相比，2011 年白肋烟中等烟均价增加了 80.0 元/担，增长率为 15.4%。2012 年白肋烟中等烟均价比上年增长了 106.6 元/担，增长率为 17.8%，是各相邻年份之间价格增长率最高的。2013 年白肋烟中等烟均价比 2012 年增长了 72.3 元/担，增长率仅为 10.3%。与 2008 年相比，2009 年白肋烟下等烟的收购价格增加了 38.2 元/担，增长率为 13.1%。与 2010 年相比，2011 年白肋烟下等烟均价增加了 49.1 元/担，增长率为 14.9%。2012 年白肋烟下等烟均价比上年增长了 65.4 元/担，增长率为 14.7%。2013 年白肋烟下等烟均价比 2012 年增长了 32.8 元/担，增长率仅为 7.4%。

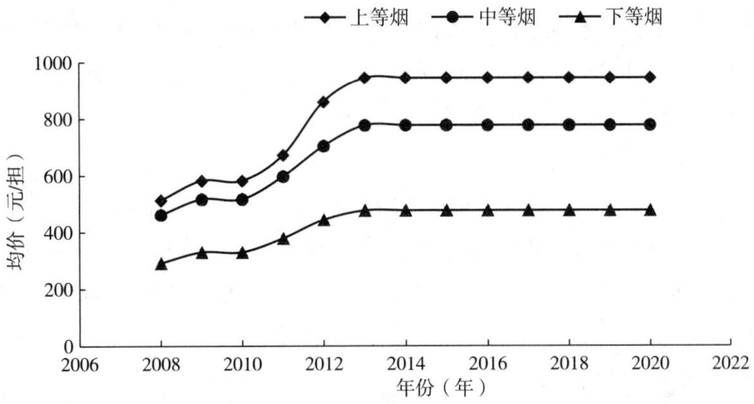

图 5-3　2008~2020 年不同等级白肋烟收购价格的变化规律
（贾琳等，2023）

第四节　白肋烟的检验方法

一、白肋烟品质检验

（一）白肋烟品质检验标准

白肋烟品质检验参照 GB/T 8966—2005《白肋烟》分级标准，按照白肋烟分级标准的有关规定进行逐项检验，对照标准样品以感官鉴定为主。

（二）白肋烟品质检验取样

1. 白肋烟取样数量

白肋烟品质检验取样数量为 5~10kg，从现场检验打开的全部样件中随机抽取，每样件至少抽样两把。检验打开的样件超过 40 件，只需任选 40 件。

2. 计算合格率的取样数量

将送检样品逐把取三分之一称量，按标准逐片分级，经过复核无误，分别称量。在实验室采用重量法计算其合格率。如有异议时，可再取三分之一另行检验，以两次检验结果平均值为准。如在收购和交接现场，按标准逐把定级，采用以把为单位的数量法计算合格率。

（三）其他要求

质量监督现场检验取样方法，可另行制定。

烟农出售的未成件白肋烟，按标准规定全部检验。

二、白肋烟水分的检验

白肋烟水分的检验主要分为现场检验和室内检验。现场检验采用感官检验法，室内检验采用烘箱检验法。

（一）白肋烟水分检验取样

白肋烟的取样数量不少于 0.5kg，从现场检验打开的全部样件中平均随机抽取。现场检验打开的样件超过 10 件，则超过部分，每 2~3 件任选一件。每样件的取样部位，从开口一面的一条对角线上，等距离抽出 2~5 处，每处各一把，从每把中取半把，放入密闭的容器中，化验时从半把中选取完整叶片 2~3 片。

（二）白肋烟水分感官检验法

用手握白肋烟、松开后，如果烟叶能自然展开，主脉稍软不易断，手握稍有响声，不易破碎，说明烟叶水分含量适宜。如果白肋烟主脉硬脆易断，手握时沙沙响，叶片易碎，说明烟叶水分含量较低。如果白肋烟主脉很韧折不断，叶片湿润，手握无响声，说明烟叶水分含量较高。

（三）白肋烟水分烘箱检验法

1. 检验原理

白肋烟试样在规定的烘干温度下烘至恒重时，所减少的重量与试样原重量之比即为试样水分含量，以重量百分比（%）表示。

2. 操作程序

从送检白肋烟样品中随机抽取约四分之一的叶片，迅速切成宽度不超过 5mm 的小片或丝状。混匀后用已知干燥重量的样品盒称取试样 5~10g，记下称得的试样重量 M_0。去盖后置入温度（100±2)℃的烘箱内，并只能放在烘箱中层搁板上，样品盒密度宜为 1 个/120cm^2，待温度回升至 100℃时起计时，烘满 2h 后，加盖取出置入干燥器内，冷却至室温，再称重 M_1。烟叶水分含量（%）以 100×（M_0-M_1）/M_0 计算。

每批样品的测定均应做平行试验，二者绝对值的误差不得超过 0.5%，以平行试验结果的平均值为检验结果。如平行试验结果误差超过规定时，应做第三份试验，在三份结果中以两个误差接近的平均值为准。结果所取数字，保留一位小数。

三、白肋烟碎片率、砂土率检验

白肋烟碎片、砂土的检验主要分为现场检验和室内检验。现场检验用感官检验法，室内检验用重量检验法。

(一) 检验取样

白肋烟碎片、砂土检验取样数量不少于 2.5kg，从现场检验打开的全部样件中随机抽取，如现场检验打开的样件超过 10 件，则任选 10 件为取样对象，每件任取 0.3kg。如双方仍有争议时，可酌情增加取样数量。

(二) 感官检验法

用手抖拍白肋烟烟串无碎片、无砂土落下，看不见烟叶表面附有碎片、砂土即为合格。

(三) 重量检验法

从送检的白肋烟样品中随机取两个平行试样，每个试样重 400~600g，称得试样重量 M_0，在油光纸上将烟叶摊开，搜集落下的砂土和碎片，通过孔径 8mm 分离筛，小心拌动，至筛不下为止。将筛下的碎片、砂土通过 3mm 分离筛，并小心拌动，至筛不下为止，然后分别称得留在筛上的碎片重量 M_1、筛下的砂土重量 M_2。

白肋烟的碎片率（%）= $100 \times M_1/M_0$；白肋烟的砂土率（%）= $100 \times M_2/M_0$。

四、白肋烟检验报告

白肋烟检验报告应包括以下内容：抽样时间；抽样地点；抽样单位；抽样人；试样的标志及说明；检验时间、所用的仪器和型号；检验结果。

第五节 白肋烟的包装、标志与贮运

一、白肋烟的包装

在本标准中对包装和其组成部分所规定的尺寸和质量值是公称值。在包装中所有尺寸应在规定值上下 5%以内。

每件白肋烟应是同一产区、同一等级的烟叶。烟包、烟箱内不得混有任何杂物、水分超限、霉烂变质烟叶。自然碎片不得超过 3%。

烟叶包装材料应牢固、干燥、清洁、无异味和残毒。

二、白肋烟的标志

(一) 白肋烟的标志内容

在白肋烟烟包上，应印刷下列 5 项内容：生产年份；产地（省别、县别）；级别（大写）及代号；重量（毛重、净重），单位为 kg；供货单位名称。

(二) 白肋烟验收卡片

白肋烟烟包内应放置验收卡片（图 5-4），验收卡片应包括品种名称、类型、级别、净重、产地、企业名称、产品年份等信息。

(三) 白肋烟的标志要求和说明

1. 白肋烟标志清晰

白肋烟的标志应清晰易读，使用印记或持久性墨水。

品种名称：________________

类型：________________

级别：________________

净重（kg）：________________

产地：________________

企业名称：________________

产品年份：________________

检验员签章：________________

执行标准号：________________

图 5-4　白肋烟验收卡片示意图
（GB/T 8966—2005《白肋烟》）

2. 出口烟叶的标志要求

对于出口的白肋烟，可根据买卖双方的协议印上标志。

3. 特殊标注

特殊情况的烟叶应在烟包的级别、代号后面加注专用符号，水分超限加注“W”，自然砂土率超限的脚叶加注“PS”。

三、白肋烟的贮运

（一）白肋烟的贮存要求

为了保证白肋烟的质量，白肋烟叶片应存放在适宜的环境中。存放烟叶时，一般要求贮存场所清洁、干燥、密闭、不透风，不能存放农药、化肥等有异味的物品。贮存室门窗齐全，室内温湿度适宜，不受外界温湿度变化的直接影响。

1. 白肋烟贮存场所的温湿度要求

（1）一般仓库的温湿度要求

对于贮存白肋烟的一般仓库，库内温度应控制在 32℃以下，相对湿度应控制在 60%～70%。通常采用自然通风和密闭去湿控制仓库温湿度。

（2）空调仓库的温湿度要求

对于贮存白肋烟的空调仓库，库内温度应控制在 25℃以下，相对湿度应控制在 60%～65%。通常采用自然通风和空调调节仓库温湿度。

2. 烟包的存放要求

烟包存放地点应干燥通风，远离火源和油料，不得与有异味和有毒的物品混贮一处。烟包需置于距地面 30cm 的垫石（木）上，距墙、柱 30cm 以上。

麻袋包装原烟存放的堆垛高度不超过 6 个包高；经过复烤的烟叶不超过 7 个包高。硬纸箱包装不受此限。

3. 露天存放白肋烟的要求

露天堆放白肋烟时，上面和四周应有防雨遮盖物，四周封严，垛底需距离地面 30cm 以上，垫石（木）与包齐，以防雨水浸入。

4. 定期检查白肋烟

白肋烟贮存期间，相关工作人员应定期检查烟叶水分和烟包温度，做到防潮、防霉、防虫、防火，确保烟叶商品安全。

（二）白肋烟的运输

1. 白肋烟不得随意与其他物品混运

白肋烟烟包、烟箱不得与易腐烂、有异味、有毒和潮湿的物品混运。

2. 运输白肋烟的工具和要求

运输白肋烟的工具应干燥、清洁、无异味。烟包、烟箱上面应有遮盖物，包严盖牢，避免日晒和受潮。

3. 装卸白肋烟的要求

装卸白肋烟时，应轻拿轻放，不得摔包、钩包。

思考题：

1. 简述白肋烟分组的意义。
2. 中国白肋烟部位如何划分？其代号分别是什么？
3. 简述不同部位白肋烟的品质特点。
4. 中国白肋烟颜色如何划分？其代号和颜色特征分别是什么？
5. 简述中国白肋烟组别的设置及其代号。
6. 简述中国白肋烟的分级因素及档次。
7. 中国白肋烟等级中哪些等级是上等烟？
8. 中国白肋烟与烤烟的等级设置有何异同？

第六章　中国香料烟分级

在中国所有晒烟类型中，香料烟的产量最大。本章主要介绍中国香料烟生产、分级概况，香料烟分型方法，香料烟分组方法，香料烟分级标准，香料烟的检验方法，香料烟的包装、标志与贮运，半香料烟分级标准。

第一节　中国香料烟生产、分级概况

一、中国香料烟生产概况

香料烟又称土耳其烟草、东方型烟草，原产于地中海沿岸国家，是红花烟草的一种特殊烟草类型。中国台湾地区最早引种香料烟，据《东方烟草报》报道，中国台湾学者吴万煌在《光复前台湾的烟（稿）》中提及，1916 年，香料烟就已在台湾进行过小规模的试种，但因当时仅采收了 15kg 香料烟，所以才放弃继续试种香料烟。

1951 年，浙江新昌从土耳其引进香料烟品种——沙姆逊，同年在城南乡荷花塘村试种成功，当年香料烟产量为 125kg。后来，新昌香料烟种植面积逐年扩大，烟叶质量不断提高，成为中国第一个规模化的香料烟产区。2002 年，浙江香料烟产量 1.5 万担。目前，浙江常年香料烟产量基本保持在 1 万担左右。

20 世纪 80 年代，随着中国混合型卷烟生产的需要，中国烟草总公司组织在全国 20 多个省区 50 多个地市县进行引种试种香料烟。湖北十堰、湖南双峰、河北张家口、河南汝阳、内蒙古、陕西宝鸡、海南、黑龙江、山东临沂、广东、贵州、安徽黄山、新疆、云南保山、辽宁、四川等地陆续引种香料烟。

1981 年，湖北十堰开始引种香料烟。2002 年，十堰香料烟产量 1.5 万担。随后湖北十堰逐步发展为中国香料烟主产区之一。目前，湖北常年香料烟产量稳定在 1.5 万担左右。

1988 年，新疆开始引种香料烟。2002 年，新疆香料烟产量 4 万担。随后新疆逐步发展成为中国香料烟主产区之一。

1988 年，云南保山开始引种香料烟，随后德宏州、怒江州、临沧市等地相继种植香料烟。2002 年，云南香料烟产量 6 万担；2006 年，保山香料烟产量为 13.6 万担；2012 年，保山香料烟产量达 26.28 万担；2013 年，保山香料烟产量为 23.7 万担。目前，云南已成为中国最大的香料烟产区。

中国香料烟生产随着混合型卷烟产品的开发工作和市场需求的起伏，经过了几起几落，最终形成了云南、新疆、湖北、浙江 4 个主要的香料烟产区。2010 年，中国香料烟总产量约 2.05 万吨，其中云南保山香料烟产量为 1.9 万吨，占全国香料烟总产量的 92.68%。2010～

2016 年，中国不同省份香料烟种植面积和收购量的大小顺序依次为：云南>浙江>湖北，2017 年以后湖北停种香料烟（表 6-1）。

表 6-1　中国不同省份香料烟种植面积和收购量
（闫新甫等，2020）

年份（年）	种植面积（公顷）			收购量（吨）		
	云南	浙江	湖北	云南	浙江	湖北
2010	9386.7	873.4	306.7	19000.0	826.7	355.0
2011	9446.7	676.1	280.0	22500.0	771.4	245.0
2012	9449.2	651.2	426.7	20439.4	896.0	490.0
2013	7999.4	635.5	326.7	17918.4	943.5	385.0
2014	6835.0	146.5	113.3	16804.7	161.9	185.0
2015	7055.8	90.1	53.3	17394.4	87.6	95.0
2016	6900.0	76.9	20.0	16321.2	100.4	30.0
2017	7360.0	89.1	停种	17232.8	134.7	
2018	6625.8	60.3		13001.9	105.2	
2019	5749.1	45.3		12899.1	74.0	

2010~2019 年，中国香料烟种植面积、收购量总体呈下降趋势（表 6-2），香料烟种植面积占晒烟总种植面积的 33.49%~53.20%，香料烟收购量占晒烟总收购量的 34.40%~61.64%，其中以 2010 年的种植面积最大，2011 年的收购量最大。

表 6-2　2010~2019 年中国香料烟种植面积和收购量
（闫新甫等，2020）

年份（年）	种植面积（公顷）	收购量（吨）
2010	10968.3	20742.4
2011	10717.7	23975.5
2012	10527.0	21825.4
2013	8961.6	19246.9
2014	7094.8	17151.6
2015	7199.3	17577.0
2016	6996.9	16451.6
2017	7449.1	17367.4
2018	6686.1	13107.1
2019	5794.3	12973.1

二、中国香料烟分级概况

1952 年，相关部门制定了新昌县香料烟分级标准，将新昌香料烟分为 7 个等级，其中

1～3 级设上、下副级。1968 年浙江省对香料烟分级标准作了修改，烟叶等级数目未变，取消 1～3 级的副级，在全省统一执行。随后，湖北、湖南、河南、河北等种植香料烟的省份先后参照浙江省香料烟的分级标准，制定出各自省份的香料烟分级标准。

1982 年在全国香料烟质量鉴定会上，与会专家提出需要制定统一的香料烟分级标准。1983 年由郑州烟草研究所，浙江、上海烟草公司等单位，进行调查研究制定香料烟分级新标准。1985 年制定出香料烟国家标准（草案）和检验方法国家标准（草案），经过审定，1986 年国家标准局批准颁布了 GB 5991—1986《香料烟》分级标准，此标准将香料烟分 1～4 级，1 个末级，共 5 个等级。

为促进中国香料烟生产，提高烟叶质量，中国烟草总公司曾多次组织人员赴土耳其、泰国、希腊等国家考察学习香料烟生产、调制、分级、加工等方面技术，并请国外香料烟专家来中国讲学。通过与国外交流，反映出中国香料烟生产、调制、分级标准等方面存在一些问题，如中国香料烟分级标准规定的各级叶片长度均超出国外香料烟规定长度，中国一级香料烟的叶片长度小于 14cm，而国外一级香料烟的长度为 4～7cm；中国香料烟的颜色普遍比国外的偏深，对叶片带青限制过严等。因此，香料烟分级标准已影响到中国香料烟质量提高，亟待进行修改分级标准。

中国烟草总公司经过调查研究和广泛征求意见，并组织有关技术人员对中国香料烟生产和卷烟需求的状况进行讨论，积极吸收国外香料烟分级标准的优点，修订了原香料烟国家标准。已将修改后的香料烟国家标准（草案），于 1991 年 5 月以中烟叶（1991）第 14 号文，通知各地进行验证，要求验证结束后，认真总结经验，提出修改意见，使其臻于完善。

中国烟叶生产购销公司组织相关专家起草香料烟分级国家标准，经过专家们的共同努力，完成了香料烟分级国家标准的制定工作。2000 年 1 月 24 日，国家质量技术监督局发布了 GB 5991. 1—2000《香料烟　分级技术要求》、GB/T 5991. 2—2000《香料烟　包装、标志与贮运》、GB/T 5991. 3—2000《香料烟　检验方法》，于 2000 年 3 月 1 日起开始在全国实施。

香料烟分级国家标准规定，香料烟分 B 型和 S 型，每个型分上 1～3 级、中 1～3 级、下 1～3 级和 1 个末级，各分 10 个等级。

第二节　香料烟分型

目前，中国香料烟分级按照“分类→分型→分组→分级”的分级体系进行。

一、香料烟分型的概念

分型是指同一烟草类型烟叶的再划分，主要按烟叶的生长地区、栽培方法、品种对烟叶使用价值的影响而进行区分。烟草种植在不同的地区，在不同的气候、土壤、栽培条件和品种的影响下，烟叶的质量特点和风格特征都有较大的差异，这就影响着烟叶的使用价值。分型就是在研究这些因素综合作用的基础上，找出其共性，将这些烟叶划分在一起。

香料烟分型是根据香料烟品种、生产地区、栽培方法对其质量和使用价值进行的进一步区分。中国香料烟在类型的划分上，主要按照香料烟品种的生物学特性和烟气特点进行。

二、香料烟分型的目的

由于香料烟品种、产地、栽培方法不同，造成其化学成分、感官质量和香气风格有较明显的差异，进而形成了不同的香料烟类型。因此，对香料烟进行分型，具有重要作用。分型的主要目的是区分香型风格和使用价值，便于卷烟工业选择原料。

（一）分型有助于香料烟分级

不同类型的香料烟，有各自的分级标准，特别是在烟叶长度方面存在较大差别，同一等级、不同类型的香料烟，其长度规定不同的。在进行香料烟分级时，只有先确定香料烟属于哪一个型，才能参照该型的分级标准进行进一步分组和分级。

（二）分型有助于区分香料烟的香型风格

不同类型的香料烟，其质量特点也存在一定的差异。例如，巴斯马型香料烟具有柔和的芳香，沙姆逊型香料烟具有较浓的芳香和特殊的吃味。

（三）分型有助于卷烟配方

由于不同类型的香料烟香气风格不同，其在混合型卷烟配方中的作用也不同。巴斯马型香料烟在混合型卷烟配方中主要起调香作用，沙姆逊型香料烟在混合型卷烟配方中起调味作用。对香料烟进行分型，有助于卷烟工艺配方和开发不同风格的卷烟产品。

三、香料烟的分型

目前，中国主要按照香料烟品种的生物学特性和烟气特点，将香料烟分为 B 型香料烟和 S 型香料烟。

（一）B 型香料烟

B 型香料烟，即巴斯马（Basma）型香料烟。叶片小，叶脉细，颜色以金黄色、桔黄色为主，光泽好，弹性强，具有柔和的芳香，适用于多种卷烟配方原料，主要产区在云南、新疆等地。

（二）S 型香料烟

S 型香料烟，即沙姆逊（Samsun）型香料烟。叶片较小，叶脉细，颜色以金黄色至深黄色为主，光泽好，弹性强，具有较浓的芳香和特殊的吃味，适用于多种卷烟配方原料，该型香料烟的主要产区在浙江、湖北等地。

另外，杰尼克（Canik）、15A 品种也属于 S 型香料烟。叶片较小、细长，叶脉细，颜色以深黄色、浅棕色至红棕色为主，光泽好，弹性强，香气类型风格接近沙姆逊型香料烟，主要产区在湖北等地。

四、香料烟类型的识别

香料烟分为 B 型和 S 型，依据各型香料烟的外观特征，用眼看鼻闻的方法可进行识别。

（一）B 型香料烟的识别

主要从以下 5 个方面对 B 型香料烟进行识别（图 6-1）。

图 6-1　B 型香料烟的外观特征
（图片来自网络）

彩图二维码

1. 看叶形

B 型香料烟一般为长椭圆形，无叶柄。

2. 看叶脉

B 型香料烟的叶脉细。

3. 看叶片大小

B 型香料烟的叶片小。

4. 看颜色

B 型香料烟多呈现金黄色和桔黄色，光泽好。

5. 鼻闻

B 型香料烟一般具有柔和的芳香。

（二）S 型香料烟的识别

主要从以下 5 个方面对 S 型香料烟进行识别（图 6-2）。

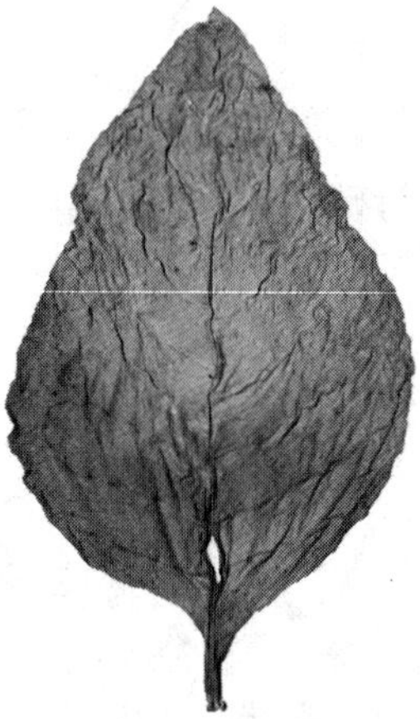

图 6-2　S 型香料烟的外观特征
（图片来自网络）

彩图二维码

1. 看叶形

S 型香料烟一般为梭形或心脏形，有叶柄。

2. 看叶脉

S 型香料烟的叶脉稍粗。

3. 看叶片大小

S 型香料烟的叶片较小。

4. 看颜色

S 型香料烟以金黄色至深黄色为主，光泽好。

5. 鼻闻

S 型香料烟一般具有较浓的芳香。

第三节　香料烟分组

一、香料烟分组的作用

香料烟分组是依据香料烟的部位、颜色及其他与总体质量相关的主要特征，将同一型内的香料烟作进一步的划分。香料烟分组是香料烟分级的基础，是香料烟分级过程中不可缺少的程序，具有与烤烟分组同样的作用。

（一）有助于进一步进行香料烟分级

由于同组的香料烟叶片具有较为接近的外观特征，先将香料烟按照部位、颜色进行分组，然后在组内根据各品级因素的优劣进行评级，便于进一步进行烟叶分级操作。

（二）有助于提高香料烟的等级纯度

根据香料烟的部位特征，确定香料烟叶片属于上部叶组，中部叶组还是下部叶组，再根据其他外观特征确定烟叶的等级是一级，二级还是三级。先准确把握烟叶的部位，以免出现将部位判错的情况，这样有利于提高香料烟的等级合格率和等级纯度。

（三）有助于卷烟叶组配方

不同组别的烟叶，化学成分和感官质量存在较大差异，其工业用途也不尽相同。将不同质量特点的香料烟进行分组，在进行混合型卷烟叶组配方时，工作人员可以根据卷烟产品设计的目标进行合理配方。

二、香料烟部位分组

烟叶部位是指烟叶在烟株上着生的位置。按烟叶在烟株上的着生部位，香料烟叶片自上而下依次为顶叶、上二棚叶、腰叶、下二棚叶、脚叶，通常分为上部叶组（包括顶叶和上二棚叶）、中部叶组（腰叶）、下部叶组（包括下二棚叶和脚叶）3 个组别。

（一）不同组别香料烟的外观特征

不同组别香料烟的外观特征不同，香料烟的部位分组特征见表 6-3。上部叶组的外观特征为叶脉细、显露，叶片小，叶片厚；中部叶组的外观特征为叶脉粗、凸现，叶片大小适中，叶片厚薄适中；下部叶组的外观特征为叶脉细、平，叶片较小，叶片薄。

表 6-3 香料烟的部位分组特征

（GB 5991.1—2000《香料烟 分级技术要求》）

组别	特征		
	叶脉	叶片大小	厚度
上部叶组	细、显露	小	厚
中部叶组	粗、凸现	适中	适中
下部叶组	细、平	较小	薄

（二）不同组别香料烟的物理特性

不同组别香料烟物理特性的比较见表 6-4。可以看出，香料烟的吸湿性以中部叶最大，上部叶次之，下部叶最小；含梗率以中部叶最大，下部叶居中，上部叶最小；厚度以上部叶最大，中部叶次之，下部叶最小；百叶重以中部叶最大，下部叶居中，上部叶最小。

表 6-4 不同组别香料烟的物理特性

（闫克玉、赵献章，2003）

组别	吸湿性（%）	含梗率（%）	厚度（mm）	百叶重（g）
上部叶组	9.81	14.61	0.090	57.8
中部叶组	10.23	19.98	0.080	122.0
下部叶组	9.59	18.23	0.075	74.9

（三）不同组别香料烟的化学成分

不同组别香料烟化学成分的比较见表 6-5。香料烟总糖含量以中部叶最高，上部叶次之，下部叶最低；总氮含量以上部叶最高，下部叶次之，中部叶最低；烟碱含量以上部叶最高，中部叶次之，下部叶最低，但上部叶和中部叶差别不大，与下部差别较大；蛋白质含量与总氮含量的规律相同；施木克值与总糖含量的规律一致。

表 6-5 不同组别香料烟的化学成分

（闫克玉、赵献章，2003）

组别	总糖（%）	总氮（%）	烟碱（%）	蛋白质（%）	施木克值
上部叶组	7.72	2.46	0.88	14.43	0.53
中部叶组	10.82	2.00	0.86	11.57	0.94
下部叶组	4.82	2.30	0.12	13.71	0.35

不同部位沙姆逊型香料烟的化学成分含量见表 6-6。可以看出，同一产区中部叶总糖含量较高，中部叶还原糖含量相对较高。

表 6-6　不同部位沙姆逊型香料烟的化学成分
(根据安毅等 2013 年论文数据整理)

产区	部位	总糖（%）	还原糖（%）	烟碱（%）	总氮（%）	钾（%）	氯（%）
云南	上部叶	18.53	15.70	0.30	2.25	1.14	0.55
	中部叶	22.30	18.95	0.34	2.61	1.54	0.21
	下部叶	20.19	18.27	0.50	1.56	2.41	0.21
浙江	上部叶	4.65	3.86	1.76	2.99	2.12	0.33
	中部叶	7.57	7.12	1.77	2.81	2.36	0.19
	下部叶	5.48	5.11	1.29	2.38	4.33	0.14
四川	上部叶	16.38	14.98	1.05	2.62	3.02	0.13
	中部叶	17.79	14.53	0.87	3.55	4.05	0.66
	下部叶	15.31	12.19	0.74	3.32	3.06	0.54

(四) 不同组别香料烟的感官质量

不同组别香料烟感官质量的比较见表 6-7。不同组别香料烟的香气质表现为上部叶组>中部叶组>下部叶组，刺激性表现为上部叶组较小、下部叶组较大，上部叶组、中部叶组的感官质量总分较高，下部叶组的感官质量总分较低，不同组别香料烟香气量、杂气、浓度、余味、劲头得分的规律不明显。

表 6-7　不同组别香料烟感官质量的比较
(李志伟等，2009)

组别	等级	产地	香气质（20）	香气量（20）	杂气（10）	浓度（10）	刺激性（10）	余味（10）	劲头（5）	燃烧性（5）	灰分（5）	总分（100）
上部叶组	A1	浙江	14.3	13.7	7.3	6.7	7.3	12.0	4.0	2.7	2.0	70.0
中部叶组	A2	浙江	14.0	15.0	7.3	7.7	7.0	11.7	4.7	3.0	2.3	72.6
下部叶组	A3	浙江	13.7	13.7	6.3	7.3	7.0	10.7	4.0	3.0	2.3	68.0
上部叶组	A1	湖北	14.7	12.7	6.7	6.3	7.7	11.0	4.0	2.3	2.0	67.3
中部叶组	A2	湖北	13.7	12.7	7.0	6.3	7.3	11.3	4.0	2.0	2.0	66.3
下部叶组	A3	湖北	13.0	12.7	6.0	6.3	6.7	11.0	4.7	3.0	2.7	66.0
上部叶组	A1	保山	15.0	13.7	7.7	5.3	7.3	12.7	4.0	3.3	3.7	72.7
中部叶组	A2	保山	13.7	12.7	7.7	4.7	7.3	12.3	3.7	3.3	3.7	69.0
下部叶组	A3	保山	13.0	12.3	7.7	4.3	7.0	12.3	4.3	3.3	4.0	68.3

三、香料烟颜色分组

B 型香料烟和 S 型香料烟，均按颜色分为 3 个组别，其代号分别为 A、B、K。

(一) 不同类型香料烟的颜色分组

B 型和 S 型香料烟的颜色分组见表 6-8。无论是 B 型香料烟，还是 S 型香料烟，凡是叶片颜色为桔黄色、金黄色、深黄色的代号为 A，叶片颜色为正黄色、淡黄色的代号为 B，叶片颜色为红棕色、浅棕色、褐色的代号为 K。

表 6-8　B 型和 S 型香料烟的颜色分组
（GB 5991.1—2000《香料烟　分级技术要求》）

代号	颜色特征
A	桔黄色、金黄色、深黄色
B	正黄色、淡黄色
K	红棕色、浅棕色、褐色

香料烟杰尼克的颜色分组见表 6-9。对于香料烟 Canik 品种，颜色为浅棕色、红棕色、棕色的烟叶，其代号为 A；颜色为淡黄色至深黄色的烟叶，其代号为 B；颜色为深棕色、褐色的烟叶，其代号为 K。

表 6-9　香料烟 Canik 品种的颜色分组
（闫新甫，2012）

代号	颜色特征
A	浅棕色、红棕色、棕色
B	淡黄色、正黄色、金黄色、深黄色
K	深棕色、褐色

（二）不同颜色香料烟的化学成分

不同颜色香料烟化学成分的比较见表 6-10。可以看出，同为上二棚烟叶，颜色不同，其化学成分也存在一定的差异。上二棚烟叶随着颜色的加深，总糖含量明显降低，总氮和蛋白质含量略有增加。

表 6-10　不同颜色香料烟化学成分的比较
（闫克玉、赵献章，2003）

部位	颜色	总糖（%）	总氮（%）	烟碱（%）	蛋白质（%）	施木克值
上二棚	正黄色	10.14	2.03	0.65	11.99	0.85
	深黄色	11.70	2.09	0.83	12.16	0.96
	红黄色	7.30	2.26	1.00	13.04	0.56
	棕黄色	2.22	2.29	0.78	13.47	0.16

（三）不同颜色香料烟的感官质量

不同颜色香料烟的感官质量表现为：同部位的烟叶，以深黄色质量较好，香气量较足，香气风格较显著，杂气轻微，余味纯净、舒适。浅于深黄色，吃味浓度稍淡，香气量稍减。深于深黄色者，随着颜色加深，吃味增浓，香气量减少，刺激性、杂气增加，质量降低。

香料烟以深黄质量最好，从深黄色至淡黄色，从深黄色至棕黄色，烟叶质量均有降低的趋势。

当叶面含青面积低于10%时，对香料烟的感官质量影响不大；当叶面含青面积超过10%时，随着含青面积的增加，香料烟的香型风格减弱，香气量减少，刺激性、杂气增加，余味苦涩不舒适，感官质量明显下降。

四、香料烟组别的划分

香料烟按照着生部位分为上部叶组、中部叶组、下部叶组3个组别；按照烟叶颜色分为A、B、K 3个组别。

根据烟叶部位和颜色组合在一起，将香料烟分为上部A叶组、上部B叶组、上部K叶组，中部A叶组、中部B叶组、中部K叶组，下部A叶组、下部B叶组、下部K叶组。

第四节　香料烟分级

一、香料烟分级的意义

（一）有利于合理利用香料烟

大田生长的香料烟素质各异，调制后其质量也不同。如不进行分级，优劣烟叶混在一起，其使用价值将会降低，质量好的烟叶不能发挥其应有的作用，造成烟叶资源的浪费。只有按香料烟质量的优劣进行分级，才能达到优质优用，合理利用香料烟。

（二）有利于以质论价

不同等级的香料烟有不同的使用价值，也有不同的经济价值，其价格也自然存在一定的差别。例如，2019年云南香料烟上一级、上二级、上三级、末级的收购价格分别为1740元/担、1700元/担、1170元/担、50元/担。只有通过科学分级，才能把不同质量的香料烟区分开，实行以质论价、优质优价。

（三）有利于香料烟收购和工商交接

烟农进行烟叶分级后，便于烟叶收购部门进行验级，也便于卷烟企业工作人员调拨烟叶时进行验级。对于出口的香料烟，更应该严格按照烟叶分级标准进行分级，保证烟叶的等级合格率，有利于进行对外贸易。

（四）有利于香料烟加工

在香料烟初加工过程中，不同等级烟叶的加工要求不同。例如，一、二级香料烟真空回潮后烟叶含水率为15.5%~16.5%，三级香料烟真空回潮后烟叶含水率为15%~16%。回潮烟叶的水分因加工等级不同而有差异，这就要求在香料烟初加工之前必须进行分级。对香料烟进行分级，有利于香料烟加工。

（五）有利于满足卷烟工业的需要

香料烟是生产混合型卷烟的重要原料之一，是混合型卷烟叶组配方中不可缺少的原料。在进行叶组配方时，根据混合型卷烟的配方目标选用不同类型的烟叶，并进行科学配比。在混合型卷烟的叶组配方中，往往会用到一个乃至几个等级的香料烟。对香料烟进行分级，根据叶组配方对香料烟等级、用量的需要进行合理配叶，才能满足卷烟工业生产的需要。

二、香料烟的分级因素

对同一型香料烟进行分组后，根据分级因素进行等级划分，用以衡量烟叶等级质量的外观因素称为分级因素，也称为品质要素。目前，中国香料烟的分级因素包括品质因素和控制因素，香料烟分级标准中规定烟叶部位、长度、颜色、光泽、身份、油分、组织结构为品质因素；叶片完整度、杂色与残伤为控制因素，共 9 个分级因素。

（一）烟叶部位

1. 烟叶部位的概念

叶片在烟株上着生的位置称为烟叶的部位（position），香料烟自上而下分为顶叶、上二棚叶、腰叶、下二棚叶、脚叶。部位是香料烟分级标准中首要的分级因素，香料烟叶片着生的部位不同，其外观质量、物理特性、化学成分、感官质量也存在一定的差异。在中国香料烟分级标准中，部位既是分组因素，也是分级因素。

2. 档次划分

香料烟分级国家标准中按部位划分为上部叶（包括顶叶和上二棚叶）、中部叶（腰叶）、下部叶（包括下二棚叶和脚叶）3 个部位。香料烟上、中、下部叶组的代号分别用 1、2、3 表示。

香料烟不同部位的划分及其特征见表 6-11。在进行香料烟分级时，根据不同部位烟叶的特征判定烟叶部位。

表 6-11　香料烟部位的划分及其特征

（闫克玉、赵献章，2003）

部位	代号	叶形	叶片大小	身份	叶片结构	脉相	叶尖形状	叶面
上部叶	1	窄小	小	厚	稍细致~细致	细、显露	尖	完整
中部叶	2	略宽	适中	适中	较疏松~稍细致	粗、凸显	较钝	完整
下部叶	3	较窄	较小	薄	疏松~较疏松	细、平	钝、宽圆	有损伤

（二）叶片长度

1. 叶片长度的概念

叶片长度（length）是从叶尖到叶基部的直线距离（不包括叶柄部分），以厘米（cm）表示。

2. 档次划分

不同类型香料烟对烟叶长度的要求不同。B 型香料烟的长度档次依次划分为≤8cm、≤10cm、≤14cm、≤18cm、≤20cm，S 型香料烟的长度档次依次划分为≤12cm、≤16cm、≤18cm、≤20cm、≤22cm。

3. 叶长与香料烟化学成分的关系

不同产区香料烟叶片长度与烟叶化学成分的偏相关分析见表 6-12。结果表明，由于香料烟叶片长度的差异，不同产区香料烟叶片长度与化学成分的偏相关系数不尽相同，特别是不同产区香料烟叶片长度与总氮、总糖和还原糖含量的偏相关系数差别较大，偏相关系数有正有负。

各产区香料烟叶片长度与烟碱、钾含量和钾氯比均呈正相关关系，其中云南香料烟叶片长度与烟碱、钾含量和钾氯比达到极显著或显著水平；各产区香料烟叶片长度与氯含量和糖碱比均呈负相关关系，其中湖北香料烟叶片长度与糖碱比达到显著水平。

表 6-12　不同产地香料烟叶片长度与化学成分的偏相关系数

（王义伟等，2013）

产地	长度（cm）	总氮	总糖	还原糖	烟碱	钾	氯	糖碱比	钾氯比
云南	6.99~21.64	0.4997	0.0625	0.0205	0.8244**	0.7031*	−0.5525	−0.5231	0.8130*
浙江	14.90~23.18	−0.3579	−0.1104	−0.1072	0.3010	0.3683	−0.5125	−0.3019	0.5557
湖北	13.91~20.86	0.6627	−0.7958**	−0.7636*	0.4583	0.3605	−0.1735	−0.8136*	0.3190

（三）颜色

1. 颜色的概念

烟叶颜色（color）是指调制后烟叶呈现的深浅不同的色彩。对其起决定作用的因素是烟叶内色素的比例和棕色化反应。各种类型烟叶由于色素的比例和棕色化反应的程度不同，表现出深浅不同的颜色。

2. 档次划分

B 型和 S 型香料烟的颜色分 3 类：A 类为桔黄色、金黄色、深黄色；B 类为正黄色、淡黄色；K 类为红棕色、浅棕色、褐色。

3. 颜色与烟叶化学成分的关系

香料烟颜色与烟叶化学成分的相关分析见表 6-13。结果表明，香料烟颜色与总糖含量呈显著负相关。颜色对香料烟总糖含量具有显著的负效应，总糖含量随香料烟颜色的加深而降低。香料烟颜色与总氮、蛋白质、烟碱含量呈正相关，但未达到显著水平。

表 6-13　香料烟 Samsun 颜色与烟叶化学成分的相关系数

（曹景林，2000）

外观性状	化学成分			
	总糖	总氮	蛋白质	烟碱
颜色	−0.6488*	0.1143	0.1068	0.0986

（四）光泽

1. 光泽的概念

烟叶光泽（bright）是指香料烟经调制后烟叶表面色彩的纯净、鲜艳程度。纯净鲜明者，烟叶质量好；灰暗无光者，烟叶质量差。香料烟的光泽与颜色呈极显著的正相关关系。

2. 档次划分

光泽主要靠目光感觉烟叶鲜艳或灰暗程度。中国香料烟分级标准中把香料烟光泽划分为鲜明、尚鲜明、较暗、暗 4 个档次。

3. 光泽与烟叶化学成分的关系

香料烟光泽与烟叶化学成分的相关分析见表6-14。光泽对香料烟总糖含量的直接效应为相当程度的正值，光泽对香料烟总氮、蛋白质和烟碱含量的直接效应为相当程度的负值。光泽与香料烟总糖、总氮、蛋白质和烟碱含量的相关系数均未达到显著水平。

表6-14　香料烟 Samsun 光泽与化学成分的通经分析

（曹景林，2000）

化学成分指标	相关系数	直接作用
总糖	-0.2295	0.3080
总氮	-0.0170	-0.2732
蛋白质	0.0137	-0.2429
烟碱	-0.2219	-0.3268

（五）身份

1. 身份的概念

烟叶身份（body）是指烟叶的厚薄程度。

2. 档次划分

中国香料烟分级标准中将叶片身份划分为厚、中等、薄3个档次。

3. 身份与香料烟化学成分的关系

不同产区香料烟叶片厚度与烟叶化学成分的偏相关分析见表6-15。结果表明，由于香料烟叶片厚度的差异，不同产区香料烟叶片厚度与化学成分的偏相关系数不尽相同，特别是不同产区香料烟叶片厚度与总氮、烟碱、氯含量和糖碱比的偏相关系数差别较大，偏相关系数有正有负。

各产区香料烟叶片厚度与总糖、还原糖、钾含量和钾氯比均呈负相关关系，其中云南和浙江香料烟叶片厚度与钾含量、钾氯比均达到极显著或显著水平。

表6-15　不同产地香料烟叶片厚度与化学成分偏相关系数

（王义伟等，2013）

产地	厚度（mm）	总氮	总糖	还原糖	烟碱	钾	氯	糖碱比	钾氯比
云南	0.048~0.081	-0.5611	-0.0543	-0.0063	-0.8659**	-0.8168**	0.1989	0.7201*	-0.6855**
浙江	0.072~0.118	0.8244**	-0.1301	-0.1441	0.2966	-0.7928**	0.2171	-0.1964	-0.8091*
湖北	0.042~0.073	0.4364	-0.3076	-0.3522	-0.4896	-0.2783	-0.3957	-0.1949	-0.0190

（六）油分

1. 油分的概念

烟叶油分（oil）是指烟叶内含有的一种柔软半液体或液体物质，在烟叶外观上表现为油润、丰满或枯燥的程度。

2. 档次划分

中国香料烟分级标准中将油分划分为富有、有、少3个档次。

（七）组织结构

1. 组织结构的概念

组织结构（structure）是指烟叶细胞排列的疏密程度。

2. 档次划分

中国香料烟分级标准中，组织结构分为细致、稍细致、较疏松、疏松4个档次。

（八）完整度

1. 完整度的概念

完整度（whole tolerance）指调制后烟叶的完整程度，即烟叶因某种原因（如虫咬、雹伤、机械损伤等）损缺了一部分而失去完整性。

2. 档次划分

中国香料烟分级标准中，把香料烟叶片的完整度依次划分为≥90%、≥85%、≥80%、≥70%、≥60% 5个档次。

（九）杂色与残伤

1. 杂色与残伤的概念

杂色（variegated）是指烟叶表面存在着与基本色不同的颜色斑块，如水渍斑、潮红、虫斑等，油斑不属于杂色。

残伤（waste）是指烟叶组织受损部分透过叶背，失去加工成丝的强度和坚实性，如病斑、枯焦等。杂色与残伤以百分比（%）控制，不得超过标准规定。

2. 档次划分

中国香料烟分级标准中，把香料烟叶片的杂色与残伤依次划分为≤5%、≤10%、≤15%、≤20%、≤30% 5个档次。

香料烟分级因素和程度档次见表6-16、表6-17。中国香料烟分级标准中，B型香料烟与S型香料烟的品质因素和控制因素个数相同，两种类型香料烟在部位、颜色、光泽、身份、油分、组织结构、杂色与残伤、完整度档次的设定上完全相同，仅有叶片长度档次的设定不同。B型香料烟的长度档次分别为≤8cm、≤10cm、≤14cm、≤18cm、≤20cm，S型香料烟的长度档次分别为≤12cm、≤16cm、≤18cm、≤20cm、≤22cm。

表6-16　B型香料烟分级因素档次

（闫克玉、赵献章，2003）

分级因素		1	2	3	4	5	6	7	8
品质因素	部位	顶叶	上二棚叶	腰叶	下二棚叶	脚叶			
	长度	≤8cm	≤10cm	≤14cm	≤18cm	≤20cm			
	颜色	淡黄色	正黄色	金黄色	桔黄色	深黄色	浅棕色	红棕色	褐色
	光泽	鲜明	尚鲜明	较暗	暗				
	身份	厚	中等	薄					
	油分	富有	有	少					
	组织结构	细致	稍细致	较疏松	疏松				

续表

分级因素		1	2	3	4	5	6	7	8
控制因素	杂色与残伤	≤5%	≤10%	≤15%	≤20%	≤30%			
	完整度	≥90%	≥85%	≥80%	≥70%	≥60%			

表 6-17 S 型香料烟分级因素档次

（闫克玉、赵献章，2003）

分级因素		1	2	3	4	5	6	7	8
品质因素	部位	顶叶	上二棚叶	腰叶	下二棚叶	脚叶			
	长度	≤12cm	≤16cm	≤18cm	≤20cm	≤22cm			
	颜色	淡黄色	正黄色	金黄色	桔黄色	深黄色	浅棕色	红棕色	褐色
	光泽	鲜明	尚鲜明	较暗	暗				
	身份	厚	中等	薄					
	油分	富有	有	少					
	组织结构	细致	稍细致	较疏松	疏松				
控制因素	杂色与残伤	≤5%	≤10%	≤15%	≤20%	≤30%			
	完整度	≥90%	≥85%	≥80%	≥70%	≥60%			

中国香料烟分级标准中，虽然没有将烟叶的成熟度作为分级因素，但是对不同颜色类型烟叶的含青度作出了最高规定：A 类为 5%；B 类为 10%；K 类为 15%。

三、香料烟分级标准

（一）香料烟等级的划分

香料烟等级主要由烟叶部位和颜色类型确定。根据烟叶着生部位的不同，香料烟分为上部叶、中部叶、下部叶；根据烟叶颜色的不同，将香料烟分为 A 类、B 类、K 类。香料烟的级别是根据烟叶颜色类型确定的，A 类为一级，B 类为二级、K 类为三级。

根据香料烟叶片的部位、颜色、长度、光泽、身份、油分、组织结构、杂色与残伤、完整度等分级因素判定级别，中国现行的香料烟分级标准规定，上部叶设 3 个等级（上一级、上二级、上三级），中部叶设 3 个等级（中一级、中二级、中三级），下部叶设 3 个等级（下一级、下二级、下三级），另设 1 个末级，共 10 个等级。

（二）香料烟的等级代号

香料烟的等级代号相对简单，只有 1 个大写字母和 1 个数字符号组成，但其代号表示方法与烤烟、白肋烟的标准等级代号不同。香料烟分级标准中，数字表示部位；字母表示颜色，也表示等级。

部位用 1、2、3 表示，分别表示上部叶、中部叶、下部叶（表 6-18）。

颜色用大写字母 A、B、K 表示，分别代表桔黄色、金黄色、深黄色，正黄色、淡黄色，红棕色、浅棕色、褐色。同时，这些符号也表示级别，分别代表一级、二级、三级。

表 6-18　香料烟部位、颜色和级别的表示方法

部位	代号	颜色	代号	级别	代号
上部叶	1	桔黄色、金黄色、深黄色	A	一级	A
中部叶	2	正黄色、淡黄色	B	二级	B
下部叶	3	红棕色、浅棕色、褐色	K	三级	K

部位和颜色代号相互结合在一起，形成了 9 个等级代号组合，即 9 个主组等级代号，另外 1 个等级为末级，用代号 ND 表示。

中国香料烟主组等级代号的书写方法是：颜色代号+部位代号。这种书写方法的次序与国际上通用的表示方法一致，有利于与国际接轨和出口贸易。中国香料烟主组等级代号的书写方法与烤烟、白肋烟不同，烤烟、白肋烟主组等级代号中的数字表示级别，而香料烟主组等级代号中的数字表示部位。例如，香料烟 B3 表示下部二级，不能参照烤烟分级标准表示上部三级；香料烟 K1 表示上部三级，不表示杂色一级。在进行烟叶分级时，尤其需要注意香料烟主组等级与烤烟、白肋烟主组等级表示方法的区别。

中国现行的香料烟分级标准规定 10 个标准等级的汇总表见表 6-19。

表 6-19　香料烟等级汇总表

（闫新甫，2012）

主组等级						副组等级	
代号	级别	代号	级别	代号	级别	代号	级别
A1	上一级	B1	上二级	K1	上三级	ND	末级
A2	中一级	B2	中二级	K2	中三级		
A3	下一级	B3	下二级	K3	下三级		

（三）香料烟等级的品质规定

中国 B 型香料烟和 S 型香料烟（包括 Canik 品种）等级的品质规定见表 6-20 和表 6-21。

表 6-20　B 型香料烟等级的品质规定

（GB 5991.1—2000《香料烟　分级技术要求》）

级别	代号	品质因素							控制因素	
		部位	长度（cm）	颜色	光泽	身份	油分	组织结构	杂色与残伤（%）	完整度（%）
上一级	A1	顶叶、上二棚	≤8	桔黄、金黄、深黄	鲜明	厚	富有	细致	≤5	≥90
上二级	B1	顶叶、上二棚	≤10	正黄、淡黄	鲜明	厚	富有	稍细致	≤10	≥90
上三级	K1	顶叶、上二棚	≤10	浅棕、红棕	尚鲜明	厚	有	稍细致	≤15	≥80
中一级	A2	腰叶、上二棚	≤14	桔黄、金黄、深黄	尚鲜明	中等~厚	富有	稍细致	≤10	≥90
中二级	B2	腰叶、上二棚	≤14	正黄、淡黄	尚鲜明	中等~厚	有	较疏松	≤15	≥85
中三级	K2	腰叶、上二棚	≤18	红棕、褐色	较暗	中等~厚	有	较疏松	≤20	≥80

续表

级别	代号	品质因素							控制因素	
		部位	长度（cm）	颜色	光泽	身份	油分	组织结构	杂色与残伤（%）	完整度（%）
下一级	A3	下二棚、腰叶	≤18	深黄、桔黄	鲜明	薄	有	较疏松	≤15	≥85
下二级	B3	下二棚、腰叶	≤18	正黄、淡黄	尚鲜明	薄	有	疏松	≤15	≥85
下三级	K3	下二棚、脚叶	≤20	浅棕、红棕、褐色	较暗	—	少	疏松	≤30	≥70
末级	ND	—	—	—	暗	—	—	—	—	≥60

注 允许含青度 A 类为 5%；B 类为 10%；K 类为 15%。

表 6-21 S 型香料烟等级的品质规定

（GB 5991. 1—2000《香料烟 分级技术要求》）

级别	代号	品质因素							控制因素	
		部位	长度（cm）	颜色	光泽	身份	油分	组织结构	杂色与残伤（%）	完整度（%）
上一级	A1	顶叶、上二棚	≤12	桔黄、金黄、深黄	鲜明	厚	富有	细致	≤5	≥90
上二级	B1	顶叶、上二棚	≤16	正黄、淡黄	鲜明	厚	富有	稍细致	≤10	≥90
上三级	K1	顶叶、上二棚	≤18	浅棕、红棕	尚鲜明	厚	有	稍细致	≤15	≥80
中一级	A2	腰叶、上二棚	≤16	桔黄、金黄、深黄	尚鲜明	中等~厚	富有	稍细致	≤10	≥90
中二级	B2	腰叶、上二棚	≤18	正黄、淡黄	尚鲜明	中等~厚	有	较疏松	≤15	≥85
中三级	K2	腰叶、上二棚	≤20	红棕、褐色	较暗	中等~厚	有	较疏松	≤20	≥80
下一级	A3	下二棚、腰叶	≤20	深黄、桔黄	鲜明	薄	有	较疏松	≤15	≥85
下二级	B3	下二棚、腰叶	≤20	正黄、淡黄	尚鲜明	薄	有	疏松	≤15	≥85
下三级	K3	下二棚、脚叶	≤22	浅棕、红棕、褐色	较暗	—	少	疏松	≤30	≥70
末级	ND	—	—	—	暗	—	—	—	—	≥60

注 1. 允许含青度 A 类为 5%；B 类为 10%；K 类为 15%。

2. Canik 品种的颜色品质规定为：A 类——浅棕色、红棕色、棕色，B 类——淡黄色至深黄色；K 类——深棕色、褐色。

（四）香料烟大等级的划分

根据不同等级香料烟的烟叶质量和使用价值，在进行烟叶收购、调拨和工业利用上，通常将各等级香料烟进行归类，形成大等级。香料烟的大等级分为上等烟、中等烟、下等烟，见表 6-22。

表 6-22 香料烟大等级的划分

大等级	等级
上等烟	A1、A2、B1
中等烟	A3、B2、B3、K1
下等烟	K2、K3、ND

上等烟包括 A1、A2、B1，共 3 个等级；中等烟包括 A3、B2、B3、K1，共 4 个等级；下等烟包括 K2、K3、ND，共 3 个等级。

四、香料烟的验收

（一）香料烟的实物标样

1. 香料烟实物标样的分类

香料烟实物标样是香料烟检验和验级的依据之一，实物标样分为基准标样和仿制标样两类。

基准标样根据本标准进行制定，经国家烟草主管部门组织审定后，报国家质量技术监督主管部门批准执行。香料烟基准标样每三年更新一次。

仿制标样由各省、市、自治区有关部门共同仿制或委托基层单位仿制送省、市、自治区有关部门审定，经省、市、自治区质量技术监督主管部门批准执行。香料烟仿制标样每年更新一次。

2. 香料烟实物标样的制定原则

香料烟实物标样分别以各等级中等质量的叶片为主，包括数量大致相等的较好和较差的叶片。每个等级 250 ~ 500g，压制成 300mm×160mm×30mm ~ 300mm×160mm×50mm 的块状。用无毒塑料包装。

香料烟实物标样应注明品种、级别、年份，并加盖批准单位印章。

3. 香料烟实物标样的执行原则

执行时，以香料烟实物标样的总质量水平作对照。对仿制样品有争议时，应以基准标样为依据。

（二）香料烟的定级原则

香料烟部位、叶片长度、颜色、光泽、身份、油分、组织结构均达到某级规定，叶片完整度不得低于某级规定，且杂色与残伤、含青度不得超过某级规定，才定为某级。

【实例讲解 8】

例如，某 S 型香料烟叶片，其品质因素依次为：部位为顶叶，叶片长度为 15cm，颜色为正黄色，光泽鲜明，身份厚，油分为富有，组织结构为稍细致；其控制因素依次为：叶片完整度为 95%，杂色与残伤为 8%，叶片不含青。从该烟叶的分级因素来看，烟叶部位、长度、颜色、光泽、身份、油分、组织结构均达到上二级要求，叶片完整度、杂色与残伤也达到上二级要求，虽然烟叶的部位、光泽、身份、油分和完整度已经达到上一级要求，但是烟叶长度、颜色、组织结构、杂色与残伤均未达到上一级要求。因此，该烟叶只能定为 B1，不能定为 A1。

可以这样认为，对某一等级而言，允许一个或多个因素高于要求，但不允许任何一个分级因素低于要求。

（三）几种香料烟的处理原则

1. 不列级的烟叶

在香料烟生产中，枯黄烟叶、死青烟叶、霉烂烟叶、杈烟叶片均为不列级烟叶。对不属于中国香料烟标准等级范围、尚有使用价值的烟叶，将由收购部门根据用户的需要，自行决定是否收购。

2. 不收购的烟叶

在香料烟收购过程中，凡是被禁用农药和其他有毒有害物质污染的烟叶不收购。

3. 重新处理后收购的烟叶

在香料烟收购过程中，凡是烟筋未干或烟叶含水率超过规定的烟叶，必须重新晾干后再收购。

（四）含水率、自然砂土率、纯度允差的规定

1. 香料烟含水率的规定

收购香料烟含水率为14%~16%，打包烟叶含水率不超过15%。

2. 香料烟砂土率的规定

香料烟下部叶的砂土率不超过1.5%，其他等级烟叶的砂土率不超过1%。

3. 香料烟纯度允差的规定

各等级香料烟混高或混低的烟叶，允许混上、下一级烟叶所占比例之和不得超过15%。

（五）香料烟的验收规则

1. 原烟检验

香料烟烟叶以原串或散烟收购，无扎把要求。烟农出售的烟叶，按烟叶的品质规定检验、定级。

2. 现场检验

抽样数量，每批（指同一地区、同一级别的香料烟）在100件（包）以内者抽取10%~20%的烟叶，超出100件的部分抽取5%~10%的烟叶，经双方商定可以酌情增减抽样比例。

成件取样，每件自中心向四周抽检，抽检样品3~5kg。对抽检样品，从烟叶品质、烟叶含水率、碎片率、砂土率等方面进行检验。

在现场检验时，任何一方认为需要进行室内检验，应由双方会同取样，严密包装，签封送检。

现场检验中，任何一方对检验结果有不同意见时，将样品送上一级质量技术监督主管部门进行检验。检验结果如仍有异议，可再进行复验，并以复验为准。

（六）香料烟的收购价格

中国制定香料烟收购价格是按照烟叶产区分别进行的，致使不同产区香料烟价格有一定的差别，形成了不同的价区。国家规定的香料烟价格主要是参考各产区提出的建议价格制定的。

总的来说，同一年份，浙江香料烟多个等级的价格高于云南、湖北和新疆同等级香料烟的价格，如2013年浙江香料烟A1等级的收购价格为2600元/担，湖北香料烟A1等级的收购价格为1660元/担，云南香料烟A1等级的收购价格为1550元/担，新疆香料烟A1等级的收购价格为1450元/担。

同一产区，不同年份、相同等级香料烟的收购价格也存在一定的差异，如2005年浙江香料烟A1等级的收购价格为1150元/担，2006年的收购价格为1250元/担，2007年的收

购价格为 1300 元/担，2008 年的收购价格为 1500 元/担，2009 年和 2010 年的收购价格均为 1700 元/担，2011 年的收购价格为 1900 元/担，2012 年的收购价格为 2400 元/担，2013 年和 2014 年的收购价格均为 2600 元/担。

1. 2005~2010 年中国香料烟的收购价格

2005~2010 年，中国香料烟的收购价格见表 6-23。可以看出，2005~2007 年，湖北和新疆烟区香料烟收购价格没有进行调整；浙江从 2005~2009 年每年都在调整香料烟收购价格，多个烟叶等级的收购价格均有所提高；2005~2006 年，云南烟区香料烟价格没有进行调整。

2009~2010 年，各产区香料烟的收购价格没有变动。需要指出的是，2009 年和 2010 年，四川也有小规模的香料烟种植，其等级价格仅次于浙江香料烟的价格。

表 6-23　2005~2010 年香料烟收购价格表（元/担）

（闫新甫，2012）

产区	年份（年）	香料烟等级									
		A1	B1	K1	A2	B2	K2	A3	B3	K3	ND
湖北	2005	900	780	450	650	590	330	410	250	100	20
	2006	900	780	450	650	590	330	410	250	100	20
	2007	900	780	450	650	590	330	410	250	100	20
	2008	1050	900	600	800	800	420	500	300	150	50
	2009	1210	1040	690	930	900	420	580	350	170	60
	2010	1210	1040	690	930	900	420	580	350	170	60
云南	2005	950	700	430	840	600	250	600	475	110	30
	2006	950	700	430	840	600	250	600	475	110	30
	2007	1000	800	500	900	650	300	600	500	150	50
	2008	1100	900	600	1000	700	350	650	550	200	50
	2009	1210	1000	700	1050	800	400	700	600	300	50
	2010	1210	1000	700	1050	800	400	700	600	300	50
浙江	2005	1150	900	550	950	700	250	550	120	20	10
	2006	1250	1000	600	1050	750	250	600	200	20	10
	2007	1300	1000	650	1100	800	250	650	200	20	10
	2008	1500	1100	750	1250	950	300	750	250	80	50
	2009	1700	1200	900	1450	1150	350	900	300	80	50
	2010	1700	1200	900	1450	1150	350	900	300	80	50
新疆	2005	960	810	470	840	690	290	630	530	150	40
	2006	960	810	470	840	690	290	630	530	150	40
	2007	960	810	470	840	690	290	630	530	150	40
	2008	990	900	690	870	750	560	470	290	150	40
	2009	1000	900	600	920	760	300	700	570	150	40
	2010	1000	900	600	920	760	300	700	570	150	40

续表

产区	年份（年）	香料烟等级									
		A1	B1	K1	A2	B2	K2	A3	B3	K3	ND
四川	2009	1500	1220	800	1360	950	450	820	610	240	60
	2010	1500	1220	800	1360	950	450	820	610	240	60

2. 2011~2019 年中国香料烟的收购价格

2011~2015 年，中国香料烟的收购价格见表 6-24。2011 年，四川没有香料烟收购计划和价格规定。2011~2013 年，湖北和浙江产区多个香料烟收购价格有所提高，2014~2018 年湖北和浙江香料烟收购价格保持不变。2011~2014 年云南香料烟收购价格有所提高，2015~2017 年云南香料烟收购价格保持稳定，2018~2019 年云南香料烟收购价格又有所增长。2011~2013 年，新疆产区香料烟收购价格有所提高，2014~2016 年新疆香料烟收购价格保持稳定。

表 6-24　2011~2019 年香料烟收购价格表（元/担）

（国家发展改革委、国家烟草专卖局）

产区	年份（年）	香料烟等级									
		A1	B1	K1	A2	B2	K2	A3	B3	K3	ND
湖北	2011	1250	1100	750	1050	1000	550	830	400	210	70
	2012	1538	1353	938	1292	1250	688	1038	480	252	84
	2013	1660	1460	1020	1400	1350	750	1120	510	270	90
	2014	1660	1460	1020	1400	1350	750	1120	510	270	90
	2015	1660	1460	1020	1400	1350	750	1120	510	270	90
	2016	1660	1460	1020	1400	1350	750	1120	510	270	90
	2017	1660	1460	1020	1400	1350	750	1120	510	270	90
	2018	1660	1460	1020	1400	1350	750	1120	510	270	90
云南	2011	1200	1100	800	1050	940	500	850	700	350	50
	2012	1450	1350	950	1250	1100	600	1000	840	400	50
	2013	1550	1470	1050	1370	1250	650	1100	950	420	50
	2014	1660	1575	1120	1450	1320	660	1160	990	430	50
	2015	1660	1575	1120	1450	1320	660	1160	990	430	50
	2016	1660	1575	1120	1450	1320	660	1160	990	430	50
	2017	1660	1575	1120	1450	1320	660	1160	990	430	50
	2018	1680	1630	1125	1500	1450	675	1200	1100	450	50
	2019	1740	1700	1170	1575	1500	725	1260	1170	485	50
浙江	2011	1900	1350	1100	1700	1300	400	1100	500	90	50
	2012	2400	1750	1100	2100	1700	400	1300	600	90	50
	2013	2600	1950	1200	2300	1900	500	1500	800	90	50
	2014	2600	1950	1200	2300	1900	500	1500	800	90	50

续表

产区	年份（年）	香料烟等级									
		A1	B1	K1	A2	B2	K2	A3	B3	K3	ND
浙江	2015	2600	1950	1200	2300	1900	500	1500	800	90	50
	2016	2600	1950	1200	2300	1900	500	1500	800	90	50
	2017	2600	1950	1200	2300	1900	500	1500	800	90	50
	2018	2600	1950	1200	2300	1900	500	1500	800	90	50
	2019	2650	2000	1200	2370	1950	500	1550	800	90	50
新疆	2011	1150	1025	650	1050	875	400	750	660	200	50
	2012	1350	1250	750	1200	1075	475	900	790	250	75
	2013	1450	1370	850	1270	1200	550	1000	900	250	75
	2014	1450	1370	850	1270	1200	550	1000	900	250	75
	2015	1450	1370	850	1270	1200	550	1000	900	250	75
	2016	1450	1370	850	1270	1200	550	1000	900	250	75

第五节 香料烟的检验方法

一、香料烟的检验取样

（一）香料烟品质检验的取样要求

香料烟品质检验取样数量为5~10kg，从现场检验打开的全部样件中随机抽取，每样件至少抽样0.25kg。

（二）香料烟水分检验的取样要求

香料烟水分检验取样数量不少于0.5kg，从现场检验打开的全部样件中随机抽取。现场检验打开的样件超过10件，则超过部分，每2~3件任选一件。每样件的取样部位，从开口一面的一条对角线上，等距离抽出2~5处，每处各0.1kg，放入密闭的容器中，化验时将抽取的全部样品混合均匀，随机抽取30~50g。

（三）香料烟碎片率、砂土率检验的取样要求

香料烟碎片率、砂土率检验取样数量不少于2.5kg，从现场检验打开的全部样件中随机抽取，如现场检验打开的样件超过10件，则任选10件为取样对象，每件任取0.3kg。如双方仍有争议时，可酌情增加。

二、香料烟的检验

（一）香料烟品质的检验

1. 香料烟品质的检验方法

香料烟的品质检验按照香料烟等级的品质规定进行逐项检验，参照香料烟分级标准样品

以感官鉴定为主。

2. 香料烟的合格率

将送检香料烟样品取三分之一称重，按香料烟等级标准逐片分级，分别称重，经过复核无误，用重量法计算其合格率。如有异议时，可再取三分之一另行检验，以两次检验结果平均值为准。

（二）香料烟水分的检验

香料烟水分的检验主要分为现场检验和室内检验。现场检验用感官检验法，室内检验用烘箱检验法。

1. 感官检验法

用手握香料烟，松开后，如果烟叶能迅速自然展开，烟筋稍脆不易断，手握稍有响声，不易破碎，说明香料烟水分含量适宜。如果烟筋硬脆易断，手握时沙沙响，叶片易碎，说明香料烟水分含量较低。如果烟筋很韧折不断，叶片湿润，手握无响声，说明香料烟水分含量较高。

2. 烘箱检验法

烘箱检验法是指取烟叶样品，在规定的烘干温度下烘至恒重时，所减少的重量与试样原重量之比，即为试样水分含量，以重量百分比（%）表示。

从送检样品中随机抽取约四分之一的叶片，迅速切成宽度不超过5mm的小片或丝状。混匀后用已知干燥重量的样品盒称取试样5~10g，记下称得的试样重量M_0。去盖后置入温度(100±2)℃的烘箱，并只能放在烘箱中层搁板上，样品盒密度宜为1个/120cm^2；待温度回升至100℃时起计时，烘2h，加盖取出置入干燥器内，冷却至室温，再称重M_1。烟叶水分含量（%）以$100\times(M_0-M_1)/M_0$计算。

每批样品的测定均应做平行试验，二者绝对值的误差不得超过0.5%，以平行试验结果的平均值为检验结果。收购香料烟水分含量应在14%~16%，打包烟叶水分含量不超过15%。

（三）香料烟碎片率、砂土率的检验

1. 感官检验法

用手抖拍香料烟，如果烟串无碎片、无砂土落下，看不见烟叶表面附有碎片、砂土即为合格。

2. 重量检验法

从送检样品中随机取两个平行试样，每个试样重400~600g，称得试样重量M_0，在油光纸上将烟叶摊开，搜集落下的砂土和碎片，通过孔径8mm分离筛，小心拌动，至筛不下为止。将筛下的碎片、砂土通过3mm分离筛，并小心拌动，至筛不下为止，然后分别称得留在筛上的碎片重量M_1、筛下的砂土重量M_2。香料烟碎片率（%）以$100\times M_1/M_0$计算，自然碎片率不得超过3%。香料烟砂土率（%）以$100\times M_2/M_0$计算，香料烟下部叶的砂土率不超过1.5%，其他等级烟叶的砂土率不超过1%。

三、香料烟检验报告

香料烟的检验报告应包括以下内容：抽样时间；抽样地点；抽样单位；抽样人；试样的标志及说明；检验时间、所用的仪器和型号；检验结果。

第六节　香料烟的包装、标志与贮运

一、香料烟的包装

（一）香料烟的包装要求

1. 香料烟包装的尺寸和质量

香料烟包装中对包装及其组成部分所规定的尺寸和质量值是公称值。在包装中所有尺寸和质量值应在规定值上下5%以内。

2. 香料烟纯度、碎片率要求

每件香料烟必须是同一产区、同一等级的烟叶，烟包（箱）内不得有任何杂物、水分超限、霉烂变质烟叶。自然碎片率不得超过3%。

3. 香料烟包装材料要求

香料烟包装材料必须牢固、干燥、清洁、无异味和残毒。

（二）香料烟的包装规格

1. 通加打包箱

通加打包箱是一种用于装通加包的箱子。这种箱是长方形形状，可用木材、钢材或任何其他类似的非污染材料制。

通加打包箱的内径尺寸应符合表6-25的要求。

表6-25　通加打包箱的内径尺寸

（GB/T 5991.2—2000《香料烟　包装、标志与贮运》）

打包箱的类型	宽度（m）	长度（m）	高度（m）
大烟包	0.38	0.7	0.65
小烟包	0.36	0.6	0.55

2. 通加包

通加包是一种使用一片底包布、一片侧包布、通加绳和缝包线将香料烟包装起来的烟包形式。

在大、小通加包里打包烟叶应符合表6-26的技术要求。

表6-26　大、小通加包里打包烟叶的技术要求

（GB/T 5991.2—2000《香料烟　包装、标志与贮运》）

参数	大通加包	小通加包
宽度（m）	0.38	0.36
长度（m）	0.7	0.6
高度（m）	0.55	0.5

续表

参数	大通加包	小通加包
体积（dm^3）	146	108
质量（kg）	31~55	20~30

用于国际贸易中，可行的通加包尺寸和质量的可选择参数见表6-27。

表6-27 国际贸易中通加包规格

（GB/T 5991.2—2000《香料烟 包装、标志与贮运》）

参数	可选择Ⅰ	可选择Ⅱ	可选择Ⅲ
宽度（m）	0.3	0.26	0.3
长度（m）	0.6	0.75	0.5
高度（m）	0.4	0.5	0.7
体积（dm^3）	72	97.5	105
质量（kg）	18~21	30~50	30

3. 包布

底包布和侧包布尺寸应符合表6-28的要求。

表6-28 底包布和侧包布尺寸

（GB/T 5991.2—2000《香料烟 包装、标志与贮运》）

烟包类型	底包布		侧包布	
	宽度（m）	长度（m）	宽度（m）	长度（m）
大通加包	0.38	2.1	0.55	1.9
小通加包	0.36	1.9	0.5	1.6

4. 缝包线

缝包线最少两股。缝大通加包使用的缝包线，长度为6m，抗张强度为142.2N；缝小通加包使用的缝包线，长度为5m，抗张强度为142.2N。

5. 通加绳

通加绳最少两股。缝大通加包使用的通加绳，长度为15m，抗张强度为392.3N；缝小通加包使用的通加绳，长度为11m，抗张强度为392.3N。

（三）香料烟的打包步骤

用机械或手工的方法将烟叶放置在通加打包箱里，以这种方式确保烟包整体的密度均匀一致。

拉紧穿过烟包底部、背部和顶部的底包布。将烟叶放置在底包布中，然后用通加绳紧紧缝合底包布，在烟包前面缝包针距5~6cm，在烟包侧面缝包针距8~10cm。用侧包布覆盖没有被底包布盖住的部分，并且用缝包线将底包布和侧包布缝合在一起，缝包针距2.5cm（图6-3）。

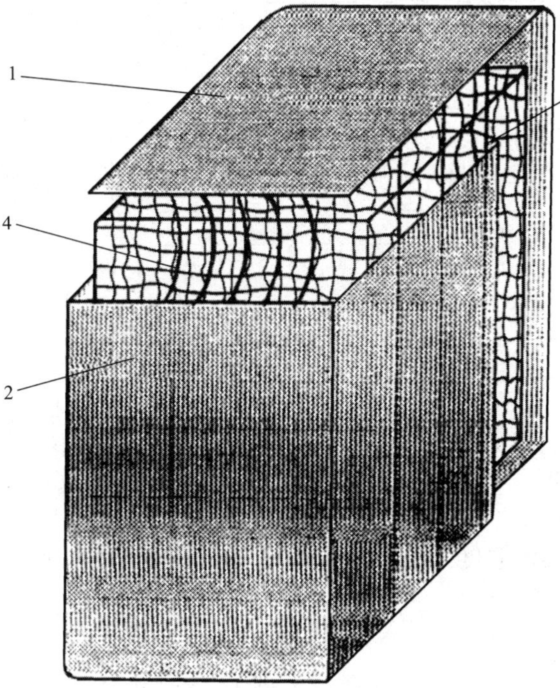

图 6-3　通加包

（GB/T 5991. 2—2000《香料烟　包装、标志与贮运》）

1—底包布　2—侧包布　3—通加绳　4—缝包线

二、香料烟的标志

（一）香料烟的标志内容

在香料烟底包布上，应注明下列 5 项内容：年份；产地（省别、县别）；级别（大写）；重量（毛重、净重），单位为 kg；烟包序号。

（二）香料烟的标志要求

1. 香料烟标志清晰

香料烟的标志应清晰易读，使用印记或持久性墨水。

2. 包装内放置验收卡片

香料烟包装内应放置香料烟验收卡片（图 6-4），验收卡片应包括品种名称、类型、级别、净重、产地、企业名称、产品年份等信息。

3. 出口烟叶的标志要求

对于出口的香料烟，可根据买卖双方的协议印上标志。

三、香料烟的贮运

（一）香料烟的贮存要求

为了保证香料烟的质量，香料烟叶片应存放在适宜的环境中。存放烟叶时，一般要求贮存场所干燥、密闭、清洁、不透风，不能存放农药、化肥等有异味的物品。贮存室门窗齐全，

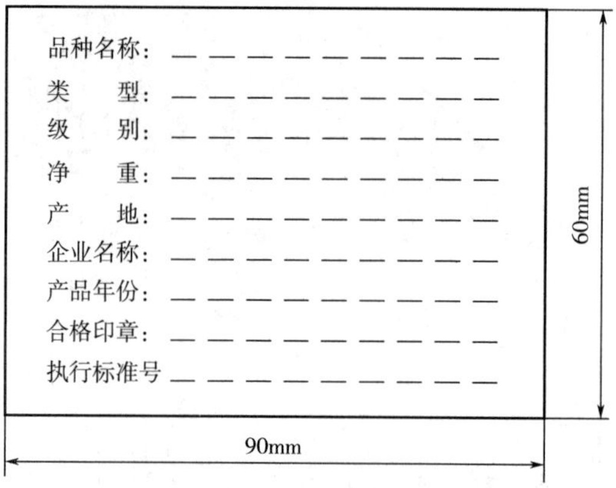

图 6-4　香料烟验收卡片示意图
（GB/T 5991. 2—2000《香料烟　包装、标志与贮运》）

室内温湿度适宜，不受外界温湿度变化的直接影响。

1. 香料烟贮存场所的温湿度要求

（1）一般仓库的温湿度要求

对于贮存香料烟的一般仓库，库内温度应控制在 32℃ 以下，相对湿度应控制在 60%～70%。通常采用自然通风和密闭去湿控制仓库温湿度。

（2）空调仓库的温湿度要求

对于贮存香料烟的空调仓库，库内温度应控制在 25℃ 以下，相对湿度应控制在 60%～65%。通常采用自然通风和空调调节仓库温湿度。

2. 烟包的存放要求

烟包存放地点必须干燥通风，远离火源，不得与有异味和有毒的物品混贮一处。烟包须置于垫物上，距墙、柱 30cm 以上。

3. 露天存放烟叶的要求

露天堆放香料烟时，上面和四周必须有防雨遮盖物，四周封严，垛底需距离地面 30cm 以上，防止烟叶受潮。

4. 定期检查烟叶

香料烟贮存期间，相关工作人员必须做到定期检查烟叶水分、烟包温度，防止烟叶霉变、虫蛀，确保烟叶安全。

（二）香料烟的运输

1. 香料烟不得随意与其他物品混运

香料烟烟包、烟箱不得与易腐烂、有异味、有毒和潮湿的物品混运。

2. 运输香料烟的工具要求

运输香料烟的工具应干燥、清洁、无异味。烟包、烟箱上面必须有遮盖物，包严盖牢，避免日晒和受潮。

3. 香料烟的装卸要求

装卸烟叶时，应注意轻拿轻放，不得摔包、钩包。

第七节　半香料烟分级

一、中国半香料烟生产、分级概况

（一）中国半香料烟生产概况

半香料烟原产于地中海地区，是一种介于烤烟与香料烟之间的特殊类型红花烟草。半香料烟植株瘦小，叶片比香料烟大，叶片卵圆形或心脏形，一般叶长≤45cm，烟叶颜色柠檬黄色至棕黄色。半香料烟叶片组织疏松，填充力强，燃烧性好，在烟草制品中有特殊的使用价值，是生产混合型、外香型卷烟及斗烟丝的重要原料之一。

2005 年，新疆从哈萨克斯坦引进半香料烟品种在伊犁试种成功。由于半香料烟的种植密度小于香料烟，费工少，生产技术要求低，调制简单，烟农易于掌握，烟叶质量较好，填充性、燃烧性强，可用性好，随后在新疆一些县市进行种植。到 2009 年，伊犁州伊宁、霍城、石河子市、昌吉州玛纳斯县、昌吉市共种植半香料烟 213.1 公顷，烟叶产量共 4774 担。近年来，新疆多地停种半香料烟。

（二）中国半香料烟分级概况

新疆于 2005 年引进半香料烟试种成功后，新疆烟草进出口有限责任公司编写了新疆半香料烟收购标准（草案）。该标准（草案）经过 2006 年、2007 年两次修订和完善，2007 年新疆维吾尔自治区质量技术监督局批准颁布《半香料烟收购标准》（DB 65/T 2802—2007）。该标准是中国第一个半香料烟分级地方标准，共分为上部叶（X1）、中部叶（X2）、下部叶（X3）3 个等级，1 个末级（ND）。

《半香料烟收购标准》经过 2007 年、2008 年在新疆半香料烟产区的实施，发现该标准对半香料烟部位、叶片长度没有要求，不能充分体现“优质优价”的原则。在听取客户、烟农和相关企业的意见后，2009 年 2 月新疆烟草进出口有限责任公司组织有关单位召开了半香料烟收购标准修订研讨会，并参考哈萨克斯坦半香料烟分级标准，根据新疆半香料烟收购的实际情况，对 2007 版《半香料烟收购标准》的内容进一步补充和完善，形成修订稿。

2009 年 8 月 10 日，新疆维吾尔自治区质量技术监督局批准发布了新版《半香料烟收购标准》（DB 65/T 2802—2009），于同年 8 月 20 日正式实施。《半香料烟收购标准》增加了 1 个上中部等级（X3），将原标准中的等级 X3 改为 X4，共 5 个等级，分别为 X1、X2、X3、X4、ND。DB 65/T 2802—2009《半香料烟收购标准》的品质规定中增加了烟叶部位和叶片长度，规定了半香料烟分组、分级原则和几种烟叶的处理原则，对于新疆半香料烟分级和收购具有重要作用。

由于近年来新疆多地停种半香料烟，DB 65/T 2802—2009《半香料烟收购标准》仅供了解和参考。

二、半香料烟分组

半香料烟分组主要依据烟叶在烟株上的着生部位以及其他与烟叶总体质量相关的主要特

征，将同一型的烟叶作进一步划分。半香料烟通常分为上部叶组（包括顶叶和上二棚叶）、中部叶组（腰叶）、下部叶组（包括下二棚叶和脚叶）3 个组别。

不同组别半香料烟的外观特征不同，半香料烟的分组特征见表 6-29。上部叶的外观特征为叶脉细、显露，叶片小，叶片稍厚；中部叶的外观特征为叶脉粗、凸现，叶片大小适中，叶片厚度适中；下部叶组的外观特征为叶脉细、平，叶片较小，叶片稍薄。

表 6-29　半香料烟的分组特征

（DB 65/T 2802—2009《半香料烟收购标准》）

组别	代号	特征		
		叶脉	叶片大小	厚度
上部叶组	1	细、显露	小	稍厚
中部叶组	2	粗、凸现	适中	适中
下部叶组	3	细、平	较小	稍薄

三、半香料烟的分级因素

对半香料烟进行分组后，根据烟叶分级因素进行等级划分。目前，新疆半香料烟的分级因素包括品质因素和控制因素，半香料烟分级标准中规定烟叶部位、长度、颜色、身份、油分、组织结构、光泽为品质因素；杂色与残伤、叶片完整度为控制因素，共 9 个分级因素。

（一）烟叶部位

叶片在烟株上着生的位置称为烟叶的部位，半香料烟自下而上分为脚叶、下二棚叶、腰叶、上二棚叶、顶叶。

（二）叶片长度

叶片长度是从叶尖到叶基部的直线距离（不包括叶柄部分），以厘米（cm）表示。

（三）颜色

烟叶颜色是指调制后烟叶呈现的深浅不同的色彩。根据新疆半香料烟颜色的不同，分为黄色烟和带青色烟两类。

1. 黄色烟

根据黄色由浅至深分为：淡黄色、正黄色、金黄色、桔黄色、红黄色、棕黄色。

2. 微带青烟

黄色烟叶中微带均匀的青色，含青程度在一成以内的烟叶。

3. 带青烟

黄色烟叶中呈现青色的部分，含青程度在三成以内的烟叶。

（四）身份

烟叶身份是指烟叶的厚薄程度。新疆半香料烟分级标准中，将叶片身份划分为稍厚、中等、稍薄 3 个档次。

（五）油分

烟叶在适宜含水量条件下，根据感官鉴别有油润或枯燥、柔软或僵硬的感觉。新疆半香料烟分级标准中，将油分划分为足、有、少 3 个档次。

（六）组织结构

组织结构是指烟叶细胞排列的疏密程度。新疆半香料烟分级标准中，将组织结构分为疏松、较疏松、较紧密、紧密4个档次。

（七）光泽

光泽是指烟叶表面色彩的纯净、鲜艳程度。新疆半香料烟分级标准中，将光泽划分为鲜明、尚鲜明、暗3个档次。

（八）完整度

完整度指调制后烟叶的完整程度。新疆半香料烟分级标准中，将半香料烟叶片的完整度依次划分为≥95%、≥90%、≥70% 3个档次。

（九）杂色与残伤

杂色是指烟叶表面存在着与基本色不同的颜色斑块，如水渍斑、虫斑、潮红、洇筋、挂灰等。残伤是指烟叶组织受损部分透过叶背，失去加工成丝的强度和坚实性，如病斑、枯焦等，但不包括霉变烟叶。

杂色与残伤以百分比（%）控制，不得超过标准规定。新疆半香料烟分级标准中，将半香料烟叶片的杂色与残伤依次划分为≤10%、≤15%、≤40% 3个档次。

新疆半香料烟的分级因素和程度档次见表6-30。

表6-30 半香料烟分级因素档次

（根据DB 65/T 2802—2009《半香料烟收购标准》整理）

分级因素		要求和档次
品质因素	部位	上部叶（顶叶、上二棚叶）、中部叶、下部叶（下二棚叶、脚叶）
	长度	以厘米（cm）表示
	颜色	淡黄色、正黄色、金黄色、桔黄色、红黄色、棕黄色
	身份	稍厚、中等、稍薄
	油分	富有、有、少
	组织结构	疏松、尚疏松、稍密、紧密
	光泽	鲜明、尚鲜明、稍暗、暗
控制因素	杂色与残伤	以百分比（%）控制
	完整度	以百分比（%）控制

四、半香料烟分级标准

（一）半香料烟等级的划分和代号

根据半香料烟叶片的部位、长度、颜色、身份、油分、组织结构、光泽、杂色与残伤、完整度等分级因素判定级别，中国新疆半香料烟分级标准规定，半香料烟分为一级、二级、三级、四级、末级，共5个等级。

半香料烟的等级代号相对简单，由1个大写字母、1个数字符号或2个大写字母组成，半香料烟各等级代号分别为X1、X2、X3、X4、ND。

(二) 半香料烟等级的品质规定

中国新疆半香料烟等级的品质规定见表6-31。

表6-31 新疆半香料烟等级的品质规定

(根据DB 65/T 2802—2009《半香料烟收购标准》整理)

级别	代号	品质因素							控制因素	
		部位	长度(cm)	颜色	身份	油分	组织结构	光泽	杂色与残伤	完整度
一级	X1	上部叶	≤35	桔黄色、金黄色、深黄色、正黄色	稍厚	富有	紧密至稍密	鲜明	≤10%	≥95%
二级	X2	中部叶	≤45	淡黄色至桔黄色	适中至稍厚	有至富有	稍疏松至稍密	鲜明至尚鲜明	≤15%	≥90%
三级	X3	上部叶、中部叶	≤45	浅棕色	稍厚至适中	有至富有	稍密至稍疏松	稍暗	≤40%	≥90%
四级	X4	下部叶	≤35	淡黄色至红黄色	稍薄至薄	有	疏松	尚鲜明至稍暗	≤40%	≥90%
末级	ND	—	—	棕色	—	—	—	暗	—	≥70%

注 1. 允许含青度规定:一级微带青烟叶≤5%;二级微带青烟叶≤10%;三、四级带青烟叶≤25%;末级青黄烟叶≤50%。

2. 杂色规定:一级为水渍斑点;二级为轻度挂灰;三级为挂灰;四级为蜘蛛网叶和挂灰。

五、半香料烟的验收

(一) 半香料烟的实物标样

1. 半香料烟实物标样的分类

半香料烟实物标样是香料烟检验和验级的依据之一,半香料烟实物标样分为基准标样和仿制标样两类。

基准标样根据半香料烟分级标准进行制定,经新疆维吾尔自治区烟草主管部门组织审定后,报新疆质量技术监督主管部门批准执行。

仿制标样由半香料烟生产单位根据基准标样仿制,由新疆维吾尔自治区烟草主管部门组织审定,经新疆质量技术监督主管部门批准执行。

2. 半香料烟实物标样的制定原则

半香料烟实物标样分别以各等级中等质量的叶片为主,包括数量大致相等的较好和较差的叶片。每把20~25片,用无毒塑料包装。制作时,用无残伤和破损的烟叶。

半香料烟实物标样应注明烟草品种、级别、年份并加盖批准单位印章。

3. 半料烟实物标样的执行原则

执行时,以半香料烟实物标样的总质量水平作对照。对仿制样品有争议时,应以基准标样为依据。

（二）半香料烟的定级原则

1. 基本原则

半香料烟的部位、叶片长度、颜色、光泽、身份、油分、组织结构、完整度均达到某级规定，杂色与残伤、含青度不得超过某级规定，才定为某级。

2. 就低原则

一批或一捆半香料烟的分级因素为 B 级，其中一个因素低于 B 级规定的，定为 C 级；一个或多个因素高于 B 级规定的，仍定为 B 级。

可以这样认为，对某一等级而言，允许一个或多个因素高于要求，但不允许任何一个分级因素低于要求。

3. 其他规定

受蚜虫损害的半香料烟，按其影响烟叶品质的程度适当定级。

凡是褪色泛白的半香料烟，在四级（含四级）以下定级。

（三）几种半香料烟的处理原则

1. 不列级的半香料烟

在半香料烟生产中，枯黄烟叶、死青烟叶、霉烂烟叶、杈烟、糟片、碎片烟叶均为不列级烟叶。对于不列级的半香料烟，不予收购。

2. 不收购的半香料烟

在半香料烟生产中，凡是被禁用农药和其他有毒有害物质污染的烟叶，不予收购。

3. 重新处理后收购的半香料烟

在半香料烟收购过程中，凡是烟筋未干或烟叶含水率超过规定的烟叶，必须重新晾干后再收购。

（四）含水率、自然砂土率、纯度允差的规定

1. 半香料烟含水率的规定

收购半香料烟时，烟叶的含水率在 15%～17%之间为宜。

2. 半香料烟砂土率的规定

半香料烟 X4、ND 等级的砂土率不超过 1.5%，其他等级烟叶的砂土率不超过 1%。

3. 半香料烟纯度允差的规定

各等级半香料烟混高或混低的烟叶，允许混上、下一级烟叶所占比例之和不得超过 15%。

（五）半香料烟的检验规则

1. 原烟检验

收购半香料烟时，以捆烟收购。烟农出售的半香料烟，按烟叶的品质规定检验、定级。

2. 现场检验

抽样数量，每批（指同一地区、同一级别的半香料烟）在 100 件（包）以内者抽取 10%～20%的烟叶，超出 100 件的部分抽取 5%～10%的烟叶，经双方商定可以酌情增减抽样比例。

成件取样，每件自中心向四周抽检，抽检样品 3～5kg。对抽检样品，从烟叶品质、烟叶含水率、碎片率、砂土率等方面进行检验。

在现场检验时，任何一方认为需要进行室内检验，应由双方会同取样，严密包装，签封

送检。

现场检验中，任何一方对检验结果有不同意见时，将烟叶样品送上一级质量技术监督主管部门进行检验。检验结果如仍有异议，可再进行复验，并以复验为准。

（六）半香料烟的收购价格

新疆半香料烟收购价格（表6-32）是由新疆维吾尔自治区发展和改革委员会制定的，在新疆半香料烟产区执行。2010年新疆半香料烟一级的价格为590元/担，二级的价格为505元/担，三级的价格为350元/担，四级的价格为395元/担，末级的价格为50元/担。

表6-32　2010年新疆半香料烟收购价格表

（新疆发展和改革委员会，新发改农价〔2010〕1702号）

等级	代号	价格（元/担）
一级	X1	590
二级	X2	505
三级	X3	350
四级	X4	395
末级	ND	50

思考题：

1. 简述中国香料烟分型的目的。
2. 如何识别B型香料烟和S型香料烟？
3. 简述中国香料烟不同部位的分组特征及其代号。
4. 简述中国香料烟的颜色分组及其代号。
5. 简述中国香料烟分级的意义。
6. 中国香料烟上等烟、中等烟、下等烟分别包括哪些等级？
7. 中国香料烟部位与烤烟部位的表示方法有何差别？

第七章　中国雪茄烟分级

近年来由于雪茄市场发展势头较好，中国雪茄呈现暴发式增长，雪茄烟叶产量迅速增长，雪茄烟叶分级标准日渐完善。本章主要介绍中国雪茄烟生产、分级概况，雪茄烟叶工商交接等级标准，雪茄烟叶分级地方标准。

第一节　中国雪茄烟生产、分级概况

一、中国雪茄烟生产概况

雪茄烟属热带植物，以热带或亚热带气候较为适宜。中国雪茄烟的种植历史较短，雪茄原料种植规模不大，主要种植区域为海南、湖北、四川等地，尤以海南儋州和五指山、湖北来凤、四川什邡和达州等地为代表。除以上 3 个雪茄原料产区外，云南和贵州等地正在积极开展雪茄烟试种工作。随着烟草行业“大企业、大品牌、大市场”战略的实施，国内雪茄市场呈现暴发式增长，雪茄消费量持续增长，雪茄烟叶需求量急剧增加，雪茄烟叶生产快速增长。

2011~2019 年中国雪茄烟种植面积和收购量见表 7-1。可以看出，2014 年雪茄烟种植面积较大，2015 年雪茄烟种植面积明显降低，随后雪茄烟种植面积又有所增加。2011~2019 年雪茄烟种植面积占晾烟总种植面积的比例总体呈上升趋势，2011 年雪茄烟种植面积仅为晾烟总种植面积的 0.18%，2017 年雪茄烟种植面积占晾烟总种植面积的 13.11%。

表 7-1　2011~2019 年中国雪茄烟种植面积和收购量

（闫新甫等，2021）

年份（年）	种植面积（公顷）	占晾烟总种植面积比例（%）	收购量（吨）	占晾烟总收购量比例（%）
2011	40.0	0.18	37.3	0.08
2012	219.7	0.99	262.7	0.53
2013	182.8	1.23	235.1	0.71
2014	379.9	5.66	472.4	3.19
2015	257.3	6.68	241.6	3.05
2016	267.8	10.74	256.5	5.06
2017	319.9	13.11	470.4	8.97
2018	316.0	8.40	384.5	4.71
2019	357.8	11.40	451.7	6.48

2014 年雪茄烟收购量较大，2015 年雪茄烟收购量明显降低，仅为上一年收购量的 51.14%，随后雪茄烟收购量又有所回升。2011~2019 年雪茄烟收购量占晾烟总收购量的比例总体呈上升趋势，2011 年雪茄烟收购量仅为晾烟总收购量的 0.08%，2017 年雪茄烟收购量占晾烟总收购量的 8.97%。

中国不同省份雪茄烟种植面积和收购量见表 7-2。可以看出，2012~2019 年海南雪茄烟种植面积呈先减小、后增大趋势，四川雪茄烟种植面积呈先增大、后减小、再增大趋势，湖北雪茄烟种植面积呈先增大、后减小趋势。2019 年海南雪茄烟种植面积较大，四川雪茄烟种植面积较小。

2012~2019 年海南雪茄烟收购量呈先减小、后增大趋势，四川雪茄烟收购量呈先增大、后减小、再增大趋势，湖北雪茄烟收购量呈先增大、后减小趋势。2019 年海南雪茄烟收购量较大，四川雪茄烟收购量较小。

表 7-2　中国不同省份雪茄烟种植面积和收购量

（闫新甫等，2021）

年份（年）	种植面积（公顷）			收购量（吨）		
	海南	四川	湖北	海南	四川	湖北
2011	40.0	—	—	37.3	—	—
2012	100.0	66.4	53.3	91.0	121.7	50.0
2013	66.7	69.4	46.7	51.5	123.6	60.0
2014	86.7	93.3	200.0	131.5	196.0	145.0
2015	53.3	4.0	200.0	60.0	6.6	175.0
2016	90.0	24.5	153.3	90.0	46.5	120.0
2017	93.3	73.2	153.3	140.0	165.4	165.0
2018	133.3	69.4	113.3	150.0	119.5	115.0
2019	146.7	77.8	133.3	165.0	131.7	155.0

【行业动态 4】

云南雪茄烟叶开发与应用四年回眸

日期：2022 年 12 月 15 日　来源：中国烟草资讯网　作者：杨漾　编辑：李东军

近日，由云南省烟草专卖局（公司）主办，云南香料烟公司承办的“云南雪茄烟叶开发与应用交流活动”在保山市隆阳区潞江坝举行。

部分雪茄厂家、雪茄终端零售户、“雪茄大咖”齐聚于此，参观了保山市潞江坝云雪庄园、禾木雪茄烟叶核心技术农业示范区，并了解玉溪元江甘庄雪茄烟叶发酵工厂技术迭代升级的情况。

短短四年时间，云南自主选育了“云雪 1 号”“云雪 2 号”等系列优质品种，让异域雪茄在云岭扎根繁茂。

雪茄由茄芯、茄套、茄衣三部分组成，茄衣是雪茄的精华部分。但是，世界上可以种植优质烟叶的地区非常有限，好的雪茄产地必须符合相对湿度70%，平均温度维持在25℃。

滇南（临沧、普洱、玉溪南部）、滇西（德宏）和金沙江河谷地区，地理区位、生态环境与古巴等产地高度相似，属热带湿润型河谷气候，光热资源充足，雨量充沛。春夏季气温高，光照强，适合茄衣和茄芯烟叶种植；秋冬季气温适宜，云雾多，湿气大，适合茄衣烟叶种植。

由此，云南省局（公司）扛起了重任——将雪茄烟叶开发作为构筑发展新优势、拓展发展新空间、构建新发展格局的重大战略，紧紧围绕“打造国产雪茄特色原料品牌，破解国产雪茄烟叶原料瓶颈”目标，集中科技精锐迎难而上，统筹施策打造中式雪茄的“第一车间”。

详见中国烟草资讯网。

据中国网、中国烟草资讯网报道，2019 年云南试种雪茄烟 610 亩。从零开始，起步就是冲刺，随后云南雪茄烟叶生产迅速发展。2021 年产烟季，云南种植雪茄烟 3000 亩，并于 2022 年 2 月下旬正式交付四家雪茄烟工业企业发酵后的雪茄烟叶 26. 64 吨，之后又交付了剩余的约 173 吨高质量烟叶。2022 年，云南种植雪茄烟 1. 1 万亩，雪茄烟叶收购量 890 吨左右。2023 年，云南种植雪茄烟 1. 5 万亩。

【思政小课堂 10】——科学精神

云南雪茄烟叶开发与应用四年回眸

扫码查看

近年来，国内一些烟区大力发展雪茄烟叶生产，依靠科技力量不断提升雪茄烟叶产量和质量，增加烟农收入，促进当地经济发展，助力乡村振兴。

【思政小课堂 11】——乡村振兴

发展雪茄烟叶　助力乡村振兴

扫码查看

二、中国雪茄烟分级概况

雪茄烟在中国的种植规模相对较小，由于种种原因，长期以来中国雪茄烟没有统一的国家分级标准，各地雪茄烟叶分级标准多参照地方晾晒烟分级标准。

近年来，国内许多种植雪茄烟的省份不断探究雪茄烟叶分级标准。2020 年 6 月 3 日，湖北省市场监督管理局发布了湖北省地方标准 DB 42/T 1549—2020《雪茄烟叶等级质量规范》，将雪茄烟茄衣烟叶分为 4 个等级、茄套烟叶 4 个等级、茄芯烟叶 6 个等级、微青烟叶 1 个等级、末级烟叶 1 个等级，共计 16 个等级，该分级标准于 2020 年 8 月 3 日实施。2021 年 12 月 3 日，国家烟草专卖局发布了 YC/T 588—2021《雪茄烟叶工商交接等级标准》。茄衣烟叶 42 个等级，茄套烟叶 8 个等级，把烟 36 个等级，蛙腿 36 个等级，碎片 4 个等级，散叶 2 个等级，共计 128 个等级，该分级标准于 2022 年 3 月 1 日开始施行。2023 年 8 月 22 日，四川省市场监督管理局发布了 DB 51/T 3104—2023《雪茄烟叶收购质量规范》，茄衣烟叶 3 个等级，茄套烟叶 2 个等级，茄芯烟叶 13 个等级，共计 18 个等级，该分级标准于 2023 年 10 月 1 日开始施行。

另外，还有云南省烟草专卖局（公司）企业标准 Q/YNYC（KJ）. J01—2021《雪茄烟叶工商交接等级标准》、云南省烟草专卖局（公司）企业标准 Q/YNYC（KJ）. J02—2021《雪茄烟鲜叶收购标准》、云南省烟草专卖局（公司）企业标准 Q/YNYC（KJ）. J01—2022《雪茄烟叶原烟商业交接等级标准（试行）》、云南省地方标准 DB 53/T 1193—2023《雪茄烟叶鲜叶分级》等分级标准。

第二节　雪茄烟叶工商交接等级标准

一、工商交接雪茄烟叶分组

根据雪茄烟叶的用途及工业制作的需要，将雪茄烟叶分为茄衣（wrapper）、茄套（binder）、茄芯（filler），其代号依次为 Wr、Bi、Fi。烟叶在烟株上的着生位置由上而下分为顶叶、上部叶、中部叶、下部叶、脚叶，雪茄烟叶分组时分为上部叶、中部叶、下部叶、混部位叶，其代号依次为 B、C、X、M。根据雪茄烟叶颜色深浅分为青褐色、黄褐色、浅褐色、中褐色、红褐色、深褐色、黑褐色，其代号依次为 A、B、C、D、E、F、G。

二、工商交接雪茄烟叶分级

（一）雪茄烟叶的分级因素

雪茄烟叶的成熟度分为成熟、较熟、尚熟。成熟指叶片颜色均匀一致，无杂色或青斑，触感柔而不腻、韧而不脆，有舒张感、粘手感；较熟指叶片颜色较均匀，无杂色或青斑，触感柔韧度较好，稍有舒张感、粘手感；尚熟指叶片颜色尚均匀，基本无杂色或青斑，触感有一定的柔韧度，略有舒张感、粘手感。

雪茄烟叶的均匀性是指经发酵后雪茄烟叶颜色的协调一致性。

雪茄烟叶的油分是指雪茄烟叶内含有的一种柔软的半液体或液体物质（芳香油和树脂等），在烟叶外观上表现出油润或枯燥的感觉。

雪茄烟叶的长度是指从雪茄叶片主脉柄端至尖端间的直线距离，以厘米（cm）表示。

雪茄烟叶的完整度是指雪茄叶片完整的程度。完整度分为完整、较完整、单边可用。完整是指整片烟叶无破损；较完整是指在叶片边缘有少量破损，不影响工业使用；单边可用是指以主脉为界限，其中一边无破损或有少量破损，不影响工业使用。

雪茄烟叶的身份是指雪茄烟叶厚度、细胞密度或单位叶面积质量的总体体现。

雪茄烟叶的形态是指雪茄烟叶分级后呈现的外观状态。形态包括蛙腿、把烟、散烟、碎片。茄衣烟叶、茄套烟叶的形态为把烟，茄芯烟叶的形态可为蛙腿、把烟、散烟、碎片。蛙腿是指将整片雪茄烟叶的部分主脉去梗后，叶片呈现蛙腿型形态的烟叶。

把烟是指同一等级一定数量（20 片左右）的烟叶，在其烟柄处用同级的 1～2 片烟叶缠绕扎紧成的一束烟叶；散叶是指分级后不扎把、排列整齐的烟叶，散叶一般为较短的顶叶或脚叶；碎片是指烟叶生产过程中产生的碎叶。

（二）雪茄烟叶的等级要素

雪茄烟叶等级要素包括类型、质量等级、颜色、部位、形态、长度，具体等级要素、代码及表征见表 7-3。雪茄烟叶质量等级分为 1、2、3、4 级；混部位叶是指不同部位茄芯烟叶碎片相混。

茄衣烟叶长度≥50cm，其长度档次为长；35cm<茄衣烟叶长度<50cm，其长度档次为中等；茄衣烟叶长度≤35cm，其长度档次为短。茄衣烟叶长度分为长（L）、中等（M）；茄套烟叶长度分为长（L）、中等（M）；茄芯烟叶长度分为长（L）、中等（M）、短（S）。

表 7-3　雪茄烟叶的等级要素、代码及表征
（YC/T 588—2021《雪茄烟叶工商交接等级标准》）

等级要素	代码及表征
类型	Wr（茄衣）；Bi（茄套）；Fi（茄芯）
质量等级	1（优）；2（良）；3（一般）；4（差）
颜色	A（青褐色）；B（黄褐色）；C（浅褐色）；D（中褐色）；E（红褐色）；F（深褐色）；G（黑褐色）
部位	B（上部叶）；C（中部叶）；X（下部叶）；M（混部位叶）
形态	Bt（把烟）；Fs（蛙腿）；Ll（散叶）；S（碎片）
长度	L（长度≥50cm）；M（35cm<长度<50cm）；S（长度≤35cm）

（三）雪茄烟叶的质量等级技术要求

1. 茄衣烟叶

雪茄茄衣质量等级技术要求见表 7-4。茄衣烟叶的成熟度、油分、身份、均匀性、完整度指标均达到某一质量等级要求时，质量等级定为该等级，否则按最低单项质量等级定级。

表 7-4　茄衣烟叶质量等级技术要求
（YC/T 588—2021《雪茄烟叶工商交接等级标准》）

质量等级	成熟度	油分	身份	均匀性	完整度
1	成熟	足	薄	均匀	完整
2	较熟至成熟	较足至足	中等	较均匀	较完整
3	尚熟	尚足	稍厚	尚均匀	单边可用

2. 茄套烟叶

雪茄茄套质量等级技术要求见表 7-5。茄套烟叶的成熟度、油分、完整度指标均达到某一质量等级要求时，质量等级定为该等级，否则按最低单项质量等级定级。

表 7-5　茄套烟叶质量等级技术要求
（YC/T 588—2021《雪茄烟叶工商交接等级标准》）

质量等级	成熟度	油分	完整度
1	成熟	足	完整
2	较熟至成熟	较足至足	较完整
3	尚熟	尚足	单边可用
4		未达到 3 级质量要求	

3. 茄芯烟叶

雪茄茄芯质量等级技术要求见表 7-6。茄芯烟叶的成熟度、油分、均匀性指标均达到某一质量等级要求时，质量等级定为该等级，否则按最低单项质量等级定级。

表 7-6　茄芯烟叶质量等级技术要求
（YC/T 588—2021《雪茄烟叶工商交接等级标准》）

质量等级	成熟度	油分	均匀性
1	成熟	足	均匀
2	较熟至成熟	较足至足	较均匀
3	尚熟	尚足	尚均匀
4		未达到 3 级质量要求	

（四）雪茄烟叶的等级编码规则

1. 茄衣烟叶

茄衣烟叶共有 42 个等级。茄衣烟叶的等级要素代码由 4 个部分组成，第 1 部分为烟叶类型代码，第 2 部分为质量等级代码，第 3 部分为颜色代码，第 4 部分为长度代码，表示形式为 Wr—X—X—X。例如，某茄衣烟叶质量等级 2 级、颜色浅褐色、长度 56cm，则该茄衣烟叶的等级要素代码为 Wr—2—C—L。

2. 茄套烟叶

茄套烟叶共有 8 个等级。茄套烟叶的等级要素代码由 3 个部分组成，第 1 部分为烟叶类型代码，第 2 部分为质量等级代码，第 3 部分为长度代码，表示形式为 Bi—X—X。例如，某茄套烟叶质量等级 3 级、长度 45cm，则该茄套烟叶的等级要素代码为 Bi—3—M。

3. 茄芯烟叶

茄芯烟叶共有 78 个等级，其中把烟 36 个等级，蛙腿 36 个等级，碎片 4 个等级，散叶 2 个等级。茄芯烟叶的等级要素代码由 5 个部分组成，第 1 部分为烟叶类型代码，第 2 部分为部位代码，第 3 部分为质量等级代码，第 4 部分为形态代码，第 5 部分为长度代码，表示形式为 Fi—X—X—X—X。例如，某茄芯烟叶为中部叶、烟叶质量等级 1 级、形态为蛙腿、长度 33cm，则该茄芯烟叶的等级要素代码为 Fi—C—1—Fs—S。

以 Ll 表示散叶，分为顶叶为主、脚叶为主两个等级，编码代码依次为 Ll1、Ll2。例如，某散叶以顶叶为主，则该散叶的等级要素代码为 Ll1。

以 S 表示碎片，包括单一部位碎片、混部位碎片。碎片烟叶的等级要素代码由两个部分组成，第 1 部分为碎片代码，第 2 部分为部位代码。例如，某碎片为中部叶碎片，则该碎片的等级要素代码为 S—C。

需要说明的是，由于 YC/T 588—2021《雪茄烟叶工商交接等级标准》未列出所有雪茄烟叶等级名称及其品质规定，因此不介绍各等级雪茄烟叶的品质规定。

（五）其他要求

1. 雪茄烟叶的包装要求

表 7-7 茄衣、茄套、茄芯烟叶包装要求

（YC/T 588—2021《雪茄烟叶工商交接等级标准》）

类型		包装要求	每包净重（kg）	尺寸（长×宽×高）（cm）
茄衣烟叶		纸箱包装，要求包装带不少于四根，包装牢固，在纸箱两个宽面打孔（单面三排对称，共 9 孔，孔直径 1cm）	25±0.5	90×55×40
茄套烟叶		麻袋包装牢固	50±0.5	80×60×40
茄芯烟叶	把烟	麻袋包装牢固	50±0.5	80×60×40
	蛙腿	麻袋包装牢固	50±0.5	80×60×40
	散叶	麻袋包装牢固	100±0.5	120×80×80
	碎片	麻袋包装牢固	100±0.5	120×80×80

2. 雪茄烟叶的标识

雪茄烟包（箱）上应标识烟叶年份、产地、品种、等级等信息。

3. 雪茄烟叶的水分要求

雪茄茄衣、茄套、茄芯烟叶交接水分标准宜为（17.0±1.0）%。

4. 雪茄烟叶无异常

雪茄茄衣、茄套、茄芯烟叶无异味、无霉变等现象。

第三节　雪茄烟叶分级地方标准

一、湖北省雪茄烟叶分级商业标准

（一）湖北雪茄烟叶分组

根据雪茄烟叶的用途及工业制作的需要，雪茄烟叶分为茄衣烟叶、茄套烟叶、茄芯烟叶，其代号依次为 JY、JT、JN。根据烟叶着生部位分为上部叶、中部叶、下部叶，其代号依次为 B、C、X。根据烟叶颜色深浅分为深褐色、浅褐色、微青色、杂色，其代号依次为 H、F、V、K。雪茄烟叶分为茄衣深褐色叶组、茄衣浅褐色叶组，茄套深褐色叶组、茄套浅褐色叶组，茄芯上部叶组、茄芯中部叶组、茄芯下部叶组，微青色叶组、杂色叶组。

（二）湖北雪茄烟叶分级

1. 湖北雪茄烟叶的分级因素

对雪茄烟进行分组后，根据分级因素进行等级划分。湖北雪茄烟的分级因素包括成熟度、身份、油分、颜色、颜色均匀性、脉相、色度、叶片完整度、长度、宽度、残伤。

（1）雪茄烟叶的成熟度分为成熟、过熟、尚成熟、欠熟。

（2）雪茄烟叶的身份分为薄、稍薄、适中、稍厚、厚。

（3）雪茄烟叶的油分分为多、有、稍有、少。

（4）雪茄烟叶的颜色分为深褐色、浅褐色、微青色、杂色。

（5）雪茄烟叶的颜色均匀性分为均匀、较均匀、不均匀。

（6）雪茄烟叶的脉相分为细、较细、稍粗。

（7）雪茄烟叶的色度分为浓、强、中。

（8）雪茄烟叶的叶片完整度以百分数（%）表示。

（9）雪茄烟叶的长度和宽度均以厘米（cm）表示。

（10）雪茄烟叶的残伤以百分数（%）表示。

2. 湖北省雪茄烟叶等级和品质规定

（1）湖北省雪茄烟叶的等级设置

根据雪茄烟叶的完整度、成熟度、颜色均匀度、油分、色度、身份、脉相、叶片长度、叶片宽度、残伤 10 个外观分级因素划分等级。茄衣、茄套侧重烟叶的外观质量，茄芯侧重于烟叶的感官质量。正组分为茄衣深褐色一级、茄衣深褐色二级、茄衣浅褐色一级、茄衣浅褐色二级，茄套深褐色一级、茄套深褐色二级、茄套浅褐色一级、茄套浅褐色二级，茄芯下部一级、茄芯下部二级，茄芯中部一级、茄芯中部二级，茄芯上部一级、茄芯上部二级；副组分为茄芯微青，茄芯末级。一共分为 16 个等级。

（2）湖北省雪茄烟叶的品质规定

根据雪茄烟叶的完整度、成熟度、颜色均匀度、油分、色度、身份、脉相、叶片长度、叶片宽度、残伤等因素进行分级，湖北省雪茄烟茄衣、茄套各等级烟叶的品质规定见表 7-8。

表 7-8　茄衣、茄套烟叶的品质因素要求

（DB 42/T 1549—2020《雪茄烟叶等级质量规范》）

组别	级别	代号	完整度（%）	成熟度	颜色均匀度	油分	色度	身份	脉相	叶片长度（cm）	叶片宽度（cm）	残伤（%）
茄衣深褐色	一级	JY1H	≥95	成熟	均匀	多	浓	薄	细	≥45	≥25	≤0
	二级	JY2H	≥95	成熟	均匀	有	强、中	稍薄	细	≥40	≥20	≤5
茄衣浅褐色	一级	JY1F	≥95	成熟	均匀	多	浓	薄	细	≥45	≥25	≤0
	二级	JY2F	≥95	成熟	均匀	有	强、中	稍薄	细	≥40	≥20	≤5
茄套深褐色	一级	JT1H	≥90	成熟	较均匀	多	强	稍薄~适中	较细	≥45	≥25	≤5
	二级	JT2H	≥90	成熟	较均匀	有	中	稍薄~稍厚	较细~较粗	≥40	≥20	≤10
茄套浅褐色	一级	JT1F	≥90	成熟	较均匀	多	强	稍薄~适中	较细	≥45	≥25	≤5
	二级	JT2F	≥90	成熟	较均匀	有	中	稍薄~稍厚	较细~较粗	≥40	≥20	≤10

根据雪茄烟叶的成熟度、颜色均匀度、油分、身份、叶片长度、叶片宽度、杂色、残伤进行分级，湖北省雪茄烟茄芯各等级烟叶的品质规定见表 7-9。

表 7-9　茄芯烟叶的品质因素要求

（DB 42/T 1549—2020《雪茄烟叶等级质量规范》）

组别	级别	代号	成熟度	颜色均匀度	油分	身份	叶片长度（cm）	叶片宽度（cm）	杂色（%）	残伤（%）
芯叶下部	一级	JNX1	成熟	较均匀	有~稍有	稍薄~适中	≥30	≥15	≤10	≤10
	二级	JNX2	成熟~尚成熟	较均匀	稍有	稍薄~薄	≥20	≥10	≤15	≤20
芯叶中部	一级	JNC1	成熟	较均匀	有	适中	≥30	≥15	≤10	≤10
	二级	JNC2	成熟	较均匀	有~稍有	稍薄~适中	≥25	≥10	≤15	≤15
芯叶上部	一级	JNB1	成熟	较均匀	多~有	适中~稍厚	≥30	≥15	≤10	≤10
	二级	JNB2	尚成熟	较均匀	有~稍有	稍厚	≥20	≥10	≤15	≤20
副组芯叶	微青	JNV	尚成熟	较均匀~不均匀	稍有~少	稍薄~稍厚	≥20	≥10	≤15	≤15
	末级	N	欠熟、过熟	不均匀	少	薄~厚	≥10	—	≤30	≤30

（三）湖北省雪茄烟叶的验收

1. 湖北省雪茄烟叶的定级原则

（1）基本定级原则

调制后茄衣、茄套烟叶在某颜色范围内，其成熟度、完整度、颜色均匀度、油分、色度、身份、脉相、叶片长度、叶片宽度等相关分级因素都达到某级规定，且杂色、残伤不超过某级允许度时，才定为某级。

调制后茄芯烟叶在某颜色范围内，其成熟度、油分、颜色均匀度、身份、叶片长度、叶片宽度等相关分级因素都达到某级规定，且杂色、残伤不超过某级允许度时，才定为某级。

（2）就低原则

对某一等级雪茄烟叶而言，允许一个或多个因素高于要求，但不允许任何一个分级因素低于要求，即“就低原则”。

一批雪茄烟叶在两个等级界限上，则定较低等级。

一批雪茄烟叶品级因素为 B 级，其中一个因素低于 B 级规定，则定 C 级；一个或多个因素高于 B 级，仍为 B 级。

（3）最终等级的确定

当重新检验雪茄烟叶与原定等级不符时，则原定等级无效。

2. 湖北省雪茄烟叶的验收规则

（1）雪茄烟叶自然含水率的规定

湖北省各等级雪茄烟叶的自然含水率为 18%~20%。

（2）雪茄烟叶自然砂土率的规定

湖北省各等级雪茄烟叶的自然砂土率不得超过 1.1%。

（3）雪茄烟叶阴燃持火力的规定

湖北省各等级雪茄烟叶的阴燃持火力不小于 2s。

（4）其他验收规则

一批烟叶界于两种颜色的界限上，则视其他品质先定色后定级。

雪茄烟叶青片、污损、异味、霉变、掺杂、水分超限等，均为不列级，不予收购。

杂色面积超过 20%的雪茄烟叶，为杂色烟叶，在末级定级。

含微青色面积介于 10%~20%的茄芯烟叶，视其他品质在芯叶微青组定级；含微青色面积大于 20%视其他品质因素，在末级定级。

茄衣、茄套各等级及芯叶一级不允许含微青色，芯叶二级允许含微青 10%以内。

每件内烟叶自然碎片不得超过 3%。

（四）湖北省雪茄烟叶的包装、标志与贮运

1. 湖北省雪茄烟叶的包装要求

每包（件）雪茄烟叶产品必须为同一等级烟叶。

包装材料须牢固、干燥、清洁、无异味、无残毒。

包（件）内雪茄烟叶应排列整齐，顺序相压，不得有任何杂物。

茄芯烟叶用麻袋包装，净重 50kg/件；茄衣、茄套烟叶用纸箱包装，净重 25kg/箱。

2. 湖北省雪茄烟叶的标志

湖北省雪茄烟叶的标志要求，每包（件）产品须标记产地（州、县）、级别、重量、产品日期（年、月）。

3. 湖北省雪茄烟叶的贮存

在雪茄烟叶的贮存过程中，应有防雨、防晒、防潮措施，远离火源和油料。

应保证雪茄烟叶存放场地清洁、干燥、通风良好、无异味，禁止与非烟叶物质共同堆放、混装。

4. 湖北省雪茄烟叶的运输

运输雪茄烟叶的工具应清洁、卫生。雪茄烟叶产品不得与有毒、有害、有腐蚀性、易挥发或有异味的物品混装运输。

雪茄烟叶运输过程不得暴晒、雨淋、受潮。

装卸雪茄烟叶时须小心轻放，不得摔包、钩包。

茄衣、茄套烟叶堆码高度不超过 3 箱，茄芯烟叶堆码高度不超过 5 包（件）。

垛位之间要保持 60~80cm 的间距，烟垛与墙壁的间距不少于 30cm。

二、四川省雪茄烟叶分级商业标准

（一）四川省雪茄烟叶分类分组分级

1. 雪茄烟叶分类

按雪茄烟叶的用途划分类型，分为茄衣烟叶、茄套烟叶、茄芯烟叶 3 种类型。

2. 雪茄烟叶分组

茄衣烟叶、茄套烟叶不分组。

茄芯烟叶根据着生部位和总体质量，将同一类型的烟叶划分成不同的组别，分为顶叶、上部叶、中部叶、下部叶、脚叶 5 个叶组，分别用 T、B、C、X、P 表示，分组特征见表 7-10。

表 7-10　茄芯烟叶分组特征

（DB 51/T 3104—2023《雪茄烟叶收购质量规范》）

组别	主脉	叶面	厚度
顶叶组（T）	粗，较显露至突起	皱折	稍厚至厚
上部叶组（B）	较粗，较显露至突起	稍皱折	中等至稍厚
中部叶组（C）	适中，较显露到微露	平坦至较平坦	稍薄至中等
下部叶组（X）	较细，平滑	平坦	薄至稍薄
脚叶组（P）	细，平滑	平坦	薄

3. 雪茄烟叶分级

（1）分级因素

将每个分级因素划分成不同的程度档次，与有关的其他因素相应的程度档次相结合，体现各等级烟叶的质量状况，确定各等级的相应价值。雪茄烟叶分级因素档次划分见表 7-11。

表 7-11　雪茄烟叶分级因素及程度档次

（DB 51/T 3104—2023《雪茄烟叶收购质量规范》）

分级因素		程度档次				
		1	2	3	4	5
品质因素	成熟度	成熟	尚熟	—	—	—
	叶片结构	疏松	尚疏松	稍密	紧密	空松
	厚度	薄	稍薄	中等	稍厚	厚
	油分	多	有	稍有	少	—
	支脉	细	较细	适中	较粗	粗

续表

分级因素		程度档次				
		1	2	3	4	5
品质因素	均匀度	均匀	较均匀	—	—	—
	完整度	完整	较完整	—	—	—
	长度	以厘米（cm）表示				
控制因素	残伤	以百分比（%）表示				

（2）等级划分

茄衣烟叶按质量优劣依次分为一级、二级、三级。

茄套烟叶按质量优劣依次分为一级、二级。

茄芯烟叶按部位、质量综合分为顶部一级、顶部二级、顶部三级、上部一级、上部二级、上部三级、中部一级、中部二级、中部三级、下部一级、下部二级、脚叶及末级。

（二）四川省雪茄烟叶分级技术要求

1. 四川省茄衣烟叶等级要求

四川省茄衣烟叶等级要求应符合表 7-12 规定。

表 7-12　茄衣烟叶等级规定

（DB 51/T 3104—2023《雪茄烟叶收购质量规范》）

级别	代号	成熟度	厚度	油分	支脉	均匀度	完整度	长度（cm）≥
茄衣一级	Wr1	成熟	薄～稍薄	多	细	均匀	完整	40
茄衣二级	Wr2	成熟～尚熟	中等	有	细	较均匀	完整	35
茄衣三级	Wr3	尚熟	稍厚	稍有	较细	较均匀	较完整	35

2. 四川省茄套烟叶等级要求

四川省茄套烟叶等级要求应符合表 7-13 规定。

表 7-13　茄套烟叶等级规定

（DB 51/T 3104—2023《雪茄烟叶收购质量规范》）

级别	代号	成熟度	厚度	油分	支脉	完整度	长度（cm）≥
茄衣一级	Bi1	成熟	中等	有	较细	完整	40
茄衣二级	Bi2	尚熟	稍薄～稍厚	稍有	较细	较完整	35

3. 四川省茄芯烟叶等级要求

四川省茄芯烟叶等级要求应符合表 7-14 规定。

表 7-14 茄芯烟叶等级规定
（DB 51/T 3104—2023《雪茄烟叶收购质量规范》）

级别	代号	成熟度	叶片结构	厚度	油分	残伤+杂色≤%
顶部一级	FiT1	成熟	稍密	稍厚	多	10
顶部二级	FiT2	成熟	紧密	厚	有	15
顶部三级	FiT3	尚熟	紧密	厚	稍有	20
上部一级	FiB1	成熟	尚疏松	中等	多	10
上部二级	FiB2	成熟	尚疏松	稍厚	有	15
上部三级	FiB3	尚熟	稍密	稍厚	稍有	20
中部一级	FiC1	成熟	疏松	中等	多	10
中部二级	FiC2	成熟	疏松	中等	有	15
中部三级	FiC3	尚熟	尚疏松	稍薄~中等	稍有	20
下部一级	FiX1	成熟	疏松	稍薄	稍有	10
下部二级	FiX2	尚熟	疏松	薄	多	20
脚叶	FiP	尚熟	空松	薄	稍有	20
末级	FiN	—	—	—	—	—

4. 四川省雪茄烟叶验收要求

雪茄烟叶水分要求为 20%±2%。

雪茄烟叶扎把要求为自然扎把，每把叶片 20~25 片，把头周长 10~12cm、绕宽 5cm，烟把中不允许含非烟物质。

雪茄烟叶阴燃持火时间不低于 10s。

（三）四川省雪茄烟叶的定级原则

定级原则。茄衣烟叶成熟度、厚度、油分、支脉、均匀度、完整度、长度均达到某级规定，才定为某级；茄套烟叶成熟度、厚度、油分、支脉、完整度、长度均达到某级规定，才定为某级；茄芯烟叶成熟度、叶片结构、厚度、油分均达到某级规定，杂色与残伤之和不超过某级规定，才定为某级。

一批烟叶处于两个等级边界上的，定较低等级。

等级达不到茄芯烟叶各部位最低规定，但尚有工业利用价值的烟叶，定为末级。

青片、霉变、异味、污染、糠糟烟、水分超限等存在严重质量问题的烟叶，不列级。

除末级外，茄衣烟叶等级纯度允差不超过 10%，茄套烟叶等级纯度允差不超过 15%，茄芯烟叶等级纯度允差不超过 20%。

（四）四川省雪茄烟叶的检验方法

1. 等级检验

随机选取 5~10 个取样点，每个点抽取 2~5kg，雪茄烟叶等级检验按表 7-12~表 7-14 规定逐把逐项检验，以目测、手感等感官检验为主。检验方法应符合 GB 2635 的规定。

2. 水分检验

现场检验用感官检验法，室内检验用烘箱检验法。烘箱检验法应符合 YC/T 31 的规定。

3. 熄火检验

熄火检验用燃烧法，检验方法应符合 GB 2635 的规定。

思考题：

1. 目前中国雪茄烟叶主产区在哪些地方？
2. 目前中国雪茄烟叶分级标准有哪些？
3. 湖北省雪茄烟叶分级标准与雪茄烟叶工商交接等级标准有何异同？

第八章　中国晒黄烟分级

本章主要介绍中国晒黄烟生产、分级概况，晒黄烟分型方法，晒黄烟分组方法，晒黄烟分级标准，晒黄烟的检验方法，晒黄烟的包装、标志与贮运。

第一节　中国晒黄烟生产、分级概况

一、中国晒黄烟生产概况

晒黄烟是中国特有的一种烟叶类型，在中国已有400多年的栽培历史，经过长期的自然选择和人工栽培，形成了很多具有地方特色、品质风格各异的名优晒烟。

中国晒黄烟种类很多，一般按色泽可分为淡色晒黄烟和深色晒黄烟两种类型。广东南雄晒黄烟属于淡色晒黄烟，采用独特的半晒半烤的调制方法；湖南宁乡晒黄烟是中国重要的品种资源，属于淡色晒黄烟。深色晒黄烟包括折晒深黄烟（江西广丰晒黄烟）、索晒深黄烟（山东栖霞晒黄烟）、半捂半晒深黄烟（吉林蛟河晒黄烟）等。

中国晒黄烟主要分布在广西贺州、湖南宁乡、广东南雄、湖北黄冈、江西广丰、云南德宏、黑龙江穆棱、吉林蛟河等地。广西贺州晒黄烟年产量达300万~400万kg，湖南宁乡晒黄烟年产量300万kg左右，广东南雄晒黄烟年产量300万kg左右。

2010~2013年，中国晒黄烟种植面积呈上升趋势，2014~2019年中国晒黄烟种植面积总体呈下降趋势（表8-1），晒黄烟种植面积占晒烟总种植面积的18.75%~41.03%，2014年晒黄烟种植面积占比最高，2011年晒黄烟种植面积占比最低。

2010~2013年，中国晒黄烟收购量呈增加趋势，2014~2019年中国晒黄烟收购量总体呈减少趋势，晒黄烟收购量占晒烟总收购量的15.71%~43.65%，2014年晒黄烟收购量占比最高，2010年晒黄烟收购量占比最低。

表8-1　2010~2019年中国晒黄烟种植面积和收购量
（闫新甫等，2020）

年份（年）	种植面积（公顷）	收购量（吨）
2010	5057.7	7605.7
2011	4860.1	9759.2
2012	9212.1	17670.4
2013	9233.1	22508.0
2014	8691.4	19186.9

续表

年份（年）	种植面积（公顷）	收购量（吨）
2015	3093.0	5154.0
2016	3421.0	6662.7
2017	2831.3	6254.2
2018	2507.6	5406.9
2019	2651.0	6519.0

2010~2019年，云南、湖南晒黄烟每年都有一定的种植规模。历年来云南晒黄烟的种植面积最大，2010~2013年广西、湖南晒黄烟的种植面积较大，2019年不同省份晒黄烟的种植面积大小依次为：云南>黑龙江>湖南（表8-2）。

表8-2　中国不同省份晒黄烟种植面积

（闫新甫等，2020）

年份（年）	云南（公顷）	湖南（公顷）	湖北（公顷）	广西（公顷）	广东（公顷）	辽宁（公顷）	黑龙江（公顷）
2010	1920.0	910.0	581.1	1633.3	13.3		
2011	2227.1	966.7	353.5	1292.9	20.0		
2012	4528.6	1733.3	516.8	1333.3	100.0	333.3	666.7
2013	4096.9	1505.9	697.0	1066.7	86.7	1000.0	780.0
2014	4765.7	1110.3	454.0	474.7	66.7	1000.0	820.0
2015	2066.7	724.4	55.3		46.7		200.0
2016	2460.0	533.3	47.6		46.7	133.3	200.0
2017	2400.0	198.0			33.3		200.0
2018	2060.0	94.3			20.0		333.3
2019	2200.0	97.6			20.0		333.3

2010~2019年，云南、湖南晒黄烟收购量呈现出先增加、后减少的趋势。历年来云南晒黄烟的收购量最大，2010~2012年湖南、广西晒黄烟的收购量较大，2019年不同省份晒黄烟的收购量大小依次为：云南>黑龙江>湖南（表8-3）。

表8-3　中国不同省份晒黄烟收购量

（闫新甫等，2020）

年份（年）	云南（吨）	湖南（吨）	湖北（吨）	广西（吨）	广东（吨）	辽宁（吨）	黑龙江（吨）
2010	2550.0	2385.0	490.3	2165.5	15.0		
2011	4357.9	2532.5	372.3	2476.5	20.0		
2012	8978.2	3980.2	810.5	1874.4		1027.0	1000.0
2013	10817.0	4990.8	1203.4	726.8		3020.0	1750.0

续表

年份（年）	云南（吨）	湖南（吨）	湖北（吨）	广西（吨）	广东（吨）	辽宁（吨）	黑龙江（吨）
2014	11003.3	2219.2	802.5	211.9		3000.0	1950.0
2015	3404.9	1538.2	110.9				100.0
2016	4686.2	1368.0	110.1			398.4	100.0
2017	5689.0	465.3					100.0
2018	4982.7	224.1					200.0
2019	5787.5	231.5					500.0

二、中国晒黄烟分级概况

20 世纪 50 年代初期，中国曾对晒黄烟分级进行研究，并制定烟叶分级标准。1953 年，全国烟叶专业会议制定了全国晒黄烟（5 级）等级标准，由于种种原因，并未正式统一实施分级标准，但是对各地晒黄烟标准的制定起到参考作用。当时各晒黄烟产区根据本地晒黄烟的品种和特点，以及国内卷烟工业生产与出口的需要，制定的分级标准一般为 5 个等级，其名称一律用一、二、三、四、五级表示，并冠以产地名称，如湖南晒黄烟、广西晒黄烟、广东晒黄烟、黑龙江穆棱晒黄烟等。

随后，全国晒黄烟主要产区相继制定了晒黄烟分级地方标准，不断地进行修订和完善晒黄烟分级标准，促进了烟草行业分级标准的发展。1997 年，湖南省质量技术监督局发布了 DB 43/106—1997《晒黄烟》分级标准，将晒黄烟分为中一级～中五级、上一级～上四级、青黄一级～青黄二级和末级，共 12 个等级。2005 年 7 月 6 日，湖南省质量技术监督局又发布了 DB 43/106—2005《晒黄烟》分级标准，仍然将晒黄烟分为 12 个等级（表 8-4），2005 年 8 月 1 日在湖南省晒黄烟产区实施。

表 8-4 湖南晒黄烟分级标准

（根据 DB 43/106—2005《晒黄烟》整理）

叶组	级别	代号	成熟度	颜色	叶片结构	油分	身份	色度	长度≥（cm）	杂色与残伤≤（%）
中下部黄色叶组	中一级	C1	成熟	金黄色	疏松	多	中等	浓	50	5
	中二级	C2	成熟	金黄色、正黄色	疏松	较多	中等	强	45	10
	中三级	C3	成熟	正黄色	疏松	有	稍薄	中	40	15
	中四级	C4	尚熟	淡黄色	疏松	较少	薄	弱	35	25
	中五级	C5	假熟	浅黄色、棕黄色	疏松	少	薄	淡	30	30
上部黄色叶组	上一级	B1	成熟	金黄色、深黄色	尚疏松	较多	稍厚	强	45	10
	上二级	B2	成熟	深黄色、正黄色	稍密	有	稍厚	中	40	15
	上三级	B3	尚熟	红黄色	紧密	较少	厚	弱	35	25
	上四级	B4	尚熟	红黄色、棕黄色	紧密	少	厚	淡	30	30

续表

叶组	级别	代号	成熟度	颜色	叶片结构	油分	身份	色度	长度≥（cm）	杂色与残伤≤（%）
青黄色叶组	青黄一级	GY1	尚熟	青黄色	尚疏松、稍密	有	稍薄、稍厚	—	40	15
	青黄二级	GY2	欠熟	青黄色	稍密、紧密	少	薄、厚	—	30	30
末级		MJ	—	无法列入以上等级，尚有使用价值的晒黄烟						

2001 年，广东省试用晒黄烟分级标准，该分级标准由广东省烟草公司和南雄市烟草公司联合起草，将广东晒黄烟分为晒黄特级、晒黄一级～晒黄六级、青黄一级、青黄二级和末级，共 10 个等级（表 8-5）。

表 8-5　广东晒黄烟分级标准

（根据《中外烟叶等级标准与应用指南》整理）

等级	代号	部位	颜色	油分	叶片结构	身份	长度≥（cm）	杂色	杂色与残伤≤（%）
晒黄特级	TJ	腰叶、上二棚叶	金黄色	多	细致	适中	45	轻微杂色	10
晒黄一级	H1	腰叶、上二棚叶	金黄色、正黄色	较多	细致	适中	45	轻微杂色	15
晒黄二级	H2	腰叶、上二棚叶	金黄色、正黄色、微浮青色	有	尚细致	尚适中	40	小花片	20
晒黄三级	H3	下二棚叶以上	正黄色、深黄色、青筋黄片	稍有	尚细致	稍薄、稍厚	35	小花片	25
晒黄四级	H4	下二棚叶以上	淡黄色、深黄色、浮青色	稍有	稍粗松	稍薄、稍厚	35	较多小花片或稍带大花片	30
晒黄五级	H5		淡黄色、红黄色、浮青色	少	稍粗松	稍薄、厚	35	较多小花片或稍带大花片	35
晒黄六级	H6		淡黄色、红黄色、浮青色		粗松	薄、厚	25	大花片	40
青黄一级	Q1	下二棚叶～上二棚叶	黄多青少、青黄中等	有	尚细致	稍薄、稍厚	35	小花片	20
青黄二级	Q2	下二棚叶～顶叶	青多黄少	稍有	稍粗松	稍薄、稍厚	30	小花片	30
末级	MJ						40		30

2008 年，广西壮族自治区试用 10 等级晒黄烟分级标准，将广西晒黄烟分为上一级、上二级、上三级、中一级、中二级、中三级、下一级、下二级、青黄一级和青黄二级（表 8-6），进行烟叶分级和收购工作。

表 8-6　广西晒黄烟分级标准

（根据《中外烟叶等级标准与应用指南》整理）

等级	代号	部位	颜色	长度（≥cm）	成熟度	光泽	身份	油分	组织结构	杂色与残伤（≤%）
上一级	B1	顶叶、上二棚叶	金黄色	45	成熟、完熟	鲜明	稍厚	富有	细致	5
上二级	B2	顶叶、上二棚叶	金黄色至正黄色、微浮青色	45	成熟	鲜明	稍厚	富有	稍细致	10
上三级	B3	顶叶、上二棚叶	金黄色至正黄色、青筋黄片	40	成熟、尚熟	尚鲜明	稍厚	有	稍细致	20
中一级	C1	腰叶、上二棚叶	金黄色	45	成熟、完熟	鲜明	适中至稍厚	富有	稍细致	5
中二级	C2	腰叶、上二棚叶	金黄色至正黄色、青筋黄片	40	成熟、尚熟	尚鲜明	适中至稍厚	有	较粗松	10
中三级	C3	腰叶、上二棚叶、下二棚叶	淡黄色、深黄色、浮青色	35	尚熟	尚鲜明	适中至稍厚	有	较粗松	20
下一级	X1	下二棚叶、腰叶	淡黄色至红黄色	30	尚熟	尚鲜明	稍薄、薄	稍有	较粗松	25
下二级	X2	下二棚叶、脚叶	淡黄色至棕黄色	25	尚熟	较暗	薄	少	粗松	30
青黄一级	Q1	下二棚叶至上二棚叶	黄多青少至青黄中等	35	尚熟	尚鲜明	薄至厚	有	较细致	20
青黄二级	Q2	下二棚叶至顶叶	青多黄少	30	尚熟、欠熟、假熟	较暗	薄至厚	稍有	较粗松	30

2008 年，黑龙江省穆棱市质量技术监督局发布了 DB 231085/T 005—2008《穆棱晒黄烟》分级标准，将穆棱晒黄烟分为一级、二级、三级、四级、五级和末级，共 6 个等级（表 8-7）。

表 8-7　黑龙江省穆棱晒黄烟分级标准

（根据 DB 231085/T 005—2008《穆棱晒黄烟》整理）

等级	代号	部位	颜色	成熟度	叶片结构	身份	油分	光泽	叶片表现
一级	B1	上部叶	棕黄色、金黄色、桔黄色	成熟	疏松	厚	多	鲜明	色泽均匀，无杂色，病斑面积不超过 5%
二级	B2	上部叶	棕黄色、金黄色、桔黄色	成熟	疏松	厚	多	鲜明	色泽均匀，无杂色，病斑面积不超过 10%

续表

等级	代号	部位	颜色	成熟度	叶片结构	身份	油分	光泽	叶片表现
三级	C3	中部叶	金黄色、浅棕黄色	成熟	疏松	较厚	有	尚鲜明	色泽欠均匀，无明显杂色，杂色病斑面积不超过 15%
四级	C4	中下部叶	桔黄色、柠檬黄色、浅棕黄色	尚熟	尚疏松	稍厚	稍有	尚鲜明	稍有杂色，杂色病斑面积不超过 20%
五级	X5	下部叶	浅棕黄色、微青黄色	过熟、欠熟	稍密	稍薄	少	稍暗	色泽不均匀，杂色较多，杂色病斑面积不超过 30%
末级	N	混合	土黄色、青绿色	受雹、虫、病、风等自然灾害，破损残伤度很大，仍有使用价值					

由于中国各晒黄烟产区的分级标准不统一，给晒黄烟的收购工作和定价带来了一定困难，不利于卷烟工业生产。制定统一的晒黄烟分级标准，是晒黄烟生产上亟待解决的问题。

2013 年 12 月 31 日，国家烟草专卖局发布了 YC/T 484. 1—2013《晒黄烟　第 1 部分：分级技术要求》、YC/T 484. 2—2013《晒黄烟　第 2 部分：包装、标志与贮运》、YC/T 484. 3—2013《晒黄烟　第 3 部分：检验方法》，于 2014 年 1 月 20 日起开始在全国实施。

晒黄烟分级标准规定，晒黄烟分为 Q 型晒黄烟和 S 型晒黄烟。Q 型和 S 型晒黄烟均有 10 个等级，下部叶 2 个等级，中部叶 3 个等级，上部叶 3 个等级，副组 2 个等级。

第二节　晒黄烟分型

目前，中国晒黄烟分级按照“分类→分型→分组→分级”的分级体系进行。

一、晒黄烟分型的概念

晒黄烟分型是指把相同的特征和相应的质量、颜色、叶长的晒黄烟划为同一型。同一烟草类型烟叶的再划分，主要按烟叶的生长地区、栽培方法、烟草品种对烟叶使用价值的影响而进行区分。

二、晒黄烟的分型

根据调制后晒黄烟颜色的深浅，将中国晒黄烟划分为 Q（Qian）型晒黄烟和 S（Shen）型晒黄烟。

（一）Q 型晒黄烟

Q 型晒黄烟，即浅色型晒黄烟，多采用折晒的调制方式，调制后颜色以正黄色、金黄色、深黄色为主。

（二）S 型晒黄烟

S 型晒黄烟，即深色型晒黄烟，多采用折晒的调制方式，调制后颜色以深黄色、棕黄色为主。

第三节　晒黄烟分组

一、晒黄烟分组的作用

晒黄烟分组是对晒黄烟分型的再划分，将相同部位或外观质量特征相近的晒黄烟划为同一组。分组是晒黄烟分级的基础，是晒黄烟分级过程中不可缺少的程序，具有与烤烟分组同样的作用。

（一）有助于进一步进行晒黄烟分级

由于同组的晒黄烟叶片具有较为接近的外观特征，先将晒黄烟按照部位进行分组，然后在同一组内根据各分级因素的优劣进行评级，便于进一步进行烟叶分级操作。

（二）有助于提高晒黄烟的等级纯度

根据晒黄烟的部位特征，先确定晒黄烟叶片属于上部叶组、中部叶组、下部叶组还是副组，再根据其他外观特征确定晒黄烟的级别。先准确分清晒黄烟的部位，以免出现将部位判错、分级不准的情况，这样有利于提高晒黄烟的等级合格率和等级纯度。

（三）有助于卷烟叶组配方

不同组别的晒黄烟，其化学成分和感官质量存在较大差异，其工业用途也不尽相同。将不同质量特点的晒黄烟进行分组，在进行卷烟叶组配方时，工作人员可以根据卷烟产品设计的目标进行合理配方。

二、晒黄烟的分组

晒黄烟分组主要根据烟叶部位进行分组。按烟叶在烟株上的着生部位，晒黄烟叶片自下而上依次为脚叶、下二棚叶、腰叶、上二棚叶、顶叶。目前，中国进行晒黄烟分组时，根据晒黄烟叶片的着生部位以及与总体质量密切相关的特征，将晒黄烟分为下部叶组（包括脚叶和下二棚叶）、中部叶组（腰叶）、上部叶组（包括上二棚叶和顶叶）、副组 4 个组别。

（一）正组和副组晒黄烟

正组晒黄烟是指生长发育正常、调制适当的晒黄烟构成的组别，包括下部叶组、中部叶组、上部叶组。

副组晒黄烟是指生长发育不良，或采收不当，或调制失误以及其他原因造成的低质量晒黄烟构成的组别。

（二）不同组别晒黄烟的外观特征

不同组别晒黄烟的外观特征不同，晒黄烟的部位分组特征见表 8-8。下部叶的外观特征为叶脉细~较细、平~遮盖，叶片薄~稍薄，叶形宽圆~较宽圆，叶尖钝~较钝；中部叶的外观特征为主脉微露、粗细适中，叶片厚薄中等，叶形宽，叶尖较钝；上部叶的外观特征为叶脉粗~较粗、显露~凸出，叶片厚~稍厚，叶形较窄~较宽，叶尖锐~较锐。

表 8-8　晒黄烟的部位分组特征

（YC/T 484.1—2013《晒黄烟　第 1 部分：分级技术要求》）

组别	部位	特征		
		脉相	叶形	厚度
下部叶组	脚叶	细，平	宽圆，叶尖部钝	薄
	下二棚叶	较细，主脉遮盖	较宽圆，叶尖部较钝	稍薄
中部叶组	腰叶	适中，主脉微露	宽，叶尖部较钝	中等
上部叶组	上二棚叶	较粗，主脉显露	较宽，叶尖部较锐	稍厚
	顶叶	粗，主脉凸出	较窄，叶尖部锐	厚

（三）不同组别晒黄烟的感官质量

不同组别晒黄烟的感官质量见表 8-9。可以看出，随着烟叶部位的升高，烟叶劲头增大。中部叶香气质得分较高，上部叶浓度得分较高，下部叶燃烧性较好，中下部叶灰色得分较高。

表 8-9　不同组别晒黄烟的感官质量

（何声宝等，2012）

产区	组别	香气质（9）	香气量（9）	杂气（9）	浓度（9）	劲头（9）	刺激性（9）	余味（9）	燃烧性（9）	灰色（9）	风格特点
湖南	上部叶组	6.33	6.33	6.00	7.00	6.33	6.00	6.33	6.33	4.00	杂气较重
	中部叶组	6.67	6.00	6.00	6.00	5.33	6.00	6.33	7.00	6.00	透发性好
	下部叶组	5.50	5.00	5.00	5.00	5.00	6.00	5.50	7.00	6.00	余味微苦
广西	上部叶组	6.67	6.67	7.00	7.33	7.00	6.00	7.00	8.00	6.00	均衡
	中部叶组	6.67	6.33	7.00	6.00	6.00	6.33	6.33	8.00	6.00	有清香韵
	下部叶组	6.00	5.50	5.50	5.50	5.00	5.50	6.00	8.00	6.00	有清香韵
湖北	上部叶组	5.33	5.33	5.00	6.33	6.00	6.00	5.67	3.67	3.33	燃烧性稍差
	中部叶组	5.67	5.67	5.33	5.33	5.00	5.67	6.00	4.67	4.00	烟气细腻
	下部叶组	5.50	6.00	6.00	6.00	5.00	6.00	6.00	6.00	4.00	燃烧性较好

（四）晒黄烟组别的代号

根据 YC/T 484.1—2013《晒黄烟　第 1 部分：分级技术要求》，晒黄烟分为下部叶组、中部叶组、上部叶组、副组 4 个组别，各组别的代号依次为 X、C、B、F。

第四节　晒黄烟分级

一、晒黄烟的分级因素

对同一型晒黄烟进行分组后，根据分级因素进行等级划分。用于衡量烟叶等级质量的外观因素称为分级因素，也称为品质要素。目前，中国晒黄烟的分级因素包括品质因素和控制因素，晒黄烟分级标准中规定叶片结构、油分、颜色、光泽、身份、长度为品质因素；杂色与残伤、含青度为控制因素，共 8 个分级因素。

（一）叶片结构

1. 叶片结构的概念

叶片结构是指烟叶细胞排列的疏密程度。

2. 档次划分

中国晒黄烟分级标准中，叶片结构分为松、疏松、尚疏松、稍密、密 5 个档次。

松：叶片细胞排列间隙大，韧性差。泛指脚叶。

疏松：叶片细胞排列间隙较大，松弛程度高。多指正常发育的中下部叶。

尚疏松：叶片细胞排列间隙尚大，松弛程度尚高。多指正常发育的中上部叶。

稍密：叶片细胞排列间隙较小。多指正常发育的上部叶。

密：叶片细胞间隙小，排列致密，韧性尚好。多指顶叶。

（二）油分

1. 油分的概念

烟叶中的油性物质在烟叶表面的外观特征综合反映。烟叶在适宜含水量下，根据感官鉴别有油润至枯燥、柔软至硬脆的感觉。

2. 档次划分

晒黄烟分级标准中，将烟叶油分分为多、有、稍有、少 4 个档次。

多：烟叶富油分，表观有油润感。

有：烟叶尚有油分，表观尚有油润感。

稍有：烟叶较少油分，表现稍有油润感。

少：烟叶缺乏油分，表现无油润感。

（三）颜色

1. 颜色的概念

烟叶颜色是指烟叶经调制后，外观呈现的基本色和非基本色。

（1）基本色

基本色是指发育正常、调制适当的晒黄烟呈现的颜色。包括淡黄色、正黄色、金黄色、深黄色、棕黄色。

淡黄色：烟叶表面呈现浅淡的黄色。

正黄色：烟叶表面呈现纯正的黄色。

金黄色：烟叶表面呈现以黄色为主，且有明显可见的红色。

深黄色：烟叶表面呈现较深的黄色，且红色明显。

棕黄色：烟叶表面呈现棕色，且有明显可见的黄色。

（2）非基本色

非基本色是指烟叶上出现的基本色以外的其他颜色。

2. 档次划分

晒黄烟的颜色分为金黄色、正黄色、深黄色、淡黄色、棕黄色和非基本色，以金黄色档次最高。

（四）光泽

1. 光泽的概念

光泽是指晒黄烟调制后烟叶表面色彩的明亮程度。烟叶表面色彩明亮者，烟叶质量好；色彩灰暗无光者，烟叶质量差。

2. 档次划分

光泽主要靠目光感觉烟叶明亮或灰暗程度。烟草行业晒黄烟分级标准中，将晒黄烟光泽分为亮、中、暗 3 个档次。

亮：烟叶表面颜色均匀，光泽反映强。

中：烟叶表面颜色较均匀，光泽反映一般。

暗：烟叶表面颜色不均匀，光泽暗淡。

（五）身份

1. 身份的概念

烟叶身份是指烟叶厚薄程度、细胞密度或单位面积质量的综合表现，以厚度表示。

2. 档次划分

晒黄烟分级标准中，将晒黄烟身份分为薄、稍薄、中等、稍厚、厚 5 个档次。

（六）叶片长度

1. 叶片长度的概念

叶片长度是指从烟叶主脉柄端至尖端的直线距离，以厘米（cm）表示。

2. 档次划分

晒黄烟分级标准中，对 Q 型和 S 型晒黄烟长度要求一致。烟叶长度档次依次为≥45cm、≥40cm、≥35cm、≥30cm、≥25cm。

（七）杂色与残伤

1. 杂色与残伤的概念

杂色是指烟叶表面存在非基本色的斑块（青色除外），主要包括由于洇筋、挂灰、潮红、褐片、叶片受污染等造成的斑块。晒黄烟特有的棕黄色斑块（俗称“虎皮斑”）不按杂色处理。

残伤是指烟叶受到破坏，受损透过叶背，失去后续可加工性和坚实性的那部分组织，以百分数（%）表示。

2. 档次划分

晒黄烟分级标准中，将晒黄烟叶片的杂色与残伤依次划分为≤10%、≤15%、≤20%、≤30%、≤40%、≤50%。

（八）含青度

1. 含青度的概念

含青度是指烟叶上任何可见的青色面积占整片烟叶面积的比例，以百分数（%）表示。

2. 档次划分

晒黄烟分级标准中，把晒黄烟叶片的含青度依次划分为≤5%、≤10%、≤20%、≤30%、≤40%、≤50%。

晒黄烟分级因素和程度档次见表 8-10。晒黄烟分级标准中，Q 型和 S 型晒黄烟各分级因素及其档次要求基本一致。

表 8-10　晒黄烟分级因素及其档次

（YC/T 484.1—2013《晒黄烟　第 1 部分：分级技术要求》）

外观质量因素		档次			
		1	2	3	4
品质因素	叶片结构	疏松	尚疏松	稍密	密、松
	油分	多	有	稍有	少
	颜色	金黄色	正黄色、深黄色	淡黄色、棕黄色	
	光泽	亮	中	暗	
	身份	中等	稍薄、稍厚	薄、厚	
	长度	以厘米（cm）表示			
控制因素	杂色与残伤	以百分比（%）控制			
	含青度				

二、晒黄烟分级标准

（一）晒黄烟等级的划分

根据晒黄烟的叶片结构、油分、颜色、光泽、身份、长度、杂色与残伤、含青度等分级因素判定级别，烟草行业晒黄烟分级标准规定，上部叶设 3 个等级（上一级、上二级、上三级），中部叶设 3 个等级（中一级、中二级、中三级），下部叶设 2 个等级（下一级、下二级），副组设 2 个等级（副一级、副二级），共 10 个等级。

（二）晒黄烟的等级代号

晒黄烟的等级代号相对简单，只有 1 个大写字母和 1 个数字符号组成。正组等级中，大写字母表示部位，数字符号表示级别，如 X1 表示下一级；副组 2 个等级分别用 F1、F2 表示。

烟草行业晒黄烟分级标准规定 10 个等级的汇总表见表 8-11。

表 8-11　晒黄烟等级的汇总表

正组等级						副组等级	
代号	级别	代号	级别	代号	级别	代号	级别
B1	上一级	C1	中一级	X1	下一级	F1	副一级
B2	上二级	C2	中二级	X2	下二级	F2	副二级
B3	上三级	C3	中三级				

（三）晒黄烟等级的品质规定

中国 Q 型晒黄烟和 S 型晒黄烟等级的品质规定见表 8-12 和表 8-13。Q 型晒黄烟和 S 型晒黄烟绝大多数同等级烟叶的品质规定相同，只有副组 F1、F2 等级的光泽不同。Q 型晒黄烟 F1 等级的光泽为中等，F2 等级的光泽为暗，S 型晒黄烟 F1 和 F2 等级对光泽不作要求。

表 8-12　Q 型晒黄烟各等级的外观质量因素规定

（根据 YC/T 484.1—2013《晒黄烟　第 1 部分：分级技术要求》整理）

组别		级别	代号	外观质量因素							
				叶片结构	油分	颜色	光泽	身份	长度（≥cm）	杂色与残伤（≤%）	含青度（≤%）
正组	下部叶组	下一级	X1	疏松	稍有	正黄、深黄	中	稍薄	30	20	20
		下二级	X2	松	少	淡黄、棕黄	暗	薄	25	30	30
	中部叶组	中一级	C1	疏松	多	金黄	亮	中等	45	10	5
		中二级	C2	疏松	有	正黄、深黄	亮	中等	40	15	10
		中三级	C3	疏松	有	正黄、深黄	中	稍薄	35	20	20
	上部叶组	上一级	B1	尚疏松	多	正黄、深黄	亮	稍厚	45	15	10
		上二级	B2	稍密	有	正黄、深黄	中	稍厚	40	20	20
		上三级	B3	密	稍有	正黄、棕黄	暗	厚	30	30	30
副组		副一级	F1	稍密	稍有	—	中	稍薄、稍厚	35	40	40
		副二级	F2	松、密	少	—	暗	薄、厚	25	50	50

表 8-13　S 型晒黄烟各等级的外观质量因素规定

（根据 YC/T 484.1—2013《晒黄烟　第 1 部分：分级技术要求》整理）

组别		级别	代号	外观质量因素							
				叶片结构	油分	颜色	光泽	身份	长度≥（cm）	杂色与残伤≤（%）	含青度≤（%）
正组	下部叶组	下一级	X1	疏松	稍有	正黄、深黄	中	稍薄	30	20	20
		下二级	X2	松	少	淡黄、棕黄	暗	薄	25	30	30
	中部叶组	中一级	C1	疏松	多	金黄	亮	中等	45	10	5
		中二级	C2	疏松	有	正黄、深黄	亮	中等	40	15	10
		中三级	C3	疏松	有	正黄、深黄	中	稍薄	35	20	20

续表

组别		级别	代号	外观质量因素							
				叶片结构	油分	颜色	光泽	身份	长度≥（cm）	杂色与残伤≤（%）	含青度≤（%）
正组	上部叶组	上一级	B1	尚疏松	多	正黄、深黄	亮	稍厚	45	15	10
		上二级	B2	稍密	有	正黄、深黄	中	稍厚	40	20	20
		上三级	B3	密	稍有	正黄、棕黄	暗	厚	30	30	30
副组		副一级	F1	稍密	稍有	—	—	稍薄、稍厚	35	40	40
		副二级	F2	松、密	少	—	—	薄、厚	25	50	50

【课堂讨论 5】

目前中国晒黄烟分级只有烟草行业标准，如果让你制定晒黄烟分级国家标准，晒黄烟应设置哪些等级？晒黄烟分级国家标准中各个等级代号和品质规定如何？

三、晒黄烟的验收

（一）晒黄烟的定级原则

1. 基本原则

晒黄烟的叶片结构、油分、身份、颜色、光泽、长度均达到某级的规定，杂色与残伤、含青度不超过某级允许度时，才定为某级。

2. 就低原则

当晒黄烟在两个等级质量界限上，则定较低等级。

假设 B、C 为两相邻等级，B 等级质量优于 C 等级，烟叶品级因素为 B 级，其中一个因素低于 B 级规定，则定 C 级；一个或多个因素高于 B 级，仍定 B 级。

对某一等级晒黄烟而言，允许一个或多个因素高于要求，但不允许任何一个分级因素低于要求，即“就低原则”。

3. 其他定级原则

当烟叶界于两种颜色的界限上，则视其他质量特征先定色、后定级。

中部烟叶质量达不到中部叶组最低等级质量要求的，允许在下部叶组定级。

副组一级限于腰叶、上二棚、下二棚部位的烟叶。

光滑烟叶和褪色烟叶在副组定级。

（二）晒黄烟的验收规则

1. 晒黄烟砂土率的规定

晒黄烟中一级、中二级和上一级的砂土率不超过 1.0%，中三级、上二级、上三级和下一级烟叶的砂土率不超过 1.5%，下二级、副一级和副二级烟叶的砂土率不超过 2.0%（表 8-14）。

表 8-14　晒黄烟砂土率、纯度允差、含水率的规定

（根据《YC/T 484.1—2013《晒黄烟　第 1 部分：分级技术要求》整理）

等级分类	级别	代号	砂土率（%）	纯度允差（%）	含水率（%）
上等烟	中一级	C1	≤1.0	≤20	15~18
	中二级	C2			
	上一级	B1			
中等烟	中三级	C3	≤1.5		
	上二级	B2			
	上三级	B3			
	下一级	X1			
下等烟	下二级	X2	≤2.0		
	副一级	F1			
	副二级	F2			

2. 晒黄烟纯度允差的规定

各等级晒黄烟混高或混低的烟叶，允许混上、下一级比例之和不得超过 20%。

3. 晒黄烟含水率的规定

收购晒黄烟含水率为 15%~18%。

4. 扎把（捆）规定

烟叶可扎成自然把或平摊把，每把 20~25 片，扎把材料应用同等级烟叶。

扎捆可用细麻绳，在叶基和叶尖 1/3 处各系一下，扎成 8~10kg 的烟捆；把（捆）内不得有烟梗、烟杈、碎片及非烟物质。

5. 特殊情况的处理

在晒黄烟收购过程中，烟筋未干或水分超限、砂土率超标的烟叶，不予收购。

青片、糟片、烟杈、霉变、异味等无使用价值的烟叶，不予收购。

6. 最终等级的确定

复检时与已确定的等级不符，刚原定级无效，以复检结果为准。

（三）晒黄烟的收购价格

2011 年湖南晒黄烟的收购价格见表 8-15，中一级晒黄烟的收购价格最高，末级晒黄烟的收购价格最低。上一级、上二级、上三级的收购价格分别为 1070 元/担、989 元/担、756 元/担；中一级、中二级、中三级、中四级的收购价格分别为 1185 元/担、1093 元/担、995 元/担、778 元/担。

表 8-15　2011 年湖南晒黄烟的收购价格

等级	代号	收购价格（元/担）
上一级	B1	1070
上二级	B2	989

续表

等级	代号	收购价格（元/担）
上三级	B3	756
上四级	B4	389
中一级	C1	1185
中二级	C2	1093
中三级	C3	995
中四级	C4	778
中五级	C5	464
青黄一级	Q1	265
青黄二级	Q2	155
末级	ND	140

2013 年广西晒黄烟的收购价格见表 8-16，中一级晒黄烟的收购价格最高，青黄二级晒黄烟的收购价格最低。上一级、上二级、上三级的收购价格分别为 1400 元/担、1280 元/担、1100 元/担；中一级、中二级、中三级的收购价格分别为 1420 元/担、1330 元/担、1160 元/担；下一级、下二级的收购价格分别为 880 元/担、680 元/担。

表 8-16　广西晒黄烟的收购价格

（广西壮族自治区物价局，桂价格〔2013〕71 号）

等级	代号	收购价格（元/担）
上一级	B1	1400
上二级	B2	1280
上三级	B3	1100
中一级	C1	1420
中二级	C2	1330
中三级	C3	1160
下一级	X1	880
下二级	X2	680
青黄一级	Q1	270
青黄二级	Q2	160

2014 年云南盈江晒黄烟的收购价格见表 8-17，中一级晒黄烟的收购价格最高，青黄二级晒黄烟的收购价格最低。上一级、上二级、上三级的收购价格分别为 1360 元/担、1135 元/担、960 元/担；中一级、中二级、中三级的收购价格分别为 1500 元/担、1235 元/担、1080 元/担；下一级、下二级的收购价格分别为 1025 元/担、775 元/担。

表 8-17 2014 年云南盈江晒黄烟的收购价格
(云南省物价局、云南省烟草专卖局，云价调控〔2014〕59 号)

等级	代号	收购价格（元/担）
上一级	B1	1360
上二级	B2	1135
上三级	B3	960
中一级	C1	1500
中二级	C2	1235
中三级	C3	1080
下一级	X1	1025
下二级	X2	775
青黄一级	GY1	310
青黄二级	GY2	170

第五节 晒黄烟的检验方法

一、晒黄烟的检验取样

（一）晒黄烟等级检验的取样要求

1. 成件烟叶

每批（同一地区、同一等级）100 件以内取 10%的样件（每批少于 10 件的逐包抽取）；超出 100 件部分取 5%的样件，从样件中随机抽取 5 件，每件从中心至四周 5 点取样，每点抽取 2 把或 0.2~0.3kg，每件抽取 10 把或 2.5~3kg。共计 50 把或 5~10kg 作为待检样品。

2. 未成件烟叶

从 5 个等距离不同位置、每个位置抽取 10 把或 1~2kg，共计 50 把或 5~10kg 作为待检样品。

（二）晒黄烟水分检验的取样要求

每包从开口一面的一条对角线上，等距离 2~5 处，每处抽取各一把或 0.2~0.4kg，立即放入密闭的容器中，作为水分待检样品。从水分待检样品中，散烟随机抽取约 0.5kg，把烟每把随机抽取 2~3 片，将晒黄烟样品混合均匀，作为待检样品。

（三）晒黄烟砂土率检验的取样要求

随机抽取晒黄烟 1~1.5kg，或 2~3 把，作为砂土率检验样品。

二、晒黄烟的检验

（一）晒黄烟等级的检验

1. 晒黄烟等级的检验方法

晒黄烟的等级检验按照 YC/T 484.1—2013《晒黄烟 第 1 部分：分级技术要求》的品质

规定进行逐项检验，以感官鉴定为主。

2. 片烟检验

以片为单位进行检验。将晒黄烟样品逐把取1/3，按标准逐片分级，分别称重，经过复核无误，计算其合格率。如有异议，可再取1/3另行检验，以两次检验结果的平均数为准。

3. 把烟检验

以把为单位进行检验。将晒黄烟样品按标准逐把进行检验分出合格烟把和不合格烟把，不合格部分再进一步划分等级，分别数把，计算其合格率。如对检验结果有异议，可对该批次重新抽样，进行复检，并以复检结果为准。

4. 晒黄烟等级合格率的计算

以重量计算时，合格烟叶的重量占抽样检验烟叶总重量的百分比率，即为等级合格率。等级合格率=合格烟叶重量/抽检烟叶总重量×100%。

以把数计算时，只要符合纯度允差规定的烟把即为合格把，合格的烟把数占检验总把数的百分比率，即为等级合格率。等级合格率=合格烟把数/检验总把数×100%。

（二）晒黄烟水分的检验

晒黄烟水分的检验主要分为现场检验和室内检验。现场检验用感官检验法，室内检验用烘箱检验法。

1. 感官检验法

以手握晒黄烟、松开后，如果烟叶能迅速自然展开，烟筋稍软不易断，手握烟叶稍有响声、不易破碎为准。

2. 烘箱检验法

烘箱检验法是指取烟叶样品，在规定的烘干温度下烘至恒重时，所减少的重量与试样原重量之比，即为试样水分含量，以重量百分比（%）表示。

从送检样品中随机抽取约1/4的叶片，迅速切成宽度不超过5mm的小片或丝状。混匀后用已知干燥重量的样品盒称取试样5~10g，记下称得的试样重量M_0。去盖后置入温度（100±2）℃的烘箱，并只能放在烘箱中层搁板上。自温度回升至100℃时算起，烘2h，加盖，取出，放入干燥器内，冷却至室温，再称重M_1。烟叶水分含量（%）以$100\times(M_0-M_1)/M_0$计算。

每批样品的测定均应做平行试验，二者绝对值的误差不得超过0.5%，以平行试验结果的平均值为检验结果。如平行试验结果误差超过规定时，应做第3份试验，在3份结果中以两个误差接近的平均值为准。

（三）晒黄烟砂土率的检验

1. 感官检验法

用手抖拍烟把无砂土落下，且看不见烟叶表面附有砂土即为合格。

2. 重量检验法

从送检样品中随机取两个平行试样，每个试样重400~600g，称得试样重量M_0，在抽光纸上将烟把解开，用毛刷逐片正反两面各轻刷5~8次，刷净，搜集刷下的砂土，通过分离筛，至筛不下为止。将筛下的砂土称重，记录重量M_1，晒黄烟的砂土率（%）=$100\times M_1/M_0$。

三、晒黄烟检验报告

晒黄烟的检验报告应包括以下内容：本部分的标准号；抽样时间；抽样地点；抽样单位；抽样人；试样的标志及说明；检验时间、所用的仪器和型号；检验结果。

第六节　晒黄烟的包装、标志与贮运

一、晒黄烟的包装

（一）晒黄烟的包装要求

1. 晒黄烟包装的尺寸和质量

晒黄烟包装中对包装及其组成部分所规定的尺寸和质量值是公称值。在包装中所有尺寸应在规定值上下 5%以内。

2. 晒黄烟纯度、碎片率要求

每件晒黄烟应是同一产区、同一等级的烟叶；烟包内不得混有霉烂变质烟叶和其他杂物；自然碎片率不得超过 3%。

（二）晒黄烟包装材料安全性控制技术

1. 禁用的包装材料

禁止使用尼龙、化纤、塑料、橡胶等化工产品为材质的包装物包裹晒黄烟。

2. 宜用的包装材料

宜用麻袋包裹晒黄烟，用麻线或草绳捆扎。麻袋应牢固、干燥、清洁、无异味、无残毒。

3. 包装材料的储存

晒黄烟包装材料应储存在清洁、卫生、干燥的库房，不应与农药、化肥等有毒有害有味物品混存。

4. 包装材料的安全性要求

包装材料在使用过程中，不得接触煤油、柴油、汽油、油漆、橡胶水、农药等有毒有害有味物品；麻袋、麻绳应当是没有经过化学方法处理，被黄曲霉菌污染过的包装材料不得使用。

（三）晒黄烟的包装类型

晒黄烟麻袋包装，每包净重不大于 40kg。成包体积不大于 450mm×600mm×800mm。

（四）晒黄烟的打包步骤

1. 称重

将同一产地、同一等级晒黄烟装入筐内称重。每件净重不大于 40kg。

2. 排把压包

将烟把柄朝外、叶尖朝内整齐摆放，循序相压，压包的厚度为 450mm。

3. 捆绳缝包

用麻绳或草绳三横二竖捆包，距离均匀，并将四周用缝包针缝合严密，不露烟叶和麻袋毛边。

二、晒黄烟的标志

（一）晒黄烟的标志内容

晒黄烟烟包两端应粘贴系上标签，标签至少包括下列 7 项内容：品种名称；烟草类型；级别（大写）；重量（毛重、净重），单位为 kg；质检员；单位名称；日期（年、月、日）。

特殊情况的烟叶应在烟包的级别后面加注专用符号，水分百分率超限加注“W”，砂土百分率超的脚叶加注“PS”。

（二）晒黄烟的标志要求

1. 晒黄烟标志清晰

晒黄烟的标志应清晰易读，使用印记或持久性墨水。

2. 包装内放置验收卡片

晒黄烟包装内应放置晒黄烟验收卡片（图 8-1），验收卡片应包括品种名称、类型、级别、净重、产地、企业名称、产品年份等信息。

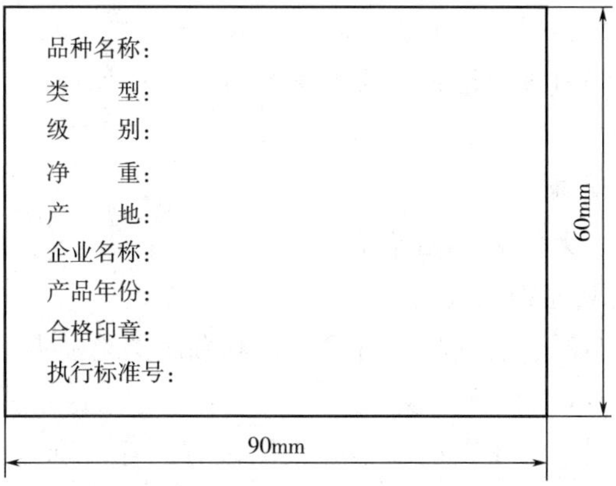

图 8-1　晒黄烟验收卡片示意图

（YC/T 484. 2—2013《晒黄烟　第 2 部分：包装、标志与贮运》）

3. 出口烟叶的标志要求

对于出口的晒黄烟，可根据买卖双方的协议印上标志。

三、晒黄烟的贮存和运输

（一）晒黄烟贮存设施

1. 晒黄烟仓库的基本要求

晒黄烟仓库应符合建筑设计防潮、防火规范的要求。

晒黄烟仓库除了保持清洁、干燥、无虫、无异味外，还应具有通风、调节湿度的条件。

2. 晒黄烟仓库的保洁

收购前 5d 对烟叶仓库进行清扫和防虫处理，烟叶出库后应及时清理仓库，清扫垫板或货架和地面。

（二）晒黄烟散叶堆放要求

晒黄烟堆放应整齐有序，垛高不超过 1.5m，不同等级之间用栅栏隔离，并有明显等级标识。

烟包应放置在距地面 30cm 的垫物上，距墙不小于 50cm，距柱不小于 30cm，垛与垛之间不小于 30cm，顶距不小于 100cm，照明灯距烟包不小于 70cm，主行通道不小于 250cm。

码垛高度：上等烟不超过 5 个烟包，中等烟不超过 6 个烟包，其他级别不超过 8 个烟包。硬纸箱包装不受此限。

烟包堆放应整齐有序，各烟垛应挂卡，标明品种、产地、等级、数量、日期等标识。

仓库温度控制在 32℃以下，当垛温超过 32℃或垛温比库温高 2℃以上，应立即翻垛，侧立通风或拆包通风散湿、降温等，待恢复正常后重新码垛。

露天堆放时，上面和四周应有防雨遮盖物，四周封严。垫石（木）与包齐，以防雨水浸入。

（三）晒黄烟贮存安全管理

晒黄烟贮存期间应每天检查一次，做好烟叶安全检查记录。

当日采购当日成件，无散叶堆放。按调拨单发货，数据准确无误。

严禁将烟叶与有毒、易腐烂、有异味、易燃、物品混贮一处。

仓库内使用电器、升降电梯等设备，应严格执行安全操作规程。

（四）晒黄烟的运输

1. 运输晒黄烟的工具要求

运输车辆货厢应干燥、无污染、无异味。

2. 晒黄烟不得随意与其他物品混运

晒黄烟烟包不得与易腐烂、有异味、有毒有害和潮湿的物品混运。

3. 晒黄烟的装车要求

装车高度不得超过 6 层。一车装运多个等级烟包时，各级别烟包之间应标识清楚。装车后，烟包上面覆盖一层干净无污染的农膜，农膜上面再用帆布包严，四周用绳索捆扎牢固。

4. 防止晒黄烟霉变和受污染

运输过程中，晒黄烟若出现雨淋、受潮，应及时处理，防止烟叶发生霉变。

运输过程中，若烟包受到污染，则受污染烟包与未受污染烟包应分开装车运输，将黏附在烟包上的污染物清除干净。

5. 晒黄烟的装卸要求

装卸烟叶过程应轻拿轻放，不得摔包、钩包、踏包。

思考题：

1. 中国晒黄烟未实行统一分级标准以前，主要有哪些地方性分级标准？
2. 中国晒黄烟按照什么样的分级体系进行分级？
3. 简述中国晒黄烟不同部位的分组特征及其代号。
4. 中国现行的晒黄烟分级标准中，分级因素有哪些？

第九章　中国晒红烟分级

本章主要介绍中国晒红烟生产、分级概况，湖南晒红烟分级标准，吉林晒红烟分级标准。

第一节　中国晒红烟生产、分级概况

一、中国晒红烟生产概况

晒烟在中国植烟史上地方品种较多，分布很广。2003 年国家烟草专卖局公布的《名晾晒烟名录》中生产名晾晒烟的产区有 22 个省市 193 个县（含县级区、市），其中涉及晒红烟生产县有 73 个。

2010~2019 年中国晒红烟种植面积和收购量见表 9-1。可以看出，2010 年晒红烟种植面积最大，随后晒红烟种植面积呈逐年减小趋势。2014 年与 2010 年相比，晒红烟种植面积几乎缩减一半，到 2019 年晒红烟种植规模已不到 2010 年的 1/3。2011 年晒红烟种植面积占晒烟总种植面积的 38.61%，为历年最高比例，2014 年晒红烟种植面积占晒烟总种植面积的 24.56%，为历年最低比例。

2010 年晒红烟收购量最大，随后晒红烟收购量总体呈减小趋势。2010 年晒红烟收购量占晒烟总收购量的 39.22%，为历年最高比例；2017 年晒红烟收购量占晒烟总收购量的 15.62%，为历年最低比例。

表 9-1　2010~2019 年中国晒红烟种植面积和收购量

（闫新甫等，2020）

年份（年）	种植面积（公顷）	收购量（吨）
2010	10240.7	18992.3
2011	10006.7	13892.2
2012	9372.3	15944.9
2013	8138.0	13643.8
2014	5203.3	7013.8
2015	5016.6	7184.4
2016	4299.9	6668.7
2017	3694.1	4401.5
2018	3495.3	4330.6
2019	3198.1	4785.2

中国不同省份晒红烟种植面积见表9-2。可以看出，2010~2019年多个省份晒红烟种植面积总体呈减少趋势，吉林、四川、黑龙江晒红烟种植面积较大。2010~2013年、2017~2019年晒红烟种植面积位居前三名的省份依次为吉林、四川、黑龙江；2014~2016年晒红烟种植面积位居前三名的省份依次为四川、吉林、黑龙江。

表9-2 中国不同省份晒红烟种植面积

（闫新甫等，2020）

年份（年）	吉林（公顷）	浙江（公顷）	四川（公顷）	广东（公顷）	黑龙江（公顷）	湖南（公顷）	江西（公顷）
2010	4446.5	185.8	3040.7	200.0	1900.0	300.0	167.8
2011	4380.0	126.7	3098.0	333.3	1562.0	410.0	96.7
2012	4113.3	146.7	3024.3	120.0	1333.3	533.3	101.3
2013	3620.0	120.9	2785.0	100.0	1000.0	400.0	112.0
2014	1370.0	123.3	2524.0	73.3	1000.0		112.7
2015	1553.3	104.3	2391.7	66.7	800.0		100.7
2016	1453.3	60.6	1887.1	53.3	800.0		45.5
2017	1450.0	57.6	1366.9	46.7	733.3		39.5
2018	1500.0	54.7	1121.2	33.3	753.3		32.7
2019	1550.0	47.3	888.2	33.3	666.7		12.5

中国不同省份晒红烟收购量见表9-3。可以看出，2010~2019年多个省份晒红烟收购量总体呈减少趋势，吉林、四川、黑龙江晒红烟收购量较大。

表9-3 中国不同省份晒红烟收购量

（闫新甫等，2020）

年份（年）	吉林（吨）	浙江（吨）	四川（吨）	广东（吨）	黑龙江（吨）	湖南（吨）	江西（吨）
2010	10150.0	114.8	2694.5	195.0	4990.0	565.0	283.0
2011	7550.0	225.1	848.6	245.0	4100.0	763.9	159.5
2012	9600.0	321.8	1846.3	15.0	3000.0	994.5	167.2
2013	8200.0	285.0	2324.7	10.0	1750.0	889.2	184.8
2014	2636.8	249.3	1981.8	10.0	1950.0		185.9
2015	4513.0	122.1	2133.2		250.0		166.1
2016	3275.0	97.0	3121.6		100.0		75.1
2017	3250.0	120.4	865.9		100.0		65.2
2018	3400.0	116.9	559.8		200.0		53.9
2019	3500.0	83.3	681.1		500.0		20.7

二、中国晒红烟分级概况

虽然晒红烟在中国已有较长的种植历史，但是由于种种原因，长期以来中国晒红烟没有统一的国家分级标准，这在一定程度上制约了中国晒红烟的发展。随后，中国晒红烟主要产区相继制定了晒红烟分级地方标准，不断进行修订和完善分级标准。

1999 年 7 月，吉林省技术监督局发布了晒红烟分级地方标准 DB 22/T 925—1999《晒红烟》，将晒红烟分为上中一级、上中二级、中三级、中下四级、下五级、下六级，共 6 个等级。经中国烟叶公司批准，吉林省自 1999 年 8 月开始执行晒红烟分级地方标准。

2003 年 7 月，浙江省松阳县质量技术监督局发布了晒红烟分级地方标准 DB 332528/T 6—2003《浙江松阳晒红烟》，将晒红烟分为一级、二级、三级、四级、五级、外一级、外二级，共 7 个等级。经中国烟叶公司批准，浙江省松阳县自 2003 年 7 月开始执行晒红烟分级地方标准。

2005 年 7 月，湖南省质量技术监督局发布了晒红烟分级地方标准 DB 43/261—2005《晒红烟》，将晒红烟分为上中一级、上中二级、上中三级、上中四级、上中五级、下一级、下二级、下三级，共 8 个等级。经中国烟叶公司批准，湖南省自 2005 年 8 月开始执行晒红烟分级地方标准。

此外，广东省土产公司曾经制定过广东晒红烟企业标准（粤 Q4-1976），将广东晒红烟分为 8 个等级。黑龙江省牡丹江烟叶公司穆棱市公司曾经制定过穆棱晒红烟企业标准（Q/MLYY01—2004），将穆棱晒红烟分为 8 个等级。

第二节　湖南晒红烟分级

目前，湖南晒红烟分级按照“分类→分组→分级”的分级体系进行。

一、湖南晒红烟分组

（一）晒红烟的组别划分

晒红烟分组主要根据烟叶部位进行分组。按烟叶在烟株上的着生部位，晒红烟叶片由下而上依次为脚叶、下二棚叶、中部叶、上二棚叶、顶叶。目前，湖南省进行晒红烟分组时，根据烟叶的着生部位以及与总体质量密切相关的特征，将晒红烟分为上中部叶组、下部叶组 2 个组别。

（二）不同组别晒红烟的外观特征

根据叶片着生的部位及烟叶质量，将湖南晒红烟划分为上中部叶组、下部叶组，不同部位分组特征见表 9-4。上中部叶组的外观特征为叶脉较粗至粗、较显露至突起，叶形较宽至较窄、叶尖部较锐，叶面稍皱折至平坦，厚度中等至厚，颜色较深至深色。下部叶组的外观特征为叶脉较细、遮盖至微露，叶形较宽、叶尖部较钝，叶面较平展，厚度薄至稍薄，颜色较浅。

表 9-4　湖南晒红烟的部位分组特征
（DB 43/261—2005《晒红烟》）

组别	部位特征					
	脉相	叶形	叶面	厚度	油分	颜色
上中部叶组	较粗至粗，较显露至突起	较宽至较窄，叶尖部较锐	稍皱折至平坦	中等至厚	较多至多	较深至深色
下部叶组	较细，遮盖至微露	较宽，叶尖部较钝	较平展	薄至稍薄	较少	较浅

（三）晒红烟组别的代号

根据湖南晒红烟分级标准，晒红烟上中部叶组的代号为 BC，下部叶组的代号为 X。

二、湖南晒红烟分级标准

（一）湖南晒红烟的分级因素

对晒红烟进行分组后，根据分级因素进行等级划分。用以衡量烟叶等级质量的外观因素称为分级因素，也称为品级要素。目前，湖南晒红烟的分级因素包括品质因素和控制因素，湖南晒红烟分级标准规定成熟度、叶片结构、身份、油分、颜色、色度、长度为品质因素；杂色与残伤为控制因素，共有 8 个分级因素（表 9-5）。

表 9-5　湖南晒红烟分级因素的程度档次
（DB 43/261—2005《晒红烟》）

品级要素		程度档次				
		1	2	3	4	5
品质因素	成熟度	完熟	成熟	尚熟	欠熟	假熟
	叶片结构	疏松	尚疏松	稍密	紧密	
	身份	中等	稍薄、稍厚	薄、厚		
	油分	多	有	稍有	少	
	颜色	红棕色、红黄色	黄红色	红褐色、黄褐色		
	色度	浓	强	中	弱	淡
	长度	以厘米（cm）表示				
控制因素	杂色与残伤	以百分数（%）控制				

（二）湖南晒红烟等级和品质规定

1. 湖南晒红烟的等级设置

根据烟叶的成熟度、叶片结构、身份、油分、颜色、色度、长度、杂色与残伤等外观分级因素划分等级。湖南晒红烟上中部叶分为上中一级、上中二级、上中三级、上中四级、上中五级，下部叶分为下一级、下二级、下三级，共 8 个等级。

2. 湖南晒红烟的品质规定

湖南不同等级晒红烟的品质规定见表 9-6。

表 9-6　湖南不同等级晒红烟的品质规定

(根据 DB 43/261—2005《晒红烟》整理)

等级	成熟度	叶片结构	身份	油分	颜色	色度	长度（cm）	杂色与残伤（%）
BC1	成熟、完熟	尚疏松至疏松	稍厚至中等	多	红棕色	浓	≥40	≤10
BC2	成熟	尚疏松至疏松	稍厚至中等	多	红棕色、红黄色	强	≥40	≤20
BC3	成熟、尚熟	稍密至疏松	厚至中等	有	红棕色、红黄色、黄红色	中	≥30	≤25
BC4	成熟、尚熟	稍密至疏松	厚至中等	有	红褐色、黄褐色	中	≥30	≤30
BC5	成熟、欠熟	紧密	厚至中等	稍有	黄褐色、褐色	弱	≥30	≤30
X1	成熟	疏松	稍薄	有	红黄色、黄红色	强	≥35	≤15
X2	成熟、尚熟	疏松	薄至稍薄	稍有	黄红色、黄褐色	中	≥30	≤25
X3	成熟、欠熟、假熟	疏松	薄至稍薄	少	黄红色、黄褐色	—	≥25	≤30

三、湖南晒红烟的验收

（一）湖南晒红烟的定级原则

1. 基本原则

晒红烟烟叶的成熟度、叶片结构、身份、油分、颜色、色度、长度均达到某级的品质规定，杂色与残伤不超过某级允许度时，才定为某级。

2. 就低原则

一批晒红烟介于两个等级质量界限上，则定较低等级。

假设 B、C 为两相邻等级，B 等级质量优于 C 等级，烟叶分级因素为 B 级，其中一个因素低于 B 级规定，则定 C 级；一个或多个因素高于 B 级，仍定 B 级。

对某一等级晒红烟而言，允许一个或多个因素高于要求，但不允许任何一个分级因素低于要求，即“就低原则”。

（二）湖南晒红烟的验收规则

1. 晒红烟自然砂土率的规定

湖南晒红烟自然砂土率的规定见表 9-7。湖南晒红烟上中一级、上中二级、上中三级、上中四级、下一级、下二级的自然砂土率不超过 1.0%，上中五级、下三级烟叶的自然砂土率不超过 1.2%。

表 9-7 湖南晒红烟自然砂土率、纯度允差、含水率的规定
（根据 DB 43/261—2005《晒红烟》整理）

级别	代号	纯度允差（%）	自然砂土率（%）	含水率（%）
上中一级	BC1	≤10	≤1.0	17~19
上中二级	BC2			
上中三级	BC3	≤15		
上中四级	BC4			
下一级	X1			
下二级	X2			
上中五级	BC5	≤20	≤1.2	
下三级	X3			

2. 晒红烟纯度允差的规定

湖南晒红烟纯度允差的规定见表 9-7。晒红烟上中一级、上中二级的纯度允差不得超过 10%；上中三级、上中四级、下一级、下二级的纯度允差不得超过 15%；上中五级、下三级的纯度允差不得超过 20%。

3. 晒红烟含水率的规定

湖南各等级晒红烟的收购含水率为 17%~19%。

4. 其他验收规则

BC1、BC2 限于腰叶、上二棚烟叶。

X1 限于下二棚烟叶。

顶叶在 BC3 及以下级定级。

脚叶在 X2 及以下等级定级。

活筋、湿筋和水分超过规定的烟叶，不得用扣除水分的办法收购，应重新晾晒后定级。

烟梢、烟杈、烟梗及碎片、霉变、微带青面积超过 30%的烟叶，不列级。

熄火烟叶（阴燃持续时间少于 2s 者），不列级。

每片烟叶的完整度应达到 50%以上，低于 50%的不列级。

每包（件）烟叶的自然碎片率超过 3%，不列级。

BC5、X3 以及列不进标准级别，但尚有使用价值的烟叶，收购部门可根据用户需要议定收购。

第三节 吉林晒红烟分级

目前，吉林晒红烟分级按照“分类→分组→分级”的分级体系进行。

一、吉林晒红烟分组

按烟叶在烟株上的着生部位，晒红烟叶片由下而上分为脚叶、下二棚叶、中部叶、上二

棚叶、顶叶。吉林省进行晒红烟分组时，根据烟叶的着生部位以及与总体质量密切相关的特征，将晒红烟分为上中部叶组、中部叶组、中下部叶组、下部叶组 4 个组别。

二、吉林晒红烟分级标准

（一）吉林晒红烟的分级因素

对晒红烟进行分组后，根据分级因素进行等级划分。目前，吉林晒红烟的分级因素包括品质因素和控制因素，吉林晒红烟分级标准中规定成熟度、油分、身份、叶片结构、颜色、色度为品质因素；杂色与残伤为控制因素，共有 7 个分级因素（表 9-8）。

表 9-8　吉林晒红烟品级因素的程度档次

（根据 DB 22/T 925—1999《晒红烟》整理）

品级要素		程度档次				
		1	2	3	4	5
品质因素	成熟度	成熟	尚熟	欠熟	未熟	假熟
	油分	多	较多	有	稍有	
	身份	中等	较薄、较厚	薄、厚		
	叶片结构	疏松	尚疏松、稍密	过疏松、紧密		
	颜色	深红色、红黄色	棕红色、黄褐色	褐红色、黄红色	褐黄色、青褐色	
	色度	浓	强	中	弱	淡
控制因素	杂色与残伤	以百分数（%）控制				

（二）吉林晒红烟等级和品质规定

1. 吉林晒红烟的等级设置

根据烟叶的成熟度、油分、身份、叶片结构、颜色、色度、杂色与残伤等外观分级因素划分等级。吉林晒红烟分为一级、二级、三级、四级、五级、六级，共 6 个等级。

2. 吉林晒红烟的品质规定

吉林不同等级晒红烟的品质规定见表 9-9。

表 9-9　吉林不同等级晒红烟的品质规定

（根据 DB 22/T 925—1999《晒红烟》整理）

级别	部位	成熟度	叶片结构	身份	油分	颜色	色度	杂色与残伤（%）
一级	上部中部	成熟	尚疏松、疏松	较厚、中等	多	老红色、深红色、红黄色	浓	≤10
二级	上部中部	成熟	较密、疏松	厚、中等	较多	深红色、红黄色、允带青筋	强	≤15
三级	中部	尚熟	尚疏松	中等	有	棕红色、黄褐色、允微带青色	中	≤20
四级	中部下部	尚熟	尚疏松	中等、较薄	稍有	褐红色、黄红色、允稍带青色	弱	≤25
五级	下部	假熟、欠熟	过疏松、紧密	较薄		褐黄色、青褐色	淡	≤30
六级	下部	假熟、未熟	过疏松、紧密	薄		褐黄色、活青色		≤40

三、吉林晒红烟的验收

（一）吉林晒红烟的定级原则

1. 基本原则

晒红烟烟叶的部位、成熟度、叶片结构、身份、油分、颜色、色度均达到某级的品质规定，杂色与残伤不超过某级允许度时，才定为某级。

2. 就低原则

一批晒红烟介于两个等级质量界限上，则定较低等级。

对某一等级晒红烟而言，允许一个或多个因素高于要求，但不允许任何一个分级因素低于要求，即“就低原则”。

（二）吉林晒红烟的验收规则

1. 晒红烟纯度允差的规定

吉林晒红烟纯度允差的规定见表9-10。晒红烟一级、二级的纯度允差不得超过10%；三级烟叶的纯度允差不得超过15%；四级、五级、六级烟叶的纯度允差不得超过20%。

表9-10 吉林晒红烟自然砂土率、纯度允差、含水率的规定

（DB 22/T 925—1999《晒红烟》）

等级	纯度允差（%）	自然砂土率（%）	破损度（%）	含水率（%）
一级	≤10	≤0.5	≤5	≤20
二级		≤0.5	≤10	
三级	≤15	≤1.0	≤15	
四级	≤20	≤1.5	≤20	
五级		≤2.0	≤25	
六级		≤2.0	≤30	

2. 晒红烟自然砂土率的规定

吉林晒红烟自然砂土率的规定见表9-10。吉林晒红烟一级、二级的自然砂土率不超过0.5%；三级烟叶的自然砂土率不超过1.0%；四级烟叶的自然砂土率不超过1.5%；五级、六级烟叶的自然砂土率不超过2.0%。

3. 晒红烟破损度的规定

吉林晒红烟一级、二级、三级、四级、五级、六级的破损度分别为不超过5%、10%、15%、20%、25%、30%。

4. 晒红烟含水率的规定

吉林各等级晒红烟的收购含水率不得超过20%。

5. 其他验收规则

烟叶质量达不到一级、二级的上部叶，在三级以下定级。

霜冻叶、杈子叶、霉变、掺杂、水分超限烟叶，不列级。

每片烟叶的完整度必须达到50%以上，低于50%者列为级外烟。

把头不超过 5cm 的部分轻微霉变，视其对烟叶品质影响的程度适当定级。

思考题：

1. 吉林晒红烟有哪些分级因素？
2. 湖南晒红烟有哪些分级因素？
3. 吉林晒红烟分哪些等级？
4. 湖南晒红烟分哪些等级？

第十章　中国马里兰烟分级

本章主要介绍中国马里兰烟生产、分级概况，马里兰烟分组方法，马里兰烟分级标准，马里兰烟的检验方法，马里兰烟的包装、标志与贮运。

第一节　中国马里兰烟生产、分级概况

一、中国马里兰烟生产概况

马里兰烟属于淡色晾烟，原产于美国马里兰州。据《中国烟草通志》记载，中国马里兰烟引种始于 20 世纪 70 年代末。1979 年，中央人民政府轻工业部赴美考察小组将马里兰烟种子带回国内。1980 年，中央人民政府轻工业部烟草工业科学研究所根据美国马里兰州的纬度和土壤气候条件，结合国内的生态条件，在吉林、安徽、河南和湖北四省试种马里兰烟。1981 年，吉林、辽宁、黑龙江、河北、河南、安徽、湖北、湖南及甘肃 9 个省都种植马里兰烟。

1981 年，吉林种植马里兰烟近 6000 亩，收购烟叶 70 万千克。20 世纪 90 年代后，因马里兰烟销路不畅，吉林停止种植马里兰烟。

1982 年，安徽临泉试种马里兰烟 6.04 万亩，由于发展过快，晾房条件和技术力量相对不足，又遇雨涝灾害，使烟叶质量和生产效益蒙受巨大损失。此后，马里兰烟在该地的生产情况开始不稳定，大多数年份马里兰烟的种植面积均在千亩以下。1997 年后，临泉停止种植马里兰烟。

1983 年，湖北五峰种植马里兰烟 3000 亩，产量达 30 万千克。但由于销量有限，再加上库存的马里兰烟较多，1986 年五峰基本停止了种植马里兰烟。1987 年，五峰恢复种植马里兰烟，开始注重生产技术，使马里兰烟的产量、质量明显提高。目前，湖北五峰是中国马里兰烟的主产区，马里兰烟年产量 100 万千克左右。

1999 年，云南保山试种马里兰烟。2003 年，云南保山收购马里兰烟达 31 万千克。目前，云南保山是中国马里兰烟的重要产区之一，马里兰烟年产量 15 万千克左右。

2010~2019 年中国马里兰烟种植面积和收购量见表 10-1。可以看出，2011 年马里兰烟种植面积最大，随后马里兰烟种植面积总体呈减小趋势。2014 年马里兰烟种植面积占晾烟总种植面积的 16.78%，为历年最高比例，2018 年马里兰烟种植面积占晾烟总种植面积的 3.01%，为历年最低比例。

表 10-1　2010~2019 年中国马里兰烟种植面积和收购量
(闫新甫等，2021)

年份（年）	种植面积（公顷）	收购量（吨）
2010	2013.3	4530.0
2011	2566.7	6340.0
2012	2106.7	5160.0
2013	1613.3	3815.0
2014	1126.7	2495.0
2015	626.7	1425.0
2016	106.7	225.0
2017	106.7	225.0
2018	113.3	250.0
2019	106.7	250.0

2011 年马里兰烟收购量最大，随后马里兰烟收购量总体呈减小趋势。2015 年马里兰烟收购量占晾烟总收购量的 18.01%，为历年最高比例，2018 年马里兰烟收购量占晾烟总收购量的 3.06%，为历年最低比例。

二、中国马里兰烟分级概况

虽然马里兰烟在中国已有几十年的种植历史，但是由于种种原因，长期以来中国马里兰烟没有统一的国家分级标准，这在一定程度上制约了中国马里兰烟的发展。

国内马里兰烟产区不断探索马里兰烟分级标准。起初，一些马里兰烟产区沿用白肋烟的分级标准，根据烟叶的着生部位将马里兰烟分为中下部叶组和上部叶组，中下部叶组分为 6 个等级，上部叶组分为 5 个等级，1 个末级，共 12 个等级。

随后，中国马里兰烟主要产区相继制定了马里兰烟分级地方标准，不断进行修订和完善分级标准。2003 年 6 月，湖北省质量技术监督局发布了马里兰烟分级地方标准 DB 42/T 250—2003《马里兰烟》，将马里兰烟分为下一级、下二级、中一级、中二级、中三级、上一级、上二级、上三级、中下杂和上杂，共 10 个等级。经中国烟叶公司批准，湖北省自 2006 年开始执行马里兰烟分级地方标准。

第二节　马里兰烟分组

目前，中国马里兰烟分级按照“分类→分组→分级”的分级体系进行。

一、马里兰烟分组的作用

马里兰烟分组是将相同部位或外观质量特征相近的马里兰烟划为同一组别。分组是马里兰烟分级的基础，是马里兰烟分级中不可缺少的程序，具有与烤烟分组同样的作用。

(一) 有助于进一步进行马里兰烟分级

由于同组的马里兰烟叶片具有较为接近的外观特征，先将马里兰烟按照部位进行分组，然后在同一组内根据各分级因素的优劣进行评级，便于进一步进行烟叶分级操作。

(二) 有助于提高马里兰烟的等级纯度

根据马里兰烟的部位特征，先确定马里兰烟叶片属于哪个部位，再根据其他外观特征确定马里兰烟的级别。先准确分清马里兰烟的部位，以免出现将部位判错、分级不准的情况，有利于提高马里兰烟的等级合格率和等级纯度。

(三) 有助于卷烟叶组配方

不同组别的马里兰烟，其化学成分和感官质量存在较大差异，其工业用途也会存在差异。将不同质量特点的马里兰烟进行分组，在进行卷烟叶组配方时，工作人员可以根据卷烟产品设计的目标进行合理配方。

二、马里兰烟组别的划分

马里兰烟分组主要根据烟叶部位进行分组。按烟叶在烟株上的着生部位，马里兰烟叶片由下而上分为下部叶（包括脚叶和下二棚叶）、中部叶（腰叶）、上部叶（包括上二棚叶和顶叶）。目前，国内进行马里兰烟分组时，根据烟叶的着生部位以及与总体质量密切相关的特征，将马里兰烟分为下部叶组、中部叶组、上部叶组、杂色叶组 4 个组别。

(一) 主组和副组马里兰烟

主组马里兰烟是指生长发育正常、调制适当的马里兰烟构成的组别，包括下部叶组、中部叶组、上部叶组。

副组马里兰烟是指生长发育不良，或采收不当，或调制失误，以及其他原因造成的低质量马里兰烟构成的组别，主要有杂色叶组。

(二) 不同组别马里兰烟的外观特征

不同组别马里兰烟的外观特征不同，马里兰烟的部位分组特征见表 10-2。下部叶的外观特征为叶脉较细，叶形较宽圆，叶尖钝，叶片薄，颜色多为浅黄色；中部叶的外观特征为主脉粗细适中、遮盖~微露、叶尖处稍弯曲，叶形宽~较宽，叶尖较钝，叶片稍薄~适中，颜色多为红黄色；上部叶的外观特征为叶脉粗、较显露~突起，叶形较窄，叶尖较锐，叶片适中~稍厚，颜色多为红黄色或红棕色。

表 10-2 马里兰烟的部位分组特征

（根据 DB 42/T 250—2003《马里兰烟》整理）

组别	部位特征			
	脉相	叶形	厚度	颜色
下部叶组	较细	较宽圆，叶尖钝	薄至稍薄	多浅黄色
中部叶组	粗细适中，遮盖至微露，叶尖处稍弯曲	宽至较宽，叶尖较钝	稍薄至适中	多红黄色
上部叶组	较粗至粗，较显露至突起	较窄，叶尖较锐	适中至稍厚	多红黄色、红棕色

（三）马里兰烟组别的代号

根据马里兰烟分级标准，马里兰烟分为下部叶组、中部叶组、上部叶组、杂色叶组 4 个组别，各组别的代号依次为 X、C、B、K。

第三节　马里兰烟分级

一、马里兰烟的分级因素

对马里兰烟进行分组后，根据分级因素进行等级划分。用以衡量烟叶等级质量的外观因素称为分级因素，也称为品质要素。目前，湖北省马里兰烟分级标准中规定成熟度、身份、叶片结构、弹性、颜色、光泽、长度和损伤度为分级因素（表 10-3）。云南保山马里兰烟分级标准规定成熟度、身份、叶片结构、颜色、光泽、叶面、长度和损伤度为分级因素（表 10-4）。

表 10-3　湖北马里兰烟分级因素及程度

（根据 DB 42/T 250—2003《马里兰烟》整理）

分级因素	程度
成熟度	成熟、尚熟、欠熟
身份	适中、稍厚、稍薄、厚或薄
叶片结构	松、疏松、尚疏松、稍密、密
弹性	好、中、差
颜色	浅黄色、浅红黄色、红黄色、红棕色、杂色
光泽	亮、中、暗
长度	以厘米（cm）表示
损伤度	以百分数（%）表示

表 10-4　云南保山马里兰烟分级因素及程度

（云南保山 Q3J193—2008《马里兰烟》）

分级因素	程度
成熟度	成熟、熟、过熟、欠熟
身份	适中、厚、较厚、稍厚、薄、较薄
叶片结构	松、疏松、尚疏松、稍密、密
颜色	淡黄色、红黄色、淡红黄色、深红棕色、红棕色、杂色
光泽	鲜明、尚鲜明、稍暗、暗
叶面	平展、舒展、微皱、皱、皱缩

续表

分级因素	程度
长度	以厘米（cm）表示
损伤度	以百分数（%）表示

需要说明的是，DB 42/T 250—2003《马里兰烟》规定烟叶长度为控制因素，云南保山Q3J193—2008《马里兰烟》规定烟叶长度为品质因素，而烟叶长度在 GB 2635—1992《烤烟》、GB/T 8966—2005《白肋烟》、GB 5991.1—2000《香料烟　分级技术要求》、YC/T 484.1—2013《晒黄烟　第 1 部分：分级技术要求》中均为品质因素，本章仅将烟叶长度为马里兰烟分级因素之一。

（一）成熟度

调制后烟叶的成熟程度（包括田间和晾制的成熟程度），湖北马里兰烟的成熟度分为成熟、尚熟、欠熟 3 个档次。成熟是指烟叶在田间及调制后均达到的成熟程度；尚熟是指烟叶在田间生长到接近成熟，生化变化尚不充分或调制失当后熟不够；欠熟是指烟叶在田间未达到成熟或晾制失当。

云南保山马里兰烟的成熟度分为成熟、熟、过熟、欠熟 4 个档次。成熟是指烟叶在田间及晾制后均达到的成熟程度；熟是指烟叶在田间达到良好发育，已成熟，且晾制后基本成熟；过熟是指烟叶在田间生长过度，物质转化过度或调制失当，烟叶内物质消耗过多，造成晾制过熟；欠熟是指烟叶在田间未达到成熟或晾制失当、成熟稍逊。

（二）身份

烟叶身份是指烟叶厚薄程度、细胞密度或单位面积重量，通常以厚度表示。

湖北马里兰烟分级标准中，将烟叶身份分为适中、稍厚、稍薄、厚、薄。

云南保山马里兰烟分级标准中，将烟叶身份分为适中、厚、较厚、稍厚、薄、较薄。

（三）叶片结构

叶片结构是指烟叶细胞排列的疏密程度。湖北马里兰烟分级标准中，叶片结构分为松、疏松、尚疏松、稍密、密 5 个档次。

松：叶片细胞排列间隙大，韧性差。泛指脚叶。

疏松：叶片细胞排列间隙较大，松弛程度高。多指正常发育的中下部叶。

尚疏松：叶片细胞排列间隙尚大，松弛程度尚高。多指正常发育的中上部叶。

稍密：叶片细胞排列间隙较小。多指正常发育的上部叶。

密：叶片细胞间隙小，排列致密，韧性尚好。多指顶叶。

云南保山马里兰烟分级标准中，叶片结构分为松、疏松、尚疏松、稍密、密 5 个档次。

（四）弹性

烟叶弹性是指烟叶受压后的回弹能力。湖北马里兰烟分级标准中，将烟叶弹性分为好、中、差。

（五）颜色

烟叶颜色是指烟叶经调制后烟叶的色彩、色泽饱和度、色值的状态。湖北马里兰烟的颜色主要分为浅黄色、浅红黄色、红黄色、红棕色、杂色。

浅黄色：烟叶表面呈现稍显红色的淡红黄色。

浅红黄色：烟叶表面显淡红色呈现红色。

红黄色：烟叶表面红色呈现深黄色。

红棕色：烟叶表面红色呈现棕色。

杂色：烟叶表面存在的非基本色的颜色斑块，包括生黄、带灰色斑点、青痕、带青烟叶。

云南保山马里兰烟的颜色主要分为淡黄色、红黄色、淡红黄色、红棕色、深红棕色、杂色。

（六）光泽

光泽是指马里兰烟经过调制后，烟叶表面色彩的明暗程度。一般情况下，烟叶表面色彩明亮者，烟叶质量好；色彩灰暗无光者，烟叶质量差。

烟叶光泽主要靠目光感觉烟叶明亮或灰暗程度。湖北马里兰烟分级标准中，将烟叶光泽分为亮、中、暗 3 个档次。亮：烟叶表面颜色均匀，光泽反应强。中：烟叶表面颜色较均匀，光泽反应一般。暗：烟叶表面颜色不均匀，光泽暗淡。

云南保山马里兰烟分级标准中，将烟叶光泽分为鲜明、尚鲜明、稍暗、暗 4 个档次。

（七）叶片长度

叶片长度是指从烟叶主脉柄端至尖端的直线距离，以厘米（cm）表示。

（八）损伤度

损伤度是指烟叶受损程度，受损透过叶背，失去后续可加工性和坚实性的那部分组织，通常以百分数（%）表示。

（九）叶面

叶面是指烟叶表面平展或皱缩的状态。云南保山马里兰烟分级标准中，将烟叶叶面分为平展、舒展、微皱、皱、皱缩 5 个档次。

二、马里兰烟分级标准

（一）马里兰烟等级的划分

根据马里兰烟的成熟度、身份、叶片结构、弹性、颜色、光泽、长度、损伤度等分级因素判定级别。湖北马里兰烟分级标准规定，下部叶组设 2 个等级，中部叶组设 3 个等级，上部叶组设 3 个等级，杂色叶组设 2 个等级，共 10 个等级。

（二）马里兰烟的等级代号

马里兰烟的等级代号相对简单，主组等级用 1 个大写字母和 1 个数字符号组成，大写字母表示部位，数字符号表示级别，如上一级用 B1 表示；副组等级用部位字母和颜色字母表示，如中下部杂色烟叶用 CXK 表示。

湖北马里兰烟等级的汇总表见表 10-5。

表 10-5　湖北马里兰烟等级的汇总表

主组等级						副组等级	
代号	级别	代号	级别	代号	级别	代号	级别
B1	上一级	C1	中一级	X1	下一级	CXK	中下杂
B2	上二级	C2	中二级	X2	下二级	BK	上杂
B3	上三级	C3	中三级				

（三）马里兰烟等级的品质规定

湖北各等级马里兰烟的品质规定见表 10-6。主组各等级烟叶对成熟度、身份、叶片结构、弹性、颜色、光泽、长度、损伤度均有严格规定，中下部杂色和上部杂色仅对烟叶成熟度、长度和损伤度有要求。

表 10-6　湖北各等级马里兰烟的品质规定

（根据 DB 42/T 250—2003《马里兰烟》整理）

组别	部位	级别	代号	成熟度	身份	叶片结构	弹性	颜色	光泽	长度（cm）	损伤度（%）
主组	下部叶	下一级	X1	成熟	稍薄	松	中	浅红黄	中	≥40	≤20
		下二级	X2	成熟，尚熟	稍薄，薄	松	差	浅黄	暗	≥35	≤25
	中部叶	中一级	C1	成熟	适中	疏松	好	红黄	亮	≥55	≤10
		中二级	C2	成熟	适中	疏松	好	红黄，浅红黄	亮	≥50	≤15
		中三级	C3	成熟，尚熟	适中，稍薄	尚疏松	中	浅红黄	中	≥40	≤20
	上部叶	上一级	B1	成熟	稍厚	尚疏松	好	红黄	亮	≥50	≤15
		上二级	B2	成熟，尚熟	稍厚，厚	稍密	中	红黄，红棕	中	≥45	≤20
		上三级	B3	尚熟	厚	密	中	红棕	暗	≥35	≤25
副组	中下部叶	中下杂	CXK	尚熟	—	—	—	—	—	≥35	≤30
	上部叶	上杂	BK	欠熟	—	—	—	—	—	≥30	≤35

云南保山各等级马里兰烟的品质规定见表 10-7。

表 10-7　云南保山各等级马里兰烟的品质规定

（根据云南保山 Q3J193—2008《马里兰烟》整理）

组别	级别	代号	成熟度	身份	叶片结构	叶面	颜色	光泽	长度（cm）	损伤度（%）
下部叶组	下一级	X1	成熟	稍薄	尚疏松	平展	淡红黄色	尚鲜明	≥40	≤20
	下二级	X2	欠熟，过熟	薄	松	微皱	淡黄色	较暗	≥35	≤25
中部叶组	中一级	C1	成熟	适中	疏松	舒展	红黄色，红棕色	鲜明	≥55	≤10
	中二级	C2	成熟	适中	疏松	舒展	红黄色，红棕色	鲜明	≥50	≤15
	中三级	C3	熟，欠熟	稍薄	尚疏松	微皱	淡红黄色	尚鲜明	≥45	≤20
上部叶组	上一级	B1	成熟	稍薄	尚疏松	微皱	红棕色	鲜明	≥50	≤15
	上二级	B2	熟，欠熟	较厚	稍密	皱	红棕色，深红棕色	尚鲜明	≥40	≤20
	上三级	B3	欠熟	厚	密	皱缩	深红棕色	暗	≥35	≤25
杂色叶组	中下杂	CXK	欠熟，过熟	薄	密	皱缩	—	暗	≥35	≤35
	上杂	BK	过熟	厚	密	皱缩	—	暗	≥30	≤40

续表

组别	级别	代号	成熟度	身份	叶片结构	叶面	颜色	光泽	长度（cm）	损伤度（%）
级外叶组	末级	ND	任何部位不能归入所列等级的烟叶							

湖北各等级马里兰烟的等级说明见表10-8。下一级烟叶产于下二棚叶，下二级主要产于脚叶；上一级烟叶产于上二棚叶，上二级产于上二棚叶和顶叶，上三级产于顶叶。

表10-8 湖北马里兰烟等级说明
（DB 42/T 250—2003《马里兰烟》）

等级	说明
下一级	产于下二棚叶。成熟，稍薄，松，弹性中，光泽中，颜色浅红黄色，损伤度不超过20%，长度不低于40cm
下二级	主要产于脚叶。成熟，尚熟，稍薄，薄，松，弹性差，光泽暗，颜色浅黄色，损伤度不超过25%，长度不低于35cm
中一级	主要产于腰叶。成熟，适中，疏松，弹性好，光泽亮，颜色红黄色，浅红黄色，损伤度不超过10%，长度不低于55cm
中二级	产于腰叶。成熟，适中，疏松，弹性好，光泽亮，颜色红黄色，浅红黄色，损伤度不超过15%，长度不低于50cm
中三级	产于近腰叶。成熟，尚熟，适中，稍薄，尚疏松，弹性中，光泽中，颜色浅红黄色，损伤度不超过20%，长度不低于40cm
上一级	产于上二棚叶。成熟，稍厚，尚疏松，弹性好，光泽亮，颜色红黄色，损伤度不超过15%，长度不低于50cm
上二级	产于上二棚叶和顶叶。成熟，尚熟，稍厚，厚，稍密，弹性中，光泽中，颜色红黄色，红棕，损伤度不超过20%，长度不低于45cm
上三级	产于顶叶。尚熟，厚，密，弹性中，光泽暗，颜色红棕色，损伤度不超过25%，长度不低于35cm
中下部杂色	产于中下部叶。尚熟，损伤度不超过30%，长度不低于35cm
上部杂色	产于上部叶。欠熟，损伤度不超过35%，长度不低于30cm

【课堂讨论6】

如果让你制定中国马里兰烟分级行业标准，马里兰烟应设置哪些等级？
马里兰烟各个等级品质规定如何？

三、马里兰烟的验收

（一）马里兰烟的定级原则

1. 基本定级原则

马里兰烟的成熟度、身份、叶片结构、弹性或叶面、光泽、颜色、长度都达到某级规定，且损伤度不超过某级允许规定时，才能定为某级。

2. 就低原则

当马里兰烟在两个等级质量界限上，则定较低等级。对某一等级烟叶而言，允许一个或多个因素高于要求，但不允许任何一个分级因素低于要求，即“就低原则”。

3. 几种烟叶处理原则

湖北马里兰烟分级标准规定如下：

中部烟叶品质达不到中部组最低等级质量要求的，允许在下部组定级。

中部三级允许微带青面积不超过 10%；下部一级、上部二级允许微带青面积不超过 15%；下部二级、上部三级允许微带青面积不超过 20%。

杂色面积超过 20%的烟叶，在杂色定级；中下部杂色烟叶面积不得超过 30%，上部杂色烟叶面积不得超过 40%。

云南保山马里兰烟分级标准规定：中下部杂色烟叶面积不得超过 35%，上部杂色烟叶面积不得超过 40%。含青面积超过 15%的烟叶，允许在末级定级。

（二）马里兰烟的验收规则

1. 马里兰烟纯度允差的规定

湖北马里兰烟中一级、中二级和上一级的纯度允差不得超过 10%；中三级、下一级、上二级和上三级烟叶的纯度允差不得超过 15%；下二级、上杂和中下杂烟叶的纯度允差不得超过 20%（表 10-9）。

2. 马里兰烟含水率的规定

湖北马里兰烟各等级原烟的含水率为 17%~19%，复烤烟的含水率为 11%~13%。云南保山马里兰烟各等级原烟的含水率为 15%~18%。

3. 马里兰烟自然砂土率的规定

湖北马里兰烟各等级原烟和复烤烟的自然砂土率均不得超过 1%。

表 10-9 湖北马里兰烟纯度允差、含水率和自然砂土率的规定

（根据 DB 42/T 250—2003《马里兰烟》整理）

等级分类	等级	纯度允差	含水率		自然砂土率	
			原烟	复烤烟	原烟	复烤烟
上等烟	C1、C2、B1	≤10%	17%~19%	11%~13%	≤1%	≤1%
中等烟	C3、X1、B2、B3	≤15%				
下等烟	X2、BK、CXK	≤20%				

4. 扎把规定

每把烟内必须是同一等级的马里兰烟，每把烟上部叶 15~20 片，中下部叶 20~25 片，采用自然扎把，每把绕宽 50mm。

5. 特殊情况的处理

烟筋未干或含水率超过规定，以及掺杂、砂土率超标的马里兰烟必须重新整理后再收购。

枯黄、生叶、霉变、异味、晒制、烤制或半晾半晒，以及含青面积超过 30%的马里兰烟，一律不得收购。

6. 最终等级的确定

在进行烟叶复检时，与已确定的等级不符，则原定级无效，以复检结果为准。

(三) 马里兰烟的收购价格

2012~2014 年湖北马里兰烟的收购价格见表 10-10。可以看出，马里兰烟中一级烟叶的收购价格最高，上杂烟叶的收购价格最低。不同等级马里兰烟收购价格的高低顺序为：C1>C2>B1>C3>X1>B2>B3>X2>CXK>BK。

表 10-10　2012~2014 年湖北马里兰烟的收购价格（元/担）

（湖北省物价局、湖北省烟草专卖局）

等级	代号	2012 年	2013 年	2014 年
中一级	C1	1000	1060	1060
中二级	C2	980	1040	1040
中三级	C3	940	1000	1000
下一级	X1	900	960	960
下二级	X2	630	720	720
中下杂	CXK	340	400	400
上一级	B1	960	1020	1020
上二级	B2	850	920	920
上三级	B3	670	820	820
上杂	BK	320	380	380

第四节　马里兰烟的检验方法

一、马里兰烟的检验原则

(一) 马里兰烟原烟检验

烟农出售的马里兰烟，按 DB 42/T 250—2003《马里兰烟》分级标准有关规定进行检验和定级。

(二) 马里兰烟的现场检验

每批（指同一地区、同一级别）马里兰烟在 100 件以内者，取 10%~20%的样件；超过 100 件的部分，取 5%~10%的样件；必要时可以酌情增加取样比例。

成件取样，自每件中心向其四周抽检样 5~7 处，3~5kg；未成件烟叶可全部检验或按部位和级别各取 6~9 处，3~5kg 或 30~50 把。

对抽验的马里兰烟样品，按照 DB 42/T 250—2003《马里兰烟》分级标准的规定进行检验。

现场检验中任何一方检验结果有不同意见时，送上级质量技术监督主管部门进行检验；检验结果如仍有异议，可再复验，并以复验结果为准。

二、马里兰烟的检验方法

（一）马里兰烟的品质检验

马里兰烟的品质检验，按 DB 42/T 250—2003《马里兰烟》分级标准逐项检验，以感官鉴定为主。

（二）马里兰烟的水分检验

马里兰烟水分的检验方法主要分为现场检验和室内检验。现场检验采用感官检验法，室内检验用烘箱检验法。

1. 水分检验取样

马里兰烟取样数量不少于 0. 5kg，从现场检验打开的全部样件中平均抽取。现场检验打开的样件超过 10 件，则超过部分，每 2～3 件任选一件。每样件的取样部位，从开口一面的一条对角线上，等距离抽出 2～5 处，每处各一把，从每把中任取半把，放入密闭的容器中，化验时，从每半把中选完整叶 2～3 片。

2. 感官检验法

以手握马里兰烟叶片、松开后，如果烟叶能迅速自然展开，烟筋稍软不易断，手握烟叶稍有响声、不易破碎为准。

3. 烘箱检验法

从送检马里兰烟样品中均匀抽取约 1/4 的叶片，迅速切成宽度不超过 5mm 的小片或丝状。混合均匀后用已知干燥重量的样品盒称取试样 5～10g，记下称得的试样重量 M_0。去盖后放入温度（100±2）℃的烘箱内，自温度回升至 100℃时算起，烘 2h，加盖，取出，放入干燥器内，冷却至室温，再称重 M_1。烟叶水分含量（%）以 $100\times(M_0-M_1)/M_0$ 计算。

每批烟叶样品的测定均应做平行试验，二者绝对值的误差不得超过 0. 5%，以平行试验结果的平均值为检验结果。如平行试验结果误差超过规定时，应做第三份试验，在三份结果中以两个误差接近的平均值为准。

（三）砂土检验

马里兰烟砂土的检验方法主要分为现场检验和室内检验。现场检验用感官检验法，室内检验用重量检验法。

1. 砂土检验取样

马里兰烟取样数量不少于 1kg。从现场检验打开的全部样件中平均抽取，如现场检验打开的样件超过 10 件，则任选 10 件为取样对象，每件任取 1 把。如双方仍有争议时，可酌情增加。

2. 感官检验法

用手抖拍烟把无砂土落下，且看不见烟叶表面附有砂土即为合格。

3. 重量检验法

从送检的马里兰烟样品中随机取两个平行试样，每个试样重 400～600g，称得试样重量 M_0，在抽光纸上将烟把解开，用毛刷逐片正反两面各轻刷 5～8 次，刷净，搜集刷下的砂土，通过分离筛，至筛不下为止。将筛下的砂土称重，记录重量 M_1，烟叶砂土率（%）= $100\times M_1/M_0$。

第五节　马里兰烟的包装、标志与贮运

一、马里兰烟的包装

（一）马里兰烟的包装要求

1. 马里兰烟包装的重量和尺寸

DB 42/T 250—2003《马里兰烟》规定，马里兰烟每包净重为 50kg，成包体积 400mm×600mm×800mm。

2. 马里兰烟纯度和碎片率要求

每包（件）马里兰烟必须是同一产区、同一等级。烟包内不得混有任何杂物、水分超限、霉烂变质烟叶。自然碎片率不得超过 3%。

3. 马里兰烟装包要求

烟叶包装时，叶柄向外，排列整齐，循序相压，包体端正。捆包四横三竖，缝包不少于 40 针。

（二）马里兰烟的包装材料

马里兰烟的包装材料必须牢固、干燥、清洁、无异味。

二、马里兰烟的标志

（一）马里兰烟的标志内容

1. 一般标志

马里兰烟烟包上应粘贴标签，标签至少包括下列 5 项内容：烟叶产地（省、县）；烟叶级别（大写及代号）；重量（毛重、净重），单位为 kg；产品年份；供货单位名称。

2. 特殊标志

对于特殊情况的马里兰烟，应在烟包的级别代号后面加上专用符号。水分超限的烟叶，应加上“W”符号；自然砂土率超限的烟叶，应加上“PS”。

（二）马里兰烟的标志要求

1. 包装标志清晰

马里兰烟的标志应字迹清晰，使用印记或持久性墨水。

2. 包装内放置质检卡片

马里兰烟包装内应放置烟叶质检卡片，质检卡片应包括烟叶级别、烟叶产地、重量、产品年份、供货单位名称等信息。

3. 出口烟叶的标志要求

对于出口的马里兰烟，可根据买卖双方的协议印上标志。

三、马里兰烟的贮存和运输

(一) 马里兰烟的贮存

1. 烟叶仓库的基本要求

马里兰烟仓库应符合建筑设计防潮、防火规范的要求。烟叶仓库除了保持清洁、干燥、无虫、无异味外，还应具有通风、调节湿度的条件。烟叶不得靠近火炉和油仓，严禁与有异味和有毒的物品混储。

2. 烟叶堆放要求

烟包应置于距地面 30cm 以上的垫物上，距墙、柱 30cm 以上。存放时上等烟堆垛高度不超过 4 个烟包，中等烟堆垛高度不超过 5 个烟包，其他级别堆垛高度不超过 6 个烟包。烟包堆放应整齐有序，各烟垛应挂卡，标明烟叶产地、等级、数量、日期等标识。

露天堆放时，烟包的上面和四周应有防雨遮盖物，四周封严。垛底需距离地面 30cm 以上，垫木端与烟包齐，以防雨水顺垫木侵入。

3. 贮存安全管理

在马里兰烟贮存期间应经常检验烟包，做好烟叶安全检查记录，防止虫蛀霉变，确保商品安全。

(二) 马里兰烟的运输

1. 运输工具要求

运输车辆货厢应干燥、洁净，不得用有异味和污染的运输工具装运烟叶。

2. 烟包上应有遮盖物

运输烟叶时，烟包上面应有遮盖物，包严、盖牢，防日晒和受潮。

3. 防止烟叶霉变

运输过程中，烟叶若出现雨淋、受潮，应及时处理，防止烟叶发生霉变。

4. 烟叶装卸要求

装卸烟叶时，应小心轻放，不得摔包、钩包、踏包。

思考题：

1. 中国马里兰烟分为哪几个组别？
2. 简述中国马里兰烟不同部位的分组特征及其代号。
3. 湖北马里兰烟分哪些等级？
4. 云南保山马里兰烟分哪些等级？

第三篇　国外烟叶分级技术

第十一章　巴西烟叶分级

巴西是南美洲烟叶主产国，也是当今世界烟叶出口第一大国。巴西烤烟产量和烟叶总产量仅次于中国，均位居世界第二位。本章主要介绍巴西烟叶生产、分级概况，巴西烤烟分级标准，巴西白肋烟分级标准。

第一节　巴西烟叶生产、分级概况

一、巴西烟叶生产概况

（一）巴西烤烟生产概况

巴西是世界上种植烟草较早的国家，种烟历史悠久。16世纪初，葡萄牙探险者第一次在巴西登陆时就看到当地土著部落的许多土地上种植烟草。据史料分析，在南美洲，烟草起源于玻利维亚的安第斯山脉河谷地带东部，后来被土著部落迁移时带到了巴西。1548年，葡萄牙开始在巴西种植烟草用于出口，而巴西烤烟种植始于1903年。2003~2004年种植季烤烟产量达到1700万担，创历史最高纪录。随后几年烟叶种植面积有所下滑，2007~2008年种植季烤烟产量1216万担，2009~2010年种植季烤烟产量继续下降。

根据巴西地理统计局和巴西烟草种植者协会统计，巴西共有13个州种植烟叶，烟叶种植户14.2户，种烟面积27万公顷，产量59万吨。巴西烤烟主要分布于南部三个州：南大河州（Rio Grande do Sul）、圣卡塔琳纳州（Santa Catarina）、巴拉纳州（Parana），南部三个州是巴西烤烟核心产区。2021~2022年种植季南部3个州共有烟叶种植户12.8万户，烟叶面积24.7万公顷，烟叶产量56.0万吨，其中烤烟产量51.3万吨。

（二）巴西白肋烟生产概况

2007~2008年种植季，巴西白肋烟产量1216万担；2020~2021年种植季，巴西南部地区烟叶种植面积为410万亩，烟叶总产量62.8万吨（1056.0万担），其中白肋烟4.9万吨（98.0万担）；2021~2022年种植季，巴西南部3个州白肋烟产量4.2万吨（84.0万担）。

二、巴西烟叶分级概况

（一）巴西烤烟分级概况

巴西从1920年就开始尝试进行烟叶分级，但是当时烟农从经济利益出发，片面追求烟叶产量，忽视了烟叶质量，造成烟叶分级混乱，烟叶等级质量每况愈下。1972年9月22日，巴西农业部正式颁布了第一个官方烤烟等级标准，该烟叶分级标准将巴西烤烟分为18个叶组，一共48个等级。

进入21世纪，根据形势发展和国际烟叶市场需求发生的变化，巴西政府于2007年4月4日又发布了新版官方烤烟分级标准，巴西烤烟分为41个等级，该分级标准从2007~2008年种植季开始执行。

（二）巴西白肋烟分级概况

巴西白肋烟最早分为25个等级，随后修订为29个等级。2007年4月4日，巴西根据白肋烟分级的实际需求发布了新版官方白肋烟分级标准，将白肋烟分为30个等级，该分级标准从2007~2008年种植季开始执行。

第二节　巴西烤烟分级

一、巴西烤烟分组

（一）烤烟分组情况

1. 部位分组

烤烟分组是按照烟叶部位、颜色等外观特征将同一型内的烤烟划分为不同的组别。巴西烤烟分组时，首先根据烟叶的着生部位分组。烤烟从烟株的底部至顶部依次分为下部叶、腰叶、上二棚叶和顶叶4个部位，下部叶4~5片，腰叶4~6片，上二棚叶3~4片，顶叶4~5片。巴西烤烟按部位分为下部叶组、腰叶组、上二棚叶组和顶叶组。

2. 颜色分组

巴西烤烟的基本色分为3种：桔黄色、柠檬黄色、红棕色。烤烟桔黄色的色值可理解为70%黄色+30%红色；柠檬黄色的色值为100%黄色；红棕色的色值为70%红色+30%黄色。巴西烤烟的非基本色分为杂色、青烟。

（二）烤烟组别代号

巴西烤烟下部叶组、腰叶组、上二棚叶组、顶叶组的代号分别为X、C、B、T。巴西烤烟桔黄色、柠檬黄色、红棕色的代号分别为O、L、R。杂色的代号为K，青烟的代号为G。碎片用SC表示，烟梗用ST表示。

（三）不同组别烤烟质量特点

1. 不同组别烤烟的物理特性

巴西南大河州不同组别烤烟的物理特性见表11-1。可以看出，南大河州不同组别烤烟厚度、含梗率和平衡含水率均表现为：上二棚叶组>腰叶组>下部叶组。

表11-1　巴西南大河州不同组别烤烟的物理特性

（何澎，2013）

组别	等级	叶厚（μm）	含梗率（%）	抗张拉力（N）	平衡含水率（%）	叶质重（g/m^2）
上二棚叶组	BO2	60.72	32.75	3.56	12.32	59.23
腰叶组	CO3	55.76	29.13	3.54	12.23	63.31
下部叶组	XO2	55.62	28.36	3.56	11.63	55.35

2. 不同组别烤烟的常规化学成分

巴西南大河州不同组别烤烟的常规化学成分见表 11-2。可以看出，南大河州不同组别烤烟总氮、烟碱、总糖、还原糖含量均表现为：上二棚叶组>腰叶组>下部叶组。不同组别烤烟钾、氯含量、氮碱比和糖碱比均表现为：下部叶组>腰叶组>上二棚叶组。

表 11-2 巴西南大河州不同组别烤烟的常规化学成分

（何澎，2013）

组别	等级	总氮（%）	烟碱（%）	钾（%）	氯（%）	总糖（%）	还原糖（%）	氮碱比	钾氯比	糖碱比
上二棚叶组	BO2	2. 73	2. 69	2. 11	0. 34	30. 69	24. 34	1. 01	6. 21	9. 05
腰叶组	CO3	2. 33	2. 25	2. 36	0. 41	26. 46	21. 34	1. 04	7. 56	9. 16
下部叶组	XO2	2. 05	1. 87	2. 77	0. 44	23. 56	18. 39	1. 10	6. 30	9. 83

3. 不同组别烤烟的感官质量

巴西南大河州不同组别烤烟的感官质量见表 11-3。可以看出，南大河州不同组别烤烟香气质、香气量得分及评吸总分均表现为：上二棚叶组>腰叶组>下部叶组。上二棚叶组浓度、劲头得分较高，腰叶组杂气、刺激性得分较高。

表 11-3 巴西南大河州不同组别烤烟的感官质量

（何澎，2013）

组别	等级	香气质（20）	香气量（20）	浓度（10）	杂气（12）	劲头（10）	刺激性（12）	余味（12）	灰分（4）	总分（100）
上二棚叶组	BO2	17. 94	17. 81	8. 61	8. 42	8. 87	7. 86	7. 66	3. 41	80. 68
腰叶组	CO3	15. 23	16. 43	7. 34	9. 23	7. 43	9. 12	8. 32	3. 32	76. 42
下部叶组	XO2	14. 32	14. 33	8. 53	7. 23	7. 45	8. 43	9. 34	3. 46	73. 09

二、巴西烤烟分级标准

（一）巴西烤烟的分级因素

巴西烤烟的分级因素主要有成熟度、油分、颜色等。

（二）巴西烤烟的等级代号

1. 质量档次符号

巴西烤烟质量档次符号共有 3 个，“1”表示优（first），“2”表示好（second），“3”表示次（third）。

2. 等级的表示方法

巴西烤烟分级标准等级代号中符号的次序与中国、美国不同。巴西烤烟等级一般用“叶组+颜色+质量档次”表示。一般等级代号中的第一个符号代表叶组，以字母表示；第二个符号代表颜色，以字母表示；第三个符号代表烟叶质量档次，以数字表示。

（三）巴西烤烟标准等级汇总

巴西官方烤烟标准等级汇总见表 11-4。下部叶组分为 9 个等级：桔黄色 3 个等级，红棕色 3 个等级，柠檬黄色 2 个等级，杂色 1 个等级。腰叶组分为 9 个等级：桔黄色 3 个等级，红棕色 3 个等级，柠檬黄色 2 个等级，杂色 1 个等级。上二棚叶组分为 9 个等级：桔黄色 3 个等级，红棕色 3 个等级，柠檬黄色 2 个等级，杂色 1 个等级。顶叶组分为 9 个等级：桔黄色 3 个等级，红棕色 3 个等级，柠檬黄色 2 个等级，杂色 1 个等级。其他分为 5 个等级：青烟 2 个等级，碎片 1 个等级，烟梗 1 个等级，末级 1 个等级。巴西烤烟一共 41 个等级。

表 11-4 巴西官方烤烟标准等级汇总

（闫新甫，2012）

部位	等级代号			
X	XO1	XR1	XL1	XK
	XO2	XR2	XL2	
	XO3	XR3		
C	CO1	CR1	CL1	CK
	CO2	CR2	CL2	
	CO3	CR3		
B	BO1	BR1	BL1	BK
	BO2	BR2	BL2	
	BO3	BR3		
T	TO1	TR1	TL1	TK
	TO2	TR2	TL2	
	TO3	TR3		
	SC	ST	G2	G3
	N			

（四）巴西烤烟等级和品质规定

1. 巴西烤烟按类别划分的分级标准

巴西烤烟按类别划分的分级标准见表 11-5。该烤烟分级标准主要根据烟叶部位、颜色、质量档次、非基本色分类，然后再描述相应的等级说明。

表 11-5 巴西烤烟官方分级标准说明表

（根据《中外烟叶等级标准与应用指南》整理）

类别	类别档次	等级说明
部位	X	烟株上较低部位的烟叶。即从底部到顶部的第一个部位，也称为烟株上的第一部位烟叶。该部位的烟叶身份较薄，叶型较圆，主脉和支脉较细
	C	烟株中部的烟叶。身份中等，叶型圆至椭圆，主脉和支脉粗细中等
	B	位于烟株中、上部的烟叶。身份中等至较厚，叶型椭圆，主脉和支脉中等至较粗
	T	烟株上部的烟叶，即最后一个部位的烟叶。身份中等至厚，叶片呈长矛型，主脉和支脉中等至粗

续表

类别	类别档次	等级说明
颜色	O	桔黄色烟叶。允许叶面带有多达50%微棕色斑
	L	柠檬黄色烟叶。允许叶面带有多达50%微棕色斑
	R	红棕色烟叶。叶片表面呈现有超过50%的浅棕色至深棕色的烟叶，红棕色超过柠檬黄色和桔黄色成为主导色
质量档次	1	成熟的烟叶，颗粒性和弹性好。身份取决于部位，色度深
	2	成熟的烟叶，颗粒性和弹性中等。身份取决于部位，色度中等
	3	欠熟至过熟的烟叶，颗粒性和弹性差。身份取决于部位，色度弱
非基本色	XK CK BK TK	发白、色淡、发灰、斑点、褪色、晒斑、挂灰或调制过程中过热引起的烤红，按单独或一起计算，占其叶面积50%以内的烟叶，并有油毡味，则应按部位分开，以杂色类型处理
	G2	成熟的、调制后具有微带青斑特征，但不包括死青烟的烟叶。该类烟叶不分部位或基本颜色
	G3	欠成熟的、调制后具有微带青斑特征，但不包括死青烟的烟叶。该类烟叶不分部位或基本颜色
	N	该类烟叶的叶面上有发灰、白色和黑色斑点、挂灰、烤红、焦枯、日灼、黑糟以及纸质组织等非基本色，单独或多项一起算为50%主体色，没有异物和杂物，但烟叶必须干净、贮存条件好
其他	SC	不含梗的碎片。碎叶片大于1.56cm^2，且不含烟梗
	ST	大于4cm长的烟梗

2. 巴西烤烟按等级划分的分级标准

巴西烤烟按等级划分的分级标准见表11-6。该烤烟分级标准主要根据烟叶组别划分等级，然后再描述相应的等级说明。

表11-6　巴西烤烟官方分级标准说明表

（根据《中外烟叶等级标准与应用指南》整理）

组别	等级代号	等级名称	等级说明
下部叶组	XO1	下桔一	质量优，非常熟，桔黄色，纯净
	XO2	下桔二	质量较好，成熟，桔黄色，会带有一些非基本色
	XO3	下桔三	质量一般至次，桔黄色，带有一些非基本色和珍珠鸡斑
	XR1	下棕一	质量好，非常成熟，组织柔软
	XR2	下棕二	质量一般，成熟，组织有些干燥
	XR3	下棕三	质量次，易碎，缺乏油分，有些破损
	XL1	下柠一	质量好，柠檬黄色，纯净
	XL2	下柠二	质量一般，柠檬黄色，带有一些非基本色，身份薄如纸
	XK	下杂叶	质量差，易碎，有破损和网状残伤

续表

组别	等级代号	等级名称	等级说明
腰叶组	CO1	中桔一	质量优，非常熟，桔黄色，纯净
	CO2	中桔二	质量好，成熟，桔黄色，会带有一些非基本色
	CO3	中桔三	质量一般至次，桔黄色，会带有非基本色和珍珠鸡斑
	CR1	中棕一	质量好，非常成熟，组织柔软
	CR2	中棕二	质量一般，成熟，组织有些干燥
	CR3	中棕三	质量次，易碎，缺乏油分，有些破损
	CL1	中柠一	质量好，柠檬黄色，纯净
	CL2	中柠二	质量一般，柠檬黄色，易碎，会带有一些非基本色
	CK	中杂叶	质量差，易碎，有破损和珍珠鸡斑
上二棚叶组	BO1	上桔一	质量优，非常熟，桔黄色，纯净，油分多
	BO2	上桔二	质量好，成熟，桔黄色，会带有一些斑点
	BO3	上桔三	质量一般至次，桔黄色，平展光滑，带有一些非基本色
	BR1	上棕一	质量好，组织柔软，红棕色，非常成熟
	BR2	上棕二	质量一般，深红棕色，有点偏深棕色
	BR3	上棕三	质量次，棕褐色，带有一些破损
	BL1	上柠一	质量好，柠檬黄，纯净
	BL2	上柠二	质量一般，柠檬黄色，带有一些平展光滑
	BK	上杂叶	质量差，未熟，有平展光滑，混色
顶叶组	TO1	顶桔一	质量优，非常熟，桔黄色，油分多
	TO2	顶桔二	质量好，桔黄色，会带有一些非基本色
	TO3	顶桔三	质量一般至次，桔黄色，有平展光滑
	TR1	顶棕一	质量好，成熟，红棕色，组织柔软
	TR2	顶棕二	质量一般，深棕色，有点偏深棕色
	TR3	顶棕三	质量次，棕褐色，带有一些破损
	TL1	顶柠一	质量好，柠檬黄色，纯净
	TL2	顶柠二	质量一般，柠檬黄色，带有一些非基本色和光滑
	TK	顶杂叶	质量差，未熟，平滑
异型组	G2	微带青一级	质量好至一般，微带浮青
	G3	微带青二级	质量一般至次，微带淡青
	N	末级叶	质量次，棕色至黑糟，有破损
其他组	SC	碎片	碎片不含梗
	ST	烟梗	烟梗长度大于4cm

三、巴西烤烟的验收

（一）巴西烤烟的验收规则

巴西烤烟的验收要求见表 11-7。对于不同等级烤烟，烟叶最大含水率为 17%，如果烟叶含水率超过 17%，必须调整烟叶水分至验收要求后再销售。不允许任何来源、任何种类的异物、不纯物和污染物在烟叶中出现。

对于不同等级烤烟，质量级别的混级比例不得超过 10%，部位和颜色的混级比例也不得超过 10%。1 级烟叶不得出现斑点和缺陷，2 级、3 级烤红烟叶所占叶面积的比例不得超过 10%，2 级、3 级其他斑点和缺陷所占叶面积的比例不得超过 20%。

表 11-7　巴西烤烟的验收要求

（闫新甫，2012）

质量级别	水分含量（%）	斑点和缺陷所占叶面积（%）		质量级别的混级允许度（%）	部位和颜色的混级允许度（%）
		烤红	其他		
1	17	—	—	10	10
2	17	10	20	10	10
3	17	10	20	10	10

（二）巴西烤烟的收购价格

2007~2009 年种烟季巴西烤烟的收购价格见表 11-8。巴西烟叶生产季节是跨年度的，2007 年种烟季是指 2006 年栽烟到 2007 年采收。由于巴西烤烟分级新标准是 2007 年 4 月 4 日颁布的，表中 2007 年烤烟等级参照原来的分级标准，2008 年、2009 年烤烟等级参照新标准执行。值得注意的是，雷亚尔是指巴西币。

表 11-8　巴西烤烟的收购价格

（闫新甫，2012）

等级	2007 年（雷亚尔/kg）	2008 年（雷亚尔/kg）	2009 年（雷亚尔/kg）	等级	2007 年（雷亚尔/kg）	2008 年（雷亚尔/kg）	2009 年（雷亚尔/kg）	等级	2007 年（雷亚尔/kg）	2008 年（雷亚尔/kg）	2009 年（雷亚尔/kg）
BO1	5.81	6.25	7.07	TL1	3.59	3.86	4.37	XO1	4.90	5.27	5.96
BO2	5.03	5.41	6.12	TL2	2.79	3.00	3.39	XO2	4.12	4.43	5.01
BO3	4.05	4.36	4.93	TL3	1.58	—	—	XO3	3.38	3.64	4.12
BR1	4.53	4.87	5.51	T2K	2.12	—	—	XL1	3.91	4.21	4.76
BR2	3.32	3.57	4.04	T3K	1.18	—	—	XL2	3.17	3.41	3.86
BR3	2.22	2.39	2.70	TK	—	2.28	2.58	XL3	1.89	—	—
BL1	4.41	4.75	5.37	CO1	5.58	6.00	6.79	XR1	3.67	3.95	4.47
BL2	3.58	3.85	4.35	CO2	4.90	5.27	5.96	XR2	2.27	2.44	2.76
BL3	2.22	—	—	CO3	3.96	4.26	4.82	XR3	1.34	1.44	1.63
B2K	2.79	—	—	CL1	4.41	4.75	5.37	X2K	1.62	—	—
B3K	1.39	—	—	CL2	3.58	3.85	4.35	X3K	1.03	—	—

续表

等级	2007 年（雷亚尔/kg）	2008 年（雷亚尔/kg）	2009 年（雷亚尔/kg）	等级	2007 年（雷亚尔/kg）	2008 年（雷亚尔/kg）	2009 年（雷亚尔/kg）	等级	2007 年（雷亚尔/kg）	2008 年（雷亚尔/kg）	2009 年（雷亚尔/kg）
BK	—	3.00	3.39	CL3	2.35	—	—	XK	—	1.74	1.97
TO1	5.52	5.94	6.72	CR1	3.91	4，21	4.76	G2	2.12	2.28	2.58
TO2	4.67	5.02	5.68	CR2	2.79	3.00	3.39	G3	0.54	0.58	0.66
TO3	3.97	4.27	4.83	CR3	1.78	1.92	2.17	SC	0.54	0.58	0.66
TR1	4.30	4.63	5.24	C2K	2.22	—	—	ST	0.33	0.36	0.41
TR2	2.95	3.17	3.59	C3K	1.29	—	—	N	—	1.50	1.70
TR3	1.73	1.86	2.10	CK	—	2.39	2.70				

（三）巴西烤烟的收购比例

巴西不同叶组和质量档次烤烟的收购比例见表 11-9。巴西收购不同部位的烤烟以上二棚叶的比例最大，占 58.0%，腰叶的收购比例占 22.0%，顶叶的收购比例最小。就不同颜色烤烟而言，桔黄色烟叶的收购比例最大，占 60.0%，红棕色烟叶的收购比例为 20.0%，柠檬黄色烟叶的收购比例最小。就不同质量档次烤烟而言，1 级烤烟的收购比例最大，占 45.4%，2 级烤烟的收购比例为 36.2%，3 级烤烟的收购比例仅有 18.2%。

表 11-9　巴西不同叶组和质量档次烤烟的收购比例

（罗安娜等，2009）

部位叶组	比例（%）	颜色叶组	比例（%）	质量档次	比例（%）
T	8.0	L	8.0	1	45.4
B	58.0	O	60.0	2	36.2
C	22.0	R	20.0	3	18.2
X	12.0	G+K	12.0		

第三节　巴西白肋烟分级

一、巴西白肋烟分组

（一）白肋烟分组情况

1. 部位分组

白肋烟分组是按照烟叶部位、颜色等外观特征将同一型内的白肋烟划分为不同的组别。巴西白肋烟分组时，首先根据烟叶的着生部位分组。白肋烟从烟株的底部至顶部依次分为下部叶、腰叶、上二棚叶和顶叶 4 个部位，相应分为下部叶组、腰叶组、上二棚叶组和顶叶组 4 个组别。

2. 颜色分组

巴西白肋烟的基本色分为两种：红黄色、浅红黄色。巴西白肋烟的非基本色分为杂色、青烟。

（二）白肋烟组别代号

巴西白肋烟下部叶组、腰叶组、上二棚叶组、顶叶组的代号分别为 X、C、B、T。巴西白肋烟浅红黄色的代号为 L，红黄色烟叶只用部位和等级表示，不写颜色代号。杂色的代号为 K，青烟的代号为 G。

二、巴西白肋烟分级标准

（一）巴西白肋烟的分级因素

巴西白肋烟的分级因素主要有成熟度、颜色、质量档次等。

（二）巴西白肋烟的等级代号

1. 质量档次符号

巴西白肋烟质量档次符号有 3 个，“1”表示优（first），“2”表示好（second），“3”表示次（third）。

2. 等级的表示方法

巴西白肋烟分级标准等级代号与烤烟等级代号不尽一致。巴西白肋烟有些等级用 2 个字母和 1 个数字表示，如 X1L、C1L、B1L、T1L；有些等级用 1 个字母和 1 个数字表示，如 X1、C1、B1、T1 等；有些等级用 2 个字母表示，如 XK、CK、BK、TK；还有些等级只用 1 个字母表示，如 N、G。

（三）巴西白肋烟标准等级汇总

巴西官方白肋烟标准等级汇总见表 11-10。下部叶组分为 7 个等级：红黄色 3 个等级，浅红黄色 3 个等级，杂色 1 个等级。腰叶组分为 7 个等级：红黄色 3 个等级，浅红黄色 3 个等级，杂色 1 个等级。上二棚叶组分为 7 个等级：红黄色 3 个等级，浅红黄色 3 个等级，杂色 1 个等级。顶叶组分为 7 个等级：红黄色 3 个等级，浅红黄色 3 个等级，杂色 1 个等级。其他分为 2 个等级：青烟 1 个等级，末级 1 个等级。巴西白肋烟一共 30 个等级。

表 11-10　巴西官方白肋烟标准等级汇总

（闫新甫，2012）

部位	红黄色	浅红黄色	杂色	青色	末级
X	X1 X2 X3	X1L X2L X3L	XK	G	N
C	C1 C2 C3	C1L C2L C3L	CK		
B	B1 B2 B3	B1L B2L B3L	BK		
T	T1 T2 T3	T1L T2L T3L	TK		

(四) 巴西白肋烟等级和品质规定

1. 巴西白肋烟按类别划分的分级标准

巴西白肋烟按类别划分的分级标准见表 11-11。该白肋烟分级标准主要根据烟叶部位、颜色、质量档次、非基本色分类，然后再描述相应的等级说明。

表 11-11　巴西白肋烟官方分级标准说明表

(根据《中外烟叶等级标准与应用指南》整理)

类别	等级档次	等级说明
部位	X	烟株上较低部位的烟叶。即从底部到顶部的第一个部位，也称为烟株上的第一部位烟叶。该部位的烟叶身份较薄，叶型较圆，主脉和支脉较细
	C	烟株中部的烟叶。身份中等，叶型圆至椭圆，主脉和支脉粗细中等
	B	烟株上部的烟叶。身份中等至较厚，叶型椭圆，主脉和支脉中等至较粗
	T	烟株上部的烟叶，即最后一个部位的烟叶。身份中等至厚，叶片呈长矛型，主脉和支脉中等至粗
颜色	L	浅红棕色。其不同于带有棕色（浅棕黄色）的浅棕色
质量档次	1	成熟的烟叶，颗粒性和弹性好。身份取决于部位，色度深
	2	成熟的烟叶，颗粒性和弹性中等。身份取决于部位，色度中等
	3	欠熟至过熟的烟叶，颗粒少，弹性差。身份取决于部位，色度弱
非基本色	XK CK BK TK	来自 X、C、B 和 T 部位的烟叶叶面上的发白、色淡、发灰、褪色、日灼等非基本色按单项或多项一起为 50%的主导色
	G	有微带青的一类烟叶，不包括死青叶
	N	来自 X、C、B 和 T 部位的烟叶叶面上的发灰、褪色、日灼等非基本色单项或多项一起主体色占叶面 50%的烟叶，没有异物和杂物，但烟叶必须干净、贮存条件好

2. 巴西白肋烟按等级划分的分级标准

巴西白肋烟按等级划分的分级标准见表 11-12。该白肋烟分级标准主要根据烟叶部位、颜色、质量档次、非基本色分类，然后再描述相应的等级说明。

表 11-12　巴西白肋烟官方分级标准说明表

(根据《中外烟叶等级标准与应用指南》整理)

组别	等级代号	等级名称	等级说明
下部叶组	X1	下一	质量优，非常成熟，红黄色下部叶
	X1L	下柠一	质量好，成熟，浅红黄色下部叶
	X2	下二	质量一般，成熟，红黄色下部叶
	X2L	下柠二	质量一般，成熟，浅红黄色下部叶
	X3	下三	质量次，微带“室烧”症状，红黄色下部叶

续表

组别	等级代号	等级名称	等级说明
下部叶组	X3L	下柠三	质量次，成熟，浅红黄色下部叶
	XK	下杂叶	质量差，带杂色黄色下部叶
腰叶组	C1	中一	质量优，非常成熟，红黄色中部叶
	C1L	中柠一	质量好，非常成熟，浅红黄色中部叶
	C2	中二	质量一般，成熟，红黄色中部叶
	C2L	中柠二	质量一般，成熟，浅红黄色中部叶
	C3	中三	质量次，组织略干燥，红黄色中部叶
	C3L	中柠三	质量次，浅红黄色中部叶
	CK	中杂叶	质量差，带杂色黄色中部叶
上二棚叶组	B1	上一	质量优，有油分，非常成熟，棕黄色上二棚叶
	B1L	上柠一	质量好，浅红黄色上二棚叶
	B2	上二	质量一般，成熟，棕黄色上二栅时
	B2L	上柠二	质量一般，成熟，红黄色上二棚叶
	B3	上三	质量次，身份较厚，质地干燥，红棕色上二棚叶
	B3L	上柠三	质量次，偏浅红黄色上二棚叶
	BK	上杂叶	质量差，带杂色黄色上二棚叶
顶叶组	T1	顶一	质量好，有油分，较厚，成熟，棕黄色顶叶
	T1L	顶柠一	质量好，成熟，红黄色顶叶
	T2	顶二	质量一般，棕黄色顶叶
	T2L	顶柠二	质量一般，浅红黄色顶叶
	T3	顶三	质量次，身份较厚，质地干燥，红棕色顶叶
	T3L	顶柠三	质量次，浅红黄色顶叶
	TK	顶杂叶	质量差，带杂色黄色顶叶
异型叶组	N	末级	质量差，发黑“室烧”烟叶
	G	青烟	质量差，带浮青烟叶

三、巴西白肋烟的验收

（一）巴西白肋烟的验收规则

巴西白肋烟的验收要求见表 11-13。对于不同等级白肋烟，烟叶最大含水率为 17%，如果烟叶含水率超过 17%，必须调整烟叶水分至验收要求后再销售。不允许任何来源、任何种类的异物、不纯物和污染物在白肋烟中出现。

对于不同等级白肋烟，质量级别的混级比例不得超过 10%，部位和颜色的混级比例也不得超过 10%。1 级烟叶不得出现斑点和缺陷，2 级、3 级烤红烟叶所占叶面积的比例不得超过 10%，2 级、3 级其他斑点和缺陷所占叶面积的比例不得超过 20%。

表 11-13　巴西白肋烟的验收要求

（闫新甫，2012）

质量级别	水分含量（%）	斑点和缺陷所占叶面积（%）		质量级别的混级允许度（%）	部位和颜色的混级允许度（%）
		烤红	其他		
1	17	—	—	10	10
2	17	10	20	10	10
3	17	10	20	10	10

（二）巴西白肋烟的收购价格

2007~2008 年生产季节巴西白肋烟的收购价格见表 11-14。在巴西白肋烟所有等级中，B1 的收购价格最高，为 6.23 雷亚尔/kg，G 的收购价格最低，仅为 0.46 雷亚尔/kg，最高收购价格是最低收购价格的 13.54 倍。同一组别烟叶，等级越高，其收购价格越高；相同部位、相同质量档次条件下，红黄色烟叶的收购价格高于浅红黄色烟叶，如 T1 的收购价格高于 T1L。

表 11-14　2007~2008 年生产季节巴西白肋烟的收购价格

（闫新甫，2012）

等级	价格（雷亚尔/kg）	等级	价格（雷亚尔/kg）	等级	价格（雷亚尔/kg）	等级	价格（雷亚尔/kg）
T1	5.99	B1	6.23	C1	6.07	X1	5.61
T1L	5.41	B1L	5.61	C1L	5.56	X1L	5.37
T2	5.25	B2	5.32	C2	5.30	X2	4.78
T2L	4.16	B2L	4.67	C2L	4.67	X2L	4.47
T3	3.74	B3	4.22	C3	4.12	X3	3.74
T3L	3.29	B3L	3.51	C3L	3.38	X3L	3.38
TK	2.40	BK	3.03	CK	3.03	XK	2.70
G	0.46	N	1.10				

思考题：

1. 巴西烤烟分为哪些组别？
2. 巴西烤烟分为哪些等级？
3. 巴西白肋烟分为哪些组别？
4. 巴西白肋烟分为哪些等级？
5. 巴西烤烟等级的表示方法与中国烤烟有何异同？
6. 巴西白肋烟等级的表示方法与中国白肋烟有何异同？

第十二章　美国烟叶分级

美国是北美洲烟叶主产国，美国烤烟产量仅次于中国、巴西、印度，位居世界第四位，美国白肋烟产量位居世界前列。本章主要介绍美国烟叶生产、分级概况，美国烤烟分级标准，美国白肋烟分级标准。

第一节　美国烟叶生产、分级概况

一、美国烟叶生产概况

据美国农业部统计，美国烟叶种植面积在1930年最高，曾经达到1289.4万亩，到21世纪初美国烟叶种植面积已经减少到262.5万亩，过去20年美国烟叶种植面积又缩减了约一半。2021年，美国烟叶种植面积和烟叶产量均较上年有较大提高，美国烟叶种植面积132.9万亩，同比增长14.6%；烟叶产量为21.7万吨，同比增长30.7%，亩均产量163.1kg，同比提高11.9%；烟叶均价为4.73美元/kg，同比提高2.0%。

（一）美国烤烟生产概况

美国烤烟种植历史悠久，烟叶质量好。早在1492年哥伦布发现新大陆之前，美国土著人就已经开始从事烟草生产。烤烟起源于美国弗吉尼亚州，所以它也被称为弗吉尼亚型烟草。美国烤烟生产主要集中在北卡罗来纳州、南卡罗来纳州、佐治亚州、弗吉尼亚州、佛罗里达州。根据《中外烟叶等级标准与应用指南》统计，北卡罗来纳州烤烟种植面积和烟叶产量约占全国的65%。

2004~2012年美国烤烟产量见表12-1。2012年美国烤烟产量较大的产区依次为北卡罗来纳州、弗吉尼亚州、南卡罗来纳州、佐治亚州，烤烟总产量为494.6百万磅。据美国农业部统计，2009年美国烤烟产量约23.4万吨。据《东方烟草报》报道，2021年美国烤烟种植面积91.1万亩，其中北卡罗来纳州烤烟种植面积占79.9%，烤烟产量14.2万吨。世界烟草发展报告显示，2022年美国烤烟产量13.7万吨。

表12-1　2004~2012年美国烤烟产量

(North Carolina State University, 2013)

年份（年）	佛罗里达州（百万磅）	佐治亚州（百万磅）	北卡罗来纳州（百万磅）	南卡罗来纳州（百万磅）	弗吉尼亚州（百万磅）	总计（百万磅）
2004	9.8	46.7	344.0	63.4	57.6	521.5
2005	5.5	27.8	273.9	39.9	33.7	380.8

续表

年份（年）	佛罗里达州（百万磅）	佐治亚州（百万磅）	北卡罗来纳州（百万磅）	南卡罗来纳州（百万磅）	弗吉尼亚州（百万磅）	总计（百万磅）
2006	2.9	30.1	324.0	48.3	42.0	447.3
2007	n/a	39.8	376.8	46.1	41.0	503.7
2008	n/a	33.6	384.7	39.9	41.0	499.2
2009	n/a	28.0	417.6	38.8	42.0	526.4
2010	n/a	27.4	348.6	36.0	39.9	451.9
2011	n/a	26.8	248.0	26.3	43.5	344.6
2012	n/a	24.1	394.1	28.4	48.0	494.6

（二）美国白肋烟生产概况

白肋烟起源于美国俄亥俄州，美国是世界白肋烟主产区之一，美国白肋烟生产主要集中在肯塔基州、田纳西州、宾夕法尼亚州等地（表12-2）。据美国农业部统计，2009年美国白肋烟产量约9.7万吨。据北卡罗来纳州立大学报道，2012年美国白肋烟产量202.2百万磅。据《东方烟草报》报道，2021年美国白肋烟种植面积24.9万亩，其中肯塔基州白肋烟种植面积占85.3%，白肋烟产量3.8万吨。世界烟草发展报告显示，2022年美国白肋烟产量2.7万吨。

表12-2　2004~2012年美国白肋烟产量

（North Carolina State University，2013）

年份（年）	肯塔基州（百万磅）	田纳西州（百万磅）	宾夕法尼亚州（百万磅）	北卡罗来纳州（百万磅）	其他州（百万磅）	总计（百万磅）
2004	206.7	46.1	n/a	6.6	32.8	292.2
2005	143.5	34.0	4.8	5.0	16.1	203.4
2006	153.3	30.8	11.6	6.6	15.0	217.3
2007	154.0	20.8	10.8	6.6	15.2	207.4
2008	147.0	24.7	9.9	5.6	14.3	201.5
2009	161.3	26.9	9.4	6.3	11.0	214.9
2010	140.4	24.9	10.1	4.0	8.2	187.6
2011	128.0	22.5	11.0	3.4	7.4	172.3
2012	148.0	30.4	11.5	3.6	8.7	202.2

二、美国烟叶分级概况

（一）美国烤烟分级概况

由于美国烟叶在世界各消耗国享有盛誉，其烟草品种、生产栽培技术、调制方法和有关管理措施传播世界各地，美国的烟叶分级标准体系和分级原理被世界许多国家借鉴。

美国的烟叶分级在殖民时期（1492~1763年）就开始了，当时不是对调制后的烟叶进行分级，而是对采收后的鲜烟叶进行分级。为了满足烤烟出口贸易的需要，1924 年美国农业部公布了第一个国家烤烟等级标准。该标准按烟叶部位和颜色划分组别，并根据烟叶成熟度、结构、身份、油分、光泽、叶长、叶宽、一致性、残伤和破损 10 个质量因素划分等级，质量档次为 1~6 级。1929 年美国开始使用该等级标准对烟叶进行检验，帮助烟农交售烟叶。从 1946 年开始，美国才有正式的官方烟叶等级标准。1984 年 4 月美国对烤烟等级标准进行修订，随后又经过一次修订，1989 年 3 月美国农业部正式发布了最新版《国家烤烟烟叶标准等级》，该标准将美国烤烟分为 153 个等级。

（二）美国白肋烟分级概况

与烤烟相比，美国白肋烟分级标准发展相对较晚。之前，美国白肋烟分为 107 个等级。1990 年 11 月美国发布了《白肋烟烟叶等级标准》，该等级标准规定美国白肋烟分为 113 个等级。

第二节 美国烤烟分级

美国烤烟分级是按照“分类→分型→分组→分级”的分级体系进行。

一、美国烤烟分类

历史上，美国烟叶的类别划分经过几次调整。最近一次调整类别将烟叶分为 9 类：烤烟（或火管烤烟）、明火烤烟、晾烟、雪茄芯烟、雪茄内包皮烟、雪茄外包皮烟、国内零星烟、国外产雪茄烟、国外产非雪茄烟。

二、美国烤烟分型

分型（type）对具有一定共同特征、等级密切相关的某一类烟叶再划分为若干个型。如果不考虑任何历史和地理因素（因为这些因素不能够通过烟叶的观察来确定），把具有相同的特征、相应的品质、相近的颜色和长度的烟叶划分为同一型。

美国烤烟一共分为 5 个型，国产烤烟 4 个型：11 型、12 型、13 型、14 型，国外产烤烟 1 个型：92 型。

（一）11 型烤烟

11 型（type 11）烤烟通常又称作西部烤烟或老三角地带及中三角地带烤烟，主要产于弗吉尼亚州和北卡罗来纳州的皮德蒙特地区，以及向东伸展至沿海平原地区。被称为老三角地带生产的这种类型烤烟，通常以身份厚、颜色深为特征，主要产于弗吉尼亚州和北卡罗来纳州的皮德蒙特地区，可归为 11a 型；被称为中三角地带生产的这种类型烤烟，通常以身份薄、颜色淡为特征，主要产于弗吉尼亚州和北卡罗来纳州的皮德蒙特地区与沿海平原之间，可归为 11b 型。

（二）12 型烤烟

12 型（type 12）烤烟通常又称为东部烤烟或东部卡罗来纳烤烟，主要产于北卡罗来纳州绍斯河北部的沿海平原地区。该型烤烟曾经被评为最好的烤烟。

（三）13 型烤烟

13 型（type 13）烤烟通常又称为东南部烤烟或南部卡罗来纳烤烟，主要产于南卡罗来纳州的沿海平原地区以及绍斯河南部的北卡州东南部几个县。

（四）14 型烤烟

14 型（type 14）烤烟通常又称为南部烤烟，主要产于佐治亚州的南部地区和佛罗里达北部地区，以及阿拉巴马州部分地区。

（五）92 型烤烟

92 型（type 92）烤烟通常又称为国外产烤烟，产于美国之外的其他国家。

三、美国烤烟分组

（一）烤烟分组情况

烤烟分组是按照烟叶部位、颜色等外观特征将同一型内的烤烟划分为不同的组别。美国烤烟分组时，主要根据烟叶的着生部位分组。烤烟从烟株的底部至顶部依次分为脚叶、下二棚叶、腰叶和上部叶 4 个部位。

美国烤烟 11~14 型和国外产烤烟 92 型的叶组分为：上部叶组、完熟叶组、腰叶组、下二棚叶组、脚叶组、混叶组、末级叶组、碎叶组。考虑附件因素如非基本色、异常特征，美国烤烟可细分为 17 个组别。

（二）烤烟组别代号

烤烟上部叶组（leaf）用代号 B 表示；完熟叶组（smoking leaf）用代号 H 表示；腰叶组（cutters）用代号 C 表示；下二棚叶组（lugs）用代号 X 表示；脚叶组（primings）用代号 P 表示；混叶组（mixed group）用代号 M 表示；末级叶组（nondescript）用代号 N 表示；碎叶组（scrap）用代号 S 表示。

（三）不同组别烤烟质量特点

1. 不同组别烤烟外观质量

美国不同组别烤烟外观质量见表 12-3。腰叶组烟叶的颜色、成熟度、叶片结构、油分、色度得分较高，下二棚叶组烟叶的颜色、油分、色度得分较低。

表 12-3　美国不同组别烤烟外观质量

（闫鼎，2011）

组别	颜色（10）	成熟度（10）	叶片结构（10）	油分（10）	身份（10）	色度（10）
上部叶组 B	9.0	9.0	8.5	9.0	9.0	8.7
腰叶组 C	9.3	9.5	9.0	9.3	9.0	9.0
下二棚叶组 X	8.4	9.0	8.7	8.5	9.0	8.5

2. 不同组别烤烟物理特性

美国不同组别烤烟物理特性见表 12-4。不同组别烤烟的厚度、叶面密度的大小表现为：上部叶组>腰叶组>下二棚叶组，不同组别烤烟的填充值、含梗率的大小表现为：下二棚叶组>腰叶组>上部叶组。

表 12-4　美国不同组别烤烟物理特性

（闫鼎，2011）

组别	厚度（μm）	填充值（cm^3/g）	抗张力（N）	叶面密度（cm^2/mg）	平衡含水率（%）	含梗率（%）
上部叶组 B	123.85	3.86	1.51	83.44	13.27	28.56
腰叶组 C	112.89	4.01	1.31	74.54	13.56	29.95
下二棚叶组 X	100.63	4.12	1.48	66.42	13.16	31.12

3. 不同组别烤烟化学成分

美国不同组别烤烟化学成分见表 12-5。不同组别烤烟总糖、还原糖和氯含量的大小表现为：腰叶组>下二棚叶组>上部叶组，不同组别烤烟钾含量的大小表现为：下二棚叶组>腰叶组>上部叶组。

表 12-5　美国不同组别烤烟化学成分

（闫鼎，2011）

组别	总糖（%）	还原糖（%）	钾（%）	氯（%）	烟碱（%）	总氮（%）	钾氯比	糖碱比	两糖比
上部叶组 B	21.23	19.09	2.38	0.38	2.34	1.96	6.26	9.07	0.89
腰叶组 C	22.76	21.62	2.57	0.51	2.45	2.01	5.04	9.29	0.94
下二棚叶组 X	21.27	20.15	2.67	0.47	2.76	2.30	5.68	7.71	0.94

四、美国烤烟分级标准

（一）美国烤烟的分级因素

美国烤烟的分级因素及档次见表 12-6。美国烤烟的分级因素有成熟度、烟叶结构、身份、油分、色度、宽度、长度、一致性、破损允许度、残伤允许度。油分分为 3 个档次，叶片结构、身份、宽度均分为 4 个档次，成熟度、色度均分为 5 个档次。长度以英寸（inch）或厘米（cm）表示，一致性、破损允许度、残伤允许度均以百分比（%）表示。

表 12-6　美国烤烟的分级因素及档次

（美国农业部农产品销售局烟叶处，1989）

质量因素	档次				
成熟度	未熟	欠熟	尚熟	成熟	完熟
叶片结构	紧密	稍密	尚疏松	疏松	
身份	厚	稍厚	中等	薄	
油分	少	有	多		
色度	淡	弱	中	强	浓
宽度	狭	窄	宽	阔	

续表

质量因素	档次
长度	以英寸（inch）或厘米（cm）表示
一致性	以百分比（%）表示
破损允许度	以百分比（%）表示
残伤允许度	以百分比（%）表示

（二）美国烤烟的等级代号

1. 质量符号

美国烤烟质量符号共有6个，“1”表示优（choice），“2”表示良（fine），“3”表示好（good），“4”表示一般（fair），“5”表示次（low），“6”表示差（poor）。

2. 颜色符号

美国烤烟柠檬黄色（lemon）用L表示；桔黄色（orange）用F表示；红棕色（red）用R表示；杂色（variegated）用K表示；微带青色（greenish）用V表示；青色（green）用G表示（表12-7）。

表12-7 美国烤烟的颜色分级因素及档次

（美国农业部农产品销售局烟叶处，1989）

基本色	黄色（%）	红色（%）	棕褐色（%）
柠檬黄色L	100		
桔黄色F	70	30	
桔红色FR	30	70	
红棕色R		70	30

有些烟叶颜色两个字母表示。LL表示浅柠檬黄色（whitish-lemon），FR表示桔红色（orange red），KR表示杂色红棕或烤红（variegated red or scorched），KL表示杂色柠檬黄色（variegated lemon），KF表示杂色桔黄色（variegated orange），KD表示杂色褐红（variegated dark red），KV表示杂色微带青色（variegated greenish），KM表示混色（variegated mixed），GR表示青褐色（green red），GK表示青杂色（green variegated），GG表示灰青色（gray green）。

3. 复合符号

一些特殊烟叶要用复合符号进行说明。XL表示下二棚叶（lug side），PO表示氧化脚叶（oxidized primings），XO表示氧化下二棚叶或氧化腰叶（oxidized lugs or cutters），BO表示氧化上部叶或完熟叶（oxidized leaf or smoking leaf），GL表示末级薄叶（thin-bodied nondescript），GF表示末级稍厚叶（medium-bodied nondescript），LP表示柠檬黄色、靠近脚叶（lemon primings side），FP表示桔黄色、靠近脚叶（orange primings side），KK表示严重烤红叶（excessively scorched）。

4. 特殊符号

有时烟叶遇到特殊情况，如霉变、受潮等情况，会在烟叶等级代号后面增加一个附加因子符号。烟叶发生霉变用代号 U 表示，烟叶水分超标用代号 W 表示。

例如，B3FU 表示 B3F 等级烤烟发生霉变，B3FW 表示 B3F 等级烤烟水分超标。

5. 等级的表示方法

美国烤烟等级一般用“叶组+质量档次+颜色”表示。一般等级代号中的第一个符号代表叶组，以字母表示；第二个符号代表烟叶质量档次，以数字表示；第三个符号代表颜色，以字母表示。

（三）烤烟上部叶组等级

上部叶组（B 组）由通常生长在烟株中上部位的烟叶组成。该组烟叶的叶尖部较尖，往往卷起，其身份一般比其他叶组的厚，较少或无任何地面引起的破损，烤烟上部叶组等级见表 12-8。

表 12-8　烤烟上部叶组等级

（美国农业部农产品销售局烟叶处，1989）

等级代号	等级名称	成熟度	叶片结构	身份	油分	色度	宽度	长度≥（inch）	一致性≥（%）	允许破损≤（%）	其中允许残伤≤（%）
B1L	上部柠檬色 1 级	成熟	尚疏松	中等	多	浓	阔	20	90	5	
B2L	上部柠檬色 2 级	成熟	尚疏松	中等	多	浓	宽	18	85	10	
B3L	上部柠檬色 3 级	成熟	尚疏松	中等	有	强	宽	16	80	15	
B4L	上部柠檬色 4 级	成熟	尚疏松	中等	有	中	宽		70	20	5
B5L	上部柠檬色 5 级	成熟	尚疏松	中等	少	弱	窄		70	30	10
B6L	上部柠檬色 6 级	成熟	尚疏松	中等	少	弱	狭		70	40	20
B1F	上部桔黄色 1 级	成熟	尚疏松	稍厚	多	浓	阔	20	90	5	
B2F	上部桔黄色 2 级	成熟	尚疏松	稍厚	多	浓	宽	18	85	10	
B3F	上部桔黄色 3 级	成熟	尚疏松	稍厚	有	强	宽	16	80	15	
B4F	上部桔黄色 4 级	成熟	尚疏松	稍厚	有	中	宽		70	20	5
B5F	上部桔黄色 5 级	成熟	尚疏松	稍厚	少	弱	窄		70	30	10
B6F	上部桔黄色 6 级	成熟	尚疏松	稍厚	少	弱	狭		70	40	20
B1FR	上部桔红色 1 级	成熟	尚疏松	稍厚	多	浓	阔	20	90	5	
B2FR	上部桔红色 2 级	成熟	尚疏松	稍厚	多	浓	宽	18	85	10	
B3FR	上部桔红色 3 级	成熟	尚疏松	稍厚	有	强	宽	16	80	15	
B4FR	上部桔红色 4 级	成熟	尚疏松	稍厚	有	中	宽		70	20	5
B5FR	上部桔红色 5 级	成熟	尚疏松	稍厚	少	弱	窄		70	30	10
B6FR	上部桔红色 6 级	成熟	尚疏松	稍厚	少	弱	狭		70	40	20
B5R	上部棕红色 5 级	成熟	尚疏松	厚	少	弱	窄		70	30	10
B3K	上部杂色 3 级	成熟	尚疏松	稍厚	有		宽	16	80	15	
B4K	上部杂色 4 级	成熟	尚疏松	稍厚	少		宽		70	20	5

续表

等级代号	等级名称	成熟度	叶片结构	身份	油分	色度	宽度	长度≥（inch）	一致性≥（%）	允许破损≤（%）	其中允许残伤≤（%）
B5K	上部杂色 5 级	成熟	尚疏松	稍厚	少		窄		70	30	10
B6K	上部杂色 6 级	成熟	尚疏松	稍厚	少		狭		70	40	20
B3KR	上部杂色 3 级	成熟	尚疏松	稍厚	有		宽	16	80	15	
B4KR	上部杂色 4 级	成熟	尚疏松	稍厚	少		宽		70	20	5
B5KR	上部杂色 5 级	成熟	尚疏松	稍厚	少		窄		70	30	10
B3V	上部微带青 3 级	尚熟	尚疏松	稍厚	有		宽	16	80	15	
B4V	上部微带青 4 级	尚熟	尚疏松	稍厚	有		宽		70	20	5
B5V	上部微带青 5 级	尚熟	尚疏松	稍厚	少		窄		70	30	10
B3KL	上部杂色柠檬 3 级	欠熟	稍密	厚			宽	16	80	15	
B4KL	上部杂色柠檬 4 级	欠熟	稍密	厚			宽		70	20	5
B5KL	上部杂色柠檬 5 级	欠熟	紧密	厚			窄		70	30	10
B6KL	上部杂色柠檬 6 级	欠熟	紧密	厚			狭		70	40	20
B3KF	上部杂色桔黄 3 级	欠熟	稍密	厚			宽	16	80	15	
B4KF	上部杂色桔黄 4 级	欠熟	稍密	厚			宽		70	20	5
B5KF	上部杂色桔黄 5 级	欠熟	紧密	厚			窄		70	30	10
B6KF	上部杂色桔黄 6 级	欠熟	紧密	厚			狭		70	40	20
B3KD	上部杂色褐红 3 级	欠熟	稍密	厚			宽	16	80	15	
B4KD	上部杂色褐红 4 级	欠熟	稍密	厚			宽		70	20	5
B5KD	上部杂色褐红 5 级	欠熟	紧密	厚			窄		70	30	10
B6KD	上部杂色褐红 6 级	欠熟	紧密	厚			狭		70	40	20
B3KM	上部混杂色 3 级	欠熟	稍密	厚			宽	16	80	15	
B4KM	上部混杂色 4 级	欠熟	稍密	厚			宽		70	20	5
B5KM	上部混杂色 5 级	欠熟	紧密	厚			窄		70	30	10
B6KM	上部混杂色 6 级	欠熟	紧密	厚			狭		70	40	20
B3KK	上部严重烤红 3 级	欠熟	稍密	厚			宽	16	80	15	
B4KK	上部严重烤红 4 级	欠熟	稍密	厚			宽		70	20	5
B5KK	上部严重烤红 5 级	欠熟	紧密	厚			窄		70	30	10
B6KK	上部严重烤红 6 级	欠熟	紧密	厚			狭		70	40	20
B4KV	上部杂色微带青 4 级	欠熟	尚疏松	中等			宽		70		25
B5KV	上部杂色微带青 5 级	欠熟	尚疏松	中等			窄		70		30

续表

等级代号	等级名称	成熟度	叶片结构	身份	油分	色度	宽度	长度≥(inch)	一致性≥(%)	允许破损≤(%)	其中允许残伤≤(%)
B6KV	上部杂色微带青6级	欠熟	尚疏松	中等			狭		70		40
B3S	上部光滑3级	欠熟	稍密	稍厚			宽	16	80	15	
B4S	上部光滑4级	欠熟	稍密	稍厚			宽		70	20	5
B5S	上部光滑5级	欠熟	紧密	稍厚			窄		70	30	10
B4G	上部青色4级	未熟	稍密	稍厚	有		宽		70	20	5
B5G	上部青色5级	未熟	紧密	稍厚	少		窄		70	30	10
B6G	上部青色6级	未熟	紧密	稍厚	少		狭		70	40	20
B5GR	上部红棕带青5级	未熟	紧密	厚	少		窄		70	30	10
B4GK	上部青杂色4级	未熟	稍密	厚			宽		70	20	5
B5GK	上部青杂色5级	未熟	紧密	厚			窄		70	30	10
B6GK	上部青杂色6级	未熟	紧密	厚			狭		70	40	20
B5GG	上部灰青色5级	未熟	紧密	厚			窄		70	30	10

注　16inch=40.64cm，18inch=45.72cm，20inch=50.80cm。

（四）烤烟完熟叶组等级

完熟叶组（H组）由通常生长在烟株中上部位的烟叶组成。完熟叶组的烟叶成熟度高，与上部叶组烟叶相比，其叶片结构更疏松，并且有非常成熟烟叶带有大量破损的特点。烤烟上部叶组等级见表12-9。

表12-9　烤烟完熟叶组等级

（美国农业部农产品销售局烟叶处，1989）

等级代号	等级名称	成熟度	叶片结构	身份	油分	色度	宽度	长度≥(inch)	一致性≥(%)	允许破损≤(%)	其中允许残伤≤(%)
H3F	完熟桔黄色3级	完熟	疏松	中等	少	强	宽	16	80	15	
H4F	完熟桔黄色4级	完熟	疏松	中等	少	中	宽		70	20	5
H5F	完熟桔黄色5级	完熟	疏松	中等	少	弱	窄		70	30	10
H6F	完熟桔黄色6级	完熟	疏松	中等	少	弱	狭		70	40	20
H4FR	完熟桔红色4级	完熟	疏松	稍厚	少	中	宽		70	20	5
H5FR	完熟桔红色5级	完熟	疏松	稍厚	少	弱	窄		70	30	10
H6FR	完熟桔红色6级	完熟	疏松	中	少	弱	狭		70	40	20
H4K	完熟杂色4级	完熟	疏松	中	少	中	宽		70	20	5
H5K	完熟杂色5级	完熟	疏松	中	少	弱	窄		70	30	10
H6K	完熟杂色6级	完熟	疏松	中	少	弱	狭		70	40	20

（五）烤烟腰叶组等级

腰叶组（C 组）由通常生长在烟株中部或紧靠中部下边的烟叶组成。腰叶组烟叶往往卷皱，叶脉或主脉被遮盖。腰叶组通常叶尖部较纯，身份薄至中等，并带有一定的地面破损。烤烟腰叶组等级见表 12-10。

表 12-10 烤烟腰叶组等级

（美国农业部农产品销售局烟叶处，1989）

等级代号	等级名称	成熟度	叶片结构	身份	油分	色度	宽度	长度≥（inch）	一致性≥（%）	允许破损≤（%）	其中允许残伤≤（%）
C1L	中部柠檬色 1 级	成熟	疏松	中等	有	浓	阔	20	90	5	
C2L	中部柠檬色 2 级	成熟	疏松	薄	有	浓	阔	20	85	10	
C3L	中部柠檬色 3 级	成熟	疏松	薄	有	强	阔	18	80	10	
C4L	中部柠檬色 4 级	成熟	疏松	薄	少	中	宽	16	70	20	5
C5L	中部柠檬色 5 级	成熟	疏松	薄	少	弱	宽	16	70	30	10
C4LL	中部浅柠檬色 4 级	欠熟	尚疏松	薄（纸质）	少		宽	16	70	20	5
C5LL	中部浅柠檬色 5 级	欠熟	尚疏松	薄（纸质）	少		宽	16	70	30	10
C5LP	中下部柠檬色 5 级	假熟	疏松	薄	少	淡	宽	16	70	30	10
C1F	中部桔黄色 1 级	成熟	疏松	中等	有	浓	阔	20	90	5	
C2F	中部桔黄色 2 级	成熟	疏松	中等	有	浓	阔	20	85	10	
C3F	中部桔黄色 3 级	成熟	疏松	中等	有	强	阔	18	80	15	
C4F	中部桔黄色 4 级	成熟	疏松	中等	少	中	宽	16	70	20	5
C5F	中部桔黄色 5 级	成熟	疏松	中等	少	弱	宽	16	70	30	10
C5FP	中下部桔黄色 5 级	假熟	疏松	中等	少	淡	宽	16	70	30	10
C4KR	中部杂色烤红 4 级	成熟	疏松	中等	少	中	宽	16	70	20	5
C4V	中部微带青 4 级	尚熟	疏松	中等	少		宽	16	70	20	5
C4KL	中部杂色柠檬 4 级	欠熟	稍密	中等			宽	16	70	20	5
C4KF	中部杂色桔黄 4 级	欠熟	稍密	中等			宽	16	70	20	5
C4KM	中部混杂色 4 级	欠熟	稍密	中等			宽	16	70	20	5
C4KK	中部严重烤红 4 级	欠熟	稍密	中等			宽	16	70	20	5
C4S	中部光滑 4 级	欠熟	稍密	中等			宽	16	70	20	5
C4G	中部青色 4 级	未熟	稍密	中等	少		宽	16	70	20	5
C4GK	中部青杂色 4 级	未熟	稍密	中等			宽	16	70	20	5

（六）烤烟下二棚叶组等级

下二棚叶组（X 组）通常由靠近烟株底部生长的烟叶组成。下二棚叶组的烟叶特征是，一般叶尖部较圆，叶面平展，并带有一定的地面摩擦损伤。烤烟下二棚叶组等级见表 12-11。

表 12-11　烤烟下二棚叶组等级

（美国农业部农产品销售局烟叶处，1989）

等级代号	等级名称	成熟度	叶片结构	身份	油分	色度	宽度	长度≥（inch）	一致性≥（%）	允许破损≤（%）	其中允许残伤≤（%）
X1L	下二棚柠檬色 1 级	成熟	疏松	薄	有	强			80	20	5
X2L	下二棚柠檬色 2 级	成熟	疏松	薄	有	强			75	25	10
X3L	下二棚柠檬色 3 级	成熟	疏松	薄	少	中			70	40	20
X4L	下二棚柠檬色 4 级	成熟	疏松	薄	少	弱			70		30
X5L	下二棚柠檬色 5 级	成熟	疏松	薄	少	淡			70		40
X3LL	下二棚浅柠檬色 3 级	欠熟	尚疏松	薄（纸质）	少				70	40	20
X4LL	下二棚浅柠檬色 4 级	欠熟	尚疏松	薄（纸质）	少				70		30
X1F	下二棚桔黄色 1 级	成熟	疏松	中等	有	强			80	20	5
X2F	下二棚桔黄色 2 级	成熟	疏松	中等	有	强			75	25	5
X3F	下二棚桔黄色 3 级	成熟	疏松	中等	少	中			70	40	20
X4F	下二棚桔黄色 4 级	成熟	疏松	中等	少	弱			70		30
X5F	下二棚桔黄色 5 级	成熟	疏松	中等	少	淡			70		40
X3KR	下二棚杂色烤红 3 级	成熟	疏松	中等	少	中			70	40	20
X4KR	下二棚杂色烤红 4 级	成熟	疏松	中等	少	弱			70		30
X3V	下二棚微带青 3 级	尚熟	疏松	中等	少				70	40	20
X4V	下二棚微带青 4 级	尚熟	疏松	中等	少				70		30
X4KL	下二棚杂色柠檬 4 级	欠熟	稍密	薄					70		30
X4KF	下二棚杂色桔黄 4 级	欠熟	稍密	中等					70		30
X4KV	下二棚杂色微带青 4 级	欠熟	尚疏松	中等					70		30
X3KM	下二棚混杂色 3 级	欠熟	稍密	中等					70	40	20
X4KM	下二棚混杂色 4 级	欠熟	稍密	中等					70		30
X3S	下二棚光滑 3 级	欠熟	稍密	中等					70	40	20
X4S	下二棚光滑 4 级	欠熟	稍密	中等					70		30
X4G	下二棚青色 4 级	未熟	尚疏松	中等	少				70		30
X5G	下二棚青色 5 级	未熟	尚疏松	中等	少				70		40
X4GK	下二棚青杂 4 级	未熟	稍密	中等					70		30

（七）烤烟脚叶组等级

脚叶组（P 组）由生长在烟株最低部位、叶尖部较圆的烟叶组成。脚叶组的烟叶由于营养饥饿而过早成熟，并表现有靠近地面生长，带有大量破损的烟叶特征。烤烟脚叶组等级见表 12-12。

表 12-12　烤烟脚叶组等级
（美国农业部农产品销售局烟叶处，1989）

等级代号	等级名称	成熟度	叶片结构	身份	油分	色度	宽度	长度≥（inch）	一致性≥（%）	允许破损≤（%）	其中允许残伤≤（%）
P2L	脚叶柠檬色 2 级	假熟	疏松	薄	有	中			75	25	10
P3L	脚叶柠檬色 3 级	假熟	疏松	薄	少	弱			70	40	20
P4L	脚叶柠檬色 4 级	假熟	疏松	薄	少	淡			70		30
P5L	脚叶柠檬色 5 级	假熟	疏松	薄	少	淡			70		40
P2F	脚叶桔黄色 2 级	假熟	疏松	中等	有	中			75	25	10
P3F	脚叶桔黄色 3 级	假熟	疏松	中等	少	弱			70	40	20
P4F	脚叶桔黄色 4 级	假熟	疏松	中等	少	淡			70		30
P5F	脚叶桔黄色 5 级	假熟	疏松	中等	少	淡			70		40
P4G	脚叶青色 4 级	未熟	尚疏松	中等	少				70		30
P5G	脚叶青色 5 级	未熟	尚疏松	中等	少				70		40

（八）烤烟混组叶组等级

混组叶组（M 组）由 3 个或 3 个以上叶组或者两个明显不同的叶组以各种组合方式混合在一起的烟叶组成。烤烟混组叶组等级见表 12-13。

表 12-13　烤烟混组叶组等级
（美国农业部农产品销售局烟叶处，1989）

等级代号	等级名称	成熟度	叶片结构	身份	油分	色度	宽度	长度≥（inch）	一致性≥（%）	允许破损≤（%）	其中允许残伤≤（%）
M4F	混组桔黄色 4 级	成熟	尚疏松	厚	少					30	10
M5F	混组桔黄色 5 级	成熟	尚疏松	厚	少					40	20
M4KR	混组杂色烤红 4 级	成熟	尚疏松	稍厚	少					30	10
M4KM	混组杂色 4 级	欠熟	稍密	厚						30	10
M5KM	混组杂色 5 级	欠熟	紧密	厚						40	20
M4GK	混组青杂色 4 级	未熟	稍密	厚						30	10
M5GK	混组青杂色 5 级	未熟	紧密	厚						40	20

（九）烤烟末级叶组等级

末级叶组（N 组）包括达不到任何其他叶组（碎叶除外）最低规定或者超过各叶组最低等级破损允许度的极劣质烟叶。烤烟末级叶组等级见表 12-14。

表 12-14　烤烟末级叶组等级

（美国农业部农产品销售局烟叶处，1989）

等级代号	等级名称	最低规定和允许度
N1L	P 组的最好级外烟	残伤允许度：50%
N1XL	X 组的最好级外烟	残伤允许度：50%
N1K	来自 B 或 H 组的最好级外烟	破损或残伤允许度：50%
N1R	B 组的身份厚、颜色暗的最好级外烟	破损或残伤允许度：50%
N1KV	B 组的身份中等、杂色、微带青最好级外烟	残伤允许度：50%
N1GL	来自 P 或 X 组的身份薄、生青、最好级外烟	生青或残伤允许度：50%
N1GF	B 组的身份稍厚、色度中、生青最好级外烟	生青、破损或残伤允许度：50%
N1GR	B 组的身份厚、色暗、生青最好级外烟	生青、破损或残伤允许度：50%
N1GG	B 组的生青、灰青最好级外烟	生青、破损或残伤允许度：50%
N1PO	P 组的氧化叶	残伤允许度：50%
N1XO	来自 X 或 C 组的氧化叶	残伤允许度：50%
N1BO	来自 B 或 H 组的氧化叶	破损或残伤允许度：50%
N2	任何叶组或色组中品质最差的级外叶	生青、破损或残伤允许度：50%； 或含有氧化程度不超过 10%的生青烟叶或青色烟叶

（十）烤烟碎叶组等级

碎叶组（S 组）是指去梗或带梗烟叶的副产品，碎叶是从农厂房屋、仓库、打包和复烤厂以及在去梗等烟叶操作过程中产生并累积起来的。

碎叶组只有 1 个等级，代号为 S，是指松散的、完整的或破碎的带梗烟叶，或者烟叶卷折部分在加工中形成的碎叶。

美国烤烟等级汇总见表 12-15。

表 12-15　美国烤烟等级汇总

（美国农业部农产品销售局烟叶处，1989）

叶组	等级数	等级代号
上部叶组	23	B1L、B2L、B3L、B4L、B5L、B6L、B1F、B2F、B3F、B4F、B5F、B6F、B1FR、B2FR、B3FR、B4FR、B5FR、B6FR、B5R、B3K、B4K、B5K、B6K
完熟叶组	10	H3F、H4F、H5F、H6F、H4FR、H5FR、H6FR、H4K、H5K、H6K
腰叶组	10	C1L、C2L、C3L、C4L、C5L、C1F、C2F、C3F、C4F、C5F
下二棚叶组	10	X1L、X2L、X3L、X4L、X5L、X1F、X2F、X3F、X4F、X5F
脚叶组	8	P2L、P3L、P4L、P5L、P2F、P3F、P4F、P5F
微带青叶组	6	B3V、B4V、B5V、C4V、X3V、X4V
混组叶组	7	B3KM、B4KM、B5KM、B6KM、C4KM、X3KM、X4KM

续表

叶组	等级数	等级代号
杂色叶组	20	B3KL、B4KL、B5KL、B6KL、B3KF、B4KF、B5KF、B6KF、B3KD、B4KD、B5KD、B6KD、B4KV、B5KV、B6KV、C4KL、C4KF、X4KL、X4KF、X4KV
混组叶组	7	M4F、M5F、M4KR、M4KM、M5KM、M4GK、M5GK
青色叶组	15	B4G、B5G、B6G、B5GR、B4GK、B5GK、B6GK、C4G、B5GG、C4GK、X4G、X5G、X4GK、P4G、P5G
杂色红棕或烤红叶组	6	B3KR、B4KR、B5KR、C4KR、X3KR、X4KR
严重烤红叶组	5	B3KK、B4KK、B5KK、B6KK、C4KK
光滑叶组	6	B3S、B4S、B5S、C4S、X3S、X4S
浅柠檬叶组	4	X3LL、X4LL、C4LL、C5LL
中部假熟叶组	2	C5LP、C5FP
末级叶组	13	N1L、N1KV、N1XL、N1K、N1R、N1GG、N1GL、N1GF、N1GR、N1PO、N1XO、N1BO、N2
碎叶组	1	S

五、美国烤烟的定级规则

使用美国烤烟分级国家标准时，应遵循下列规则。

规则 1：每一个等级都是对某一型烟叶的再划分。当在检验合格证中说明等级时，也应指明烟叶所属的型。

规则 2：一个等级的确定应基于一批次烟叶的全面检验或根据该批次烟叶的正式样品而定。

规则 3：从一桶烟叶或其他包装单位的烟叶中抽取正式样品，应从三个或三个以上的位点抽取，取样点位置和采取的方式必须保证检查人员或抽样人员能够确定烟叶的种类以及每一种类在该批烟叶中所占的百分比。所有取样口都应使抽样人员能够看到包装中心部位的烟叶。至少应从三个取样口处抽取各自有代表性的烟叶样品。样品中应包括该批烟叶中的每种叶组、每种品质、每种颜色、各种叶长和种类的烟叶，所取每种的比例应与其在该批烟叶中的比例相一致。

规则 4：所有的标准等级都必须是干净的，否则必须用特殊因子符号表明。

规则 5：给任何一批次烟叶确定的等级，都应能够真正代表这批烟叶验级和签发合格证时的等级质量。如果事后任何时间发现该批烟叶与先前所定等级的规格不符，则不能再使用原定的等级进行交货。

规则 6：一批次烟叶的颜色处在两种颜色界限位置时，应放在最能反映其身份或其他相关品质要素的那种颜色组中定级。

规则 7：同时满足两个等级规定的一批次烟叶，应定以较高的等级。任何一批次烟叶的等级处于两个等级之间时，则定以较低的等级。

规则 8：当一批次烟叶的各品质要素的相应档次都不低于某等级的最低规定时，才能表明该批次烟叶满足该等级的规定。

规则 9：当出现判断某等级的烟叶量不足时或不需要该等级时，主管人员在销售季节可以限制该等级的使用。

规则 10：经农业部产品销售局烟叶处主管批准的任何特殊因子代号，均可用于表示那些烟叶的特殊方面或特征以修饰其等级。

规则 11：解释、使用说明以及各术语的含义应同（农业部烟叶处）标准与审查部门负责人规定和明确的，并得到烟叶处主管批准的相一致。

规则 12：一批次烟叶等级的确定应从整体考虑，若其中稍微不规范的烟叶不超过 1%时应忽略不计。

规则 13：一致性的程度用百分数（%）表示。该百分数应代表一批次烟叶中达到某等级规定的烟叶比例（该百分数不影响其他规则所定的限制条款）。其他非主体等级烟叶必须与主体等级烟叶密切相关，但在叶组、品质以及颜色上与主体等级烟叶可以有所差异。

规则 14：作为品质要素之一的破损允许度应使用百分率表示。破损应根据叶面受损的百分率或破损的程度来评定。在评定破损时，应考虑与破损有关的该叶组的正常特性。

规则 15：任何一批次烟叶含有等于或大于 20%的杂色叶（不是杂色烤红），均应视为杂色烟叶定级，并标以颜色代号“K”“KL”“KF”“KD”或“KV”。

规则 16：任何一批次欠熟烟叶中所含有大于或等于 20%的杂色烤红烟叶，则应标以颜色代号“KR”。任何一批次欠熟烟叶所含微带青或青色叶在 20%以下，但含有等于或大于 20%的烤红烟叶；或者任何一批次烟叶含有等于或大于 20%不明显不同于等级主色的颜色，则应归为混色烟叶，并标以代号“KM”。任何一批次腰叶组（C 组）或上部叶组（B 组）的欠熟烟叶所含微带青或青色叶在 20%以下，但含有大于或等于 50%的烤红烟叶，则应归类为严重烤红烟叶，并标以复合代号“KK”。

规则 17：任何一批次下二棚叶组、腰叶组或上部叶组的柠檬黄色或桔黄色烟叶，若含有等于或大于 20%的光滑叶，则应标以代号“S”。

规则 18：任何一批次柠檬黄色或桔黄色的尚熟烟叶，若含有等于或大于 20%的微带青叶，或者任何一批次虽不是青色烟，但含有等于或大于 20%的微带青叶和青色叶相混的烟叶，则应标以颜色代号“V”。

规则 19：任何一批次烟叶含有等于或大于 20%的青色叶，或者任何一批次虽不是生青烟，但含有等于或大于 20%的生青和青色叶混合的烟叶，则应标以颜色代号“G”“GR”“GK”“GG”或复合代号“GL”“GF”。

规则 20：除了在具有青色、红棕带青、杂色带青、灰青叶的等级中，或在标有复合代号“GL”“GF”的级外叶组的等级内可包含有生青烟叶外，任何颜色的各等级中均不应包含有生青叶。任何一批次含有等于或大于 20%生青叶的烟叶，则应归入级外烟。

规则 21：受破损的烟叶但在其他方面满足了一个等级的规定，则应视作特殊因子等级，并在等级标记后标以特殊因子符号“U”。

规则 22：水分大、不能安全贮存但在其他方面满足了一个等级规定的健全烟叶，则应视作特殊因子等级，并在其等级标志的后面标以特殊因子符号“W”。

规则 23：凡属异型烟的、半调制的、烫青的、烟熏的，且氧化程度超过 10%或有异味的烟叶，应标以等级标志符号“No-G”。

规则 24：当烟叶含有烟茎、烟杈或稻草、绳子、胶带、秸秆、杂草、过量沙土等异物时，则应标以等级标志符号“No-G-F”。

规则 25：任何一批次烟叶含有等于或小于 10%的氧化叶（除规则 12 规定的以外），则应标以复合代号“PO”“XO”或“BO”。含有小于或等于 10%氧化叶的生青或青色烟叶，则定为“N2”等级。

规则 26：含有一定量泥土或沙粒，但在其他方面满足任何一级脚叶规定的烟叶，包括脚叶组中质量最好的级外烟，则应在其等级代号后标以特殊因子符号“dirt”（泥土）或“sand”(砂粒)。

规则 27：美国烤烟 11~14 型的烟叶中掺假时，应标以等级标志符号“No-G-Nested”。

规则 28：片状烟叶在其他方面满足一个等级的规定时，则应视作特殊因子等级，并在其等级标志前标上特殊因子符号“S”。

规则 29：一批次烟叶所含相邻叶组的烟叶等于或大于 25%，但在其他方面满足一个等级的规定时，则应视作特殊因子等级，并在其等级标记前标上特殊因子符号“M”。

第三节　美国白肋烟分级

一、美国白肋烟分组

（一）白肋烟分组情况

白肋烟分组是按照烟叶部位、颜色等外观特征将同一型内的白肋烟划分为不同的组别。美国白肋烟分组时，主要根据烟叶的着生部位进行分组。美国白肋烟从烟株的底部至顶部依次分为下部叶、中部叶、上二棚叶和顶叶 4 个部位。

（二）白肋烟组别代号

美国白肋烟进行分组时，分为下部叶组、中部叶组、上二棚叶组、顶叶组、混组叶组、末级叶组、碎叶组。下部叶组用代号 X 表示，中部叶组用代号 C 表示，上二棚叶组用代号 B 表示，顶叶组用代号 T 表示，混组叶组用代号 M 表示，末级叶组用代号 N 表示，碎叶组用代号 S 表示。

二、美国白肋烟分级标准

（一）美国白肋烟的分级因素

美国白肋烟的分级因素及档次见表 12-16。美国白肋烟的分级因素有成熟度、叶片结构、身份、叶面、光泽、色度、宽度、长度、均匀度、破损允许度。成熟度、叶片结构、身份、叶面、光泽、色度、宽度均分为 5 个档次，长度以英寸（inch）或厘米（cm）表示，均匀度、破损允许度均以百分数（%）表示。

表 12-16　美国白肋烟的分级因素及档次
(美国农业部农产品销售局烟叶处，1989)

质量因素	档次				
成熟度	完熟	成熟	尚熟	欠熟	未熟
叶片结构	松	疏松	稍密	紧密	致密
身份	薄	稍薄	适中	稍厚	厚
叶面	舒展	平展	稍皱	皱	粗糙
光泽	鲜亮	明亮	中	稍暗	暗
色度	浓	强	中	弱	淡
宽度	阔	宽	中	窄	狭
长度	以英寸（inch）或厘米（cm）表示				
一致性	以百分数（%）表示				
破损允许度	以百分数（%）表示				

（二）美国白肋烟的等级代号

1. 质量符号

美国白肋烟质量符号共有 5 个，“1”表示优（choice），“2”表示良（fine），“3”表示好（good），“4”表示一般（fair），“5”表示差（poor）。

2. 颜色符号

美国白肋烟颜色符号见表 12-17。有些颜色用一个符号表示，浅红黄色用 L 表示，浅棕黄色用 F 表示，红棕色用 R 表示，深红棕色用 D 表示，微带青色用 V 表示，杂色用 K 表示，青色用 G 表示。还有些颜色用两个符号表示，微棕浅红黄色用 FL 表示，浅棕黄带青色用 GF 表示，带青红棕色用 GR 表示，微带青浅棕黄色用 VF 表示，微带青红棕色用 VR 表示，浅红棕色用 FR 表示。

表 12-17　美国白肋烟颜色符号
(美国农业部农产品销售局烟叶处，1989)

颜色符号	主色或基本色	颜色符号	主色或基本色
L	浅红黄色	G	青色
F	浅棕黄色	FL	微棕浅红黄色
R	红棕色	GF	浅棕黄带青色
D	深红棕色	GR	带青红棕色
V	微带青色	VF	微带青浅棕黄色
K	杂色	VR	微带青红棕色
M	混色	FR	浅红棕色

3. 等级的表示方法

美国白肋烟等级一般用“叶组+质量档次+颜色”表示。一般等级代号中的第一个符号代表叶组，以字母表示；第二个符号代表烟叶质量档次，以数字表示；第三个符号代表颜色，以字母表示。

（三）白肋烟下部叶组等级

白肋烟下部叶组（X 组）通常由生长在烟株底部的烟叶组成。下部叶组的外观特征是：一般叶尖部较钝或扁圆形，叶面平展，组织疏松。与其他部位烟叶相比，下部烟叶相对稍薄至薄，表现出高度成熟，叶片结构疏松。由于在近地面生长，烟叶带有大量损伤的特征。白肋烟下部叶组等级及其品质规定见表 12-18。

表 12-18　白肋烟下部叶组等级及其品质规定

（美国农业部农产品销售局烟叶处，1990）

等级代号	等级名称	身份	成熟度	叶片结构	叶面	光泽	色度	一致性≥（%）	允许破损≤（%）
X1L	下部浅红黄 1 级	薄	完熟	疏松至松	平展	明亮	强	95	5
X2L	下部浅红黄 2 级	薄	完熟	疏松至松	平展	中	中	90	10
X3L	下部浅红黄 3 级	薄	成熟至完熟	疏松至松	稍皱	稍暗	弱	80	20
X4L	下部浅红黄 4 级	薄	尚熟至成熟	疏松至松	皱至稍皱	暗	淡	70	30
X5L	下部浅红黄 5 级	薄	尚熟至成熟	疏松至松	皱	暗	淡	60	40
X1F	下部浅黄棕 1 级	稍薄	完熟	疏松至松	平展	亮	强	95	5
X2F	下部浅黄棕 2 级	稍薄	完熟	疏松至松	平展	中	中	90	10
X3F	下部浅黄棕 3 级	稍薄	成熟至完熟	疏松至松	稍皱	稍暗	弱	80	20
X4F	下部浅黄棕 4 级	稍薄	尚熟至成熟	疏松至松	皱至稍皱	暗	淡	70	30
X5F	下部浅黄棕 5 级	稍薄	尚熟至成熟	疏松至松	皱	暗	淡	60	40
X4M	下部混色 4 级	适中至薄	尚熟至成熟	稍密至松	皱至稍皱	暗	淡	70	30
X5M	下部混色 5 级	适中至薄	尚熟至成熟	稍密至松	皱	暗	淡	60	40
X4G	下部青色 4 级	适中至薄	未熟	稍密	皱至稍皱	暗		70	30
X5G	下部青色 5 级	适中至薄	未熟	稍密	皱	暗		60	40

（四）白肋烟中部叶组等级

白肋烟中部叶组（C 组）通常由生长在烟株中间部位的烟叶组成。中部叶组的外观特征是：卷缩，中脉或主脉趋于遮盖，叶尖偏圆形至圆形，身份稍薄至适中，叶片较宽，地面摩擦破损稍有或无。白肋烟中部叶组等级及其品质规定见表 12-19。

表 12-19　白肋烟中部叶组等级及其品质规定

（美国农业部农产品销售局烟叶处，1990）

等级代号	等级名称	身份	成熟度	叶片结构	叶面	光泽	色度	宽度	长度≥（inch）	一致性≥（%）	允许破损≤（%）
C1L	中部浅红黄 1 级	稍薄	成熟	疏松	舒展	鲜亮	浓	阔	20	95	5
C2L	中部浅红黄 2 级	稍薄	成熟	疏松	舒展	鲜亮	强	宽	20	90	10

续表

等级代号	等级名称	身份	成熟度	叶片结构	叶面	光泽	色度	宽度	长度≥（inch）	一致性≥（%）	允许破损≤（%）
C3L	中部浅红黄 3 级	稍薄	成熟	疏松	平展	明亮	中	中	18	85	15
C4L	中部浅红黄 4 级	稍薄	尚熟至成熟	稍密至疏松	稍皱至平展	中	弱	窄至中		80	20
C5L	中部浅红黄 5 级	稍薄	尚熟	稍密至疏松	稍皱	稍暗	淡	窄		70	30
C1F	中部浅棕黄 1 级	中至稍薄	成熟	疏松	舒展	鲜亮	浓	阔	20	95	5
C2F	中部浅棕黄 2 级	中至稍薄	成熟	疏松	舒展	鲜亮	强	宽	20	90	10
C3F	中部浅棕黄 3 级	中至稍薄	成熟	疏松	平展	明亮	中	中	18	85	15
C4F	中部浅棕黄 4 级	中至稍薄	尚熟至成熟	稍密至疏松	稍皱至平展	中	弱	窄至中		80	20
C5F	中部浅棕黄 5 级	中至稍薄	尚熟	稍密至疏松	稍皱	稍暗	淡	窄		70	30
C3K	中部杂色 3 级	中	成熟	疏松	平展			中	18	85	15
C4K	中部杂色 4 级	中	尚熟至成熟	稍密至疏松	稍皱至平展			窄至中		80	20
C5K	中部杂色 5 级	中	尚熟	紧密至稍密	稍皱			窄		70	30
C3M	中部混色 3 级	中至薄	尚熟至成熟	稍密至疏松	平展	中	中	中	18	85	15
C4M	中部混色 4 级	中至薄	尚熟至成熟	稍密至疏松	稍皱至平展	稍暗	弱	窄至中		80	20
C5M	中部混色 5 级	中至薄	尚熟至成熟	稍密至疏松	稍皱	暗	淡	窄		70	30
C3V	中部微带青 3 级	中至稍薄	欠熟	疏松	平展	明亮		中	18	85	15
C4V	中部微带青 4 级	中至稍薄	欠熟	稍密至疏松	稍皱至平展	中		窄至中		80	20
C5V	中部微带青 5 级	中至稍薄	欠熟	稍密至疏松	稍皱	稍暗		窄		70	30
C4G	中部青色 4 级	中	未熟	紧密至稍密	稍皱至平展	中		窄至中		80	20
C5G	中部青色 5 级	中	未熟	紧密至稍密	稍皱	稍暗		窄		70	30

注　18inch = 45.72cm，20inch = 50.80cm。

（五）白肋烟上二棚叶组等级

白肋烟上二棚叶组（B组）通常由生长在烟株中部以上的烟叶组成。烟叶调制后往往卷折，把叶面遮避，显露出叶梗或主脉，叶尖较锐，一般身份中至厚，叶片比相应质量的中部叶组稍窄。白肋烟上二棚叶组等级及其品质规定见表12-20。

表12-20　白肋烟上二棚叶组等级及其品质规定

（美国农业部农产品销售局烟叶处，1990）

等级代号	等级名称	身份	成熟度	叶片结构	叶面	光泽	色度	宽度	长度≥（inch）	一致性≥（%）	允许破损≤（%）
B1F	上二棚浅棕黄1级	适中	成熟	疏松	舒展	明亮	浓	宽	20	95	5
B2F	上二棚浅棕黄2级	适中	成熟	疏松	平展	明亮	浓	宽	20	90	10
B3F	上二棚浅棕黄3级	适中	尚熟至成熟	稍密至疏松	稍皱至展	中	中	窄至中	18	85	15
B4F	上二棚浅棕黄4级	适中	尚熟	稍密	稍皱	稍暗	弱	窄	16	80	20
B5F	上二棚浅棕黄5级	适中	尚熟	稍密	皱	暗	淡	狭	16	70	30
B2FL	上二棚微棕浅红黄2级	适中	成熟	疏松	平展	明亮	强	宽	20	90	10
B3FL	上二棚微棕浅红黄3级	适中	尚熟至成熟	稍密至疏松	稍皱至展	中	中	窄至中	18	85	15
B4FL	上二棚微棕浅红黄4级	适中	尚熟	稍密	稍皱	稍暗	弱	窄	16	80	20
B1FR	上二棚浅红棕1级	稍厚至适中	成熟	疏松	舒展	明亮	浓	宽	20	95	5
B2FR	上二棚浅红棕2级	稍厚至适中	成熟	疏松	平展	明亮	强	宽	20	90	10
B3FR	上二棚浅红棕3级	稍厚至适中	尚熟至成熟	稍密至疏松	稍皱至展	中	中	窄至中	18	85	15
B4FR	上二棚浅红棕4级	稍厚至适中	尚熟	稍密	稍皱	稍暗	弱	窄	16	80	20
B5FR	上二棚浅红棕5级	稍厚至适中	尚熟	稍密	皱	暗	淡	狭	16	70	30
B1R	上二棚红棕1级	厚至稍厚	成熟	稍密至疏松	平展	明亮	浓	宽	20	95	5
B2R	上二棚红棕2级	厚至稍厚	成熟	稍密至疏松	稍皱	明亮	强	宽	20	90	10
B3R	上二棚红棕3级	厚至稍厚	尚熟至成熟	稍密	皱至稍皱	中	中	窄至中	18	85	15

续表

等级代号	等级名称	身份	成熟度	叶片结构	叶面	光泽	色度	宽度	长度≥(inch)	一致性≥(%)	允许破损≤(%)
B4R	上二棚红棕 4 级	厚至稍厚	尚熟	密至稍密	皱	稍暗	弱	窄	16	80	20
B5R	上二棚红棕 5 级	厚至稍厚	尚熟	紧密	粗糙	暗	淡	狭	16	70	30
B4D	上二棚深红棕 4 级	厚至稍厚	尚熟	紧密	皱	稍暗	弱	窄	16	80	20
B5D	上二棚深红棕 5 级	厚至稍厚	欠熟至尚熟	致密	皱缩	暗	淡	狭	16	70	30
B3K	上二棚杂色 3 级	稍厚至适中	尚熟至成熟	稍密至疏松	皱至稍皱			窄至中	18	85	15
B4K	上二棚杂色 4 级	稍厚	尚熟	紧密至稍密	皱			窄	16	80	20
B5K	上二棚杂色 5 级	厚至稍厚	欠熟至中	致密至紧密	粗糙			狭	16	70	30
B2M	上二棚混色 2 级	稍厚至适中	成熟	疏松	平展	明亮	强		20	90	10
B3M	上二棚混色 3 级	稍厚至适中	尚熟至成熟	稍密至疏松	稍皱至展	中	中	窄至中	18	85	15
B4M	上二棚混色 4 级	稍厚至适中	尚熟至成熟	稍密至疏松	稍皱	稍暗	弱	窄	16	80	20
B5M	上二棚混色 5 级	稍厚至适中	欠熟至尚熟	稍密至疏松	皱	暗	淡	狭	16	70	30
B3VF	上二棚微带青浅棕黄 3 级	适中	欠熟	稍密至疏松	稍皱至展	中		窄至中	18	85	15
B4VF	上二棚微带青浅棕黄 4 级	适中	欠熟	紧至稍密	稍皱	稍暗		窄	16	80	20
B5VF	上二棚微带青浅棕黄 5 级	适中	欠熟	紧密	皱	暗		狭	16	70	30
B3VR	上二棚微带青红棕 3 级	厚至稍厚	欠熟	稍密	皱至稍皱	中		窄至中	18	85	15
B4VR	上二棚微带青红棕 4 级	厚至稍厚	欠熟	紧密至稍密	皱	稍暗		窄	16	80	20

续表

等级代号	等级名称	身份	成熟度	叶片结构	叶面	光泽	色度	宽度	长度≥(inch)	一致性≥(%)	允许破损≤(%)
B5VR	上二棚微带青红棕5级	厚至稍厚	欠熟	紧密	粗糙	暗		狭	16	70	30
B3GF	上二棚带青浅棕黄3级	稍厚至适中	未熟	稍密至疏松	皱至稍皱	中		窄至中	18	85	15
B4GF	上二棚带青浅棕黄4级	稍厚至适中	未熟	紧密至稍密	皱	稍暗		窄	16	80	20
B5GF	上二棚带青浅棕黄5级	稍厚至适中	未熟	紧密	粗糙	暗		狭	16	70	30
B3GR	上二棚带青红棕3级	厚至稍厚	未熟	紧密至稍密	皱至稍皱	中		窄至中	18	85	15
B4GR	上二棚带青红棕4级	厚至稍厚	未熟	致密至紧密	皱	稍暗		窄	16	80	20
B5GR	上二棚带青红棕5级	厚至稍厚	未熟	致密	粗糙	暗		狭	16	70	30

注　16inch=40.64cm，18inch=45.72cm，20inch=50.80cm。

（六）白肋烟顶叶组等级

白肋烟顶叶组（T组）通常由生长于烟株顶部的烟叶组成。叶片相对较窄且叶尖较锐，具有B组烟叶的一般特征。与其他部位的烟叶相比，顶叶成熟程度略低，叶片结构稍密。白肋烟顶叶组等级及其品质规定见表12-21。

表12-21　白肋烟顶叶组等级及其品质规定

（美国农业部农产品销售局烟叶处，1990）

等级代号	等级名称	身份	成熟度	叶片结构	叶面	光泽	色度	宽度	长度≥(inch)	一致性≥(%)	允许破损≤(%)
T3F	顶叶浅棕黄3级	中	尚熟至成熟	稍密至疏松	稍皱至平展	中	中	窄至中	16	85	15
T4F	顶叶浅棕黄4级	中	尚熟	稍密	稍皱	稍暗	弱	窄	16	80	20
T5F	顶叶浅棕黄5级	中	尚熟	稍密	皱	暗	淡	狭	16	70	30
T3FR	顶叶浅红棕3级	稍厚至中	尚熟至成熟	稍密至疏松	稍皱至展	中	中	窄至中	16	85	15
T4FR	顶叶浅红棕4级	稍厚至中	尚熟	稍密	稍皱	稍暗	弱	窄	16	80	20
T5FR	顶叶浅红棕5级	稍厚至中	尚熟	稍密	皱	暗	淡	狭	16	70	30

续表

等级代号	等级名称	身份	成熟度	叶片结构	叶面	光泽	色度	宽度	长度≥(inch)	一致性≥(%)	允许破损≤(%)
T3R	顶叶红棕 3 级	厚至稍厚	尚熟至成熟	稍密	皱至稍皱	中	中	窄至中	16	85	15
T4R	顶叶红棕 4 级	厚至稍厚	尚熟	紧密至稍密	皱	稍暗	弱	窄	16	80	20
T5R	顶叶红棕 5 级	厚至稍厚	尚熟	紧密	粗糙	暗	淡	狭	16	70	30
T4D	顶叶深红棕 4 级	厚至稍厚	尚熟	紧密	皱	稍暗	弱	窄	16	80	20
T5D	顶叶深红棕 5 级	厚至稍厚	欠熟至尚熟	致密	粗糙	暗	淡	狭	16	70	30
T4K	顶叶杂色 4 级	稍厚	尚熟	紧密至稍密	皱			窄	16	80	20
T5K	顶叶杂色 5 级	厚至稍厚	欠熟至尚熟	致密至紧密	粗糙			狭	16	70	30
T4VF	顶叶微带青浅棕黄 4 级	中	欠熟	紧密至稍密	稍皱	稍暗		窄	16	80	20
T5VF	顶叶微带青浅棕黄 5 级	中	欠熟	紧密	皱	暗		狭	16	70	30
T4VR	顶叶微带青红棕 4 级	厚至稍厚	欠熟	紧密至稍密	皱	稍暗		窄	16	80	20
T5VR	顶叶微带青红棕 5 级	厚至稍厚	欠熟	紧密	粗糙	暗		狭	16	70	30
T4GF	顶叶带青浅棕黄 4 级青	稍厚至中	未熟	紧密至稍密	皱	稍暗		窄	16	80	20
T5GF	顶叶带青浅棕黄 5 级	稍厚至中	未熟	紧密	粗糙	暗		狭	16	70	30
T4GR	顶叶带青红棕 4 级	厚至稍厚	未熟	致密至紧密	皱	稍暗		窄	16	80	20
T5GR	顶叶带青浅棕黄 5 级	厚至稍厚	未熟	致密	粗糙	暗		狭	16	70	30

注　16inch = 40.64cm。

（七）白肋烟混组叶组等级

白肋烟混组叶组（M 组）由明显不同叶组的烟叶以多种组合方式混合在一起组成。白肋烟混组叶组等级及其品质规定见表 12-22。

表 12-22　白肋烟混组叶组等级及其品质规定

(美国农业部农产品销售局烟叶处，1990)

等级代号	等级名称	综合质量等同于	身份	基本色	微带青≤（%）	允许破损≤（%）
M3F	混组浅色 3 级	X3、C3、B3、T3	适中至薄	浅色	20	15
M4F	混组浅色 4 级	X4、C4、B4、T4	适中至薄	浅色	20	20
M5F	混组浅色 5 级	X5、C5、B5、T5	适中至薄	浅色	20	30
M3FR	混组深色 3 级	X3、C3、B3、T3	厚至适中	深色	20	15
M4FR	混组深色 4 级	X4、C4、B4、T4	厚至适中	深色	20	20
M5FR	混组深色 5 级	X5、C5、B5、T5	厚至适中	深色	20	30
M4K	混组杂色 4 级	X4、C4、B4、T4	稍厚至稍薄		20	20
M5K	混组杂色 5 级	X5、C5、B5、T5	稍厚至稍薄		20	30
M4G	混组青色 4 级	X4、C4、B4、T4	厚至薄		未熟	20
M5G	混组青色 5 级	X5、C5、B5、T5	厚至薄		未熟	30

(八) 白肋烟末级叶组等级

白肋烟末级叶组（N 组）包括达不到任何其他叶组（碎叶除外）最低规定或者超过各叶组最低等级破损允许度的质量很差烟叶。末级叶组等级及其规定说明见表 12-23。

表 12-23　白肋烟末级叶组等级及其规定说明

(美国农业部农产品销售局烟叶处，1990)

等级代号	等级名称	规定说明
N1L	浅色末级叶 1 级	身份稍薄至薄，破损允许≤60%
N1F	中等色末级叶 1 级	身份稍厚至中，破损允许≤60%
N1R	深色末级叶 1 级	身份厚至稍厚，破损允许≤60%
N1G	生青末级叶 1 级	生青叶或破损允许≤60%
N2L	浅至中等色末级叶 2 级	身份中至薄，破损允许 60%以上
N2R	中等至深色末级叶 2 级	身份厚至适中，破损允许 60%以上
N2G	生青末级叶 2 级	生青叶或破损允许 60%以上

(九) 白肋烟碎叶组等级

白肋烟碎叶（S 组）为去梗和带梗烟叶的副产品。碎叶是从农场建筑物、烟叶仓库、打包和回潮车间以及抽梗等操作过程中产生并收集起来的产物。白肋烟碎叶等级及其规定说明见表 12-24。美国白肋烟等级汇总见表 12-25。

表 12-24　白肋烟碎叶等级及其规定说明
（美国农业部农产品销售局烟叶处，1990）

等级代号	等级名称	最低规定和允许度
S	碎叶	散乱的、完整的、破烂的带梗烟叶，或者残伤烟叶等在加工中形成的碎叶

表 12-25　美国白肋烟等级汇总
（美国农业部农产品销售局烟叶处，1990）

叶组	等级数	等级代号
下部叶组	14	X1L、X2L、X3L、X4L、X5L、X1F、X2F、X3F、X4F、X5F、X4M、X5M、X4G、X5G
中部叶组	21	C1L、C2L、C3L、C4L、C5L、C1F、C2F、C3F、C4F、C5F、C3K、C4K、C5K、C3M、C4M、C5M、C3V、C4V、C5V、C4G、C5G
上二棚叶组	39	B1F、B2F、B3F、B4F、B5F、B2FL、B3FL、B4FL、B1FR、B2FR、B3FR、B4FR、B5FR、B1R、B2R、B3R、B4R、B5R、B3K、B4D、B5D、B2M、B3M、B4K、B5K、B3VF、B4M、B5M、B3VR、B4VF、B5VF、B3GF、B4VR、B5VR、B3GR、B4GF、B5GF、B4GR、B5GR
顶叶组	21	T3F、T4F、T5F、T3FR、T4FR、T5FR、T3R、T4R、T5R、T4D、T5D、T4K、T5K、T4VF、T5VF、T4VR、T5VR、T4GF、T5GF、T4GR、T5GR
混组叶组	10	M3F、M4F、M5F、M3FR、M4FR、M5FR、M4K、M5K、M4G、M5G
末级叶组	7	N1L、N2L、N1F、N1R、N2R、N1G、N2G
碎叶组	1	S

三、美国白肋烟的定级规则

规则 1：每一等级都是对某一型烟叶的再划分。当在检验合格证中说明等级时，也要标明烟叶所属的型。

规则 2：一个等级的确定要基于一批次烟叶的全面检验或根据该批次烟叶的正规样品而定。

规则 3：从一桶或其他包装的烟叶中抽取正规样品，要从 3 个或 3 个以上的开口位点抽取，取样点位置和采取的方式必须保证检查人员或抽样人员能够确定烟叶的种类以及每一种类在该批烟叶中所占百分比。一个取样口距包装的顶部不能超过 15cm（6inch），另一个取样口距包装的底部不能超过 15cm（6inch）。所有取样口都要使抽样人员能看到包装中心位置的烟叶。至少应从三个取样口处抽取各自有代表性的烟叶样品。样品中要包括该批烟叶中的每种叶组、每种质量、每种颜色、各种叶长和种类的烟叶，所取每种烟叶的比例要与其在该批烟叶中的比例相一致。

规则 4：给任何一批次烟叶确定的等级，都要能够真正代表这批烟叶验级和签发合格证时的等级质量。如果事后任何时间发现该批烟叶与先前所定等级的规格不符，则不能再使用原定的等级进行交货。

规则 5：一批次烟叶的颜色处在两种颜色界限位置时，要放在最能反映其身份或其他相关质量因素的那种颜色组中定级。

规则 6：同时满足两个等级规定的任何批次烟叶，应定以较高的等级。任何一批次烟叶的等级处于两个等级之间时，则定以较低的等级。

规则 7：当一批次烟叶各质量因素的相应档次都不低于某等级的最低规定时，才能表明该批烟叶满足该等级的规定。

规则 8：一批烟叶的等级确定要从整体考虑，若其中少数不符合规定的烟叶数量未超过 1%时可以忽略不计。

规则 9：经农业部农产品销售局烟叶处主管批准的任何特殊因子符号，均可用于表示烟叶的特殊方面或特殊特征以修饰其等级。

规则 10：解释、说明以及各术语的含义应同（农业部烟叶处）标准与审查部门负责人规定，并得到烟叶处主管批准的相一致。

规则 11：在销售季节，当发现任何等级供使用的烟叶数量不足或不需要该等级时，烟叶主管人员可以限制这些等级的使用。

规则 12：任何一批（去梗烟叶除外）含有大于或等于 20%的叶长在 40cm（16inch）以下的上二棚烟叶（B 组），定为顶叶组（T 组）。

规则 13：某等级一致性的程度用百分数（%）表示。该百分数要代表一批次烟叶中达到某等级每一规定的主体部分烟叶比例。其他非主体等级烟叶必须与主体等级烟叶密切相关，但在叶组、质量以及颜色上与主体等级烟叶可以有所差异。一致性的规定百分数不影响其他规则所定的限制条款。

规则 14：作为质量因素之一的破损允许度应使用百分数表示。破损要根据叶面受损的百分数或破损的程度来评定。在评定破损时，要考虑与破损有关的该叶组的一般特性。

规则 15：任何一批次烟叶含有大于 20%的杂色叶，均要在杂色叶组定级，并标以颜色代号“K”。

规则 16：任何一批 B、C 或 X 组的烟叶，若含有大于或等于 30%的淡红色或微红色叶，或者含有等于或大于 30%的颜色明显不同于主体色叶，则归为混色叶组，并标以颜色代号“M”。

规则 17：任何一批含有等于或大于 20%微带青叶的烟叶，或者任何一批烟叶含微带青和青色叶混合在一起等于或大于 20%时，要在 C 组定级并标以颜色代号“V”，以及在 B 和 T 组定级并标以复合颜色代号“VF”或“VR”。

规则 18：任何一批次烟叶含有等于或大于 20%的青色叶，或者任何一批次烟叶虽不是生青烟，但含有等于或大于 20%的生青和青色叶混合叶时，在 X、C 和 M 组定级并标以颜色符号“G”，以及在 B 组和 T 组定级并分别标以复合颜色符号“GF”和“GR”。

规则 19：生青叶除了可用于青色、带青浅棕黄叶和带青红棕叶外，不能包含于其他任何颜色的各种等级中。任何一批烟叶含有等于或大于 20%的生青叶，则视作末级烟叶。

规则 20：所有标准等级的烟叶都必须是纯净的。

规则 21：破损在 20%以下的烟叶，但在其他方面达到了某一等级的规定，则要作为次等级处理，并在等级标记后标以特殊因子符号“U”。破损大于或等于 20%的烟叶，要标以“No-G”标志（级外烟叶）。

规则 22：水分大、不能安全贮存，但在其他方面能满足一个等级规定的健全烟叶，则要作为次等级处理，并在其等级标志的后面标以特殊因子符号“W”。这种特殊因子不用于标有“No-G”标记的烟叶。

规则 23：凡属于不洁净的、异型的、半调制的、需要重新整理的、破损面积大于或等于20%的、含有异物的，有异味的烟叶等均归为级外叶，并使用标志符号“No-G”表示。

规则 24：白肋烟 31 型烟叶中掺假时，要标以等级标记符号“No-G-nested”来定级。

规则 25：片状烟叶在其他方面满足一个等级的规定时，则要作为次等级处理，并在其等级标志前标上特殊因子符号“S”。

四、美国白肋烟的价格

美国白肋烟出口价格和进口价格见表 12-26。可以看出，同一年份美国白肋烟的平均出口价格均高于进口价格。1997~2005 年，美国白肋烟出口价格呈先升高、后降低的趋势，而白肋烟进口价格总体呈下降趋势。

表 12-26　美国白肋烟出口和进口价格

（根据杨春雷等 2006 年论文数据整理）

年份（年）	出口价格（美元/kg）	进口价格（美元/kg）
1997	8. 00	3. 99
1998	8. 18	3. 77
1999	8. 18	3. 48
2000	8. 38	3. 35
2001	8. 53	3. 13
2002	8. 35	3. 17
2003	8. 29	3. 12
2004	6. 34	3. 13
2005	6. 87	2. 93

思考题：

1. 美国烤烟分为哪些组别？
2. 美国白肋烟分为哪些组别？
3. 美国烤烟与白肋烟组别代号有何异同？
4. 美国烤烟等级的表示方法与中国烤烟有何异同？
5. 美国白肋烟等级的表示方法与中国白肋烟有何异同？

第十三章　印度烟叶分级

印度是亚洲重要的烟叶生产国和出口国，印度烟叶产量仅次于中国和巴西，向全世界100多个国家出口烟叶。印度主要生产烤烟，是世界第三大烤烟生产国。本章主要介绍印度烟叶生产、分级概况，印度烤烟分级标准，印度白肋烟、香料烟、雪茄烟叶分级标准。

第一节　印度烟叶生产、分级概况

一、烟叶生产概况

烟草引入印度的时间较早，种植历史悠久。普遍认为，1600年葡萄牙商人首先将烟草引入印度，也有孟买的印度史学院专家认为早在1508年印度就引进烟草。1776年，英国东印度烟草公司开始在印度种植烟草。1829年和1875年，印度政府又两次从国外引种在北方邦和比哈尔邦试种。20世纪早期，当地政府在南方试种烤烟获得成功。

印度种植的烟草类型多，分布广。主要烟叶类型有：烤烟、白肋烟、香料烟、深色晾晒烟、深色明火烤烟、比迪烟、雪茄包皮烟和芯烟、纳德晒烟、兰卡烟等。烤烟生产主要在南方的安得拉、卡纳塔克等地，比迪烟叶生产主要在古吉拉特、卡纳塔克、马哈拉施特拉等地，白肋烟生产主要在贡土尔区。2001年，印度烟叶产量6.98万吨（表13-1）。2007年，印度烟叶产量31.4万吨，其中烤烟产量26.9万吨（表13-2）。2009年，印度烟草种植面积为42.05万公顷，烟叶产量70.0万吨。2010年，印度烤烟产量33.5万吨。

据东方烟草网报道，印度烟叶产量位居全世界前三名，烤烟产量曾连续六年下降，到2020年保持相对稳定，产量为22.4万吨。

表13-1　印度烟叶生产情况

（朱显灵等，2006）

年份（年）	烟叶总产量（万吨）	烤烟产量（万吨）
1996	16.35	15.29
1997	19.78	18.39
1998	19.49	18.62
1999	20.75	19.70
2000	18.55	17.70
2001	6.98	5.98
2002	18.95	18.33

续表

年份（年）	烟叶总产量（万吨）	烤烟产量（万吨）
2003	21.19	20.14
2004	24.70	23.83
2005	25.96	24.50

表 13-2　2007 年印度各类烟叶产量

（闫新甫，2012）

类型	产量（万吨）
烤烟	26.9
轻质土产白肋烟	1.8
HDBRG 烟叶	0.6
晾晒烟	1.7
其他	0.4
总计	31.4

二、烟叶分级概况

印度烟草类型较多，烟叶等级标准的研究和制定工作起步较早，各类烟叶均曾有官方标准，较早地形成了完善的烟叶分级标准体系。印度的烟叶分级标准体系经历了官方严格规范执行到简化和企业化的变化过程。大概分为 3 个时期：标准统一时期、完善时期和多元化时期。

（一）标准统一时期

1937 年，印度颁布了《农产品等级和标识法》，开始建立科学的国家农业产品营销制度。同年，印度制定和公布了《烟叶等级和标识规定》，贯彻执行 Agmark 标准。“Agmark”是“Agricultural Marketing”词组的缩写，该标志是印度政府对农产品纯度和质量的保证。生产和销售的农产品符合《农产品等级和标识法》条款规定的等级一般被称为“Agmark 等级”，即农产品营销等级。

《烟叶等级和标识规定》中共有 37 项烟叶等级标准，其中 35 项是未加工烟叶的等级标准、1 项打叶片烟标准、1 项复烤企业获得许可证条件标准。对于烤烟，Agmark 等级标准由 24 个标准等级及其不同组合等级组成，共 35 个等级，等级的划分不是依据烟叶部位，而主要是根据基本颜色、结构、身份、非基本色和其他特征划分的。雪茄烟叶是分型制定的，依据外包皮叶、内包皮叶、芯叶及其产地，共分 18 个型。

（二）完善时期

《烟叶等级和标识规定》从出台到 1982 年，共经过 7 次修订和完善。1950 年进行第一次修订，随后 1964 年、1965 年、1967 年、1979 年（2 次）和 1982 年分别进行修订。每次修订版均由《印度政府公报》公布。虽然印度对烟叶等级进行多次修订，但发布的所有修订版本仍然称为 1937 年《烟叶等级和标识规定》。

（三）多元化时期

20 世纪 80 年代后期，印度烟叶等级标准呈现出多元化。其中烤烟采用统一标准，其他类型的烟叶由生产和经销企业采用各自的标准。

后来，为方便交易，将烟叶分级标准进行了简化。印度烟草委员会为安得拉邦传统的黑质壤土地区的烟农分级引入了一个简单农场等级体系，将烤烟分为 10 个农场等级，每个等级都对应于 Agmark 标准的一个或几个等级。

随着美国烟叶等级标准体系的引入，对于安得拉邦和卡纳塔克邦的北方轻质壤土地区，印度烟草委员会又制定了一个按部位分级的烤烟等级标准。该标准共有 64 个等级，烤烟部位划分为：脚叶（第 1~2 次采收的叶片）、下部叶和腰叶（第 3~4 次采收的叶片）、上二棚叶（第 6~8 次采收的叶片）、顶叶（第 9 次及以后采收的叶片），并根据颜色、斑点/基本色、成熟度、叶片结构、身份等，将各部位的烟叶又进一步划分成等级。

在印度除了有烤烟官方分级标准外，其他类型烟叶都是根据采购商的要求采用公司或企业制定的等级标准，或者地方标准。这些等级标准基本上是在《烟叶等级和标识规定》基础上演变而来的。

第二节　印度烤烟分级

在印度的烟叶分级标准体系中，烤烟有 3 个等级标准。第一个是分部位等级标准，第二个是农场等级标准，第三个为农业部确定的农产品营销等级标准。现在烟叶收购中只实行前两个烟叶等级标准，后一个不再使用。

前两个烟叶等级标准由烟草委员会制定，其标准等级在销售季节公布于烟草委员会的拍卖市场，要求烟农对烤烟必须分级。虽然现在农业上不再使用 Agmark 标准，但是根据《烟叶等级和标识规定》和采购商的要求，企业在烟叶出口时，包装上仍然使用或参照这些旧的等级代号。

一、部位等级标准

（一）部位划分

部位划分等级标准适用于印度安得拉邦、卡纳塔克邦轻质土和北方轻质土上种植的烤烟。烟叶按植株上的着生位置，自下而上共划分 4 个部位：脚叶（P）、中下部叶（X）、上二棚叶（L）、顶叶（T）。烟株底部 2~3 片烟叶为脚叶；脚叶之上的 4~6 片烟叶为中下部叶；中上部 6~8 片烟叶为上二棚叶；顶部 3~4 片烟叶为顶叶。

（二）叶组划分

部位等级标准的叶组共划分 7 个组：脚叶组、中下部叶组、上二棚叶组、顶叶组、杂色叶组、混叶组、级外叶组。各叶组的外观特征如下。

脚叶组（P 组）：该组由烟株上最底部的烟叶组成。P 组烟叶的叶尖部较钝，由于营养不足会表现假熟，接近地面的烟叶具有大量破损特征。

中下部叶组（X 组）：该组一般由烟株底部叶片之上的烟叶组成。X 组烟叶的叶尖部通常较钝，叶面较宽、舒展，有弹性，表面稍有破损特征。

上二棚叶组（L组）：该组通常由烟株中部或中部以上的烟叶组成。L组烟叶的叶尖部稍锐，叶面皱缩至皱折，叶片较长但没有X组的宽，弹性不如X组烟叶，一般身份较厚，叶脉稍显露，叶片完整度较好。

顶叶组（T组）：该组由烟株最上面的几片烟叶组成。T组烟叶的叶尖部较锐，叶脉显露，叶片较窄、较小，颜色深，结构紧密。

杂色叶组（J组）：杂色指不同于正常类型烟叶的颜色（非基本色）。叶片表面有大于或等于20%的灰色、杂色斑点、发白以及未成熟的任何烟叶均归杂色叶组。

混叶组（M组）：3个或3个以上的叶组，或者2个明显不同的叶组混在一起的烟叶归混叶组。

级外叶组（N组）：指不能满足任何叶组（碎片除外）的最低规定或超过最低等级允许度的正常烟叶。

（三）颜色划分

烤烟颜色划分为3种：柠檬黄色（L）、桔黄色（O）、棕黄色（R）。另外，还有杂色，即附加类型因子“J”，生长不正常、调制失当形成的特征，一般多指未熟的烟叶，在质量上劣于正常烟叶。

（四）质量档次划分

印度烤烟质量档次分为5个档次（表13-3），档次由非基本色、破损、残伤、均匀度等因素决定。除了1、2、3档次对残伤允许度无要求，各档次对非基本色、破损、残伤等，破损允许度，均匀度均有严格要求。

表13-3　印度烟叶外观质量档次及划分因素规定

（根据《中外烟叶等级标准与应用指南》整理）

质量符号	质量档次	非基本色、破损、残伤等（%）	破损允许度（%）	残伤允许度（%）	均匀度（%）
1	优	<20	≤5	—	≥90
2	良	20~30	≤10	—	≥85
3	一般	30~55	≤15	—	≥80
4	次	55~80	≤20	≤5	≥70
5	差	≥80	≤30	≤10	≥70

（五）等级及其代号

印度的烤烟等级代号一般由3个符号组成。第一个符号为部位，第二位符号为质量档次，第三个符号为颜色或附加因子。有时会在等级代号之后加一个特殊符号，表示其他非正常情况的烟叶，如用“M”表示混叶。

不同部位不同质量档次的烟叶有不同的质量因素要求。印度烤烟按部位划分的等级主要用基本色、非基本色、破损、残伤、成熟度、叶片长度等外观质量特征描述，具体等级的品质规定见表13-4。

表 13-4 印度烤烟部位划分等级特征描述

（根据《中外烟叶等级标准与应用指南》整理）

部位	等级	颜色	斑点、非基本色、破损、残伤等（%）	成熟度，组织结构	身份	叶片特征
脚叶	P1	金黄，柠檬黄，桔黄	≤20	非常成熟，组织结构疏松	较薄	沙土叶，有一定的破损，叶片相对较短，叶面平展
	P2	柠檬黄，桔黄	20~30			
	P3	柠檬黄，桔黄	30~55			
	P4	柠檬黄，桔黄	≤80			
	P5	柠檬黄，桔黄	>80			
中下部	X1	金黄，柠檬黄，桔黄	≤20	成熟，组织结构疏松	薄至中等	叶片较阔，向基部变宽，有弹性，质地较好，有自然光泽，叶脉较细
	X2	柠檬黄，桔黄	20~30			
	X3	柠檬黄，桔黄	30~55			
	X4	柠檬黄，桔黄	≤80			
	X5	柠檬黄，桔黄	>80			
上二棚	L1	金黄，桔黄，柠檬黄	≤20	成熟至尚熟组织结构中等至紧密	中等至厚	通常叶较长，但没有腰叶阔，有蜡质，但弹性稍欠，一般叶脉显露，沿中脉折叠
	L2	桔黄，柠檬黄	20~30			
	L3	桔黄，柠檬黄	30~55			
	L4	桔黄，柠檬黄	≤80			
	L5	桔黄，柠檬黄，棕黄	>80			
顶叶	T2	柠檬黄，桔黄	≤30	尚熟至欠熟，组织结构紧密	中等至厚	叶片小、窄，尖部较锐，组织粗糙，色度浓，叶脉显露
	T3	柠檬黄，桔黄	30~55			
	T4	桔黄，棕黄	≤80			
	T5	桔黄，棕黄	>80			
其他	BG	下部微带青。来自 X、P 组的烟叶，非基本色≤25%				
	TG	上部微带青。来自 T、L 组的烟叶，非基本色≤25%				
	BMG	下部青黄。来自 X、P 组的烟叶，身份中等，组织结构中等至疏松，非基本色≤50%				
	TMG	上部青黄。来自 T、L 组的烟叶，身份中等至厚，组织结构中等至紧密、粗糙，非基本色≤50%				
	NDB	浅色碎片，末级。不含中脉，色泽好				
	NDD	深色/尚鲜亮碎片，末级。不含中脉，色泽不好				
	NOG	级外烟。来自各部位的无法归入任何等级的糟叶、废叶				

注 较高等级中允许混有 10%近邻较低等级的烟叶。

按部位划分的标准等级共分 64 个等级（表 13-5）。脚叶 15 个等级（柠檬黄色 5 个、桔黄色 5 个、杂色 5 个），中下部叶 15 个等级（柠檬黄色 5 个、桔黄色 5 个、杂色 5 个），上二棚叶 16 个等级（柠檬黄色 5 个、桔黄色 5 个、杂色 5 个、棕黄色 1 个），顶叶 12 个等级（柠檬黄色 2 个、桔黄色 4 个、棕黄色 2 个、杂色 4 个），带青烟 4 个等级（上部叶 2 个、下部叶

2个），碎片烟2个（浅色1个、深色1个）。另外，还有1个级外烟。

表13-5　按烟叶部位标准等级汇总（适用KLS & NLS地区）

（根据《中外烟叶等级标准与应用指南》整理）

特征		优	良	一般	次	差	等级数量
部位	颜色						
脚叶（P）	柠檬黄色（L）	P1L	P2L	P3L	P4L	P5L	15
	桔黄色（O）	P1O	P2O	P3O	P4O	P5O	
	杂色（J）	P1J	P2J	P3J	P4J	P5J	
中下部（X）	柠檬黄（L）	X1L	X2L	X3L	X4L	X5L	15
	桔黄（O）	X1O	X2O	X3O	X4O	X5O	
	杂色（J）	X1J	X2J	X3J	X4J	X5J	
上二棚叶（L）	柠檬黄（L）	L1L	L2L	L3L	L4L	L5L	16
	桔黄（O）	L1O	L2O	L3O	L4O	L5O	
	棕黄（R）	—	—	—	—	L5R	
	杂色（J）	L1J	L2J	L3J	L4J	L5J	
顶叶（T）	柠檬黄（L）		T2L	T3L	—	—	14
	桔黄（O）	—	T2O	T3O	T4O	T5O	
	棕黄（R）	—	—	—	T4R	T5R	
	杂色（J）	—	T2J	T3J	T4J	T5J	
	带青（G）	—	TG	—	TMG	—	
下部叶（B）	带青（G）	—	BG	—	BMG	—	2
碎片烟		NDB、NDD					2
—		共计					64
级外烟（N）		NOG					—

二、农场等级标准

印度烟叶农场等级标准的等级划分不是根据烟叶着生部位，而主要是根据烟叶颜色、身份、叶片结构、非基本色等因素。根据烟叶的颜色由浅到深、身份由薄到厚、质地由油润柔软到粗糙，共划分10个等级，等级代号一般用F1～F10表示（表13-6）。在F1～F9等级中允许混有10%的近邻等级烟叶。

表13-6　印度传统黑黏土和南方轻质土烤烟的农场等级规定

（闫新甫，2012）

等级代号	颜色	身份	叶片结构	非基本色（≤）	对应的Agmark等级
F1（金黄）	浅桔黄/金黄/正黄/浅柠檬黄	薄至中等	好/柔	25%	$Y_1 \sim Y_4$

续表

等级代号	颜色	身份	叶片结构	非基本色（≤）	对应的 Agmark 等级
F2（浅金黄）	浅棕桔黄/浅棕黄/浅棕红	中等	好	25%（允许白至黄色的杂色）	LBY
F3	浅棕桔黄	适中至中等	中等	50%	LBY_2
F4（红棕）	红棕	较厚	中等至粗糙	50%（允许棕褐杂色）	Brown
F5（深红棕）	深红棕	厚	中等至粗糙	50%	DB（dark brown）
F6（微带青）	微带青桔黄/微带青柠檬黄	适中	好/柔至中等	10%	LG（light green）
F7	稍黄	厚	中等至粗糙	25%	LMG（light medium green）
F8	中青	厚	中等至粗糙	35%	MG（medium green）
F9	深青	粗糙	粗糙	—	DG（dark green）
F10	桔黄/正黄/红棕	薄至厚	—	—	PL Bits

不同烤烟等级对非基本色的允许度要求不同，一般有 10%、25%、50%、65% 4 种限度规定。F1~F5 等级为主等级，叶片不含青色；而 F6~F9 等级为微带青至青色烟叶；F10 等级为末级，包括各种颜色烟叶的碎片。

三、Agmark 等级标准

1992 年印度发布的 10 级制农产品营销等级标准的等级划分不是按部位，而主要按烟叶颜色、成熟度、身份、叶片结构、非基本色等因素进行划分，并且以颜色为主。具体烟叶等级名称和外观特征规定见表 13-7。

表 13-7 印度 Agmark 标准等级规定

（闫新甫，2012）

等级代号	颜色	特征描述和品质规定
Grade 4	浅柠檬黄色	浅柠檬黄色，成熟，身份中等，质地柔软，非基本色不超过 25%
LBY	浅棕黄色	浅棕黄色，成熟，身份中等，质地柔软，非基本色不超过 25%
LBY2	浅棕黄色	浅棕黄色，成熟，身份中等，质地粗糙至尚柔软，非基本色不超过 50%
Brown	红棕色	浅红棕色，身份稍厚，质地粗糙至尚柔软，非基本色不超过 65%，允许有非基本色红棕
DB（dark brown）	深棕色	浅红棕至深红棕色，身份稍厚，质地尚柔软至粗糙，非基本色不超过 65%，允许有非基本色红棕
LG（light green）	淡青色	微带青柠檬黄至桔黄色，身份中等，质地柔软，非基本色不超过 10%
LMG（light medium green）	稍青色	青黄色，身份稍厚，质地尚柔软至粗糙，非基本色不超过 25%

续表

等级代号	颜色	特征描述和品质规定
MG（medium green）	中青色	中等带青红棕色，未熟，身份稍厚，质地尚柔软至粗糙，非基本色不超过25%
DG（dark green）	深青色	深青色，未熟，身份稍厚，质地尚柔软至粗糙，非基本色不超过25%
BX	碎叶	深桔黄至棕色，身份薄的脚叶碎片，易碎，油分少

第三节　印度其他类型烟叶分级

在印度，非烤烟类型烟叶的等级标准与官方烤烟标准一起形成印度烟叶标准体系。

一、白肋烟分级

（一）传统白肋烟分级

印度传统白肋烟主要分布在泰米尔纳德邦和西孟加拉。白肋烟分级是根据叶片在烟株的部位进行，共分为5个等级，等级代号和部位见表13-8。

表13-8　白肋烟标准等级及其部位

（闫新甫，2012）

等级代号	部位
WBF	脚叶
WBB	下部叶
WBM	中部叶
WBT	顶叶
ND	末级

（二）轻质土壤白肋烟分级

轻质土壤白肋烟主要在安得拉邦的东戈达瓦里区黑棉土种植。烟叶身份薄，有典型的白肋烟香味。调制后烟叶分为4个等级，其等级代号和特征要求见表13-9。

表13-9　轻质土壤白肋烟等级代号和特征要求

（根据《中外烟叶等级标准与应用指南》整理）

等级代号	特征要求
RBA	一级脚叶和下部叶的混合叶，叶片结构疏松，浅红黄色
RBB	二级脚叶和下部叶的混合叶，叶片结构疏松，深红黄色
RBC	三级脚叶和下部叶的混合叶，叶片结构疏松，深红黄色至浅棕黄色
RBROC	二级和三级的脚叶、下部叶、腰叶和顶叶的混合叶，身份薄至中等，红黄色至浅棕黄色，叶面鲜净至有斑点，并应舒适的香味

二、香料烟分级

印度香料烟起初在海得拉巴地区小规模种植，随后在卡纳塔克邦部分地区也有种植。印度香料烟共分 3 个等级，等级代号和特征要求如表 13-10。

表 13-10 印度香料烟等级和特征要求

（闫新甫，2012）

等级代号	特征要求
HAB	由顶叶、上部叶和最好的中部叶组成，叶片柔软，柠檬黄色或桔黄色，浮青和轻度棕色，长度为 4~13cm
HB	叶片身份薄，柔软，柠檬黄或桔黄色至浅柠檬黄，叶长小于 18cm
HK	叶片身份薄，棕褐色、青色发硬，易碎，长度达到 22cm 不等

三、雪茄烟叶分级

（一）雪茄外包皮烟叶分级

印度雪茄外包皮烟叶分为 4 个等级，详见表 13-11。雪茄外包皮烟一级、二级、三级叶片均为浅棕色，四级叶片浅棕色至深棕色。一级、二级、三级、四级叶片质地分别为优、好、中等、中等。一级烟叶长度不得小于 40cm，四级烟叶长度在 22cm 以下。

表 13-11 印度雪茄外包皮烟叶等级和特征要求

（闫新甫，2012）

等级名称	特征要求
一级	叶片浅棕色，质地优，外观平展有光泽，叶长≥40cm
二级	叶片浅棕色，质地好，外观有光泽，叶长 30~40cm
三级	叶片浅棕色，质地中等，叶长 22~30cm
四级	叶片浅棕色至深棕色，质地中等，叶长在 22cm 以下。以上 3 个等级撕破和轻度受损的烟叶归为四级

（二）雪茄芯烟烟叶分级

印度雪茄芯烟烟叶主要在泰米尔纳德邦的雪茄芯烟种植区生产。根据叶片大小、颜色、质地结构、劲头、燃烧性和香味特征等进行分级，雪茄芯烟分为两个等级。

Raasi 级：叶片棕色，色泽一致，身份薄至中等，叶片大小中等，劲头醇和，燃烧性好，烟灰呈灰白色，香味适中。

Cruz 级：叶片较小，棕色至深褐色，身份中等，燃烧性一般，烟灰呈灰白色，香味适中。

思考题：

1. 印度烤烟按部位分等级时，烟叶分为哪几个部位？
2. 印度烤烟按部位分等级时，烟叶分为哪些组别？
3. 印度烤烟按部位分等级时，烟叶分为哪几种颜色？

第十四章　阿根廷烟叶分级

阿根廷是南美洲重要的烟叶生产国，阿根廷烤烟产量、白肋烟产量均位居世界前列。本章主要介绍阿根廷烟叶生产、分级概况，阿根廷烤烟分级标准，马拉维白肋烟分级标准。

第一节　阿根廷烟叶生产、分级概况

一、阿根廷烟叶生产概况

阿根廷烟叶生产和出口量在南美洲位居第二位，仅次于巴西。阿根廷主要生产烤烟、白肋烟、晒烟和少量浅色晾烟，其中烤烟产量占73%，白肋烟产量占24%。阿根廷烤烟种植主要集中在西北部，靠近玻利维亚与巴拉圭的胡胡伊省、萨尔塔省，这两个省烤烟产量占该国烤烟总产量的98%以上。白肋烟种植主要集中在东北部与巴西接壤的米西奥内斯省和图库曼的山区丘陵地带。此外，在科连特斯省、萨尔塔省、查科省还种植一些地方性晾晒烟。

据2019年《南方农业》报道，阿根廷烤烟产量占世界烤烟总产量的2.1%，位居第六位；白肋烟产量占世界白肋烟总产量的3%，位居第八位。2006~2007年烟季，阿根廷烟叶总产量254万担，其中烤烟产量168万担，白肋烟产量74万担。2007~2008年烟季，阿根廷烟叶总产量258万担，其中烤烟产量165.4万担，白肋烟产量84.6万担，深色晾烟和晒烟8万担，烟叶出口量占全年产量的80%。2009~2010年烟季，阿根廷烟叶总产量大约262万担。2012年以后，阿根廷烟叶产量基本稳定在140万~160万担。

二、阿根廷烟叶分级概况

阿根廷烟叶等级标准经历了两次变革，1972年阿根廷制定了首个烟叶等级标准。1991年之前，阿根廷使用的烟叶分级标准有34个等级，每个等级由3个符号组成，第一个符号用西班牙字母表示烟叶部位，即B（bajeras）表示下部叶、M（medianas）表示腰叶、S（superior）表示上二棚叶、C（coronnas）表示顶叶；第二个符号用数字表示烟叶质量档次，即第1、2、3、4档次；第三个符号用字母表示烟叶颜色。为了与国际接轨，1991年以后等级代号改为国际通用的英文符号表示，即用X（lugs）表示下部叶、用C（cutters）表示腰叶、用B（leaf）表示上部叶，质量档次和符号未变，颜色用L（柠檬黄色）、F（桔黄色）、K（杂色）表示。

1994年，阿根廷对以前的烟叶分级标准进行了修订，形成了现行的1192号烤烟等级标准，该标准将烟叶分为48个等级。与之前烟叶分级标准相比，增加了2个叶组，即完熟叶组

（H）和欠熟杂色叶组（K），同时外观质量增加了一个档次，即第5档。

第二节 阿根廷烤烟分级

一、阿根廷烤烟分组

（一）烤烟分组情况

1. 部位分组

烤烟分组是按照烟叶部位、颜色等外观特征将同一类型内的烤烟划分为不同的组别。阿根廷烤烟分组时，主要根据烟叶的着生部位分组。烤烟从烟株的底部至顶部依次分为下部叶、腰叶、上二棚叶和顶叶4个部位。阿根廷烤烟下部叶一般3~5片，腰叶5~7片，上二棚叶7~9片，顶叶2~3片。阿根廷烤烟按部位分为下部叶组、腰叶组、上二棚叶组和顶叶组4个叶组。

2. 颜色分组

阿根廷烤烟颜色分为桔黄色、柠檬黄色、杂色、微带青色，按颜色分叶组依次为桔黄色叶组、柠檬黄色叶组、杂色叶组、微带青色叶组。

（二）烤烟组别代号

阿根廷烤烟下部叶组用代号X表示，腰叶组用代号C表示，上二棚叶组用代号B表示，顶叶组用代号T表示。桔黄色叶组用代号F表示，柠檬黄色叶组用代号L表示，微带青色叶组用代号V表示，未熟杂色用代号K表示。另外，完熟叶组用代号H表示，碎片叶组用代号S表示，末级用代号N表示。

二、阿根廷烤烟分级标准

（一）阿根廷烤烟的分级因素

阿根廷烤烟的分级因素及档次见表14-1。阿根廷烤烟的分级因素有颜色、色度、组织结构、油分、身份、成熟度、长度、残伤允许度、破损允许度、一致性。烟叶颜色、色度、组织结构、油分、身份、成熟度分为3~4个档次，长度以英寸（inch）或厘米（cm）表示，一致性、破损允许度和残伤允许度均以百分数（%）表示。

表14-1 阿根廷烤烟的分级因素及档次

（根据阿根廷烤烟分级标准整理）

质量因素	档次			
颜色	桔黄色	柠檬黄色	微带青色	
色度	浓	柔	弱	淡
组织结构	疏松	尚疏松	紧密	
油分	多	有	少	

续表

质量因素	档次			
身份	中等	厚	薄	
成熟度	完熟	成熟	尚熟	欠熟
长度	以英寸（inch）或厘米（cm）表示			
残伤允许度	以百分数（%）表示			
破损允许度	以百分数（%）表示			
一致性	以百分数（%）表示			

（二）阿根廷烤烟的等级代号

1. 质量档次符号

阿根廷烤烟质量符号共分为 5 个档次，“1”表示优（first），“2”表示良（second），“3”表示中（third），“4”表示次（fourth），“5”表示劣（fifth）。

2. 复合符号

有些特殊烟叶要用复合符号进行说明。杂色末级用代号 NK 表示，微带青色末级用代号 NV 表示；杂色桔黄色用代号 KF 表示，杂色柠檬黄色用代号 KL 表示。

3. 等级的表示方法

阿根廷烤烟等级一般用“叶组+质量档次+颜色”表示。一般等级代号中的第一个符号代表叶组，以字母表示；第二个符号代表烟叶质量档次，以数字表示；第三个符号代表颜色，以字母表示。

（三）阿根廷烤烟标准等级汇总

阿根廷官方烤烟标准等级汇总见表 14-2。下部叶有 12 个等级：桔黄色 4 个等级，柠檬黄色 4 个等级，杂色 2 个等级（X2K、X3K），微带青末级 1 个等级（NVX），末级 1 个等级（N5X）。腰叶有 12 个等级：桔黄色 4 个等级，柠檬黄色 4 个等级，杂色 2 个等级（C2K、C3K），微带青末级 1 个等级（NVC），末级 1 个等级（N5C）。上二棚叶有 17 个等级：桔黄色 4 个等级，柠檬黄色 4 个等级，完熟叶 3 个等级，杂色桔黄色 2 个等级（B2KF、B3KF），杂色柠檬黄色 2 个等级（B2KL、B3KL），微带青末级 1 个等级（NVB），末级 1 个等级（N5B）。顶叶有 6 个等级：桔黄色 2 个等级，柠檬黄色 2 个等级，杂色桔黄色 1 个等级（T2KF），杂色柠檬黄色 1 个等级（T2KL）。杂色末级有一个等级（N5K），烟叶来自各个部位。

表 14-2　阿根廷官方烤烟标准等级汇总

（根据《中外烟叶等级标准与应用指南》整理）

部位	桔黄色	柠檬黄色	杂色	微带青色末级	末级 5 级	杂色末级
X	X1F	X1L	—	NVX	N5X	N5K
	X2F	X2L	X2K			
	X3F	X3L	X3K			
	X4F	X4L	—			

续表

<table>
<tr><th>部位</th><th>桔黄色</th><th>柠檬黄色</th><th>杂色</th><th>微带青色末级</th><th>末级 5 级</th><th>杂色末级</th></tr>
<tr><td rowspan="4">C</td><td>C1F</td><td>C1L</td><td>—</td><td rowspan="4">NVC</td><td rowspan="4">N5C</td><td rowspan="13">N5K</td></tr>
<tr><td>C2F</td><td>C2L</td><td>C2K</td></tr>
<tr><td>C3F</td><td>C3L</td><td>C3K</td></tr>
<tr><td>C4F</td><td>C4L</td><td>—</td></tr>
<tr><td rowspan="7">B</td><td>B1F</td><td>B1L</td><td>B2KF</td><td rowspan="7">NVB</td><td rowspan="7">N5B</td></tr>
<tr><td>B2F</td><td>B2L</td><td>B3KF</td></tr>
<tr><td>B3F</td><td>B3L</td><td>B2KL</td></tr>
<tr><td>B4F</td><td>B4L</td><td>B3KL</td></tr>
<tr><td>H1F</td><td>—</td><td>—</td></tr>
<tr><td>H2F</td><td>—</td><td>—</td></tr>
<tr><td>H3F</td><td>—</td><td>—</td></tr>
<tr><td rowspan="2">T</td><td>T1F</td><td>T1L</td><td>T2KF</td><td rowspan="2"></td><td rowspan="2"></td></tr>
<tr><td>T2F</td><td>T2L</td><td>T2KL</td></tr>
</table>

（四）阿根廷烤烟等级和品质规定

阿根廷烤烟分级主要根据烟叶的颜色、色度、组织结构、油分、身份、成熟度、长度、残伤允许度、破损允许度、一致性进行划分，阿根廷烤烟分级标准等级的品质规定及等级说明见表 14-3。

表 14-3　阿根廷烤烟分级标准等级说明

（根据《中外烟叶等级标准与应用指南》整理）

等级代号	颜色	色度	组织结构	油分	身份	成熟度	长度（cm）	允许残伤（%）	允许破损（%）	一致性（%）
T1L	柠檬黄色	浓	尚疏松	多	中等	尚熟	≥35	≤20	≤10	≥90
T2L	柠檬黄色	浓	尚疏松	有	中等	尚熟	≥30	≤40	≤20	≥85
T1F	桔黄色	浓	尚疏松	多	厚	成熟	≥35	≤25	≤15	≥90
T2F	桔黄色	浓	尚疏松	有	厚	成熟	≥30	≤50	≤25	≥85
T2KL	柠檬黄色	弱~柔	紧密	少	中等	欠熟	≥25	≤60	≤40	≥80
T2KF	桔黄色	弱~柔	紧密	有	厚	欠熟	≥25	≤70	≤40	≥80
B1L	柠檬黄色	浓	尚疏松	多	厚	成熟	≥45	≤15	≤10	≥90
B2L	柠檬黄色	浓	尚疏松	多	厚	成熟	≥40	≤25	≤20	≥85
B3L	柠檬黄色	柔	尚疏松	有	厚	成熟	≥35	≤50	≤30	≥80
B4L	柠檬黄色	弱	尚疏松	少	厚	成熟	—	≤80	≤60	≥70
B1F	桔黄色	浓	尚疏松	多	厚	成熟	≥45	≤30	≤15	≥90
B2F	桔黄色	浓	尚疏松	多	厚	成熟	≥40	≤40	≤25	≥85

续表

等级代号	颜色	色度	组织结构	油分	身份	成熟度	长度（cm）	允许残伤（%）	允许破损（%）	一致性（%）
B3F	桔黄色	柔	尚疏松	有	厚	成熟	≥35	≤60	≤35	≥80
B4F	桔黄色	淡	尚疏松	少	厚	成熟	—	≤85	≤65	≥70
B2KL	柠檬黄色	淡	紧密	有	厚	欠熟	≥40	≤20	≤10	≥85
B3KL	柠檬黄色	淡	紧密	少	厚	欠熟	≥35	≤50	≤20	≥70
B2KF	桔黄色	淡	紧密	少	厚	欠熟	≥40	≤20	≤10	≥85
B3KF	桔黄色	淡	紧密	少	厚	欠熟	≥35	≤50	≤20	≥70
ClL	柠檬黄色	浓	疏松	多	薄	成熟	≥45	≤15	≤10	≥90
C2L	柠檬黄色	浓	疏松	有	薄	成熟	≥40	≤25	≤20	≥85
C3L	柠檬黄色	柔	疏松	少	薄	成熟	≥35	≤50	≤30	≥80
C4L	柠檬黄色	弱	疏松	少	薄	成熟	—	≤80	≤60	≥70
ClF	桔黄色	浓	疏松	多	中等	成熟	≥45	≤25	≤15	≥90
C2F	桔黄色	浓	疏松	有	中等	成熟	≥40	≤35	≤25	≥85
C3F	桔黄色	柔	疏松	少	中等	成熟	≥35	≤60	≤35	≥80
C4F	桔黄色	弱	疏松	少	中等	成熟	—	≤85	≤65	≥70
C2K	柠檬黄色/桔黄色	弱	紧密	少	中等	欠熟	≥40	≤20	≤10	≥85
C3K	柠檬黄色/桔黄色	弱	紧密	少	中等	欠熟	≥30	≤50	≤20	≥70
X1L	柠檬黄色	浓	疏松	有	薄	成熟	—	≤20	≤15	≥90
X2L	柠檬黄色	柔	疏松	有	薄	成熟	—	≤30	≤25	≥85
X3L	柠檬黄色	柔	疏松	少	薄	成熟	—	≤50	≤40	≥80
X4L	柠檬黄色	弱	疏松	少	薄	成熟	—	≤80	≤65	≥70
X1F	桔黄色	浓	疏松	有	中等	成熟	—	≤25	≤20	≥90
X2F	桔黄色	柔	疏松	有	中等	成熟	—	≤40	≤25	≥85
X3F	桔黄色	柔	疏松	少	中等	成熟	—	≤60	≤40	≥80
X4F	桔黄色	弱	疏松	少	中等	成熟	—	≤85	≤65	≥70
X2K	柠檬黄色/桔黄色	弱	紧密	少	中等	欠熟	—	≤25	≤10	≥85
X3K	柠檬黄色/桔黄色	弱	紧密	少	中等	欠熟	—	≤50	≤20	≥70
N5B	质量差，红棕色，身份薄，易碎，杂色斑多，来自上二棚和顶叶组，依其外观特征和基本特性，无法归入任何叶组的烟叶。残伤85%以上									
NVB	质量差，叶片微带青，来自上二棚和顶叶组，依其外观特征，无法归入任何叶组的烟叶。残伤85%以上，青色20%以下									
N5C	质量差，红棕色，身份薄，易碎，来自腰叶，依其外观特征，无法归入任何叶组的烟叶。残伤85%以上									
NVC	质量差，叶片微带青色，来自腰叶组，依其外观特征，无法归入任何叶组的烟叶。残伤85%以上，青色20%以下									

续表

等级代号	颜色	色度	组织结构	油分	身份	成熟度	长度（cm）	允许残伤（%）	允许破损（%）	一致性（%）
N5X	质量差，红棕色，身份薄，易碎，来自下部或脚叶叶，依其外观特征，无法归入任何叶组的烟叶。残伤 85%以上									
NVX	质量差，叶片微带青色，来自下部叶组，依其外观特征，无法归入任何叶组的烟叶。残伤 85%以上，青色 20%以下									
N5K	褐色叶片，微带灰色，白色，烤焦，叶片结构非常紧密，平滑，油分很少，欠熟，来自各个部位。依其外观特征和最低规定，无法归入任何叶组的烟叶									
S	碎叶片，大于 1.27cm，不含叶脉、焦叶、青叶、薄叶、异物									

三、阿根廷烤烟的验收

（一）阿根廷烤烟的验收规则

阿根廷烤烟的验收以各个等级烟叶的品质规定为依据。

散叶交易，或者成捆（包）交易时烤烟烟包尺寸：长 90cm，宽 35cm，高 45cm。烟包最大质量：一级和二级的上等烟为 45kg，三级、四级和 N 级的下等烟为 35kg。

各个等级烤烟的含水率不得超过 16%。

不可接受的烟叶：不符合官方标准等级品质规定的烟叶；含水率超过 16%的烟叶；有异物存在的烟叶；烤焦、腐烂和发酵的烟叶；发霉的烟叶；霜冻烟叶、死青烟叶、杈烟；遭受烟草甲危害的烟叶；烟味与相应类型不同的烟叶；上一年度的烟叶。

（二）阿根廷烤烟的收购价格

阿根廷 2008~2009 年生产季节烤烟的收购价格见表 14-4。在阿根廷烤烟所有等级中，H1F 的收购价格最高，为 11.71 比索/kg，N5B 和 N5K 的收购价格最低，仅为 1.67 比索/kg，最高收购价格是最低收购价格的 7.01 倍。同一组别烟叶，等级越高，其收购价格越高；相同部位、相同质量档次条件下，桔黄色烟叶的收购价格高于柠檬黄色烟叶，如烤烟 T1F 的收购价格高于 T1L，烤烟 T2KF 的收购价格高于 T2KL。

表 14-4　2008~2009 年生产季节阿根廷烤烟的收购价格

（闫新甫，2012）

等级	价格（比索/kg）	等级	价格（比索/kg）	等级	价格（比索/kg）	等级	价格（比索/kg）
T1F	10.04	B1F	11.15	C1F	10.48	X1F	9.25
T2F	9.03	B2F	10.15	C2F	9.48	X2F	8.25
T1L	8.70	B3F	8.36	C3F	7.92	X3F	6.69
T2L	7.58	B4F	5.35	C4F	5.58	X4F	4.35
T2KF	4.46	B1L	9.81	C1L	9.14	X1L	7.92

续表

等级	价格（比索/kg）	等级	价格（比索/kg）	等级	价格（比索/kg）	等级	价格（比索/kg）
T2KL	3. 90	B2L	8. 70	C2L	8. 03	X2L	6. 80
H1F	11. 71	B3L	7. 14	C3L	6. 58	X3L	5. 35
H2F	10. 59	B4L	4. 79	C4L	4. 13	X4L	2. 90
H3F	8. 92	B2KF	5. 91	C2K	5. 35	X2K	4. 01
NVB	2. 23	B3KF	4. 91	C3K	4. 35	X3K	3. 01
N5B	1. 67	B2KL	5. 35	NVC	2. 23	NVX	2. 23
N5K	1. 67	B3KL	4. 35	N5C	1. 90	N5X	1. 90

思考题：

1. 阿根廷烤烟分级标准中，将烟叶分为哪几个部位？
2. 阿根廷烤烟分级标准中，将烟叶颜色分为哪几种？
3. 阿根廷烤烟的分级因素有哪些？

第十五章　马拉维烟叶分级

马拉维是非洲主要烟叶生产国之一，马拉维白肋烟产量位居世界前列。本章主要介绍马拉维烟叶生产、分级概况，马拉维烤烟分级标准，马拉维白肋烟分级标准。

第一节　马拉维烟叶生产、分级概况

马拉维共和国位于非洲东南部，与莫桑比克、坦桑尼亚、赞比亚接壤。马拉维是非洲主要烟叶生产国之一，也是世界上著名的白肋烟生产国。据 2017 年 5 月《亚洲烟草》（*Tobacco Asia*）报道，烟草是马拉维的重要产业，马拉维国内生产总值的 13%是由烟草行业创造的。2010 年，马拉维成为世界上最大的白肋烟生产国。马拉维所产烟叶大约 98%用于出口，烟叶出口为该国创造了 60%的外汇收入，马拉维烟草行业对政府的税费收入贡献比例达到 25%。

一、马拉维烟叶生产概况

早在 1893 年，英国殖民者就开始在这个旧称尼亚萨兰的内陆国种植烤烟。此后的几十年，烟草产业快速发展，马拉维也开始生产深色明火烤烟，最后开始种植白肋烟。2017 年，马拉维烟叶产量 17. 1 万吨。据《亚洲烟草》报道，2021 年马拉维烟叶产量约为 12. 4 万吨。

据 2023 年 7 月美国烟业通讯报道，马拉维白肋烟产量约占烟叶总产量的 81%，烤烟产量约占烟叶总产量的 16%，深色晾烟产量约占烟叶总产量的 3%。2022 年，马拉维白肋烟产量为 6. 92 万吨。

二、马拉维烟叶分级概况

马拉维烤烟不分型，先按部位分组，再按颜色或附加因子分组，在同一组别内根据烟叶品质的优劣划分不同等级，马拉维烤烟有 131 个等级。

马拉维白肋烟不分型，首先按部位分组，再按颜色分组或附加因子分组，确定烟叶组别后再进行烟叶分级，要求同等级烟叶外观质量均匀一致，马拉维白肋烟有 76 个等级。

第二节　马拉维烤烟分级

一、马拉维烤烟分组

（一）烤烟分组情况

1. 部位分组

烤烟分组是按照烟叶部位、颜色等外观特征将同一类型内的烤烟划分为不同的组别。马拉维烤烟分组时，主要根据烟叶的着生部位进行分组。烤烟从烟株的底部至顶部依次分为脚叶、下二棚叶、腰叶、上二棚叶、顶叶，马拉维烤烟按部位分为下部叶组（脚叶和下二棚叶）、腰叶组、上部叶组（上二棚叶和顶叶）。

2. 颜色分组

马拉维烤烟颜色分为桔黄色、柠檬黄色、桔红色（仅限上部叶），按颜色分为桔黄色叶组、柠檬黄色叶组、桔红色叶组。

（二）烤烟组别代号

马拉维烤烟下部叶组用代号 X 表示，腰叶组用代号 C 表示，上部叶组用代号 L 表示。另外，薄叶组用代号 M 表示。马拉维烤烟桔黄色叶组用代号 O 表示，柠檬黄色叶组用代号 L 表示，桔红色叶组用代号 R 表示。

二、马拉维烤烟分级标准

（一）马拉维烤烟的等级代号

1. 质量档次符号

马拉维烤烟质量档次代号及其要求见表 15-1。马拉维烤烟质量级别如下："1 级"表示优，"2 级"表示好，"3 级"表示一般，"4 级"表示次，"5 级"表示差。另外，"NG"表示级外烟。

表 15-1　马拉维烤烟质量档次代号及其要求

（根据《中外烟叶等级标准与应用指南》整理）

质量级别	档次	允许非基本色或破损率（%）	允许残伤率（%）
1 级	优	≤5	无
2 级	好	≤10	≤5
3 级	一般	≤30	≤15
4 级	次	≤50	≤30
5 级	差	≤80	≤60
NG	级外	>80	>60

2. 附加因子符号

马拉维烤烟附加因子规定说明见表 15-2。代号 F 表示高度成熟/斑点的烟叶，其质量档次在 1~3 档之间。代号 MD 表示在质量、颜色、长度等方面存在混杂的烟叶，其质量档次在

2 档及以下。

表 15-2 马拉维烤烟附加因子规定说明

（闫新甫，2012）

符号	名称说明	适用质量档次
F	高度成熟/斑点	1~3 档
J	退色	3 档及以下
K	次标准，紧密	3 档及以下
V	微带青色	3 档及以下
Y	珍珠鸡斑	4 档及以下
Q	烤红/红斑	3 档及以下
G	生青，定青/死青	4 档及以下
LD	霉变叶	3 档及以下
MD	在质量、颜色、长度等方面混杂叶	2 档及以下

3. 等级的表示方法

马拉维烤烟等级一般用“叶组+质量档次+颜色”形式表示，如 X1O。等级代号中的第一个符号代表叶组，以字母表示；第二个符号代表烟叶质量档次，以数字表示；第三个符号代表颜色，以字母表示。

也有些烤烟等级以“叶组+质量档次+附加因子”形式表示，如 X2MD。等级代号中的第一个符号代表叶组，以字母表示；第二个符号代表烟叶质量档次，用数字表示；第三个符号代表附加因子，用字母表示。

还有些烤烟等级用“叶组+质量档次+颜色+附加因子”形式表示，如 X2OF。等级代号中的第一个符号代表叶组，以字母表示；第二个符号代表烟叶质量档次，以数字表示；第三个符号代表颜色，以字母表示；第四个符号代表附加因子，以字母表示。

（二）马拉维烤烟等级简介

马拉维烤烟等级代号及等级名称说明见表 15-3，马拉维烤烟等级标准规定，烤烟一共有 131 个等级。

表 15-3 马拉维烤烟标准等级简表

（根据《中外烟叶等级标准与应用指南》整理）

等级代号	等级名称说明	等级代号	等级名称说明	等级代号	等级名称说明
X1LF	下部叶高度成熟柠檬黄 1 级	X3OA	下部叶成熟斑点桔黄 3 级	X2MD	下部叶混杂和拼包 2 级
X1OF	下部叶高度成熟桔黄 1 级	X3L	下部叶柠檬黄 3 级	X3MD	下部叶混杂和拼包 3 级
X1LA	下部叶成熟斑点柠檬黄 1 级	X3O	下部叶桔黄 3 级	X4MD	下部叶混杂和拼包 4 级
X1OA	下部叶成熟斑点桔黄 1 级	X3LJ	下部叶褪色柠檬黄 3 级	X5MD	下部叶混杂和拼包 5 级

续表

等级代号	等级名称说明	等级代号	等级名称说明	等级代号	等级名称说明
X1L	下部叶柠檬黄 1 级	X3LV	下部叶微带青柠檬黄 3 级	C1LF	腰叶高度成熟柠檬黄 1 级
X1O	下部叶桔黄 1 级	X4L	下部叶柠檬黄 4 级	C1OF	腰叶高度成熟桔黄 1 级
X2LF	下部叶高度成熟柠檬黄 2 级	X4O	下部叶桔黄 4 级	C1LA	腰叶带成熟斑点柠檬黄 1 级
X2OF	下部叶高度成熟桔黄 2 级	X4LJ	下部叶褪色柠檬黄 4 级	C1OA	腰叶带成熟斑点桔黄 1 级
X2LA	下部叶成熟点柠檬黄 2 级	X4LV	下部叶微带青柠檬黄 4 级	C1L	腰叶柠檬黄 1 级
X2OA	下部叶成熟斑点桔黄 2 级	X4LY	下部叶带珍珠鸡斑点柠檬黄 4 级	C1O	腰叶桔黄 1 级
X2L	下部叶柠檬黄 2 级	X4LG	下部叶生青柠檬黄 4 级	C2LF	腰叶高度成熟柠檬黄 2 级
X2O	下部叶桔黄 2 级	X4LD	下部霉变叶 4 级	C2OF	腰叶高度成熟桔黄 2 级
X3LF	下部叶高度成熟柠檬黄 3 级	X5L	下部叶柠檬黄 5 级	C2LA	腰叶带成熟斑点柠檬黄 2 级
X3OF	下部叶高度成熟桔黄 3 级	X5O	下部叶桔黄 5 级	C2OA	腰叶带成熟斑点桔黄 2 级
X3LA	下部叶成熟斑点柠橡黄 3 级	X5LY	下部叶带珍珠鸡斑点柠檬黄 5 级	C2L	腰叶柠檬黄 2 级
C2O	腰叶桔黄 2 级	M4L	薄叶/上二棚柠檬黄 4 级	L3RF	上部叶高度成熟桔红 3 级
C3LF	腰叶高度成熟柠檬黄 3 级	M4O	薄叶/上二棚桔黄 4 级	L3LA	上部叶带成熟斑点柠檬黄 3 级
C3OF	腰叶高度成熟桔黄 3 级	M4R	薄叶/上二棚桔红 4 级	L3OA	上部叶带成熟斑点桔黄 3 级
C3LA	腰叶带成熟斑点柠檬黄 3 级	L1LF	上部叶高度成熟柠檬黄 1 级	L3RA	上部叶带成熟斑点桔红 3 级
C3OA	腰叶带成熟斑点桔黄 3 级	L1OF	上部叶高度成熟桔黄 1 级	L3L	上部叶柠檬黄 3 级
C3L	腰叶柠檬黄 3 级	L1RF	上部叶高度成熟桔红 1 级	L3O	上部叶桔黄 3 级
C3O	腰叶桔黄 3 级	L1LA	上部叶带成熟斑点柠檬黄 1 级	L3R	上部叶桔红 3 级
C3LV	腰叶微带青柠檬黄 3 级	L1OA	上部叶带成熟斑点桔黄 1 级	L3LJ	上部叶褪色柠檬黄 3 级
C3OV	腰叶微带青桔黄 3 级	L1RA	上部叶带成熟斑点桔红 1 级	L3OK	上部叶紧密次标准桔黄 3 级
C4L	腰叶柠檬黄 4 级	L1L	上部叶带成熟斑点桔红 1 级	L3LK	上部叶紧密次标准柠檬黄 3 级
C4O	腰叶桔黄 4 级	L1O	上部叶桔黄 1 级	L3OV	上部叶微带青桔黄 3 级
C4LV	腰叶微带青柠檬黄 4 级	L1R	上部叶桔红 1 级	L3LV	上部叶微带青柠檬黄 3 级
C4OV	腰叶微带青桔黄 4 级	L2LF	上部叶高度成熟柠檬黄 2 级	L3LQ	上部叶烤红柠檬黄 3 级
M1L	薄叶/上二棚柠檬黄 1 级	L2OF	上部叶高度成熟桔黄 2 级	L3OQ	上部叶烤红桔黄 3 级
M1O	薄叶/上二棚桔黄 1 级	L2RF	上部叶高度成熟桔红 2 级	L4L	上部叶柠檬黄 4 级
M1R	薄叶/上二棚桔红 1 级	L2LA	上部叶带成熟斑点柠檬黄 2 级	L4O	上部叶桔黄 4 级
M2L	薄叶/上二棚柠檬黄 2 级	L2OA	上部叶带成熟斑点桔黄 2 级	L4R	上部叶桔红 4 级
M2O	薄叶/上二棚桔黄 2 级	L2RA	上部叶带成熟斑点桔红 2 级	L4LJ	上部叶褪色柠檬黄 4 级
M2R	薄叶/上二棚桔红 2 级	L2L	上部叶柠檬黄 2 级	L4LK	上部叶紧密次标准柠檬黄 4 级

续表

等级代号	等级名称说明	等级代号	等级名称说明	等级代号	等级名称说明
M3L	薄叶/上二棚柠檬黄 3 级	L2O	上部叶桔黄 2 级	L4LV	上部叶微带青柠檬黄 4 级
M3O	薄叶/上二棚桔黄 3 级	L2R	上部叶桔红 2 级	L4LQ	上部叶烤红柠檬黄 4 级
M3R	薄叶/上二棚桔红 3 级	L3LF	上部叶高度成熟柠檬黄 3 级	L4OK	上部叶紧密次标准桔黄 4 级
L4OQ	上部叶烤红桔黄 4 级	L3OF	上部叶高度成熟桔黄 3 级	L4OV	上部叶微带青桔黄 4 级
L4OG	上部叶生青桔黄 4 级	L4MD	上部叶混杂和拼包 4 级	B1	碎叶 1 级
L5L	上部叶柠檬黄 5 级	L5MD	上部叶混杂和拼包 5 级	B2	碎叶 2 级
L5O	上部叶桔黄 5 级	L4LD	上部霉变叶 4 级	NG	各种类型的级外叶，没有达到第 5 档质量规定的把烟及其副产品
L5R	上部叶桔红 5 级	L5LD	上部霉变叶 5 级	STX	来自下部叶组的叶梗
L2MD	上部叶混杂和拼包 2 级	A1	片叶 1 级	STL	来自上部叶组的叶梗
L3MD	上部叶混杂和拼包 3 级	A2	片叶 2 级		

第三节　马拉维白肋烟分级

一、马拉维白肋烟分组

（一）白肋烟分组情况

1. 部位分组

白肋烟分组是按照烟叶部位、颜色等外观特征将同一类型的白肋烟划分为不同的组别。马拉维白肋烟分组时，主要根据烟叶的着生部位进行分组。白肋烟从烟株的底部至顶部依次分为脚叶、下二棚叶、腰叶、上二棚叶、顶叶，马拉维白肋烟按部位分为下部叶组（脚叶和下二棚叶）、腰叶组、上部叶组（上二棚叶和顶叶）。

2. 颜色分组

马拉维白肋烟颜色分为浅黄色、浅红黄色、红棕色，浅黄色烟叶仅限于下部叶，红棕色烟叶仅限于上部叶，中部至上部叶多为浅红黄色。马拉维白肋烟按颜色分为浅黄色叶组、浅红黄色叶组、红棕色叶组。

（二）白肋烟组别代号

马拉维白肋烟下部叶组用代号 X 表示，腰叶组用代号 C 表示，上部叶组用代号 L 表示。另外，薄叶组用代号 M 表示。马拉维白肋烟浅黄色叶组用代号 L 表示，浅红黄色叶组用代号 O 表示，红棕色叶组用代号 R 表示。

（三）不同组别白肋烟的感官质量

马拉维不同组别白肋烟的感官质量见表 15-4。中部叶香气质好，香气量足，烟气浓度丰满，刺激性小，劲头适中，余味舒适，无杂气，总体质量较好。下部叶香气质较好，香气量尚足，烟气浓度偏小，刺激性小，劲头偏小，余味尚舒适，微有杂气，总体质量较差。

表 15-4　马拉维不同组别白肋烟的感官质量

（曹仕明等，2002）

部位	香气质	香气量	浓度	刺激性	劲头	余味	杂气	灰色
上部叶	好	足	丰满	中	适中	舒适	少	白色
中部叶	好	足	丰满	小	适中	舒适	无	白色
下部叶	较好	尚足	偏小	小	偏小	尚舒适	微有	白色

二、马拉维白肋烟分级标准

（一）马拉维白肋烟的等级代号

1. 质量档次符号

马拉维白肋烟质量档次代号及其要求见表 15-5。马拉维白肋烟质量级别如下：“1 级”表示优，“2 级”表示好，“3 级”表示一般，“4 级”表示次，“5 级”表示差。另外，“NG”表示级外烟。

表 15-5　马拉维白肋烟质量档次代号及其要求

（根据《中外烟叶等级标准与应用指南》整理）

质量级别	档次	允许非基本色或破损率（%）	允许残伤率（%）
1 级	优	≤5	无
2 级	好	≤10	≤5
3 级	一般	≤30	≤15
4 级	次	≤50	≤30
5 级	差	≤80	≤60
NG	级外	>80	>60

2. 附加因子符号

马拉维白肋烟附加因子规定说明见表 15-6。代号 F 表示高度成熟/斑点的烟叶，其质量档次在 1~3 档之间；G 表示微带青/生青烟叶；LD 表示霉变烟叶；代号 MD 表示在质量、颜色、长度等方面存在混杂的烟叶，其质量档次在 2 档及以下。

表 15-6　马拉维白肋烟附加因子规定说明

（闫新甫，2012）

符号	名称说明	适用质量档次
F	高度成熟/斑点	1~3 档
J	褪色/油印	3 档及以下
K	灰色/黄斑	4 档及以下
G	微带青/生青	4 档及以下
LD	霉变叶	3 档及以下
MD	在质量、颜色、长度等方面混杂叶	2 档及以下

3. 等级的表示方法

马拉维白肋烟等级一般以“叶组+质量档次+颜色”形式表示，如 X1L。等级代号中的第一个符号代表叶组，用字母表示；第二个符号代表烟叶质量档次，用数字表示；第三个符号代表颜色，用字母表示。

也有些白肋烟等级以“叶组+质量档次+附加因子”形式表示，如 L2MD。等级代号中的第一个符号代表叶组，用字母表示；第二个符号代表烟叶质量档次，用数字表示；第三个符号代表附加因子，用字母表示。

还有些白肋烟等级以“叶组+质量档次+颜色+附加因子”形式表示，如 X1LF。等级代号中的第一个符号代表叶组，用字母表示；第二个符号代表烟叶质量档次，用数字表示；第三个符号代表颜色，用字母表示；第四个符号代表附加因子，用字母表示。

（二）马拉维白肋烟等级简介

马拉维白肋烟等级代号及等级名称说明见表 15-7，马拉维白肋烟等级标准规定，白肋烟一共有 76 个等级。

表 15-7　马拉维白肋烟标准等级简表

（闫新甫，2012）

等级代号	等级名称说明	等级代号	等级名称说明	等级代号	等级名称说明
X1L	下部叶浅黄 1 级，无残伤	X4LJ	下部叶有褪色/油印浅黄 4 级	C1LA	腰叶带成熟斑点浅黄 1 级，无残伤
X1LA	下部叶带成熟斑浅黄 1 级，无残伤	X4LG	下部叶微带青或生青浅黄色 4 级	C1LF	腰叶高度成熟/带斑点浅黄 1 级，无残伤
X1LF	下部叶高度成熟/带成熟斑浅黄 1 级，无残伤	X4LK	下部叶有灰色或黄色斑点浅黄 4 级	C2LA	腰叶带成熟斑点浅黄 2 级，允许残伤 5%
X2LA	下部叶带成熟斑浅黄 2 级，允许残伤 5%	X4LD	下部霉变叶 4 级	C2L	腰叶浅黄 2 级，允许残伤 5%
X2LF	下部叶高度成熟/带成熟斑浅黄 2 级	X2MD	下部叶混杂和拼包 2 级	C2LF	腰叶高度成熟/带斑点浅黄 2 级，允许残伤 5%

续表

等级代号	等级名称说明	等级代号	等级名称说明	等级代号	等级名称说明
X2L	下部叶浅黄 2 级，允许残伤<5%	X3MD	下部叶混杂和拼包 3 级	C3L	腰叶浅黄 3 级，允许残伤 15%
X3LA	下部叶带成熟斑浅黄 3 级，允许残伤 15%	X4MD	下部叶混杂和拼包 4 级	C3LA	腰叶带成熟斑点浅黄 3 级，允许残伤 20%
X3LF	下部叶高度成熟/带成熟斑浅黄 3 级	X5MD	下部叶混杂和拼包 5 级	C3LF	腰叶高度成熟/带斑点浅黄 3 级，允许残伤 15%
X3L	下部叶浅黄 3 级，允许残伤 15%	X5LD	下二棚霉变叶 5 级	C3LJ	腰部叶有褪色/油印浅黄 3 级
X3LJ	下部叶有褪色/油印浅黄 3 级	X5LJ	下部叶有褪色/油印浅黄 5 级	C4LJ	腰部叶有褪色/油印浅黄 4 级
X3LD	下部霉变叶 3 级	C1L	腰叶浅黄 1 级	C4LK	腰叶有灰色/黄斑点浅黄 4 级
C4LG	腰叶微带青或生青浅黄 4 级	L1OA	上部叶带成熟斑浅红黄 1 级	C3R	腰叶红棕 3 级，允许残伤<15%
C5LK	腰叶有灰色或黄斑点浅黄 5 级	L2OA	上部叶带成熟斑浅红黄 2 级	C4R	腰叶红棕 4 级，允许残伤<30%
C5LJ	腰叶有褪色/油印浅黄 5 级	L2O	上部叶浅红黄 2 级，允许残伤 5%	L2MD	上部叶混杂和拼包 2 级
C2MD	腰叶混杂和拼包 2 级	L3O	上部叶浅红黄 3 级，允许残伤 15%	L3MD	上部叶混杂和拼包 3 级
C3MD	腰叶混杂和拼包 3 级	L3OA	上部叶带成熟斑浅红黄 3 级	L4MD	上部叶混杂和拼包 4 级
C4MD	腰叶混杂和拼包 4 级	L3OJ	上部叶有褪色/油印浅红黄 3 级	L5MD	上部叶混杂和拼包 5 级
C5MD	腰叶混杂和拼包 5 级	L3OK	上部叶有灰色/黄斑点浅红黄 3 级	L3LD	上部霉变叶 3 级
C4LD	霉变腰叶 4 级	L4O	上部叶浅红黄 4 级，允许残伤 30%	L4LD	上部霉变叶 4 级
C5LD	霉变腰叶 5 级	L4OK	上部叶有灰色/黄斑点浅红黄 4 级	L5LD	上部霉变叶 5 级
M1O	薄叶浅红黄 1 级，无残伤	L4OG	上部叶微带青或生青浅红黄 4 级	L5OK	上部叶有灰色/黄斑点浅红黄 5 级
M2O	薄叶浅红黄 2 级，允许残伤 5%	L4OJ	上部叶有褪色/油印浅红黄 4 级	A1	片叶 1 级（质量优至好）

续表

等级代号	等级名称说明	等级代号	等级名称说明	等级代号	等级名称说明
M3O	薄叶浅红黄 3 级，允许残伤 15%	L5OG	上部叶微带青或生青浅红黄 5 级	A2	片叶 2 级（质量从一般至差）
M4O	薄叶浅红黄 4 级，允许残伤 40%	C1R	腰叶红棕 1 级，无残伤	B1	碎叶 1 级（质量优至好）
L1O	上部叶浅红黄 1 级，无残伤	C2R	腰叶红棕 2 级，允许残伤 5%	B2	碎叶 2 级（质量从一般至差）
				NG	级外烟

思考题：

1. 马拉维烟叶产量如何？
2. 马拉维烤烟部位如何分组？颜色如何分组？
3. 马拉维烤烟等级如何表示？
4. 马拉维白肋烟部位如何分组？颜色如何分组？
5. 马拉维白肋烟等级如何表示？

第十六章　土耳其烟叶分级

土耳其是欧洲烟叶主产国之一，土耳其香料烟产量位居世界第一位。本章主要介绍土耳其烟叶生产、分级概况，土耳其香料烟分级标准。

第一节　土耳其烟叶生产、分级概况

香料烟生产分布于世界四大洲的30多个国家，早期主要集中在东欧和中东地区。世界香料烟主要生产国有土耳其、希腊、保加利亚、泰国、意大利，以及黑海和里海周边等国家。

土耳其共和国是一个横跨亚欧大陆两洲的国家，北临黑海，南临地中海，东南与叙利亚、伊拉克接壤，西临爱琴海，与希腊以及保加利亚接壤，东部与格鲁吉亚、亚美尼亚、阿塞拜疆和伊朗接壤。土耳其是世界香料烟的重要产区，是世界第一大香料烟生产国。土耳其政府有专门机构对烟草的生产进行控制，在政府计划面积下种植烟叶，政府保证收购，再分别销售给各采购商，这一政策极大调动了农民种烟的积极性。

一、土耳其烟叶生产概况

土耳其的烟叶生产有着悠久的历史，据《中国烟草在线》报道，烟草于16世纪末引入土耳其。土耳其烟叶生产主要分布在爱琴海地区、黑海地区、西部的马尔马拉地区、东南部地区和东部地区，年产量约15万吨。其中爱琴海地区（Izmir类型）和黑海地区（Samsun类型）为土耳其香料烟主产区，东南部和东部地区为半香料型。除爱琴海地区和黑海地区外，其他地区的烟叶生产规模和产量逐年减少。此外，在西北部地区还有少量的烤烟、白肋烟种植。

据《世界农业》报道，2005年土耳其香料烟的产量为13万吨。据2007年《现代农业科技》报道，土耳其生产的香料烟占世界香料烟总产量的40%左右，香料烟出口量占主要香料烟出口国总量的50%以上，土耳其香料烟产量位居世界第一。2015年，土耳其香料烟产量占全球市场需求量的34%左右。据东方烟草网和烟悦网报道，2021年土耳其香料烟产量约4.8万吨。

二、土耳其烟叶分级概况

1971年，土耳其制定了香料烟复烤加工等级标准。2006年12月，土耳其标准化协会的农业专家组对其进行了修订，并由标准化协会技术委员会发布，将复烤加工后的香料烟分为AG、BG、KP、DKP级。

土耳其香料烟经销商从烟农手中采购时，虽然没有官方统一标准，但是都有自己的收购等级标准。

第二节　土耳其香料烟分级

土耳其香料烟基本按照“分类→分组→分级”体系进行分级。

一、香料烟分组

根据烟叶在烟株上的着生部位，将土耳其香料烟分为 3 个部位（图 16-1）：顶叶、中部叶、下部叶，每个部位的烟叶称为一个叶组。每个部位烟叶又分几次采摘，即同一个部位的烟叶再分几个采摘位置，如顶叶分 2 个，中部叶分 3 个，下部叶分 2 个，一般共分 7 次采摘。烟叶质量方面，上部叶片最好，其次是中上部叶和中部叶。在分级时，质量最好的下部叶和稍差的上部叶可以进入中部叶组。砂土叶或底脚叶因为没有商业价值，不进入正常等级中。

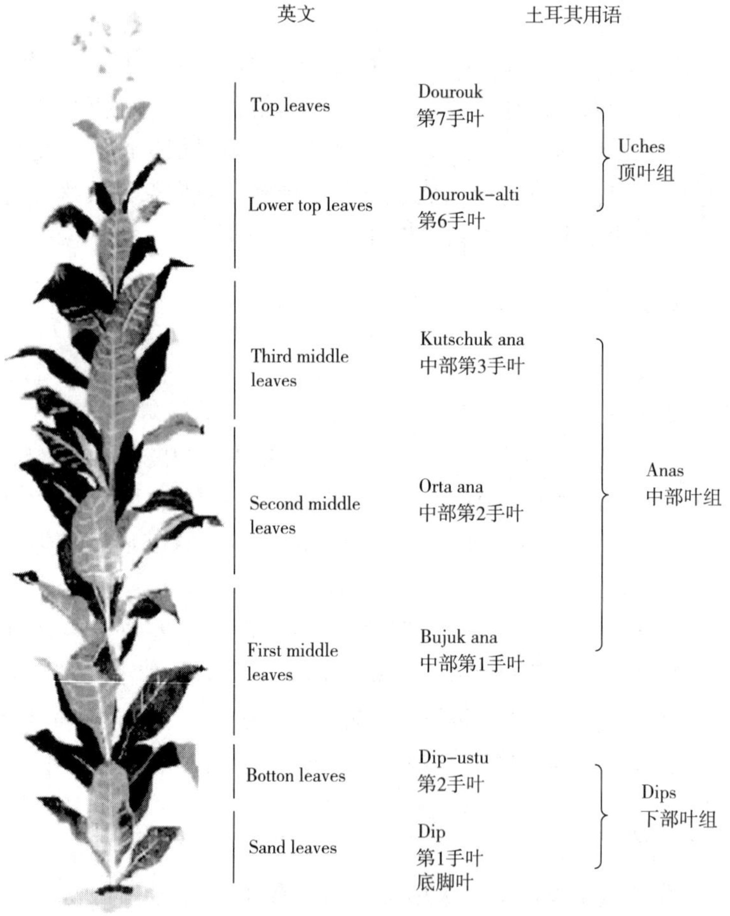

图 16-1　土耳其香料烟的部位示意图

（闫新甫，2012）

彩图二维码

（一）顶部叶组

顶部叶组指香料烟植株上的顶部烟叶，该组烟叶分两次采摘。

1. 最高 1 手叶

最高 1 手叶是指香料烟（伊兹密尔品种除外）植株上最高位置的 1 手（次）采摘烟叶，也是从植株底部向上数第 7 手（次）或最后 1 次采摘的烟叶。该位置烟叶片小质优。

2. 第 6 手叶

第 6 手叶是指香料烟（伊兹密尔品种除外）植株上倒数第 2 次采摘的烟叶，也就是第 6 次采摘烟叶。该位置烟叶片小、可用性强。

（二）中部叶组

中部叶组指土耳其香料烟植株上第 3、4、5 手采叶的总称，即该组烟叶分三次采摘。与下部叶组相比较，该组和顶部叶组都是植株上可用性最好的烟叶部位。

1. 第 5 手叶

第 5 手叶是指香料烟（伊兹密尔品种除外）植株的中部叶组中最高位置的 1 次采摘叶，即从植株底部数第 5 手（次）采摘叶。

2. 第 4 手叶

第 4 手叶是指香料烟（伊兹密尔品种除外）植株的中部叶组中的第 2 次采摘烟叶，即从底部数第 4 手（次）采摘烟叶。

3. 第 3 手叶

第 3 手叶是指香料烟（伊兹密尔品种除外）植株的中部叶组中的最低 1 手采摘烟叶，即从植株底部向上数第 3 手（次）采摘的烟叶。

（三）下部叶组

下部叶是指香料烟植株上的下部烟叶。该部位分两次采摘。

1. 第 2 手叶

第 2 手叶是指土耳其香料烟植株上的第 2 次采摘烟叶。

2. 第 1 手叶

第 1 手叶是指土耳其香料烟植株下部的第 1 次采摘烟叶，即底脚叶。

二、香料烟分级

（一）香料烟收购等级标准

虽然土耳其没有官方统一的香料烟收购标准，但都有自己的收购等级标准。下面以土耳其苏耐尔烟草公司为例，介绍当地烟叶经销商采用的香料烟收购标准的等级划分方法。

土耳其苏耐尔烟草公司香料烟收购等级标准规定，部位是根据从第 3 手到第 7 手采摘叶确定的。第 3 手采摘叶的部位即下部叶，其代号为 1；第 4 手采摘叶的部位即下二棚叶，其代号为 2；第 5 手采摘叶的部位即中部叶，其代号为 3；第 6 手采摘叶的部位即近顶叶，其代号为 4；第 7 手采摘叶的部位即顶叶，其代号为 5。

土耳其苏耐尔烟草公司收购香料烟等级代号采用的是内部代码，由两个数字符号表示。第 1 个数字符号表示香料烟的质量档次，第 2 个数字符号表示香料烟的部位。例如，“45”表示顶叶 4 级，“32”表示下二棚叶 3 级。

5个质量档次与5个部位组合在一起，一共有25个等级，见表16-1。土耳其苏耐尔烟草公司认为，第1档质量的香料烟是理想的烟叶，一般能够达到1档质量的烟叶很少。因此，该公司基本收购不到1档烟叶，只收购2~5档的烟叶，即收购20个等级的香料烟。

表16-1　土耳其苏耐尔烟草公司收购香料烟的标准等级代号

（闫新甫，2012）

部位	质量档次				
	1级	2级	3级	4级	5级
5	15	25	35	45	55
4	14	24	34	44	54
3	13	23	33	43	53
2	12	22	32	42	52
1	11	21	31	41	51

（二）苏耐尔烟草公司香料烟等级标准

土耳其苏耐尔烟草公司内部使用的复烤加工香料烟等级标准主要是美国烟叶的等级标准体系，适用于爱琴海、黑海（不包括Trabzon和Artvin品种）、马尔马拉海地区生产的香料烟。香料烟分为4个等级，依次为AG（一级）、BG（二级）、KP（三级）、KK（四级）。伊兹密尔型、沙姆逊型的成品香料烟特征描述见表16-2、表16-3。

表16-2　伊兹密尔型的成品香料烟等级描述

（根据《中外烟叶等级标准与应用指南》整理）

等级	外观特征				
	颜色	叶片大小	身份	香气	残伤
AG	黄色，浅黄色，微带青	小，中等	厚，柔	有，稍有，中性	无缺陷，无病斑
BG	黄色，浅黄色，各种微棕带青色	小，中，大	厚	稍有，中性	无缺陷，稍有病斑
KP	混青色	小，中，大	硬，粗糙	无要求	无缺陷，略有病斑
KK	无要求	无要求	无要求	无要求	无缺陷，有病斑

表16-3　沙姆逊型的成品香料烟等级描述

（根据《中外烟叶等级标准与应用指南》整理）

等级	外观特征				
	颜色	叶片大小	身份	香气	残伤
AG	深棕色，红棕色	中，小	薄	有	无缺陷，无病斑
KP	红棕色，浅棕色，各种黄色	中	薄至厚	稍有，中性	无缺陷，稍有病斑
KK	浅棕色，各种黄色、青色	中，稍大	薄至厚	少，中性	无缺陷，轻病斑，有病斑

思考题：

1. 土耳其香料烟产量如何？
2. 土耳其苏耐尔烟草公司的香料烟等级代号如何表示？

第十七章　希腊烟叶分级

希腊是欧洲烟叶主产国之一，希腊香料烟产量位居世界第二位。本章主要介绍希腊烟叶生产、分级概况，希腊香料烟分级标准。

第一节　希腊烟叶生产、分级概况

希腊共和国位于欧洲巴尔干半岛最南端，北邻保加利亚、马其顿、阿尔巴尼亚，东北与土耳其接壤，西南濒爱奥尼亚海，东临爱琴海，南濒地中海，属亚热带地中海气候。希腊是世界香料烟的重要产区之一，是继土耳其之后世界第二大香料烟生产国。

一、希腊烟叶生产概况

希腊有悠久的烟草种植历史，希腊种植烟草的历史可以追溯到奥斯曼帝国时期，独特的地中海气候和山地环境造就了希腊的烟草种植业。长时期以来，希腊一直是一个主要的传统香料烟生产国，其香料烟生产、加工和贸易与整个南巴尔干半岛和小亚细亚地区的其他国家类似。直到20世纪80年代，希腊加入欧盟之前，希腊所产的香料烟被大量用于国内香料型、欧式混合型和美式混合型卷烟生产中。

根据《世界农业》报道，2005年希腊烟叶产量为11.35万吨，其中烤烟产量占该国烟叶总产量的39%，香料烟产量占该国烟叶总产量的53%。2015年，希腊香料烟产量占全球市场需求量的15%左右。据东方烟草网报道，2021年希腊香料烟产量为1.15万吨，2022年希腊香料烟产量下降至0.85万吨。

二、希腊烟叶分级概况

希腊香料烟分级主要根据烟叶的颜色、部位和外观特征所表现出的物理特性以及烟叶品质划分为5个等级，依次为一级、二级、三级、四级、五级，一级烟叶品质最好，五级烟叶品质最差。

第二节　希腊香料烟分级

希腊香料烟主要按照“分类→分组→分级”体系进行分级。

一、香料烟分组

希腊香料烟的植株较大，叶片相对较多，采摘叶位共分8手。其部位分3个叶组，分别是：顶部叶组、中部叶组、下部叶组。而每个部位分为几次采摘，即同一个部位的烟叶再分几个位置，如顶叶分 3 个，中部叶分 3 个，下部叶分 2 个。

(一) 顶部叶组

顶部叶组是指香料烟植株的顶部烟叶。该组包括烟株最上部的 3 手采摘烟叶，即从植株底部向上数第 6、7、8 手采摘烟叶。

1. 最后 1 手叶

最后 1 手叶是指香料烟植株上第 8 次，即最后 1 次采摘烟叶。该位置生产的烟叶片小质优。

2. 第 7 手叶

第 7 手叶是指香料烟植株上第 7 次采摘烟叶，即倒数第 2 次采摘烟叶。该位置生产的烟叶片小质优。

3. 第 6 手叶

第 6 手叶是指香料烟植株上第 6 次采摘烟叶，即倒数第 3 次采摘烟叶。该次采摘叶属于顶部叶组的一部分，也就是烟株上可用性好的上部三次采摘叶之一。

(二) 中部叶组

中部叶组指香料烟植株上从底部向上数第 3、4、5 手（次）采摘烟叶的总称。与下部叶组相比，该组和顶部叶组一起构成植株上烟叶可用性高的部位。

1. 第 5 手叶

第 5 手叶是指香料烟植株上第 5 次采摘烟叶，即中部叶组中最上边一手摘采叶。该次采摘叶质量较好。

2. 第 4 手叶

第 4 手叶是指香料烟植株上的中部叶组的中间一手采摘烟叶，即第 4 次采摘叶。与下部叶组相比，该次采摘叶质量中上等。

3. 第 3 手叶

第 3 手叶是指香料烟植株上的中部叶组的最下边一手采摘的烟叶，即第 3 次采摘的烟叶，紧接其下边的是下部叶组。

(三) 下部叶组

下部叶组是指香料烟植株上的下部烟叶。该组包括烟株下部第 1 手、第 2 手采摘的烟叶。

1. 第 2 手叶

第 2 手叶是指香料烟植株上的下部第 2 次采摘的烟叶。叶片质量低。

2. 第 1 手叶

第 1 手叶也称底脚叶，是指香料烟植株上最底部的烟叶，即第 1 次采摘的烟叶。

二、香料烟分级

希腊香料烟分级标准是依据烟叶的颜色、部位和外观特征所表现出的物理特性以及烟叶品质划分为 5 个等级，依次为一级、二级、三级、四级、五级。进行香料烟分级时，应严格按照各等级的品质规定进行分级和评级。

（一）一级烟叶

一级烟叶是指烟株顶部较薄的完整叶。香料烟叶片黄色至桔红色，组织疏松，弹性强，香气量足，燃烧性好，烟叶长度3~7cm。

（二）二级烟叶

二级烟叶的产生部位，除顶叶外，还包括第3手、第4手采摘烟叶。烟叶质量特性与一级烟叶相似，烟叶长度≤15cm。

（三）三级烟叶

三级烟叶一般产自第1手、第2手采摘烟叶，还包括其他部位有病虫伤害、残伤和含青烟叶。叶片较厚，有弹性，组织疏松，烟叶长度15~20cm。

（四）四级烟叶

四级烟叶包括各部位的烟叶，叶片表面有2/3以上病虫伤害、残伤、青色和棕色斑块。叶片较厚，稍有或无弹性，对烟叶长度无要求。

（五）五级烟叶

五级烟叶包括死青叶、棕色叶和大面积病虫害、残伤及调制灼伤烟叶，对叶片长度无要求。

在香料烟生产过程中，通常会出现几个等级烟叶混在一起。对于混合等级香料烟，通常将一、二、三级烟叶混在一起，称作“1/3级”。不同品种的“1/3级”烟叶内，对一、二级烟叶所占百分比有一定要求。如巴斯马品种，要求在“1/3级”烟叶内，其一、二级烟叶比例必须达到55%及以上；沙姆逊和卡巴库拉克品种，要求在“1/3级”烟叶内，其一、二级烟叶比例必须达到53%及以上。

思考题：

1. 希腊香料烟产量如何？
2. 希腊香料烟分为哪几个等级？

参考文献

［1］陈志敏，黄晶，戴超，等．湖南出口烤烟分级研究与应用［J］．湖南农业科学，2021（10）：79-82.

［2］衡丙权．2022年世界烟草发展报告（下）［EB/OL］．烟草市场，［2023-06-19］．http://www.etmoc.com/m/looklist? Id=639109.

［3］李文刚．烤烟24级收购标准可行性的农业验证［J］．四川农业科技，2018（8）：63-67.

［4］刘春奎．湖北恩施烟区气候因素和烤烟质量综合评价［D］．郑州：河南农业大学，2008.

［5］王彦亭，谢剑平，李志宏．中国烟草种植区划［M］．北京：科学出版社，2010.

［6］闫克玉，赵献章．烟叶分级［M］．北京：中国农业出版社，2003.

［7］闫克玉，赵铭钦．烟草原料学［M］．北京：科学出版社，2008.

［8］闫新甫．中外烟叶等级标准与应用指南［M］．北京：中国质检出版社、中国标准出版社，2012.

［9］闫新甫，孔劲松，罗安娜，等．近20年全国烤烟产区种植规模消长变化分析［J］．中国烟草科学，2021，42（4）：92-101.

［10］闫新甫，罗安娜，王欣，等．全国近十年晒烟生产和市场变化分析［J］．中国烟草科学，2020，41（5）：97-104.

［11］闫新甫，王欣，孔劲松，等．全国近十年晾烟生产及市场变化分析［J］．中国烟草科学，2021，42（2）：98-104.

［12］张冀武，龙杰，张晓伟，等．烤烟标准修订试点收购验证［J］．南方农业，2016，10（16）：76-78.

［13］赵献章．烟叶分级［M］．北京：中国科学技术出版社，1997.

［14］周义和，刘相甫，黄晓东，等．论烤烟种植布局调整［J］．中国烟草学报，2016，22（2）：124-131.

［15］曹建敏，邱军，杨德廉，等．不同等级烤烟多酚含量及其规律性分析［J］．中国烟草科学，2009，30（6）：21-24.

［16］杜震宇．生物学科课程思政教学指南［M］．上海：华东师范大学出版社，2020.

［17］李紫琳．海南五指山雪茄烟叶质量评价及发酵研究［D］．郑州：郑州轻工业大学，2023.

［18］刘博远．雪茄烟叶风格质量评价体系构建及四川雪茄烟叶风格质量评价［D］．郑州：河南农业大学，2021.

［19］刘春奎，贾琳，李文，等．烟草工程专业《烟草原料学》在线教学实践［J］．创新创业理论研究与实践，2020，3（20）：17-18.

[20] 刘春奎，贾琳，王国良，等．河南烤烟标准样品中细胞壁物质总量分析［J］．云南农业大学学报（自然科学版），2013，28（6）：834-838.
[21] 刘春奎，贾琳，王小东，等．基于河南烤烟常规化学成分的适宜性评价及其聚类分析［J］．吉林农业大学学报，2015，37（4）：440-446.
[22] 刘春奎，贾琳，毋丽丽，等．河南主产烟区烤烟非挥发性有机酸含量［J］．烟草科技，2014（8）：62-67.
[23] 刘春奎，贾琳，闫启峰，等．卷烟烟气主要化学成分适宜性指数研究［J］．南方农业学报，2019，50（10）：2149-2159.
[24] 刘春奎，贾琳，杨靖，等．思政教育融入《烟草原料学》课程教学探索［J］．创新创业理论研究与实践，2021，4（22）：49-50，94.
[25] 刘春奎，刘艳芳，刘会杰，等．混合型卷烟烟气主要化学成分与感官质量的关系［J］．南方农业学报，2019，50（6）：1319-1327.
[26] 沈赤．课程思政经典案例选编（一）［M］．杭州：浙江大学出版社，2020.
[27] 沈赤．课程思政经典案例选编（二）［M］．杭州：浙江大学出版社，2020.
[28] 同济大学本科生院，同济大学高等教育研究所．课程思政与立德树人［M］．上海：同济大学出版社，2020.
[29] 王改丽，甄焕菊，郑宪滨，等．西南烟区烤烟表面颜色特征量化分析［J］．山东农业科学，2017，49（5）：30-33.
[30] 谢剑平，刘惠民，朱茂祥，等．卷烟烟气危害性指数研究［J］．烟草科技，2009（2）：5-13.
[31] 许自成，刘春奎，毕庆文，等．中国主产烟区烤烟硫含量的分布特点及与其他化学成分的相关分析［J］．郑州轻工业学院学报（自然科学版），2008，23（1）：1-5，10.
[32] 闫洪洋，闫洪喜，吉松毅，等．河南烤烟外观质量与感官质量的相关性［J］．烟草科技，2012（7）：17-23.
[33] 于建军，宫长荣．烟草原料初加工［M］．北京：中国农业出版社，2009.
[34] Rolf Härdter. Experience with sulphate of potash（SOP）as standard potassium source in the production of high quality flue-cured tobacco［C］//国家烟草专卖局科技教育司．跨世纪烟草农业科技展望和持续发展战略研讨会论文集．北京：中国商业出版社，1999：5-15.
[35] 闫新甫．正确认识《烤烟》国标的适用性［J］．中国烟草，2009（23）：46-48.
[36] 张正杨，罗昭标，张福群．江西烤烟化学成分与感官评吸指标的相关性［J］．贵州农业科学，2019，47（5）：124-127.
[37] 李波，张功起，杜从伍，等．烟叶等级质量的影响因素及提升措施探析［J］．智慧农业导刊，2022，2（13）：92-94.
[38] 李宗文．烤烟生产对烟叶分级影响的探讨［J］．科技创新导报，2020（2）：63，65.
[39] 陈斌，徐玮杰，王超，等．商业烟叶收购等级质量与工业认可度比较研究［J］．中国烟草学报，2022，28（1）：108-114.
[40] 何永秋．烤后烟叶分级预检存在的问题及对策［J］．现代农业科技，2022（11）：179-181.
[41] 季舜华，苏明亮，张烨，等．不同叶片结构烤烟化学成分的差异［J］．烟草科技，

2022，55（9）：57-64.
［42］江雪彬，刘峰峰，石刚，等．湖北产区不同长度高油分烟叶质量特征分析与叶长适宜范围研究［J］．中国烟草学报，2022，28（3）：63-71.
［43］李波，张仲文，章程，等．浅谈不同颜色模型在烟叶颜色数字化中的运用［J］．天津农业科学，2021，27（7）：48-51.
［44］李小波．重庆万州烟草：新国标新系统开启烟叶收购新模式［EB/OL］．东方烟草网，［2023-08-23］. https：//www. eastobacco. com/ty/content/2023-08/23/content_1182657. html.
［45］李悦，符云鹏，甄焕菊，等．烤后烟叶表面颜色特征参数及其与外观质量指标的关系［J］．河南农业大学学报，2017，51（1）：1-7.
［46］刘峰峰，董世良，王波，等．烤烟油分与烟叶内在质量的关系的研究［J］．武汉理工大学学报，2019，41（12）：45-50.
［47］罗安娜，孔劲松，闫新甫，等．全国烟叶等级质量监督抽检方法的有效性分析［J］．中国烟草学报，2023，29（2）：22-31.
［48］马彩娟，吴彦辉，常建伟，等．上部烟叶片结构对烟叶品质和可用性的影响［J］．中国烟草科学，2019，40（4）：48-55.
［49］牛玉德，高华锋，薛林，等．烤烟部位量化识别判定方法研究［J］．湖北农业科学，2016，55（18）：4749-4752.
［50］屈靖雄，刘彪，殷雪艳，等．成熟度对烟叶质量的影响［J］．乡村科技，2022，13（11）：78-80.
［51］苏正和，汪正鑫，李晓峰，等．有效提高烟叶等级纯度的措施探讨［J］．现代农业科技，2021（2）：210-212.
［52］王改丽，郑宪滨，于建军，等．不同香型烤烟表面颜色特征分析［J］．山东农业科学，2017，49（7）：34-37.
［53］《烟叶分级工》编委会．烟叶分级工［M］．北京：中国农业科技出版社，2001.
［54］杨尚明，管培峰，刘树伟，等．烤烟邻近部位烟叶等级的识别判定［J］．现代农业科技，2012（16）：70-71，73.
［55］叶贤文，谢学云，孟韦名，等．采收成熟度对烤烟致香物质和感官质量的影响［J］．昆明学院学报，2019，41（3）：15-19.
［56］国家技术监督局．GB 2635—1992 烤烟［S］．北京：中国标准出版社，1992.
［57］国家烟草专卖局．YC/T 483—2013 出口烤烟分级［S］.
［58］中华人民共和国国家质量监督检验检疫总局，中国国家标准化管理委员会．GB/T 8966—2005 白肋烟［S］．北京：中国标准出版社，2005.
［59］贾琳，刘春奎，李紫琳，等．中国白肋烟产量和收购价格分析［J］．中南农业科技，2023，44（8）：139-143，209.
［60］许倩．湖北恩施白肋烟质量评价及特色分析［D］．北京：中国农业科学院，2014.
［61］赵晓丹．不同产区白肋烟质量特点及差异分析［D］．郑州：河南农业大学，2012.
［62］安毅，符云鹏，罗莎莎，等．不同生态区沙姆逊香料烟品质差异分析［J］．中国烟草科学，2013，34（3）：94-99.

[63] 曹景林．香料烟叶片主要外观性状与化学成分关系的研究［J］．安徽农业大学学报，2000，27（4）：332-325.
[64] 李志伟，符云鹏，王志韬，等．不同产区香料烟化学成分及感官质量比较［J］．中国农学通报，2009，25（12）：61-65.
[65] 刘春奎．烤后烟叶存放中应注意的问题［J］．农技服务，2009，26（9）：118.
[66] 屈生彬，兰应海，李廷睦，等．保山香料烟可持续发展对策研究［J］．中国烟草科学，2014，35（5）：103-108.
[67] 王义伟，张方学．不同产地香料烟烟叶化学成分与外观形态特征偏相关分析［J］．湖北农业科学，2013，52（14）：3328-3332.
[68] 张红梅，刘光华，苏泽春，等．云南香料烟产业及发展［J］．热带农业科技，2008，31（1）：17-19.
[69] 新疆维吾尔自治区质量技术监督局．DB 65/T 2802—2007 半香料烟收购标准［S］.
[70] 新疆维吾尔自治区质量技术监督局．DB 65/T 2802—2009 半香料烟收购标准［S］.
[71] 国家质量技术监督局．GB 5991.1—2000 香料烟　分级技术要求［S］．北京：中国标准出版社，2000.
[72] 国家质量技术监督局．GB/T 5991.2—2000 香料烟　包装、标志与贮运［S］．北京：中国标准出版社，2000.
[73] 国家质量技术监督局．GB/T 5991.3—2000 香料烟　检验方法［S］．北京：中国标准出版社，2000.
[74] 中华人民共和国质量监督检验检疫总局，中国国家标准化管理委员会．GB/T 23220—2008 烟叶储存保管方法［S］．北京：中国标准出版社，2008.
[75] 湖北省市场监督管理局．DB 42/T 1549—2020 雪茄烟叶等级质量规范［S］.
[76] 四川省市场监督管理局．DB 51/T 3104—2023 雪茄烟叶收购质量规范［S］.
[77] 云南省市场监督管理局．DB 53/T 1193—2023 雪茄烟叶鲜叶分级［S］.
[78] 李爱军，秦艳青，代惠娟，等．国产雪茄烟叶科学发展刍议［J］．中国烟草学报，2012，18（1）：112-114.
[79] 闫新甫，王以慧，雷金山，等．国产雪茄分类探讨及其实际应用分析［J］．中国烟草学报，2021，27（5）：100-109.
[80] 国家烟草专卖局．YC/T 588—2021 雪茄烟叶工商交接等级标准［S］.
[81] 杨漾．云南雪茄烟叶开发与应用四年回眸［EB/OL］．中国烟草资讯网，［2022-12-15］．http://www.echinatobacco.com/html/site27/ynsgslist/166747.html.
[82] 杨漾．云南雪茄烟叶开发与应用四年回眸侧记：北纬 24°的“云雪”，妩媚芬芳的韵味［EB/OL］．中国网，［2022-12-7］．http://news.china.com.cn/2022-12/07/content_78555827.htm.
[83] 云南省烟草专卖局（公司）．Q/YNYC（KJ）．J01—2021 雪茄烟叶工商交接等级标准［S］.
[84] 云南省烟草专卖局（公司）．Q/YNYC（KJ）．J02—2021 雪茄烟鲜叶收购标准［S］.
[85] 陈永明，李德强，刘阳，等．南雄晒黄烟生产发展的优势条件及对策建议［J］．广东农业科学，2007（2）：19-21.

［86］窦玉青，汤朝起，黄瑾，等．中国晒黄烟生产现状及其发展刍议［J］．中国烟草科学，2013，34（4）：107-111．
［87］何声宝，冯晓民，王英元，等．不同产区晒黄烟化学成分及评吸质量的比较［J］．烟草科技，2012（12）：68-71．
［88］王丽丽，汤朝起，王以慧，等．贺州晒黄烟主要生物碱含量与其评吸质量的相关性研究［J］．中国烟草学报，2013，19（3）：23-27．
［89］湖南省质量技术监督局．DB 43/106—2005 晒黄烟［S］．
［90］牡丹江烟叶公司穆棱市公司．DB 231085/T 005—2008 穆棱晒黄烟［S］．
［91］国家烟草专卖局．YC/T 484.1—2013 晒黄烟　第 1 部分：分级技术要求［S］．
［92］国家烟草专卖局．YC/T 484.2—2013 晒黄烟　第 2 部分：包装、标志与贮运［S］．
［93］国家烟草专卖局．YC/T 484.3—2013 晒黄烟　第 3 部分：检验方法［S］．
［94］吉林省技术监督局．DB 22/T 925—1999 晒红烟［S］．
［95］湖南省质量技术监督局．DB 43/261—2005 晒红烟［S］．
［96］湖北省质量技术监督局．DB 42/T 250—2003 马里兰烟［S］．
［97］云南烟草保山香料烟有限责任公司．云南保山 Q3J193—2008 马里兰烟［S］．
［98］张晨东．中美两国马里兰烟分级标准比较与分析［J］．云南农业大学学报，2006，21（6）：770-774，779．
［99］何澎．巴西与中国主要产区烟叶品质差异分析［D］．长沙：湖南农业大学，2013．
［100］罗安娜，张汉千，郑江，等．巴西烤烟分级标准与实际应用［J］．中国烟草科学，2009，30（5）：24-28．
［101］闫鼎．平顶山烤烟综合质量评价及与美国烤烟的对比分析［D］．郑州：河南农业大学，2011．
［102］杨春雷，林国平，贾廷林，等．美国白肋烟生产现状［J］．中国烟草学报，2006，12（5）：56-58．
［103］North Carolina State University. 2013 Guide Flue-cured Tobacco［M］. Raleigh：North Carolina Cooperative Extension Service，2013.
［104］Official Standard Grades For Burley Tobacco（U. S. Types 31 and Foreign Type 93）［S］.
［105］Official Standard Grades For Flue-Cured Tobacco（U. S. Types 11，12，13，14 and Foreign Type 92）［S］.
［106］李保江．2010 年世界烟草发展［J］．中国烟草，2011（7）：37-43．
［107］闫新甫．印度烟叶等级标准体系概述［J］．中国烟草科学，2012，33（1）：91-97．
［108］朱显灵，郑富钢，曹振杰．2005 年世界烟草生产报告［J］．中国烟草学报，2006，12（4）：58-64．
［109］朱亚刚，鹿洪亮，李卓璘，等．阿根廷烟叶生产概况浅析［J］．南方农业，2019，13（24）：26-28，30．
［110］曹仕明，黄志锋．马拉维、赞比亚白肋烟生产技术［J］．中国烟草科学，2002（2）：18-22．
［111］刘奕楠．马拉维：世界著名白肋烟生产国［N］．湖南日报，2023 年 6 月 3 日，第 003 版．

［112］龚金龙，金萍．土耳其烟草生产及公共卫生政策分析［J］．安徽农学通报，2011，17（15）：18-19.
［113］李光西，李廷睦，胡俊泽．土耳其香料烟考察报告［J］．现代农业科技，2007（20）：104-105，112.
［114］朱显灵，郑富钢，哈君利．世界香料烟生产形势分析［J］．世界农业，2006（11）：31-33.
［115］王能如．烟叶调制与分级［M］．合肥：中国科学技术大学出版社，2002.

课程思政案例

表1 《烟叶分级》课程思政教育要点

课程思政	主要内容	思政元素
思政小课堂1	科学家施木克、考尔逊和布吕克纳尔	科学精神、国际视野
思政小课堂2	烟草科技工作的奠基人——朱尊权	爱国主义精神、科学精神、奉献精神
思政小课堂3	科学家霍夫曼	科学精神、社会责任
思政小课堂4	CORESTA	国际视野
思政小课堂5	国家利益至上、消费者利益至上	政治认同、社会责任
思政小课堂6	国内外烤烟分级标准	国际视野
思政小课堂7	刚正如铁　温润似水——记行业烟叶分级专家冯国桢	爱岗敬业、奉献精神、科学精神
思政小课堂8	按照纯度允差要求进行验收	法治、公正、诚信
思政小课堂9	人淡如菊　奉献如歌	奉献精神、工匠精神、爱岗敬业
思政小课堂10	云南雪茄烟叶开发与应用四年回眸	科学精神
思政小课堂11	发展雪茄烟叶　助力乡村振兴	乡村振兴

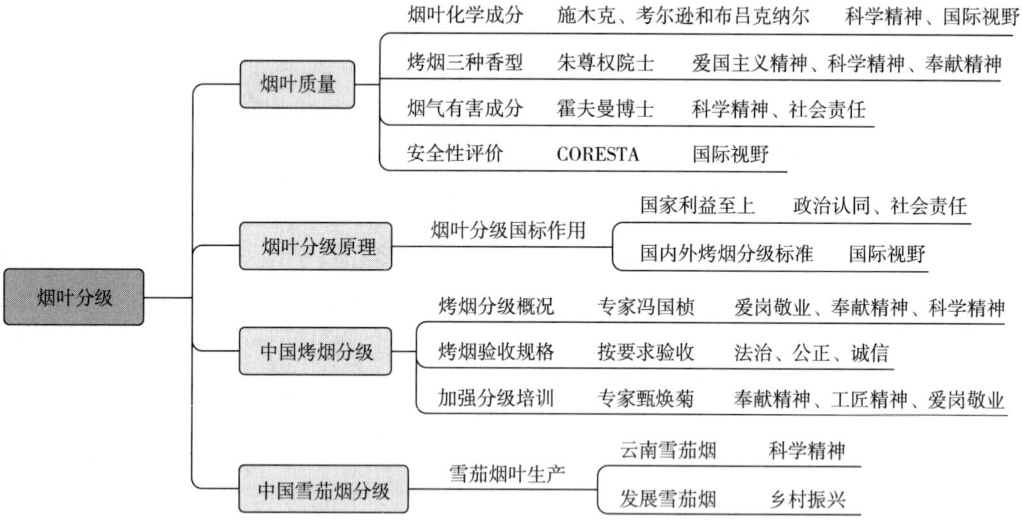

图1　思维导图

烟叶实物样品彩图

烟叶实物样品彩图

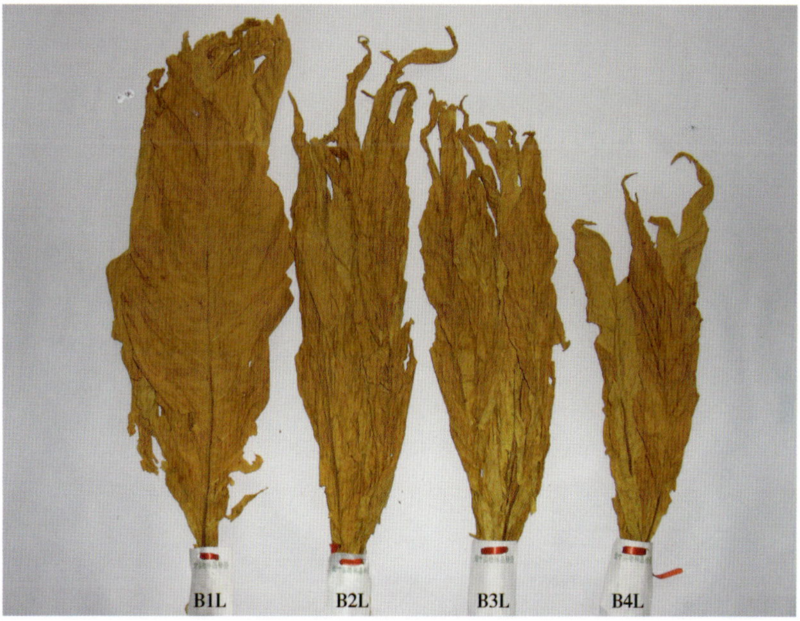

彩图 1　烤烟 B1L~B4L 实物标样（闫克玉供图）

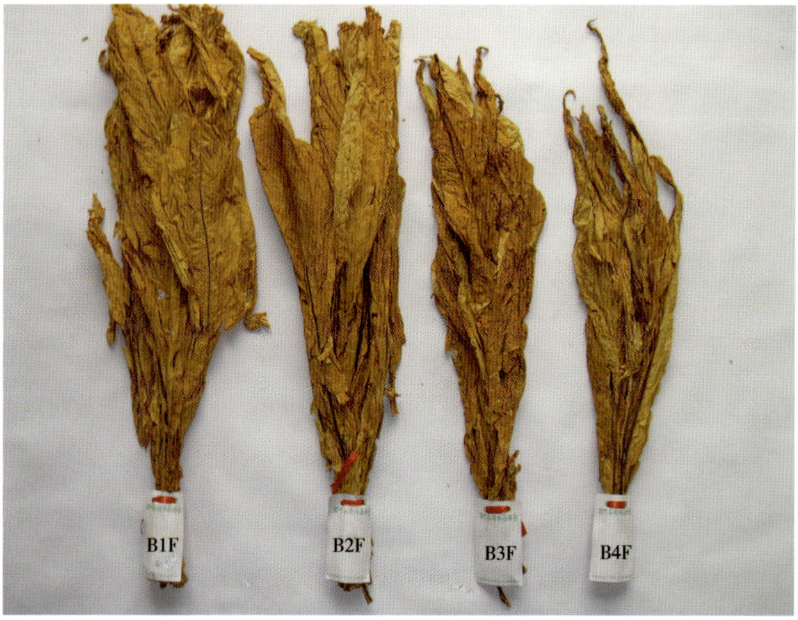

彩图 2　烤烟 B1F~B4F 实物标样（闫克玉供图）

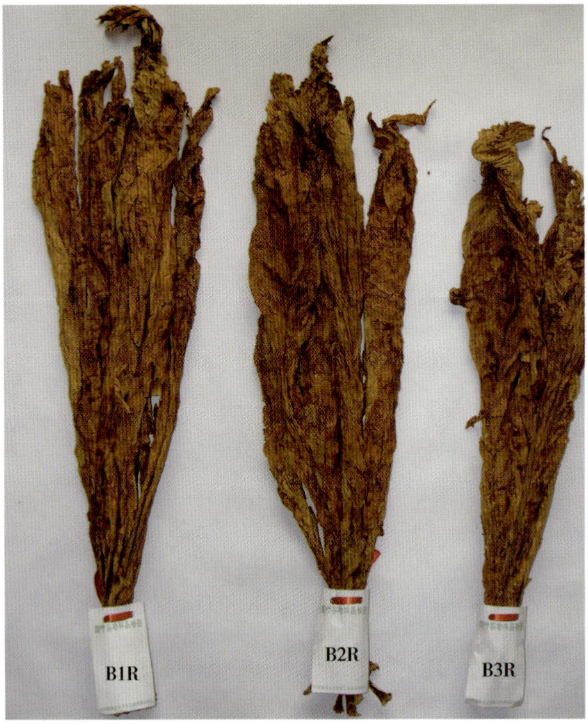

彩图 3　烤烟 B1R～B3R 实物标样（闫克玉供图）

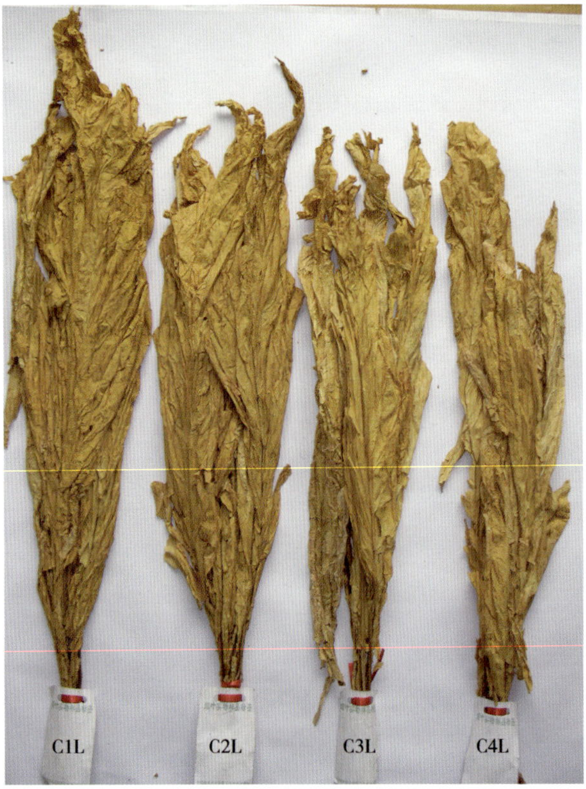

彩图 4　烤烟 C1L～C4L 实物标样（闫克玉供图）

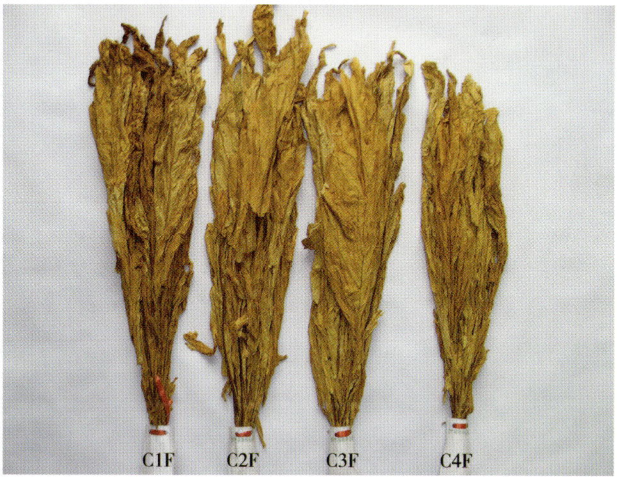

彩图 5　烤烟 C1F～C4F 实物标样（闫克玉供图）

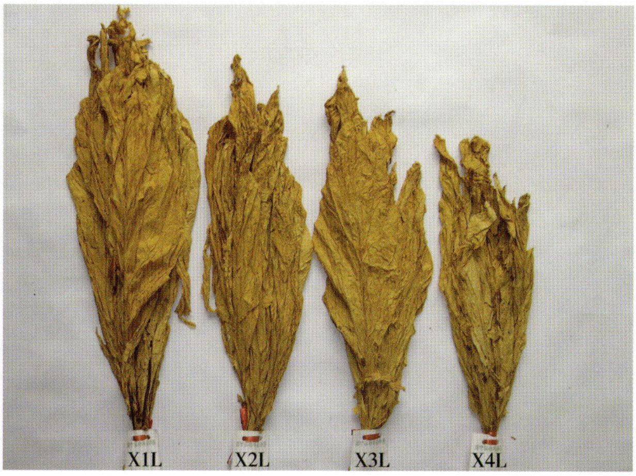

彩图 6　烤烟 X1L～X4L 实物标样（闫克玉供图）

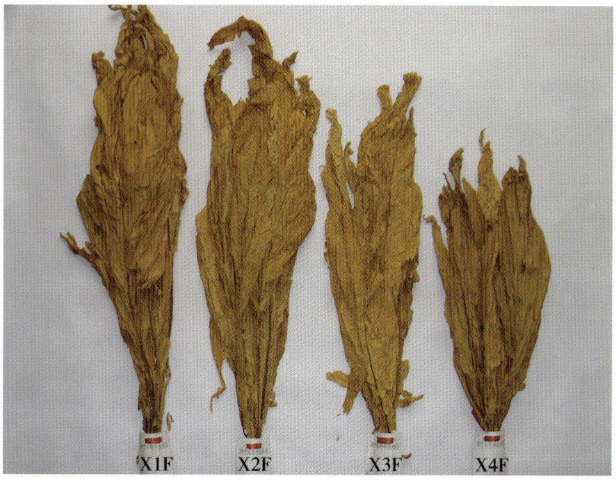

彩图 7　烤烟 X1F～X4F 实物标样（闫克玉供图）

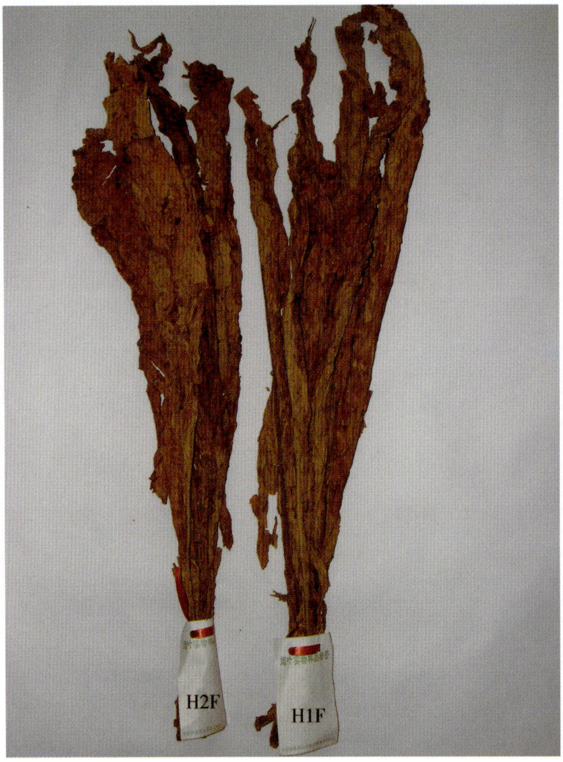

彩图 8　烤烟 H1F、H2F 实物标样（闫克玉供图）

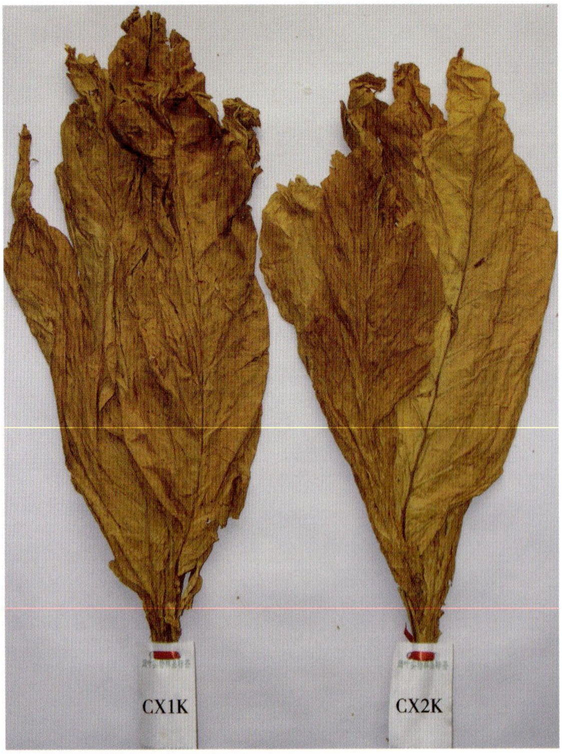

彩图 9　烤烟 CX1K、CX2K 实物标样（闫克玉供图）

彩图 10　烤烟 B1K～B3K 实物标样（闫克玉供图）

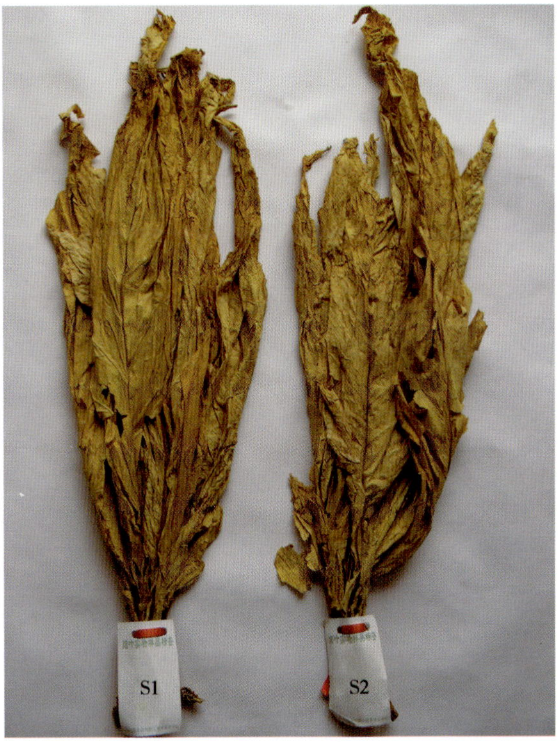

彩图 11　烤烟 S1、S2 实物标样（闫克玉供图）

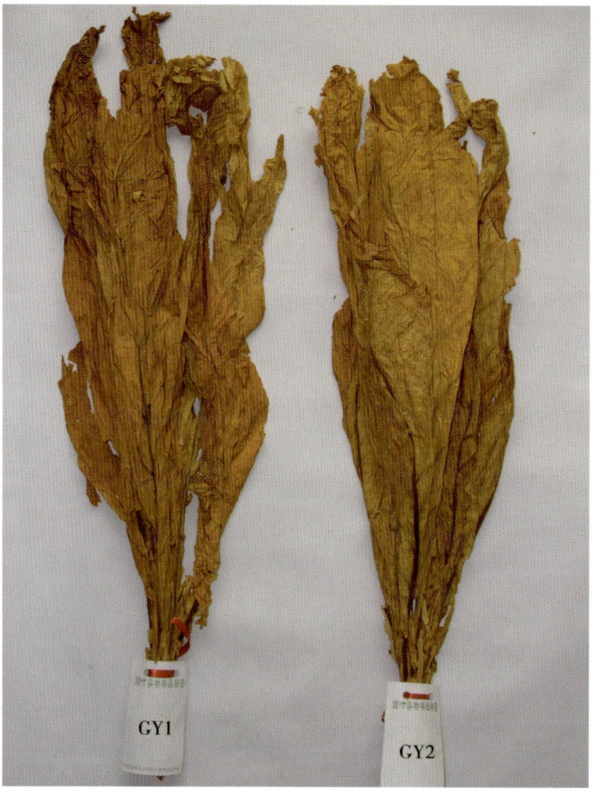

彩图 12　烤烟 GY1、GY2 实物标样（闫克玉供图）

彩图 13　白肋烟 T1、T2 实物标样（刘俊、刘洋供图）

彩图 14　白肋烟 B1F ~ B3F 实物标样（刘俊、刘洋供图）

彩图 15　白肋烟 C1F ~ C3F 实物标样（刘俊、刘洋供图）

彩图 16　白肋烟 X1F、X2F 实物标样（刘俊、刘洋供图）

彩图 17　白肋烟 X1L、X2L 实物标样（刘俊、刘洋供图）

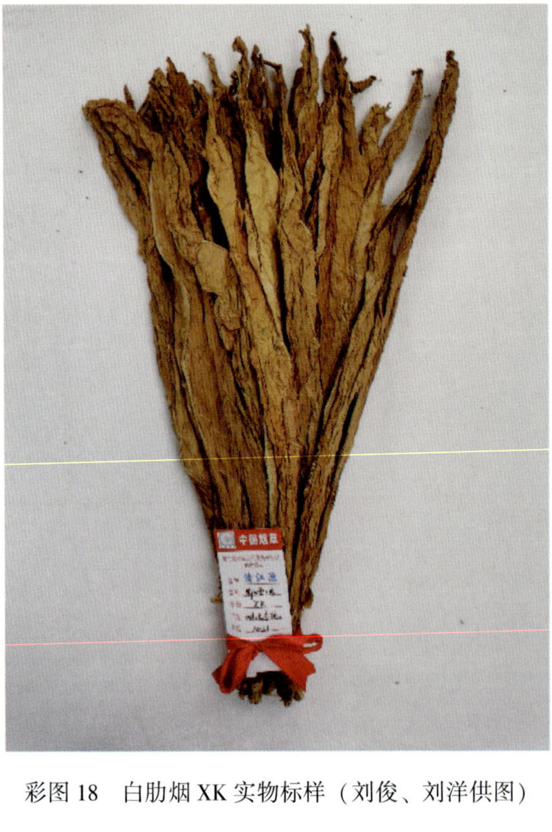

彩图 18　白肋烟 XK 实物标样（刘俊、刘洋供图）

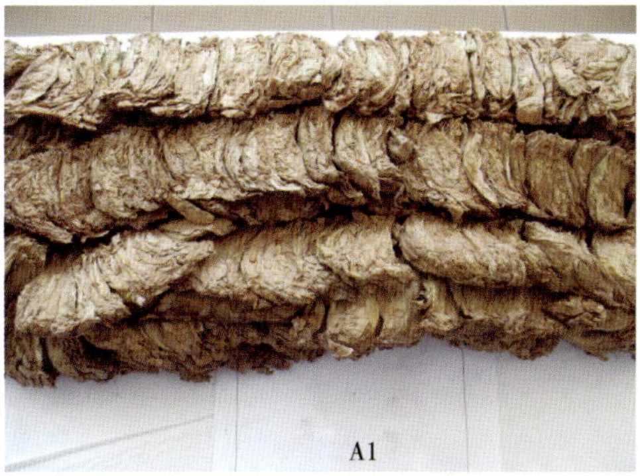

彩图 19　香料烟 A1～A3 实物标样（贺晓辉供图）

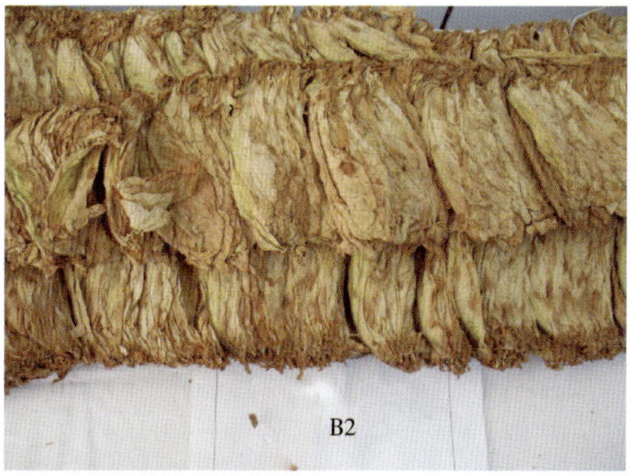

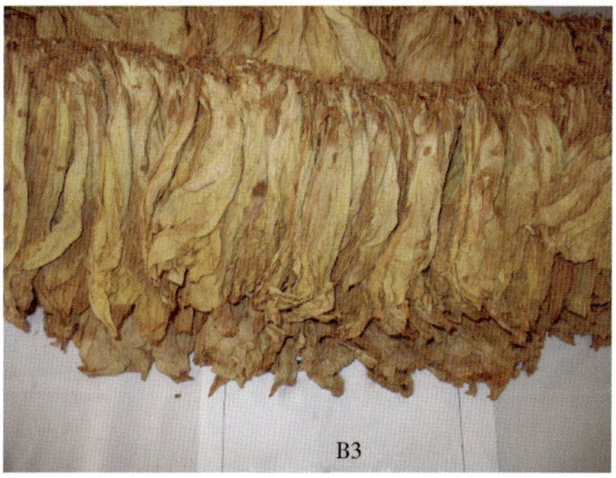

彩图 20　香料烟 B1～B3 实物标样（贺晓辉供图）

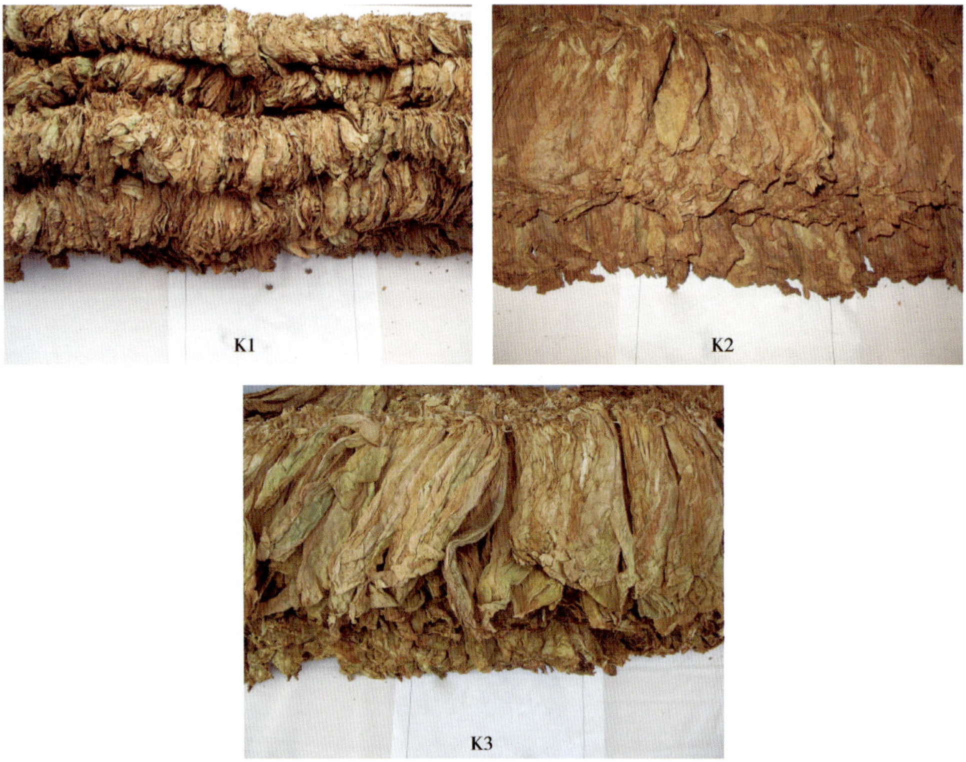

彩图 21　香料烟 K1～K3 实物标样（贺晓辉供图）

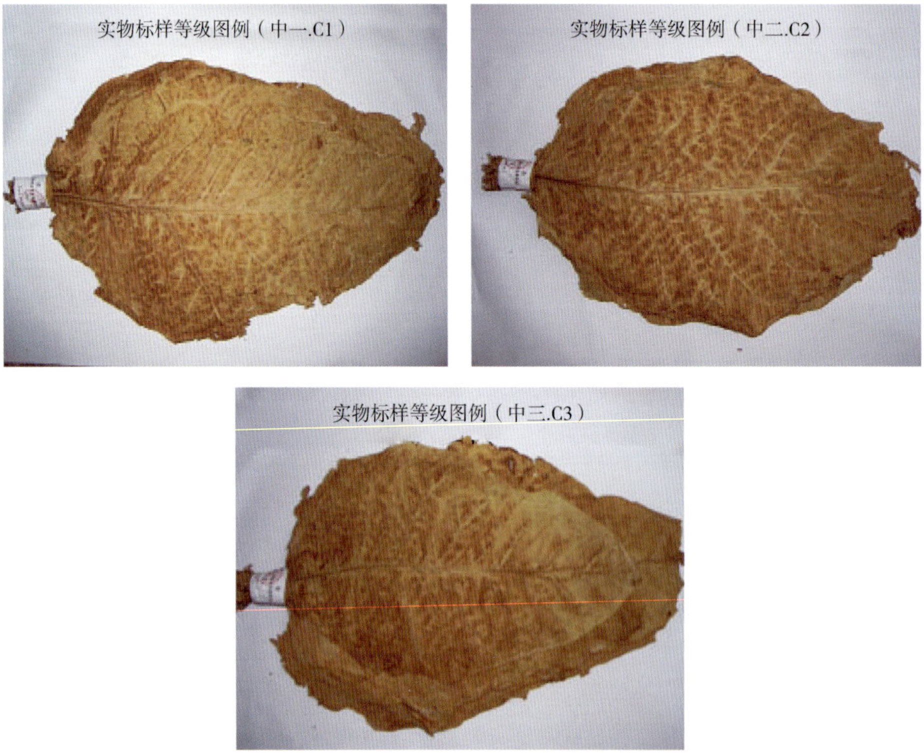

彩图 22　晒黄烟 C1～C3 实物标样（图片来自网络）

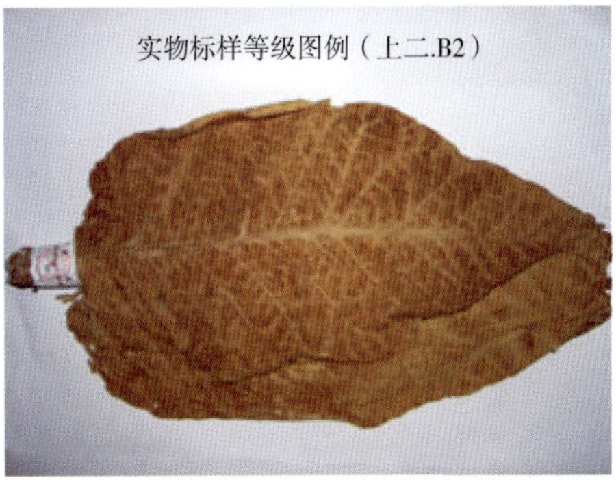

彩图 23　晒黄烟 B1、B2 实物标样（图片来自网络）